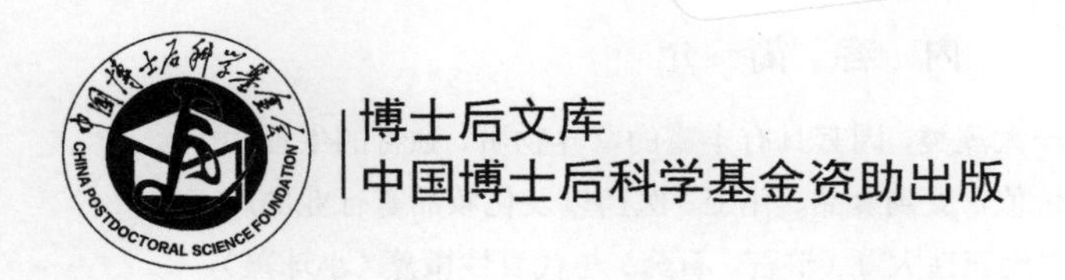

绿藻生物活性物质研究

赵　超　著

科学出版社

北　京

内 容 简 介

绿藻是海藻中第一大藻类，因其具有丰富的营养物质、独特的生理功能和潜在的生物应用价值，受到食品、化工、医药以及化妆品等行业的广泛关注。本书对绿藻中代表性大藻（浒苔、石莼）与代表性微藻（小球藻）中的多糖、寡糖、多酚、黄酮、多不饱和脂肪酸等生物活性成分的制备及鉴定进行介绍，并对其在调节糖脂代谢、抗氧化、抗衰老、提高机体免疫力以及改善肠道微生态等方面的作用进行详细阐述，旨在为读者提供研究海藻结构及活性的方法、促进国内海藻营养功能研究的发展。

本书可供从事海藻生物资源利用研究、海藻功能性食品研发、食品分子营养学相关领域的师生和研究人员使用。

图书在版编目（CIP）数据

绿藻生物活性物质研究/赵超著. —北京：科学出版社，2023.4
（博士后文库）
ISBN 978-7-03-073941-4

Ⅰ. ①绿…　Ⅱ. ①赵…　Ⅲ. ①绿藻门–生物活性–研究
Ⅳ. ①Q949.210.6

中国版本图书馆 CIP 数据核字(2022)第 224959 号

责任编辑：岳漫宇　尚　册 / 责任校对：郑金红
责任印制：吴兆东 / 封面设计：刘新新

科 学 出 版 社 出版
北京东黄城根北街 16 号
邮政编码：100717
http://www.sciencep.com
北京中科印刷有限公司 印刷
科学出版社发行　各地新华书店经销
*
2023 年 4 月第 一 版　开本：B5（720×1000）
2024 年 1 月第二次印刷　印张：19 1/2
字数：391 000

定价：186.00 元

(如有印装质量问题，我社负责调换)

“博士后文库”序言

1985年，在李政道先生的倡议和邓小平同志的亲自关怀下，我国建立了博士后制度，同时设立了博士后科学基金。30多年来，在党和国家的高度重视下，在社会各方面的关心和支持下，博士后制度为我国培养了一大批青年高层次创新人才。在这一过程中，博士后科学基金发挥了不可替代的独特作用。

博士后科学基金是中国特色博士后制度的重要组成部分，专门用于资助博士后研究人员开展创新探索。博士后科学基金的资助，对正处于独立科研生涯起步阶段的博士后研究人员来说，适逢其时，有利于培养他们独立的科研人格、在选题方面的竞争意识以及负责的精神，是他们独立从事科研工作的“第一桶金”。尽管博士后科学基金资助金额不大，但对博士后青年创新人才的培养和激励作用不可估量。四两拨千斤，博士后科学基金有效地推动了博士后研究人员迅速成长为高水平的研究人才，“小基金发挥了大作用”。

在博士后科学基金的资助下，博士后研究人员的优秀学术成果不断涌现。2013年，为提高博士后科学基金的资助效益，中国博士后科学基金会联合科学出版社开展了博士后优秀学术专著出版资助工作，通过专家评审遴选出优秀的博士后学术著作，收入“博士后文库”，由博士后科学基金资助、科学出版社出版。我们希望，借此打造专属于博士后学术创新的旗舰图书品牌，激励博士后研究人员潜心科研，扎实治学，提升博士后优秀学术成果的社会影响力。

2015年，国务院办公厅印发了《关于改革完善博士后制度的意见》（国办发〔2015〕87号），将“实施自然科学、人文社会科学优秀博士后论著出版支持计划”作为“十三五”期间博士后工作的重要内容和提升博士后研究人员培养质量的重要手段，这更加凸显了出版资助工作的意义。我相信，我们提供的这个出版资助平台将对博士后研究人员激发创新智慧、凝聚创新力量发挥独特的作用，促使博士后研究人员的创新成果更好地服务于创新驱动发展战略和创新型国家的建设。

祝愿广大博士后研究人员在博士后科学基金的资助下早日成长为栋梁之才，为实现中华民族伟大复兴的中国梦做出更大的贡献。

中国博士后科学基金会理事长

前　　言

我国是世界海藻养殖和加工大国，海藻价格低廉、产量丰富、市场广阔，但对海藻的开发大多集中在传统食品与工艺上，在食品领域，对海藻的研究不够充分，对海藻的生物活性和有效营养成分的研究不足，对海藻的高值化利用尚不成熟。书中所介绍的绿藻生物活性物质的提取、鉴定和生理功能研究，可为绿藻的资源开发提供理论支撑和技术支持。

本书从分子营养学角度，结合现代分子生物学、药理学等技术对绿藻生物活性物质的功能进行深层次探究。全书共四章，第一章绪论，第二章介绍浒苔生物活性成分研究，第三章介绍石莼生物活性成分研究，第四章介绍小球藻生物活性成分研究。各章节分别对绿藻中典型大藻（浒苔、石莼）及典型微藻（小球藻）的糖类、黄酮、多酚等物质的生理活性研究进行了阐述。此外，本书介绍了体外细胞试验以及果蝇、秀丽隐杆线虫、啮齿动物等模式生物在绿藻生物活性物质功能研究中的应用。

特别感谢我的博士生导师、自然资源部第三海洋研究所徐洵院士，徐院士的渊博学识和严谨求实的治学态度深深地影响着我。衷心感谢西班牙维戈大学肖建波教授对研究开展给予的帮助，衷心感谢福建农林大学黄一帆教授、陈新华教授和刘斌教授给予的支持，感谢林国鹏、吴德胜、万旭志、李晓青、陈逸晗、高晓翔、严新、刘丹等研究生的出色工作。

本书涉及的多项研究工作得到了国家自然科学基金（41306181）、中国博士后科学基金一等资助（2013M530303）及特别资助（2014T70602），以及福建省杰出青年科学基金（2016J06009）等项目的支持，本书出版获得中国博士后科学基金资助，并得到福建农林大学科技创新专项基金（CXZX2020138C）的资助，在此一并致谢。

由于著者水平有限，书中难免存在不足之处，敬请诸位同仁和广大读者批评指正，以便在今后的研究中有更好的改进和完善。

著　者

2023 年 3 月

前 言

目　录

第一章 绪 论

自地球出现生命起，藻类便已存在（Lewis and McCourt，2004）。作为重要的初级生产者，藻类每年能固定 1.7 亿 t 氮，产生的氧气是大气和水中氧的重要来源（梅洪等，2003）。海藻是海洋藻类的总称，是由基础细胞所构成的单株或一长串的简单植物，通常附着在海底或某种固体结构上。海洋底栖藻类主要分为绿藻门（Chlorophyta）、褐藻门（Phaeophyta）、红藻门（Rhodophyta）三大类，其生长过程中需要吸收并储存大量的氮和磷，能够减缓水体富营养化及赤潮的发生（杨宇峰等，2005）。常见的绿藻主要有浒苔、石莼、礁膜和小球藻等。蛋白核小球藻（*Chlorella pyrenoidosa*）是绿藻门小球藻属普生性单细胞绿藻，生长繁殖速度快，是地球上动植物中唯一能在 20h 增殖 4 倍的生物；其含量高，可作为高营养价值食物（孔维宝等，2010）。常见的褐藻包括大型巨藻、马尾藻、海带和泡叶藻。巨藻属于褐藻门海带目巨藻科巨藻属，是非常重要的工业原料，不但可以从中提取碘、褐藻胶、甘露醇、甲烷、轻油、石蜡、橡胶、塑料等多种工业产品，而且可作为一种新的生物能源。常见的红藻包括掌状红皮藻、紫菜、石花菜属藻类和角叉菜属藻类。石花菜（*Gelidium amansii*）一般生长在水质清净、潮流畅通、盐度较高的海区，是提炼琼脂的主要原料，而琼脂可以用来制作果冻或微生物的培养基等（王秀良等，2020）。

研究发现，海藻作为海洋药物的重要来源之一，含有许多陆地植物所不具有的活性物质。20 世纪 70 年代，中国科学院海洋研究所以海带中的甘露醇为原料，合成了烟酸甘露醇酯，并开展了药理临床试验研究，证明了烟酸甘露醇酯具有较好的降低血脂和扩张血管的作用，其作为国内首创新药在 1985 年获批投产上市（王兴昌，1986）。张全斌和徐祖洪（1997）在国内率先开展了褐藻天然硫酸多糖——褐藻多糖硫酸酯的研究，建立了综合利用海带副产物制备褐藻多糖硫酸酯的生产工艺，同时发现褐藻多糖硫酸酯具有利水消肿的功效，对慢性肾衰竭具有显著的治疗作用（Zhang，2003），并因此研制出治疗慢性肾衰的海洋新药褐藻多糖硫酸酯（原料药）和海昆肾喜胶囊，在 2003 年获得新药证书，其临床试验结果表明该药对慢性肾衰患者具有降低血清尿素氮、肌酐，改善肾功能，延缓肾衰进展的临床疗效，同时对恶心、呕吐、腹胀、身重、困倦、尿少、浮肿等情况有良好的改善作用。韩丽君等（2008）利用海藻多糖原料开发了海藻多糖空心胶囊，与传统的明胶胶囊相比，具有含水量低、高温耐受性、快速崩解、室温可溶等优势，是一种优质的明胶胶囊替代产品，于 2005 年获得药用辅料注册证书。近年来，王斌贵和史大永等对海藻卤代化合物进行了研究，分离到数百个海藻卤代化合物，部分化合物具有显著降糖、抗肿瘤等活性（Wang et al.，2013；Guo et al.，2019）。

自 1950 年以来，我国已经建立了以海带、紫菜、江蓠和裙带菜等为主体，兼有小规模养殖的羊栖菜、鼠尾藻、麒麟菜、石花菜、礁膜、浒苔、长茎葡萄蕨藻等的大规模海藻养殖产业。目前，养殖的大型藻类已成为浅海生态系统的重要生产者，其生长速率快（Hernández et al.，2002），常被认为是高效的生物过滤器（Marinho et al.，2015），可以通过光合作用固定 CO_2 释放 O_2，利用水溶性 N 和水溶性 P 缓解沿海海水富营养化，调节 pH，为海洋生物提供栖息地等（Steneck et al.，2002；Liu，2013）。与此同时，海藻养殖也是对陆地农业的良好补充，一方面可食用海藻养殖节省了耕地资源，另一方面也避免了传统农业因化肥、农药、水土流失等造成的生态问题。另外，海藻还可作为饲料、肥料和水产养殖的鲜活饵料。

我国不仅是藻类的生产大国，也是藻类的消费大国，具有藻类资源优势。根据《中国渔业统计年鉴》（农业农村部渔业渔政管理局，2020），2019 年我国养殖藻类总产量为 254.39 万 t，比上年增加 19.31 万 t，同比增长 8.21%；其中海水养殖产量为 253.84 万 t，比上年增加 19.45 万 t，同比增长 8.30%；淡水养殖产量为 0.55 万 t，比上年减少 0.14 万 t，同比减少 20.29%。捕捞产品中藻类总产量为 17 445t，比上年减少 904t，同比减少 4.93%。其中，海洋捕捞产量为 17 438t，比去年减少 848t，同比减少 4.64%；淡水捕捞产量仅为 7t，比上年减少了 56t，同比减少 88.89%。由此可见，我国藻类产量持续增长，其产量主要来源于藻类的养殖。近年来，随着藻类深加工技术的成熟，以及饮食结构的改变，我国藻类的需求量持续攀升。2019 年我国藻类加工品产量为 115.17 万 t，比上年增加了 4.51 万 t，同比增长 4.08%。2020 年我国藻类加工品产量将会再创新高。

藻类的分布范围极广，对环境条件要求不高，适应性较强，即使在只有极低的营养浓度、极微弱的光照和相当低的温度下也能生存。藻类不仅能生长在江河、溪流、湖泊和海洋，而且也能生长在短暂积水或潮湿的地方。从热带到两极，从积雪的高山到温热的泉水，从潮湿的地面到较浅的土壤内，到处都有藻类分布。以台湾海峡为例，地势自西向东倾斜，约 370km 长，平均深度达 60m，其北部边界是平潭与富贵角的连线，南部边界则位于福建东山与鹅銮鼻之间（Hong，2011）。海底阶地、峡谷、浅滩和水道等地貌形态多样，海峡中以泥和沙质沉积物为主，近岸泥质多，中部则多沙质。海峡西部有 600 多个岛屿，东部多为沙岸，沙滩淤浅明显，复杂的地形资源为海藻的固着和生长提供了适宜的地理条件（Ye，2016）。台湾海峡降水量、近海水体的温度以及营养盐含量均呈现明显的季节性变化。每年的 4～9 月台湾海峡降水丰富（＞300mm/月），冬季每月降水量低于 100mm。台湾海峡沿岸平均水温为 20.1℃，其中夏季为 28.1℃，冬季为 12.5℃。这一温度范围为众多暖温带亚热带性的绿藻提供了繁殖与生长的环境（陈昌生和章景荣，1988；李达，2014；潘卫华，2017）。海水盐度为27.01‰～33.45‰，海水pH为7.91～8.16，受季节影响较小。海水透明度为0.36～1.23m，受季节影响较大。浮游植物多样性和生长与海域磷酸盐、硝酸盐等营养盐含量密切相关（李众，2019；王秋璐等，2019）。台湾海峡亚硝酸盐含量年平均为40.42～210.26mg/m^3，磷酸盐含量为6.34～22.05mg/m^3，近岸水域营养盐丰富。浒苔属、石莼属、礁膜属等大型海藻能够迅速吸收海水中的氮、磷等营养盐，其中孔石莼对氨氮的吸收为浒苔的2倍，这不仅能够促进海藻快速生长，而且能够调节水体富营养化。生长于福建沿海区域的浒苔生物样品中的重金属含量因采集区不同而不同，其与沿岸河口区域的重金属污染相关（刘智禹，2012；林建云等，2013）。

目前，我国关于绿藻资源的研究报道主要集中在20世纪90年代末期。1996年，张水浸报道了台湾海峡两岸绿藻共计111种，占该海域藻类总数的24.94%（严新，2019）。我国关于海洋绿藻物种多样性的研究成果主要收录于《中国淡水藻志》与《中国海藻志》。经统计，台湾海峡及其附近海域绿藻共计10目28科90属114种，主要分布于平潭、莆田、晋江、厦门、东山、诏安、台北、金门、高雄等地区。台湾海峡海域位于东海与南海之间，属于由暖温带向亚热带过渡的区域。石莼和蛎菜等为暖温性种类，网石莼（*Ulva reticulata*）、香蕉菜（*Boergesenia forbesii*）和指枝藻（*Valoniopsis pachynema*）等属于亚热带种类，但也包含少数冷温种，如孔石莼（*U. pertusa*）和肠浒苔（*Enteromorpha intestinalis*）（严新等，2019）。许多常见的种类在各地区普遍存在，但有些种、属呈一定的区域性分布，如孔石莼（*U. pertusa*）是北太平洋西部的特有种类（张水浸，1990），原礁膜属（*Protomonostroma*）是福建沿岸特有的海藻属，蕨藻属中的绒毛蕨藻（*Caulerpa webbiana*）目前仅出现在福建东山和漳浦，但与其同属的冈村蕨藻（*C. okamurae*）则出现在福建沿海多地。前人仅在海南岛采到的西沙绒扇藻（*Avarnivillea xishaensis*），在莆田平海和惠安崇武两地也有发现（周贞英和陈灼华，1983）。

浒苔属、石莼属和礁膜属为三种主要的经济绿藻，其中浒苔属绿藻产量最大，经济价值最高。浒苔属绿藻主要生长在岩石或滩涂上，在泥滩或者泥沙滩的石砾中生长尤为繁盛。浒苔属绿藻几乎全年都能发现，尤其是春夏两季，优势种包括肠浒苔、浒苔、条浒苔和缘管浒苔，厦门集美中潮带的肠浒苔平均生物量可达352g/m^2（湿重）。石莼属绿藻也是海区的常见绿藻，广泛分布于海峡两岸的中、低潮带的岩石或石沼中，但种类较浒苔属少，优势种包括蛎菜、石莼和孔石莼。蛎菜是绿藻中生物量最大的经济海藻，晋江古浮中潮带的蛎菜生物量可达398.25g/m^2（湿重）（周贞英和陈灼华，1983）。礁膜属绿藻多生长在中潮带的岩石或石沼中，生长周期长，只在晚冬和初春之时出现，礁膜在台湾澎湖分布最多，最高年产量可达300多吨（干重）（张丽娟，1997）。

运用 CiteSpace 软件以“绿藻”为关键词，检索 2000～2020 年国内发表的与绿藻相关的文献，分析发现浒苔是绿藻中研究最广泛的一类（图 1-1），近年研究主要集中在绿藻的毒性、生物量、热重分析等方面。通过时间轴图（图 1-2）发现，2000 年之前研究主要集中在绿藻生物量方面，2010 年之后研究主要集中在绿藻分子鉴定、分子生物学等方面，关于小球藻的研究也逐渐在绿藻研究中占有一席之地。

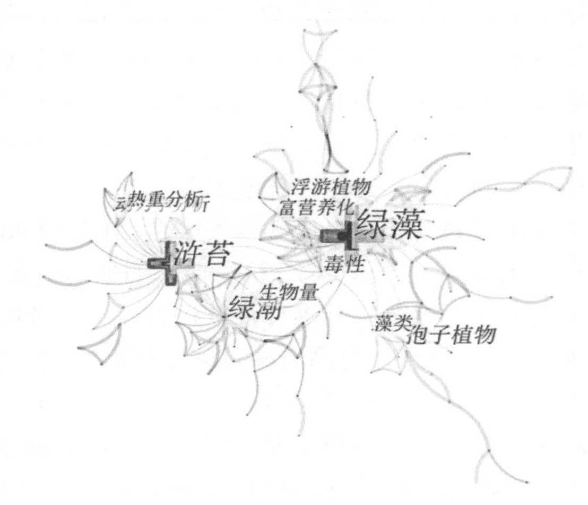

图 1-1　绿藻研究文献聚类图

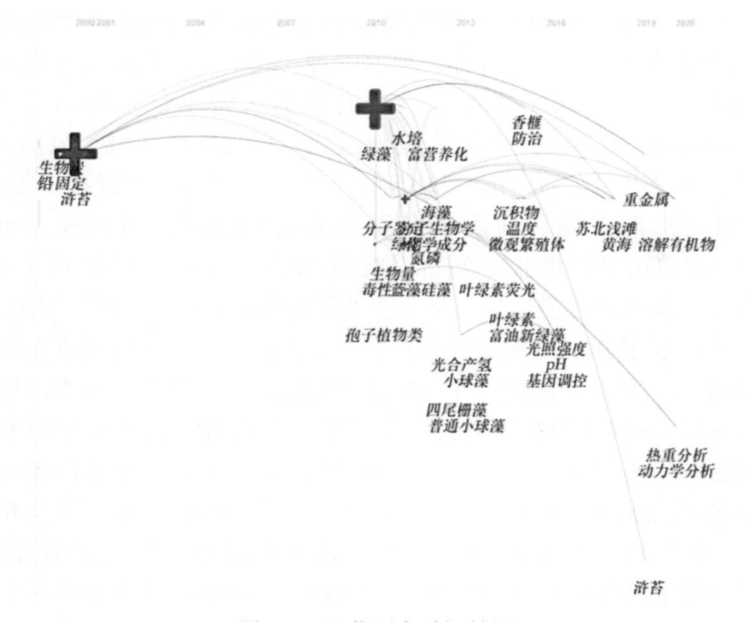

图 1-2　绿藻研究时间轴图

通过脱水、冷冻、膨化、调味、切片及研磨等加工技术将绿藻做成了休闲食品（钟婵等，2017）。目前已经上市了许多绿藻食品，如浒苔酱、软包装浒苔、浒苔挂面、浒苔果冻等，或将浒苔粉作为调味汤料包的重要辅料（任厚朋，2014）。小球藻在异养培养的条件下，通过转化淀粉水解物来生产富营养油脂化合物。研究发现，利用异养小球藻海藻酸钙制备的凝胶，用于食品内包装，既方便、可食用又利于环境保护；其可用来包装液体饮料、流体食物，既是对传统饮品的包装方式的创新探索，又为饮用或食用带来了方便（黄英明等，2010）。小球藻特色食品有小球藻饼干、小球藻挂面等（王慧岭等，2018）。0.5mg/mL 的石莼多酚能不同程度地延缓大菱鲆的品质变化，是极具发展潜力的水产品保鲜剂（Lin et al.，2020）。

浒苔可以影响紫外线诱导的氧化应激和耐热性，显著提高秀丽隐杆线虫总超氧化物歧化酶（SOD）水平，降低丙二醛（MDA）水平，并通过上调关键因子SKN-1 转录因子和 *DAF-16* 的表达来改善细胞内活性氧（ROS）积累并修复 DNA 损伤，这为探索浒苔的抗衰老应用提供了依据（彭雍博等，2017）。绿藻浒苔具有较好的保湿作用，浒苔藻粉面膜的体外保湿率高达 81.92%，用浒苔多糖做成的面霜也同样具有较高的保湿作用，使用 7d 后皮肤胶原蛋白纤维含量达到 56.50%，可以作为较好的化妆品原料（杨亚云，2016）。浒苔多糖能保护人皮肤成纤维细胞，减轻紫外照射损伤，效果优于防晒系数 30+的防晒喷雾（郭子叶，2014）。

饲料中加入浒苔可以提高幼刺参（*Apostichopus japonicus*）生长速率、消化率、消化酶活性和非特异性免疫能力（秦搏等，2015）。在饲料中加入浒苔也可以提高黄斑篮子鱼（*Siganus oramin*）的抗氧化能力；鸡仔食用浒苔可以促进鸡外周血淋巴细胞的增殖能力，促进鸡的生长性能（周胜强等，2013；张文启，2016），为浒苔的开发利用提供新的途径。添加小球藻亦能提高黄颡鱼（*Pelteobagrus fulvidraco*）的生长性能与免疫力（张宝龙等，2018）。绿藻中的小球藻与盐藻经常被当作饲料，从而丰富了绿藻的使用价值，禽畜在食用含有绿藻的饲料后，其体重、免疫性能以及肉质等均能显著提高或改善。

台湾海峡受到热带风暴与风暴潮的影响，可以建立风暴潮灾害监测与分析、赤潮灾害监测与分析、海浪灾害监测与分析、溢油灾害监测与分析、海洋生态环境监测与分析等海洋动力环境立体监测信息服务系统，提前监测绿藻的养殖情况。构建专业应用系统，实现数据仓库相连，实现大数据量监测管理，使得海峡两岸各高校院所与海洋渔业管理部门可以充分利用绿藻资源信息（池天河等，2004）。绿藻油脂的含量高于细胞干重的 60%～70%，是自养细胞干重的 4 倍，并远高于大豆油脂含量（30%～35%）。可以以小球藻作为起始藻种，开展规模化培养、藻体采收、油脂提取、生物能源产品加工的研究（黄英明等，2010）。研究发现，以淀粉为原料，采用细胞工程技术可以实现以绿藻生产富营养油脂的目的，为淀粉深加工找到了新的出路（宣雄智等，2019）。此外，Haraguchi 等（2017）揭示了哺乳动物细胞与海藻在体外存在的一种“循环系统”，即海藻向哺 乳动物细胞供氧，再利用哺乳动物细胞代谢产物和废物。这一新系统也将使绿藻在细胞生物学、组织工程和再生医学领域具有广大的应用前景。

浒苔（*Enteromorpha prolifera*）别名鸡肠菜、海青菜、苔菜、菜条，属绿藻门石莼科。藻体呈绿色，或深绿色、黄绿色，由单层细胞组成，管状、中空、细长如丝，主要分布在近海滩涂中，繁殖能力特别强。浒苔的过度生长会导致绿潮的暴发，自 2007 年以来，我国黄海沿岸海域每年夏季都会出现以浒苔为优势种的绿潮。2008～2015 年，绿潮泛滥造成的缓和成本以及受影响的旅游业和水产养殖业损失总计约 3.5 亿美元。特别是 2008 年黄海的大规模绿潮给山东、江苏两省造成了 2 亿美元的巨大经济损失。2015 年，世界上最大规模的绿藻暴发，超过 1000 万 t 以浒苔为主要物种的绿藻在中国黄海区域爆炸性生长，给沿海地区的景观以及生态经济发展造成了严重的损害，其对经济和环境造成的潜在后果还不得而知。因此对浒苔进行功能活性研究不仅能够促进其高值化利用，而且能够减少其对环境带来的困扰以及不必要的经济损失。浒苔富含碳水化合物、蛋白质、粗纤维、氨基酸、脂肪酸、维生素以及多种矿物质，具有良好的食用价值，是我国浙江、福建等沿海省份居民所喜爱的食用藻类。关于浒苔功能的研究表明，浒苔提取物（多糖、多酚等）具有降血糖、降血脂、抗氧化、抗菌消炎、调节免疫等功效（Zhang et al.，2013；Wei et al.，2014；陈婕和林文庭，2015；Ren et al.，2017；Yan et al.，2019）。在浒苔的营养组分的研究中，糖类物质的研究占据主要地位。利用多糖不溶于乙醇的特性，常采用水提醇沉的方法获取浒苔多糖，而后对杂多糖进行除蛋白质、透析、层析纯化等步骤，以获取纯度较高的浒苔多糖。浒苔多糖的提取工艺及生理功能方面的研究较多，但极少有关于低分子量的浒苔寡糖的相关活性研究。浒苔寡糖是在浒苔多糖的基础上获取的，通常采用硫酸酸解、酶解、透析、过氧化氢联合抗坏血酸等物理化学方法获取。由于不同分子量的糖类物质在功能发挥上存在显著差异，因此研究不同分子量的浒苔糖类物质为浒苔糖类制备提供了理论基础。此外，浒苔寡糖和多糖的结构、单糖组分、糖醛酸含量、硫酸根含量都在浒苔寡糖与多糖的功能发挥上具有重要作用。因此，红外光谱、核磁共振、质谱、高效液相色谱、气质联用等技术常被用来解析浒苔糖类物质的结构。肠道菌群被誉为人体的“第二大脑”，与人类疾病的发生发展密切相关，近年来逐渐成为生命科学领域的研究热点。本书第二章将以啮齿动物、秀丽隐杆线虫等为模式生物，把肠道菌群作为研究点之一，结合现代分子生物学技术研究浒苔糖类物质、多酚、黄酮等活性物质的抗氧化、降糖、抗衰老作用及其机制，为浒苔的高值化利用提供理论基础和数据支撑。

石莼（*Ulva lactuca*）属于绿藻门石莼目石莼科石莼属。石莼又名菜石莼，亦称海白菜、海青菜、海莴苣、绿菜、青苔菜、纶布，属常见海藻。石莼片状，近似卵形的叶片由两层细胞构成，高10～40cm，藻体呈鲜绿色，基部以固着器固着于岩石上，生活于海岸潮间带，生长在海湾内中潮带、低潮带的岩石上，在70m深的水域也有分布。石莼在我国沿海地区均有分布，东海、南海分布多，黄海、渤海稀少。其中孔石莼主要分布在辽宁、山东等北方沿海地区，裂叶石莼主要分布于福建南部、台湾及广东沿海。石莼繁殖量过大可能会造成绿潮和严重的环境问题。石莼不仅味道鲜美、营养价值高，而且具有很高的药用价值。石莼中含有的多糖成分具有降血脂、降胆固醇、抗凝血以及辅助治疗心血管疾病等作用。石莼的开发利用历史悠久，我国人民很早就知道利用石莼来治疗疾病。在《海药本草》《本草拾遗》《临海异物志》《本草纲目》等书目中都有关于石莼药用的记载。石莼具有清热润燥、祛痰利水散结的作用，常用来治疗疮疖、水肿、颈淋巴结肿、甲状腺肿和小便不利等。近年来研究表明，石莼提取物具有多种生物活性。*U. lactuca* 的甲醇提取物可以治愈氧化应激下雄性大鼠的不育症（Ghareeb et al.，2019）。从 *U. rigida* 提取的脂肪酸具有预防微生物感染的潜力（Ismail et al.，2018）。研究发现，水提的石莼多糖具备抗皮肤衰老和抗氧化作用（Cai et al.，2016）。硒螯合的石莼多糖具备抗炎和预防心血管疾病的功效（Zhu et al.，2017）。此外，不饱和脂肪酸还通过Nrf2-ARE途径保护细胞免受活性氧（ROS）损害（Wang et al.，2013）。从 *U. pertusa* 分离的类去甲异戊二烯(3-羟基-4,7-巨豆二烯-9-酮)能够通过抑制丝裂原活化蛋白激酶和核因子-κB（NF-κB）通路减轻炎症（Ali et al.，2017）。具有其他生物活性如抗凝血、抗病毒、抗疟原虫和抗氧化的石莼物种正在逐步被研究（Hussein and Ahmed，2010）。研究表明，通过特定方法从海藻中提取的多糖具有预期的功能，包括免疫调节、抗肿瘤、抗病毒、抗氧化、降血脂（Xu et al.，2017）。此外，从石莼中分离出的多糖与含硫酸基团的降解多糖是研究最多的具有免疫调节、抗氧化、抗癌、抗辐射、抗炎、抗糖尿病和抗凝血活性的药物成分（Shi et al.，2013；Shao et al.，2014；Kammoun et al.，2017；Zhu et al.，2017；Cui et al.，2018）。与多糖相比，具有抗糖尿病、抗炎和抗衰老功能的寡糖更容易被细胞吸收，因为它们的分子量较低（Liu et al.，2019；Zhong et al.，2020），因此关于石莼寡糖的研究将成为趋势，现在已有关于海藻寡糖在2型糖尿病中的作用的研究，发现石莼寡糖可以通过微RNA（miRNA）调控改善胰岛素抵抗（Wu et al.，2020）。随着人们健康意识的不断提高，石莼作为一类纯天然、绿色、无公害的海菜，逐渐成为餐桌上的新宠，成为一种新的食疗保健食品。

小球藻这个名字来自希腊语“chloros”，意思是绿色，拉丁语后缀“ella”指的是它的微观尺寸。早在25亿年前，小球藻就出现在地球上，从那时起，它就不断繁殖下来。小球藻是微藻中的一种，属单细胞藻类，在湖泊、海洋中广泛分布。小球藻具有多种多样的生理功能，是现代生活中的一种有益生物，具有的多种营养成分和活性功效逐步被人们所关注。小球藻生长在盐度高、压强大、缺氧的环境中，是海洋里的初级生产者，也是最古老的生命之一。其营养物质十分全面，富含蛋白质、多糖、脂类以及多种微量元素和无机酸，因此，具有抗氧化、抗肿瘤、抗凝血、抗病毒、降血脂、抗辐射、抑制心血管生成、增强免疫力等多种功能（席波，2015），在多个领域发挥重要作用。在食品方面，小球藻能作为食用资源、食品着色剂、保健食品；在医药方面，小球藻能抗菌、抗氧化、抗肿瘤、营养保健；在生物柴油方面，小球藻由于种类多、数量大、产油量高且不占用耕地资源而占优势；在化妆品方面，其多糖具有良好的保湿效果，可用于护肤品的生产（张玲，2015）。大量研究发现，小球藻中的多糖通过降低 miR-48-3p、miR-48-5p 和 miR-51-5p 易位，上调 *DAF-16* 和 *SKN-1* 基因的表达，从而抑制了活性氧（ROS）和丙二醛（MDA）的积累，提高了超氧化物歧化酶（SOD）的水平，维持体内氧化系统与抗氧化系统的稳定，因此能缓解衰老和预防糖尿病、心血管疾病（Wan et al.，2021）。此外，小球藻还能用于食品保存，相较于红肉和禽肉，水产动物更易腐烂，而小球藻中含有一定量的酚类化合物，这类化合物因能清除氧自由基而起到抗氧化作用。在抗肿瘤方面，传统的抗癌药物虽然能起到有效作用，但具有一定的毒副作用，而小球藻的生物活性物质作为天然绿色产物，能穿过亲脂性膜，并和凋亡蛋白相互作用，抑制致癌物质的毒性和诱变性，从而发挥抗肿瘤的优势。一些小球藻活性化合物诱导 DNA 聚合酶的抑制、细胞周期蛋白表达的改变或主要的转导途径的干扰（Reyna-Martinez et al.，2018）。此外，从小球藻中提取的多糖通过介导免疫系统发挥抗肿瘤活性。在降血糖方面，因为糖尿病患者的非酯化脂肪酸水平升高通常会降低胰岛素敏感性，经小球藻治疗后，人体非酯化脂肪酸水平降低，胰岛素敏感性得到改善（Cherng and Shih，2006）。小球藻提取物除以上生物活性外，还具有抗辐射能力。研究表明，小球藻能减轻 γ 辐射导致的微核率（Baky and El-Baroty，2013）。小球藻中的色素主要为叶绿素和类胡萝卜素，其中，叶绿素能延缓衰老，维持皮肤的新陈代谢，降低胆固醇含量；虾青素通过减少 NO 的产生而具有良好的抗炎特效；叶黄素能预防糖尿病小鼠晶体蛋白氧化，治疗白内障及心血管疾病（Shibata et al.，2003）。

参 考 文 献

陈昌生, 章景荣. 1988. 福建省潮间带主要经济海藻的调查. 福建水产, 4: 34-42.
陈婕, 林文庭. 2015. 复方浒苔多糖降血脂及抗脂质过氧化作用研究. 大连医科大学学报, 37(1): 9-12.
池天河, 张新, 王钦敏, 等. 2004. 台湾海峡海洋动力环境立体监测信息服务系统. 华南理工大学学报(自然科学版), 4: 19-22, 27.
郭子叶. 2014. 浒苔多糖化妆品开发潜力研究. 上海: 上海海洋大学硕士学位论文.

韩丽君, 史大永, 袁毅, 等. 2008. 海藻多糖植物胶囊生产专用胶: 中国, CN200810016403.X.
黄英明, 王伟良, 李元广, 等. 2010. 微藻能源技术开发和产业化的发展思路与策略. 生物工程学报, 26(7): 907-913.
孔维宝, 李龙囡, 张继, 等. 2010. 小球藻的营养保健功能及其在食品工业中的应用. 食品科学, 31(9): 323-328.
李达. 2014. 台湾海峡西岸主要流域降水时空分布特征的研究. 厦门: 厦门大学硕士学位论文.
李众. 2019. 台湾海峡西部近岸附着生物群落结构及功能多样性研究. 厦门: 自然资源部第三海洋研究所硕士学位论文.
林建云, 陈维芬, 贺青, 等. 2013. 福建沿岸海域浒苔藻类的营养成分含量与食用安全. 台湾海峡, 30(4): 570-576.
刘智禹. 2012. 浒苔对海水中重金属的富集研究及食用安全风险评估. 福建水产, 34(1): 71-75.
梅洪, 赵先富, 郭斌, 等. 2003. 中国淡水藻类生物多样性研究进展. 生态科学, 4: 356-359.
农业农村部渔业渔政管理局, 全国水产技术推广总站, 中国水产学会. 2020. 中国渔业统计年鉴. 北京: 中国农业出版社.
潘卫华. 2017. 台湾海峡海面风场的季节性变化特征分析. 地球科学前沿, 7(2): 247-252.
彭雍博, 罗宣, 汪秋宽, 等. 2017. 海藻多酚功能性作用机制及其应用研究. 大连海洋大学学报, 32(4): 484-492.
秦搏, 常青, 陈四清, 等. 2015. 饲料中浒苔添加量以及处理方法对幼刺参生长、消化率、消化酶和非特异性免疫酶的影响. 水产学报, 39(4): 547-556.
任厚朋. 2014. 浒苔的开发及综合应用. 上海化工, 39(3): 1-4.
王慧岭, 张晋阳, 罗建涛, 等. 2018. 微藻在食品领域的应用. 安徽农业科学, 46(17): 44-47.
王秋璐, 许艳, 黄海燕, 等. 2019. 基于时空矩阵方法对福建省海湾水质变化特征分析. 海洋学报, 41(2): 134-144.
王兴昌. 1986. 国内首创新药——甘露醇烟酸酯投产上市. 齐鲁药事, 1: 41.
王秀良, 张全斌, 段德麟. 2020. 经济海藻繁育、养殖及综合利用的回顾与展望. 海洋科学, 44(7): 10-15.
席波. 2015. 海洋微藻的活性筛选及活性成分的功能研究. 天津: 天津科技大学硕士学位论文.
宣雄智, 李文嘉, 李绍钰, 等. 2019. 藻类在猪和鸡养殖生产中的应用研究进展. 中国畜牧兽医, 46(11): 3262-3269.
严新, 陈玉青, 陈明军, 等. 2019. 台湾海峡褐藻种类与分布及其资源利用概况. 渔业研究, 41(3): 258-268.
杨亚云. 2016. 四种大型海藻在化妆品上综合应用研究. 上海: 上海海洋大学硕士学位论文.
杨宇峰, 宋金明, 林小涛, 等. 2005. 大型海藻栽培及其在近海环境的生态作用. 海洋环境科学, 3: 77-80.
张宝龙, 曲木, 暴丽梅, 等. 2018. 饲料中添加不同水平小球藻对黄颡鱼生长及免疫力的影响. 养殖与饲料, 9: 48-53.
张丽娟. 1997. 台海两岸经济海藻养殖技术研究概况. 福建水产, 4: 69-73.
张玲. 2015.小球藻(*Chlorella sorokiniana* C74)的培养及活性物质的研究. 海口: 海南大学硕士学位论文.
张全斌, 徐祖洪. 1997. 几种褐藻中褐藻多糖硫酸酯的分离及分析. 海洋科学, 3: 55-58.
张水浸. 1996. 中国沿海海藻的种类与分布. 生物多样性, 3: 17-22.

张文启. 2016. 浒苔多糖对肉仔鸡免疫及生长性能影响的研究. 泰安: 山东农业大学硕士学位论文.

钟婵, 曹敏杰, 刘光明, 等. 2017. 福建省海藻产业现状分析和发展对策. 饲料研究, 16: 18-25.

周胜强, 游翠红, 王树启, 等. 2013. 饲料中添加浒苔对黄斑篮子鱼生长性能与生理生化指标的影响. 中国水产科学, 20(6): 1257-1265.

周贞英, 陈灼华. 1983. 福建海藻名录. 台湾海峡, 2: 91-102.

Ali I, Manzoor Z, Koo J E, et al. 2017. 3-Hydroxy-4, 7-megastigmadien-9-one, isolated from *Ulva pertusa*, attenuates TLR9-mediated inflammatory response by down-regulating mitogen-activated protein kinase and NF-κB pathways. Pharmaceutical Biology, 55(1): 435-440.

Baky H H A E, El-Baroty G S. 2013. Healthy benefit of microalgal bioactive substances. Journal of Aquatic Science, 1(1): 11-22.

Cai C, Guo Z, Yang Y, et al. 2016. Inhibition of hydrogen peroxide induced injuring on human skin fibroblast by *Ulva prolifera* polysaccharide. International Journal of Biological Macromolecules, 91: 241-247.

Cherng J Y, Shih M F. 2006. Improving glycogenesis in streptozocin (STZ) diabetic mice after administration of green algae *Chlorella*. Life Sciences, 78(11): 1181-1186.

Cui J, Li Y, Wang S, et al. 2018. Directional preparation of anticoagulant-active sulfated polysaccharides from *Enteromorpha prolifera* using artificial neural networks. Scientific Reports, 8(1): 3062.

Ghareeb D A, Abd-Elgwad A, El-Guindy N, et al. 2019. *Ulva lactuca* methanolic extract improves oxidative stress-related male infertility induced in experimental animals. Archives of Physiology and Biochemistry, (5): 1-9.

Guo C L, Wang L J, Li X X, et al. 2019. Discovery of novel bromophenol-thiosemicarbazone hybrids as potent selective inhibitors of poly (ADP-ribose) polymerase-1 (PARP-1) for use in cancer. Journal of Medicinal Chemistry, 62(6): 3051-3067.

Haraguchi Y, Kagawa Y, Sakaguchi K, et al. 2017. Thicker three-dimensional tissue from a "symbiotic recycling system" combining mammalian cells and algae. Scientific Reports, 7: 41594.

Hernández I, Martínez-Aragón J F, Tovar A. 2002. Biofiltering efficiency in removal of dissolved nutrients by three species of estuarine macroalgae cultivated with sea bass (*Dicentrarchus labrax*) waste waters 2. Ammonium. Journal of Applied Phycology, 14(5): 375-384.

Hong H, Fei C, Zhang C, et al. 2011. An overview of physical and biogeochemical processes and ecosystem dynamics in the Taiwan Strait. Continental Shelf Research, 31: S3-S12.

Hussein A M, Ahmed O M. 2010. Regioselective one-pot synthesis and anti-proliferative and apoptotic effects of some novel tetrazolo[1, 5-a] pyrimidine derivatives. Bioorganic & Medicinal Chemistry, 18(7): 2639-2644.

Ismail A, Ktari L, Ben Redjem Romdhane Y, et al. 2018. Antimicrobial fatty acids from green alga *Ulva rigida* (Chlorophyta). BioMed Research International, 2018(11): 1-12.

Kammoun I, Bkhairia I, Ben Abdallah F, et al. 2017. Potential protective effects of polysaccharide extracted from *Ulva lactuca* against male reprotoxicity induced by thiacloprid. Archives of Physiology and Biochemistry, 123(5): 334-343.

Lewis L A, McCourt R M. 2004. Green algae and the origin of land plants. American Journal of Botany, 91(10): 1535-1556.

Lin G P, Wu D S, Xiao X W, et al. 2020. Structural characterization and antioxidant effect of green alga *Enteromorpha prolifera* polysaccharide in *Caenorhabditis elegans* via modulation of microRNAs. International Journal of Biological Macromolecules, 150: 1084-1092.

Liu J Y. 2013. Status of marine biodiversity of the China seas. PloS One, 8(1): e50719.

Liu X Y, Liu D, Lin G P, et al. 2019. Anti-ageing and antioxidant effects of sulfate oligosaccharides from green algae *Ulva lactuca* and *Enteromorpha prolifera* in SAMP8 mice. International Journal of Biological Macromolecules, 139: 342-351.

Marinho G S, Holdt S L, Birkeland M J, et al. 2015. Commercial cultivation and bioremediation potential of sugar kelp, *Saccharina latissima*, in Danish waters. Journal of Applied Phycology, 27(5): 1-11.

Ren X, Liu L, Gamallat Y, et al. 2017. *Enteromorpha* and polysaccharides from *Enteromorpha* ameliorate loperamide-induced constipation in mice. Biomedicine and Pharmacotherapy, 96: 1075-1081.

Reyna-Martinez R, Gomez-Flores R, López-Chuken U, et al. 2018. Antitumor activity of *Chlorella sorokiniana* and *Scenedesmus* sp. microalgae native of Nuevo León State, México. Peer J, 6: e4358.

Shao P, Pei Y, Fang Z, et al. 2014. Effects of partial desulfation on antioxidant and inhibition of DLD cancer cell of *Ulva fasciata* polysaccharide. International Journal of Biological Macromolecules, 65: 307-313.

Shi J, Cheng C, Zhao H, et al. 2013. *In vivo* anti-radiation activities of the *Ulva pertusa* polysaccharides and polysaccharide-iron (III) complex. International Journal of Biological Macromolecules, 60: 341-346.

Shibata S, Natori Y, Nishihara T, et al. 2003. Antioxidant and anti-cataract effects of *Chlorella* on rats with streptozotocin-induced diabetes. Journal of Nutritional Science and Vitaminology, 49(5): 334-339.

Steneck R S, Graham M H, Bourque B J, et al. 2002. Kelp forest ecosystems: biodiversity, stability, resilience and future. Environmental Conservation, 29(4): 436-459.

Wan X, Li X, Liu D, et al. 2021. Physicochemical characterization and antioxidant effects of green microalga *Chlorella pyrenoidosa* polysaccharide by regulation of microRNAs and gut microbiota in *Caenorhabditis elegans*. International Journal of Biological Macromolecules, 168: 152-162.

Wang B G, Gloer J B, Ji N Y, et al. 2013. Halogenated molecules of rhodomelaceae origin: chemistry and biology. Chemical Reviews, 113(5): 3632-3685.

Wang R, Paul V J, Luesch H. 2013. Seaweed extracts and unsaturated fatty acid constituents from the green alga *Ulva lactuca* as activators of the cytoprotective Nrf2-ARE pathway. Free Radical Biology & Medicine, 57: 141-153.

Wei J, Wang S, Liu G. 2014. Polysaccharides from *Enteromorpha prolifera* enhance the immunity of normal mice. International Journal of Biological Macromolecules, 64: 1-5.

Wu D S, Chen Y H, Wan X Z, et al. 2020. Structural characterization and hypoglycemic effect of green alga *Ulva lactuca* oligosaccharide by regulating microRNAs in *Caenorhabditis elegans*. Algal Research, 51: 2211-9264.

Xu S Y, Huang X, Cheong K L. 2017. Recent advances in marine algae polysaccharides: isolation, structure, and activities. Marine Drugs, 15(12): 388.

Yan X, Yang C, Lin G, et al. 2019. Antidiabetic potential of green seaweed *Enteromorpha prolifera* flavonoids regulating insulin signaling pathway and gut microbiota in type 2 diabetic mice. Journal of Food Science, 84(1): 165-173.

Ye Y Y, Lin M, Ma J H, et al. 2016. Phytoplankton community and environmental correlates in a coastal upwelling zone along western Taiwan Strait. Journal of Marine Systems, 154(B): 252-263.

Zhang Q. 2003. Effects of fucoidan on chronic renal failure in rats. Planta Medica, 69(6): 637-641.

Zhang Z, Wang X, Zhao M, et al. 2013. The immunological and antioxidant activities of polysaccharides extracted from *Enteromorpha linza*. International Journal of Biological

Macromolecules, 57: 45-49.
Zhong R T, Wan X Z, Wang D Y, et al. 2020. Polysaccharides from marine *Enteromorpha*: structure and function. Trends in Food Science & Technology, 99: 924-2244.
Zhu C, Zhang S, Song C, et al. 2017. Selenium nanoparticles decorated with *Ulva lactuca* polysaccharide potentially attenuate colitis by inhibiting NF-κB mediated hyper inflammation. Journal of Nanobiotechnology, 15(1): 20.

第二章 浒苔生物活性成分研究

第一节 浒苔多糖 EPP-1 抗氧化机制研究

衰老是一个复杂的生物学过程，主要由氧化应激引起，而程序性细胞衰老和与年龄相关的疾病可能与细胞内氧化应激相关（Finkel and Holbrook，2000）。从海藻中提取的天然植物活性物质，如多糖及其降解产物，具有潜在的抗氧化作用（Chen et al.，2018a；Liu et al.，2019）。海藻多糖通过调节丙二醛（MDA）水平、总超氧化物歧化酶（T-SOD）酶活性和细胞凋亡水平，降低细胞内活性氧（ROS）水平，发挥抗氧化作用。微 RNA（microRNA，miRNA）通过与信使 RNA（mRNA）的 3′端非翻译区结合，从而阻断了 mRNA 的翻译，且一个 miRNA 有多个潜在的靶基因（Sambandan et al.，2017；Zhao et al.，2019a）。对秀丽隐杆线虫基因图谱的全面探索表明，其与哺乳动物具有高度同源性，可作为重要的生物模型用于分子表征和基因组研究（Zhu et al.，2016）。研究表明，SKN-1 转录因子和 *DAF-16* 是参与秀丽隐杆线虫抵抗氧化应激的重要因子（Sykiotis and Bohmann，2010；Zhang et al.，2015）。*DAF-16* 与人类叉头框 O 族（FOXO）的同源基因，可以调节幼虫形成和线虫的寿命（Liu et al.，2019）。SKN-1 参与了多种生物学过程，通过参与衰老相关通路（p38-MAPK）在生物学过程中决定生命周期并改善神经发育，此外，其可通过衰变加速因子-2（DAF-2）胰岛素样信号通路与 *DAF-16* 共同调节线虫寿命（Lewis et al.，2005）。利用保守靶向概率（P_{CT}）计算保守 miRNA 家族，通过 TargetScanWorm（http://www.targetscan.org/）和 miRBase（http://www.mirbase.org/）计算 *DAF-16* 和 SKN-1 的 P_{CT}，发现 miR-48 和 miR-51 分别与 *DAF-16* 和 SKN-1 转录因子高度保守（Tullet et al.，2008；Friedman et al.，2009；Jan et al.，2011）。miR-48 在维持细胞正常状态中发挥重要作用，miR-51 可以通过 miRNA 调控通路与 miR-48 相互作用（Roush and Slack，2008；Shaw et al.，2010；Brenner et al.，2012）。本节以秀丽隐杆线虫为模式生物评估低分子量的浒苔多糖（EPP-1）的抗氧化分子机制（图 2-1）。

浒苔含有大量硫酸化多糖以及其他生物活性物质（Zhong et al.，2020）。在浒苔爆炸性生长过程中，浒苔多糖（*Enteromorpha prolifera* polysaccharides，EPP）作为绿藻的一种重要的营养物质，得到了广泛的研究。从 1961 年到 2020 年，已有大约 124 篇论文发表并被 Scopus 和 Science Direct 数据库收录（检索关键词为“浒苔多糖”），其中大约 85.48%的研究源自中国、印度和其他太平洋沿海区域国家，仅 7.26%的研究来自欧洲。然而，在北美洲、南美洲较少见明确的报道（表 2-1）。

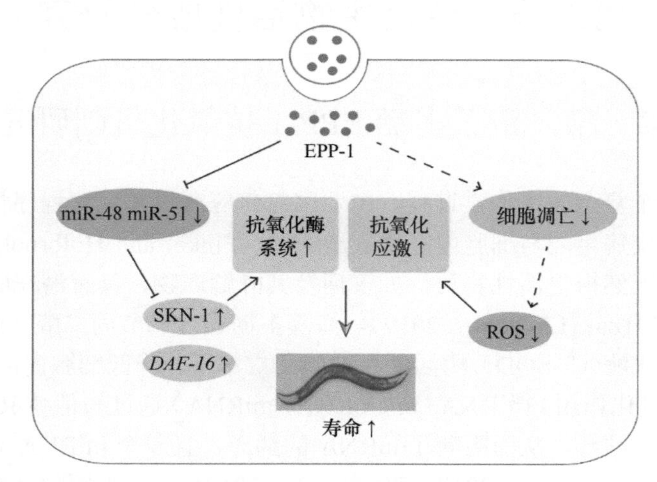

图 2-1 EPP-1 在秀丽隐杆线虫体内抗氧化机制的潜在途径

表 2-1 浒苔多糖研究分布表

国家	所属洲	篇数	占比
中国 日本 韩国 印度 伊朗	亚洲	106	85.48%
英国 法国 西班牙 罗马尼亚	欧洲	9	7.26%
埃及	非洲	4	3.23%
加拿大 美国	北美洲	4	3.23%
巴西	南美洲	1	0.80%

浒苔多糖已被证实具有多种生理活性，包括抗氧化、抗菌、抗高脂血症、抗肿瘤、抗癌、抗病毒、抗凝血、调节免疫及调节肠道微生物等功能（图 2-2）。这些生物活性依赖于其特定的结构特征，如单糖组成、分子量及羧基、羟基、乙酰基和硫酸基团等化学基团的结构修饰。大多数浒苔多糖主要由鼠李糖、木糖和葡

萄糖组成，而半乳糖、甘露糖和葡萄糖醛酸的含量少，且随单糖摩尔比的不同而变化。不同的原料产地、生长条件、采收季节及糖的处理和纯化方式，都会导致不同的单糖成分和摩尔比。分子量是影响浒苔多糖功能发挥的另一关键因素。经高效凝胶渗透色谱分析鉴定，浒苔多糖的分子质量分布在 10^3～10^6Da。浒苔多糖分子量的变化可能与浒苔种类、纯化过程和分析方法有关。多糖结构的研究方法包括高效液相色谱法（HPLC）、核磁共振法、甲基化分析、高效凝胶渗透色谱法、气相色谱法和红外光谱法。关于浒苔多糖的确切的化学结构及其单糖组成的研究还很少。浒苔多糖通常是葡萄糖醛酸、木糖和鼠李糖聚合物，主要重复二糖单元为α-L-Rha*p*-(1→4)-D-Xyl*p* 和→4)-β-D-Glc*p*A-(1→4)-α-L-Rha*p*。关于浒苔多糖的构效关系却少见报道。

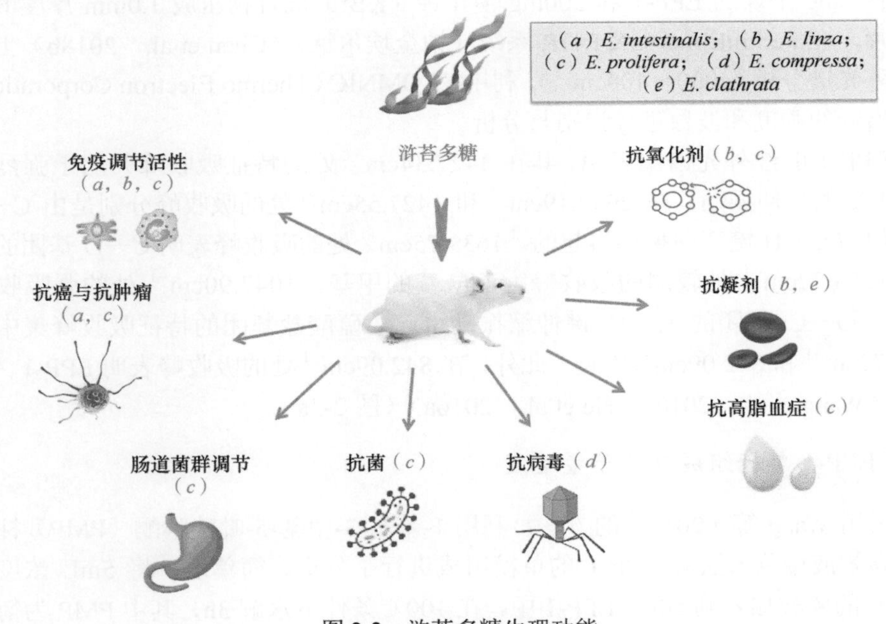

图 2-2　浒苔多糖生理功能

一、浒苔多糖 EPP-1 制备与纯化

按照料液比 1∶40 的比例用超声波（45kHz）辅助提取法在 60℃超纯水中将干燥的浒苔粉处理 120min。之后离心获取浒苔上清液，对上清液进行旋蒸浓缩，并加入 4 倍体积的乙醇，4℃下保存 8h，离心（4800r/min）10min 获取浒苔粗多糖。用中性蛋白酶去除蛋白质，再用透析袋透析 48h 得到除杂后的浒苔多糖，之后进行冻干。而后按照料液比 1∶100 溶解浒苔多糖，再加入 0.05mol/L 硫酸，在 100℃下水解 1.5h。将水解产物溶液 pH 调整至 7.0，用超纯水透析 48h，用 3000Da

规模的透析袋对酸解糖溶液进行透析。浒苔多糖酸解物由 DEAE-52（北京索莱宝科技有限公司）纤维素柱（2.6cm，60cm）用 0.7mol/L 氯化钠溶液以 0.85mL/min 的流速洗脱，然后利用苯酚-硫酸法测定各管溶液的吸光度，并收集吸光度集中的管，而后用生物凝胶 P-2 柱（美国加利福尼亚州，伯乐，1504114）进一步纯化（2.6cm，60cm），冻干后的多糖命名为 EPP-1（Lin et al.，2020）。EPP-1 的糖醛酸含量和硫酸根含量利用 Guo 等（2011）的方法测定。

二、浒苔多糖 EPP-1 结构解析

（一）EPP-1 红外光谱分析

将 2mg 干燥的 EPP-1 和 200mg 溴化钾（KBr）混合物压成 1.0mm 厚度的透明薄片，在 PerkinElmer-GX FTIR 系统（铂金埃尔默）（Chen et al.，2018b）上进行红外光谱分析（4000～400cm^{-1}），利用 EZOMNIC（Thermo Electron Corporation）对色谱峰的强度和波数进行识别与分析。

EPP-1 的红外光谱图表明，其在 3427.34cm^{-1} 处的特征吸收峰归因于强烈的 O—H 键的拉伸振动。在 2932.19cm^{-1} 和 1427.55cm^{-1} 处的吸收峰分别是由 C—H 键拉伸与 C—H 键弯曲振动引起的。1639.75cm^{-1} 处的吸收峰表明 C—O 基团的存在，1253.72cm^{-1} 处较弱的吸收峰为乙酰基的甲基，1047.90cm^{-1} 处的强吸收峰由 C—O—C 基团的 C—O 键伸缩振动引起，硫酸盐基团的特征吸收峰集中在 1253.72cm^{-1} 和 842.09cm^{-1} 附近。此外，在 842.09cm^{-1} 处的吸收峰表明 EPP-1 为 α 构型（Wang et al.，2010a；He et al.，2016a）（图 2-3a）。

（二）EPP-1 单糖组成及分子量鉴定

采用 Wang 等（2015）的方法，利用 1-苯基-3-甲基-5-吡唑啉酮（PMP）柱前衍生高效液相色谱法对 EPP-1 的单糖组成进行了分析。简单地，将 5mL 浓度为 2mol/L 的硫酸加入到 50mg EPP-1 中，在 100℃条件下水解 3h，其中 PMP 为衍生化剂。HPLC-DAD（上海，岛津，LC-20AT）并配备 C18 柱（美国特拉华州，生物技术公司，250mm×4.6mm×5μm）用于测定单糖的组成。以 D-甘露糖、L-鼠李糖、D-葡萄糖醛酸、D-半乳糖醛酸、D-葡萄糖、D-半乳糖、D-木糖、L-阿拉伯糖、D-岩藻糖为标准衍生品。EPP-1 的分子量按照先前的方法（Zhao et al.，2016），利用多角度激光散射仪体系（美国加利福尼亚州，怀雅特，mini DAWN）测定。

结果表明，EPP-1 主要由 D-甘露糖、L-鼠李糖、D-葡萄糖醛酸、D-半乳糖醛酸、D-葡萄糖、D-半乳糖组成，其摩尔比为 0.61∶12.53∶30.59∶3.26∶1.73∶21.69（图 2-3b）。此外，EPP-1 的硫酸含量为 8.99%，糖醛酸含量为 15.22%。据报道，多糖中高含量的硫酸基团和糖醛酸增强了浒苔多糖的抗氧化性能，且硫酸化寡

糖具有更好的自由基清除能力（Li et al.，2017a，2018）。此外，EPP-1 分子量的对数图表明，EPP-1 的平均分子质量和摩尔质量分别为 4280g/mol 和 2470g/mol（图 2-3e）。

（三）EPP-1 核磁共振图谱分析

在高清核磁共振波谱仪（Bruker AVANCE III）上对 EPP-1 进行^{1}H 和^{13}C 核磁共振波谱分析。而后使用 Bruker AVANCE Ⅲ HD 400MHz 核磁共振（NMR）光谱仪在 25℃下进行二维 ^{1}H-^{1}H 化学位移相关谱（COSY）、^{1}H-^{13}C 异核单量子相关谱（HSQC）和 ^{1}H-^{13}C 异核多键相关谱（HMBC）分析。采用 Bruker TopSpin 2.1 程序对核磁共振数据进行处理。

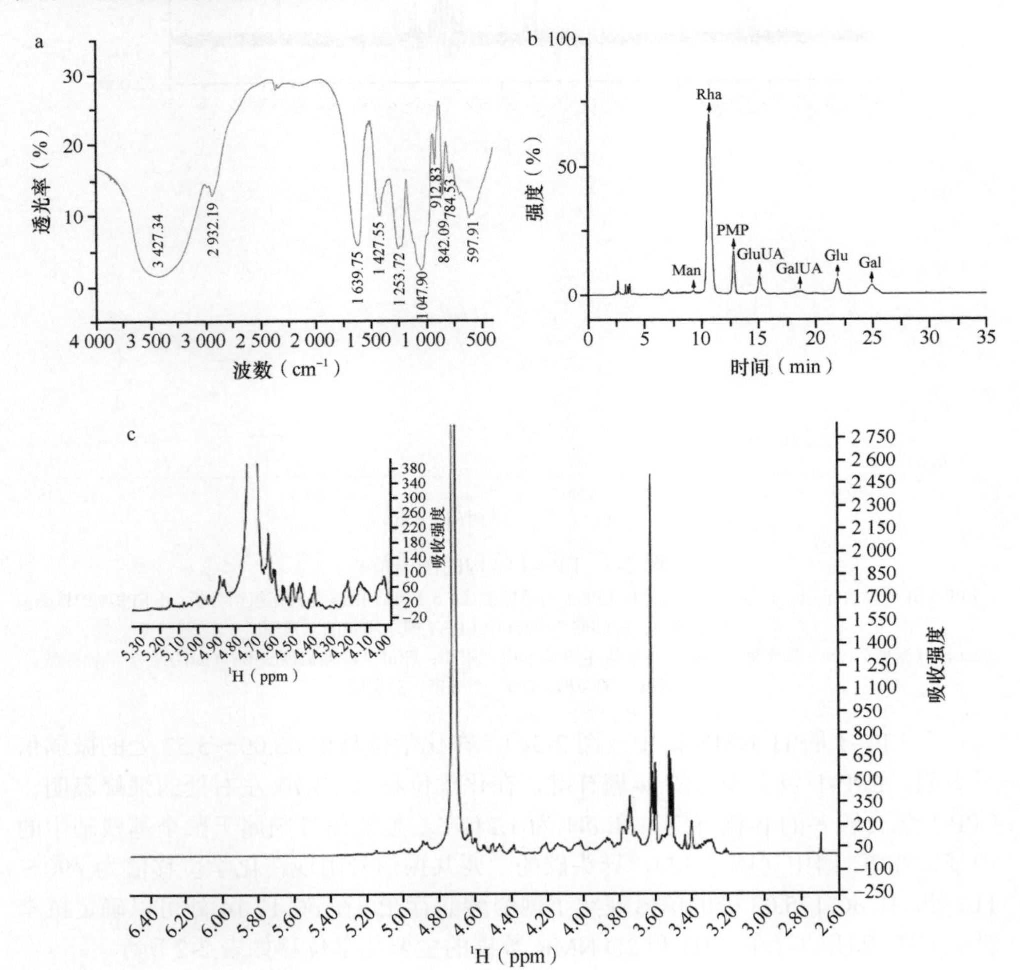

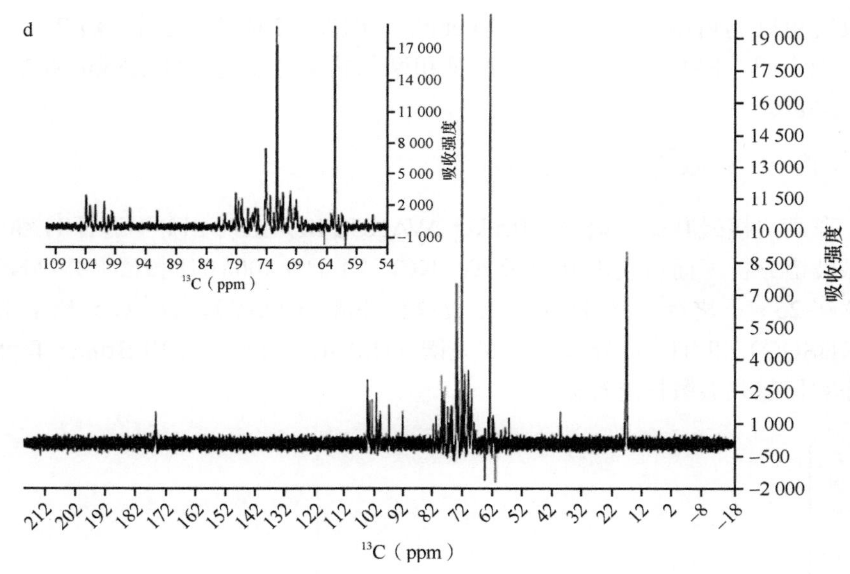

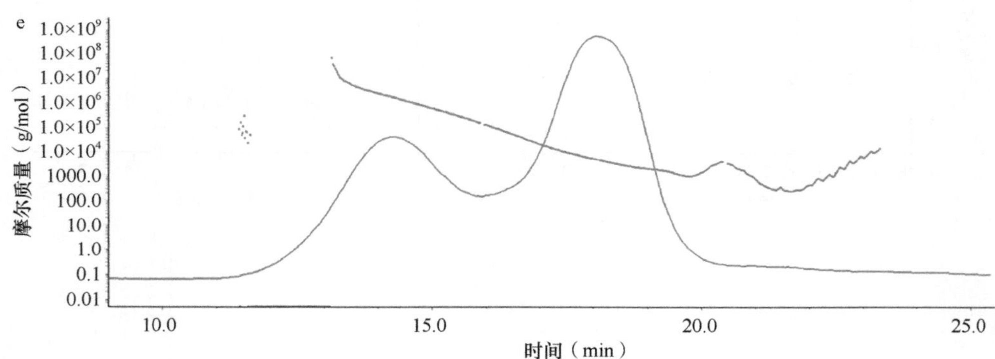

图 2-3 EPP-1 结构的图谱解析

a. EPP-1 红外光谱图；b. 高效液相色谱分析 EPP-1 的单糖组成；c. EPP-1 的核磁共振氢谱分析；d. EPP-1 的核磁共振碳谱分析；e. GPC System 中 EPP-1 摩尔质量的对数图

Man，甘露糖；Rha，鼠李糖；PMP，1-苯基-3-甲基-5-吡唑啉酮；GluUA，葡萄糖醛酸；GalUA，半乳糖醛酸；Glu，葡萄糖；Gal，半乳糖。后文同

在 EPP-1 的^{1}H NMR 谱中（图 2-3c），在化学位移值 δ5.00～5.52 处的微弱信号表明，EPP-1 包含少量的 α-糖苷键，在化学位移值 δ4.70 左右处的强峰表明，EPP-1 包含较多的 β-糖苷键。在 δH 为 1.21 左右处的信号归属于鼠李基残基中的甲基，在^{13}C 谱中（图 2-3d），异头碳的主要共振信号出现在化学位移值为 δ90～110 处。在 δC 175.03 处的信号证实了糖醛酸的存在，在 δC 17.14 处可以确定鼠李糖酰 CH_3 基团的存在。1D 和 2D NMR 数据的主要化学位移如表 2-2 所示。

表 2-2　浒苔多糖 EPP-1 的 ^{1}H 和 ^{13}C 图谱数据分析

残基		化学位移（ppm）					
		1	2	3	4	5	6
A：→2)-β-D-Glc*p*A-(1→	H	4.62	3.28	3.57	3.70	3.91	
	C	101.84	74.86	73.88	73.31	72.67	175.02
B：→3,6)-β-D-Man*p*-(1→	H	4.72	3.38	3.81	3.99	3.78	3.62
	C	98.15	72.13	78.74	71.27	71.31	68.84
C：→4)-α-D-Glc*p*-(1→	H	5.14	3.55	3.74	3.81	3.87	3.66
	C	101.08	70.23	73.00	78.88	73.22	61.14
D：→6)-β-D-Gal*p*-(1→	H	4.46	3.56	3.68	3.92	3.89	4.02
	C	102.86	73.83	73.07	73.36	73.56	71.01
E：β-L-Rha*p*-(1→	H	4.63	3.92	3.76	3.44	4.04	1.21
	C	100.22	71.48	70.18	72.42	69.73	17.14
F：β-L-Rha*p*-(1→	H	4.64	3.86	3.61	4.12	3.94	1.23
	C	101.12	76.12	72.18	73.42	68.73	17.04
G：→4)-β-D-Gal*p*A-(1→	H	4.61	3.52	3.63	4.63	3.92	
	C	98.92	74.31	74.02	78.02	73.57	175.02

注：1ppm=10^{-6}

根据图 2-4a 可知，分别在化学位移值依次为 δ4.62、δ4.72、δ5.14、δ4.46、δ4.63、δ4.64 和 δ4.61 处发现 7 个异头质子信号，表明糖残基主要以 β-构型存在，利用 ^{13}C NMR 和 ^{1}H-^{13}C HSQC 谱图，分别在化学位移值依次为 δ101.84、δ98.15、δ101.08、δ102.86、δ100.22、δ101.12 和 δ98.92 处发现了 7 个碳信号（图 2-4b）。残基 ***A*** 和残基 ***G*** 分别由异头质子在 δ4.62 和 δ4.61 的化学位移与异头碳在 δ101.84 和 δ98.92 的化学位移确定。根据 ^{1}H-^{1}H COSY，残基 ***A*** 的 H2 到 H5 的化学位移分别归属于 δ3.28、δ3.57、δ3.70 和 δ3.91，残基 ***G*** 的 H2 到 H5 的化学位移分别归属于 δ3.52、δ3.63、δ4.63 和 δ3.9，残基 ***A*** 可推断为→2)-β-D-Glc*p*A-(1→，而残基 ***G*** 的 C4 和 H1 存在一定的下移量，被确定为→4)-β-D-Glc*p*A-(1→（Leone et al.，2007；Chen et al.，2016）。在 COSY 中，残基 ***B*** 的 H2、H3、H4、H5、H6 的 ^{1}H 化学位移归属值依次为 δ3.38、δ3.81、δ3.99、δ3.78 和 δ3.62（表 2-2）。根据来自 ^{1}H-^{13}C HSQC NMR 的数据，残基 ***B*** 为→3,6)-β-D-Man*p*-(1→（Li et al.，2017b），HSQC 中残基 ***C***、***D***、***E***、***F*** 的 H1 和 C1 化学位移值分别为 δ5.14/101.08、δ4.46/102.86、δ4.63/100.22 和 δ4.64/101.12。残基 ***C*** 的 C4 相对下移量为 δ78.88，残基 ***C*** 与 ***D*** 分别为→4)-α-D-Glc*p*-(1→和→6)-β-D-Gal*p*-(1→（Yuan et al.，2016；Cao et al.，2019），残基 ***E*** 和 ***F*** 均为 β-L-Rha*p*-(1→，通过观察 HMBC 中残基内和残基间的关联性来确定 EPP-1 的糖残基连接方式（图 2-4c，表 2-3）。E_{H1}/C_{C4}、A_{H2}/C_{C1}、A_{H1}/D_{C6}、D_{H1}/B_{C6}、

G_{H1}/B_{C3}、F_{H1}/G_{C3} 的交叉峰揭示糖残基的序列如下。

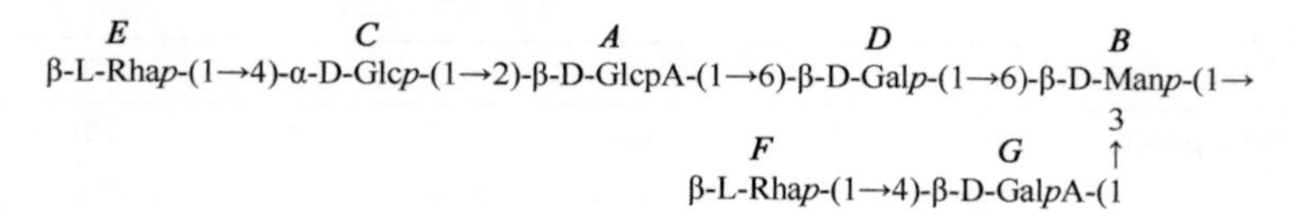

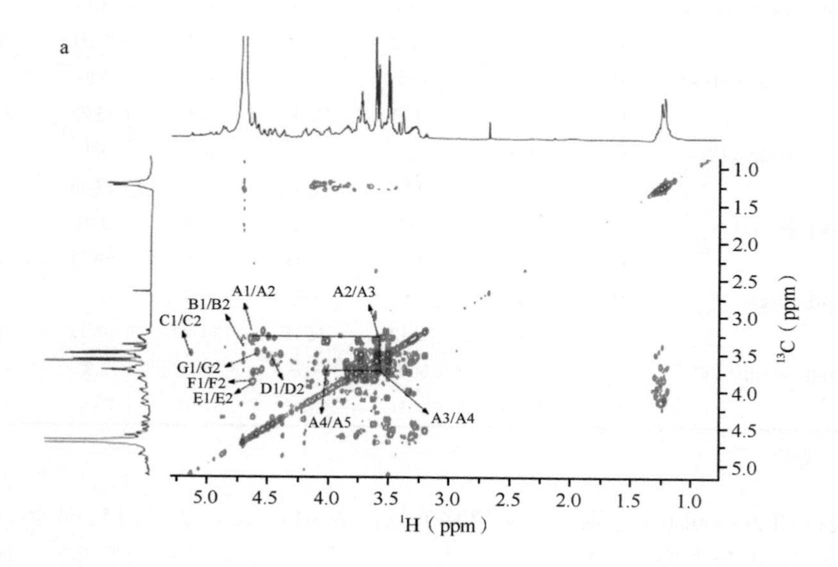

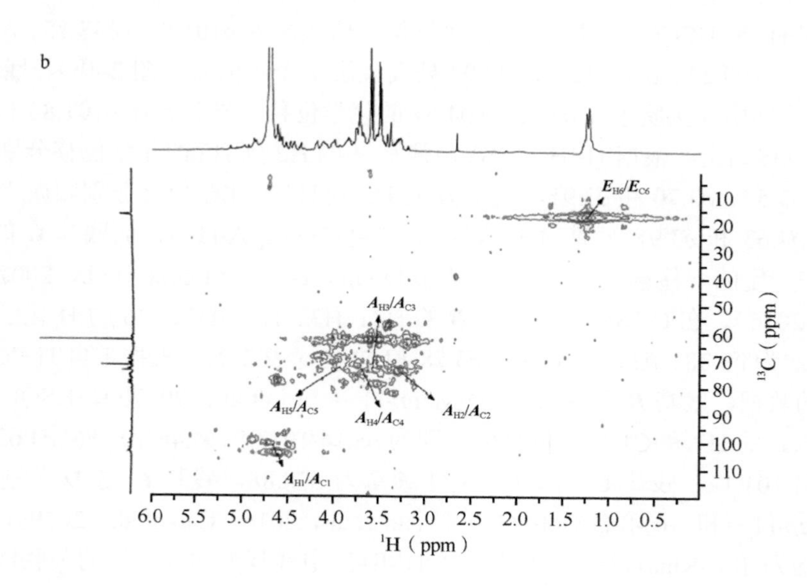

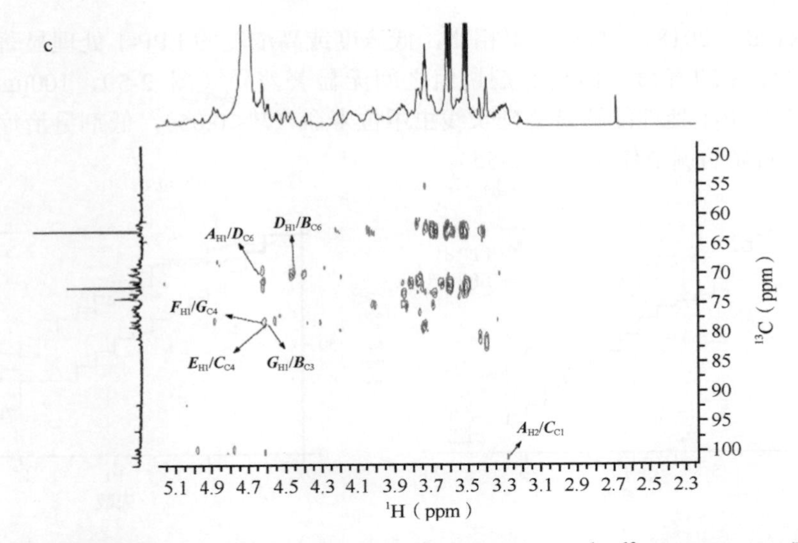

图 2-4　浒苔多糖 EPP-1 ^{1}H-^{1}H COSY（a）、^{1}H-^{13}C HSQC（b）、^{1}H-^{13}C HMBC（c）图谱分析

表 2-3　浒苔多糖 EPP-1 糖残基异头物 H/C 关联

残基	H1/C1	连接位点		
	δH/δC	δH/δC	残基	原子
A：→2)-β-D-Glc*p*A-(1→	4.62	71.01	***D***	C6
C：→4)-α-D-Glc*p*-(1→	101.08	3.28	***A***	H2
D：→6)-β-D-Gal*p*-(1→	4.46	68.84	***B***	C6
E：β-L-Rha*p*-(1→	4.63	78.88	***C***	C4
F：β-L-Rha*p*-(1→	4.64	78.02	***G***	C4
G：→4)-β-D-Gal*p*A-(1→	4.61	78.74	***B***	C3

三、浒苔多糖 EPP-1 抗氧化作用

（一）EPP-1 对线虫寿命的影响

野生型（N2）线虫购自明尼苏达大学 *Caenorhabditis* 遗传中心，在次氯酸钠溶液中获得同步化的线虫胚胎，之后在线虫生长培养基（NGM）上孵育 2.5d（20℃）以获得 L4 期线虫。而后用浓度分别为 0μg/mL（正常）、100μg/mL（EPP-1L）、200μg/mL（EPP-1H）的浒苔多糖溶液处理 L4 期线虫，在 25℃条件下进行培养并饲喂尿嘧啶缺陷型大肠杆菌 OP50。将同步化的线虫在 L4 期设为 0d，每天记录死虫和活虫的数量。线虫在被铂金挑虫器（picker）轻轻碰触后没有反应，则被认为死亡。

寿命试验是评估秀丽隐杆线虫寿命的基础试验依据（Ayyadevara et al.，2013；

Jattujan et al.，2018）。与正常组相比，低浓度或高浓度的 EPP-1 处理显著延长了秀丽隐杆线虫的寿命，但高低剂量组之间无显著差异（图 2-5），100μg/mL 和 200μg/mL EPP-1 处理能够显著延长线虫中位寿命（P<0.05），低剂量治疗对中位寿命有更明显的调节作用（图 2-5d）。

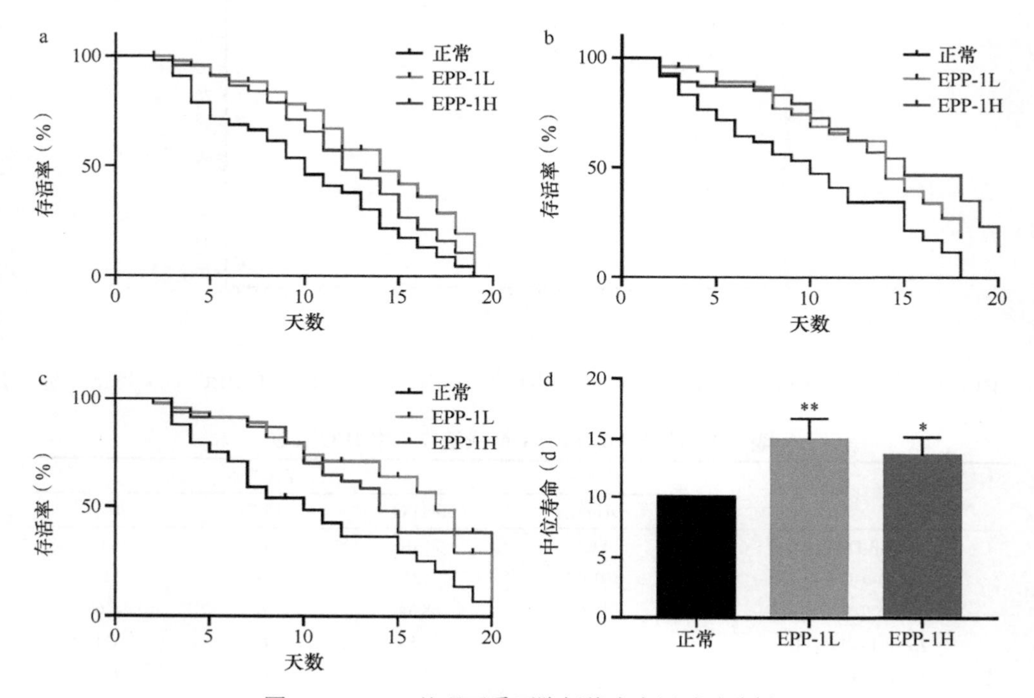

图 2-5　EPP-1 处理下秀丽隐杆线虫存活试验分析

a、b、c 三个分图为寿命试验的三次平行试验，通过该三次试验得到 d 图的中位寿命结果。与正常组比较 * P<0.05，** P<0.01

（二）EPP-1 对线虫抵抗氧化应激能力的影响

利用紫外照射（60J/m^2）诱导线虫氧化应激，分别用 0μg/mL、100μg/mL、200μg/mL 的 EPP-1 溶液处理 L4 期同步化线虫。紫外照射后，将线虫转移到新的 NGM 平板中进行寿命试验。对于热应激试验，将线虫于 37℃条件下用 EPP-1 处理 72h 后，在接下来的前 12h 中每 2h 以及之后的 12h 每 4h 记录线虫数目。

通过紫外照射和热应激诱导线虫产生氧化应激，测定线虫的存活率和平均寿命。与正常组相比，经 EPP-1 处理的线虫存活率明显提高（图 2-6）。在正常组、EPP-1L 组和 EPP-1H 组中，经紫外线照射的线虫的中位寿命分别为 3.0d、5.0d 和 4.7d 左右，表明 EPP-1 可显著延长经紫外线照射的线虫的中位寿命（P<0.05）（图 2-6d）。从 EPP-1 处理组的生存曲线可以看出，经过热处理后，EPP-1 处理组在前 12h 的存活率

高于正常处理组，在24h时的存活率高于正常处理组（图2-6e）。结果表明，EPP-1可通过提高线虫对紫外线和热应激引起的氧化应激的抗性，延长线虫的寿命。

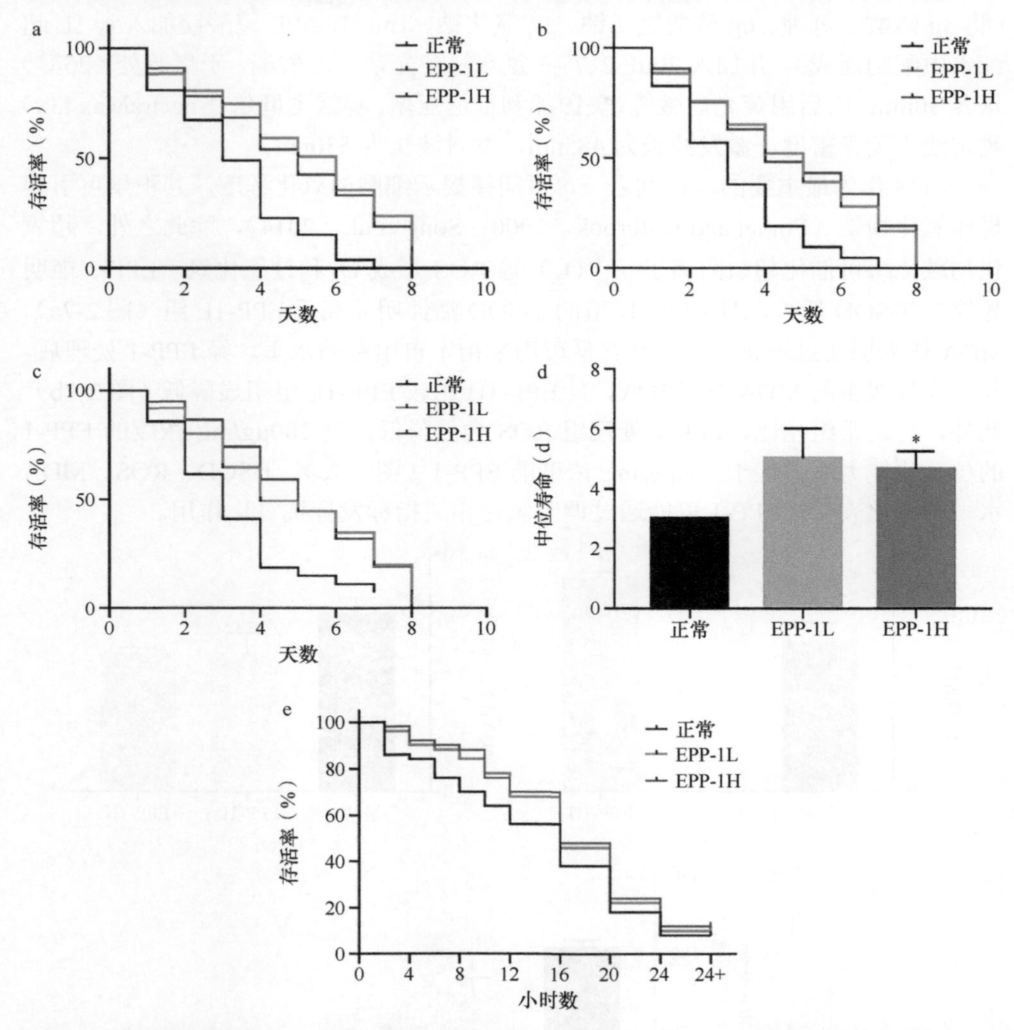

图2-6　紫外线照射（25℃）条件下线虫存活率（a、b、c，EPP-1处理浓度依次为0μg/mL、100μg/mL、200μg/mL）和中位寿命（d）与热应激（37℃）后线虫（N2）的存活率（e）

与正常组比较，$*P<0.05$

（三）EPP-1对线虫T-SOD、MDA、ROS的调节作用

将L4期线虫用不同浓度的EPP-1处理并于25℃下培养72h，然后用1mL磷酸盐缓冲液洗涤3次，用200μL低温细胞裂解缓冲液裂解40条线虫。按照3000r/min离心5min获取上清。分别用丙二醛试剂盒和总超氧化物歧化酶试剂盒

（南京，建成生物工程研究所，A003-1-2 与 A001-3-2）测定线虫体内丙二醛含量及 T-SOD 酶活性。将 40 只经 EPP-1 处理后的线虫转移到 180μL 9mol/L 缓冲液中（将 3g 磷酸二氢钾、6g 磷酸氢二钠、5g 氯化钠、1mL 1mol/L 硫酸镁加入到 1L 超纯水中配制而成），并加入 20μL 2′,7′-二氯双氢荧光素二乙酸酯，于黑暗处（25℃）培养 30min。而后用荧光显微镜（美国加利福尼亚州，赛默飞世尔，SpectraMax i3x）测定线虫荧光密度，激发波长为 485nm，发射波长为 530nm。

ROS 作为最重要的氧化剂之一，可间接揭示细胞的氧化程度，其积累可引起机体氧化损伤（Finkel and Holbrook，2000；Song et al.，2014），除此之外，超氧化物歧化酶可催化超氧阴离子（$\cdot O_2^-$）等 ROS 形成 O_2 和过氧化氢。EPP-1 能明显提高 T-SOD 活性，且 EPP-1H 组的 T-SOD 活性明显高于 EPP-1L 组（图 2-7a）。MDA 作为脂质过氧化产物，其含量可用来指示自由基的水平。经 EPP-1 处理后，秀丽隐杆线虫的 MDA 含量降低，且 EPP-1H 组较 EPP-1L 组明显降低（图 2-7b）。此外，与正常组相比，EPP-1 处理组 ROS 含量降低，且 200μg/mL 浓度的 EPP-1 的抗氧化能力明显优于 100μg/mL 浓度的 EPP-1（图 2-7c）。T-SOD、ROS、MDA 水平的变化表明，EPP-1 可能通过调节氧化相关指标发挥抗氧化作用。

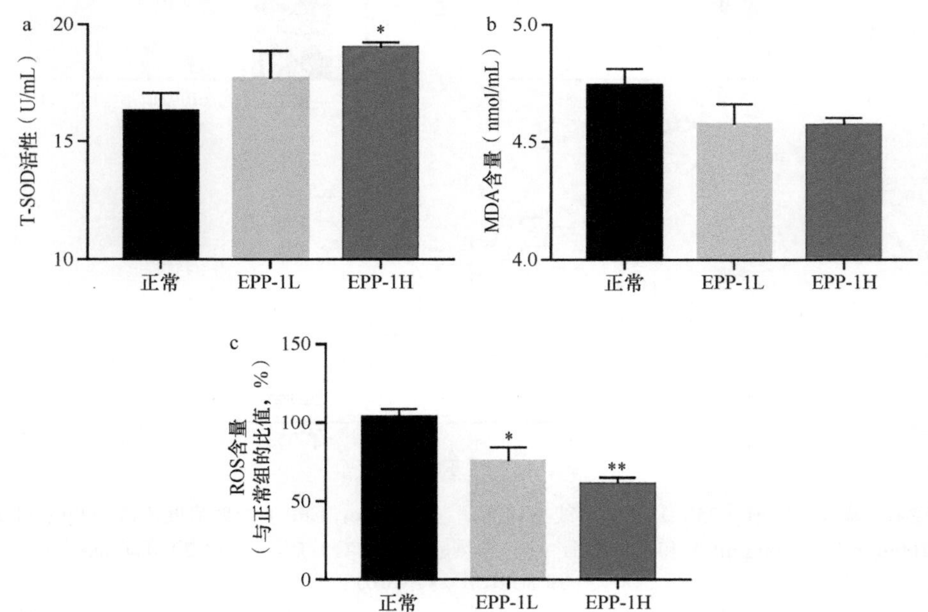

图 2-7　EPP-1 对线虫 T-SOD、MDA 和 ROS 水平的影响

与正常组比较，$*P<0.05$，$**P<0.01$

（四）EPP-1 对细胞凋亡的影响

将 100μL（25μg/mL）吖啶橙 DNA 染料溶解于 9mol/L 缓冲液中，用于线虫

细胞凋亡试验。线虫于室温黑暗处染色 1h 后，转移到新的 NGM 中恢复 10min。取 10μL 浓度为 60μg/mL 的咪唑溶液滴入 3%琼脂糖包埋的载玻片上，然后将 15 只线虫放入咪唑液滴中，盖上盖玻片，在荧光倒置显微镜（德国，奥伯科亨，蔡司，Axio Scope A1）下观察，激发波长为 485nm，发射波长为 535nm。正常组、EPP-1L 组和 EPP-1H 组的秀丽隐杆线虫荧光强度用 Image Pro Plus 6.0 软件（Media Cybernetics Inc.）进行定量分析。

DNA 损伤与细胞凋亡密切相关。由于吖啶橙能够进入凋亡细胞的细胞膜与 DNA 结合，在荧光灯照射下呈绿色（Kelly et al.，2000），因此吖啶橙染色可以直观地反映线虫 DNA 的完整性。经 EPP-1 处理后的虫体呈浅绿色，染色面积减少，而正常组虫体呈亮绿色。EPP-1H 组的鲜绿色面积小于 EPP-1L 组（图 2-8）。此外，EPP-1 处理组的荧光强度明显低于正常组，EPP-1L 处理组的荧光强度明显高于 EPP-1H 处理组（图 2-8g）。上述结果表明，EPP-1 可以缓解 DNA 的损伤，延长寿命。

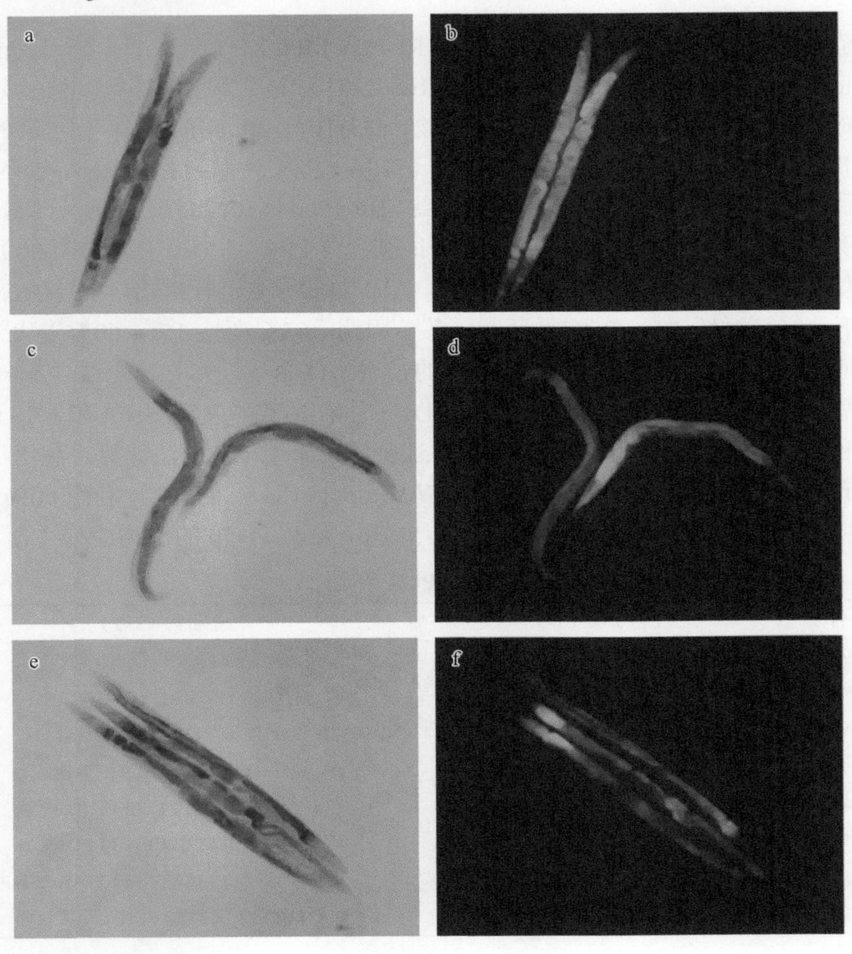

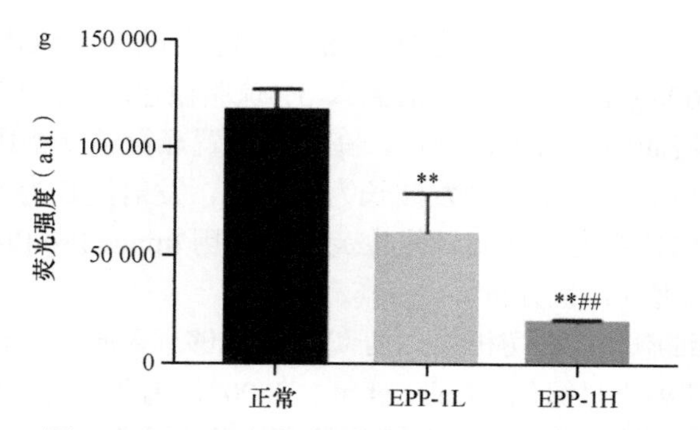

图 2-8 EPP-1 对秀丽隐杆线虫细胞凋亡的影响

正常组（a、b）、EPP-1L 组（c、d）、EPP-1H 组（e、f）的荧光显微观察。吖啶橙染色的正常组、EPP-1L 组和 EPP-1H 组线虫细胞的荧光强度信息（g）。与正常组比较，$^{**}P<0.01$；与 EPP-1L 组比较，$^{\#\#}P<0.01$

（五）EPP-1 对抗氧化相关基因表达的影响

总 RNA 和小 RNA 的提取分别按照 RNeasy Mini Kit（上海，联硕）与 miRNA Isolation Kit（美国佐治亚州，Omega，R6842-01）的操作手册进行，然后分别使用 cDNA 合成试剂盒（日本京都，宝生物，D6110A）和 miRNA 第一链 cDNA 合成试剂盒（加尾法）（日本京都，宝生物，6110A）将分离得到的总 RNA 与小 RNA 反转录成第一链互补 DNA（cDNA）。用 SYBR Premix Ex *Taq* 试剂盒（日本京都，宝生物，RR820A）和 microRNAs qPCR 试剂盒（上海，生工，B541010-0001）在 PCR 仪（美国马萨诸塞州，赛默飞世尔，ABI 7300）上进行扩增。mRNA 扩增条件如下：25℃循环 10s，95℃循环 30s 各一周期，95℃变性 15s，60℃退火 31s，72℃延伸 30s，共 40 个循环。miRNA 的扩增条件如下：95℃预变性 30s，40 个 95℃循环 5s，60℃循环 30s。分别用 GPD1（甘油-3-磷酸脱氢酶 1）和 5.8S rRNA 分析 mRNA 与 miRNA 的相对表达量，试验结果采用 $2^{-\Delta\Delta Ct}$ 法计算。利用 NCBI Primer Blast 工具设计 *DAF-16*、*SKN-1*、*GPD1*、5.8S rRNA 的引物，利用 miRprimer 2 软件设计 miR-48-3p、miR-48-5p、miR-51-3p、miR-51-5p 的引物序列（表 2-4）。

表 2-4 PCR 引物

因子名称	上游引物（5′-3′）	下游引物（5′-3′）
GPD1	CAAGCTCGTCTCTTGGTACGAC	CACGGGTGGCGATGTATCC
DAF-16	TTGCTCCACCACCATCATAC	GTGGCATTGGCTTGAAGTTAG
SKN-1	CACTGTCTCCTCTCATCATTGG	CGAGTGTCTCTGTGAGTGATATG
5.8S rRNA	TGCTGCGTTACTTACCACGA	CAGACGTACCAACTGGAGGC
miR-48-3p	ACATCCACCAGCCTAGC	TCCAGTTTTTTTTTTTTTTTGCGA
miR-48-5p	AGTGAGGTAGGCTCAGTAGA	TCCAGTTTTTTTTTTTTTTTCGCA
miR-51-3p	CAGTACCCGTAGCTCCTATC	GTCCAGTTTTTTTTTTTTTTTAACATGG
miR-51-5p	GCAGCATGGAAGCAGGTA	GTTTTTTTTTTTTTTTGCACCTGT

研究报道 SKN-1 转录因子可以修复 DNA 损伤，*DAF-16* 是控制 ROS 积累的重要基因（Chávez et al.，2007；D'Amora et al.，2018）。与正常组相比，经 EPP-1 处理后，线虫体内 SKN-1 转录因子表达增加，且 200μg/mL EPP-1 的上调效果优于 100μg/mL EPP-1（图 2-9a），EPP-1 处理显著提高了 *DAF-16* 水平（图 2-9b）。miR-48-3p、miR-48-5p、miR-51-3p 和 miR-51-5p 是 miR-48 与 miR-51 的成熟序列，它们可以直接作用于 mRNA，并可能抑制 SKN-1 转录因子和 *DAF-16* 的表达，EPP-1 处理上调了上述基因的相对表达量，且 EPP-1H 组的 miRNA 水平明显低于 EPP-1L 组（图 2-9c），表明 EPP-1H 组 miR-48 和 miR-51 水平与 *DAF-16* 和 SKN-1 转录因子表达呈负相关，这说明 EPP-1 可以抑制 miR-48 和 miR-51 的表达，进而调控 *DAF-16* 和 SKN-1 转录因子的表达。

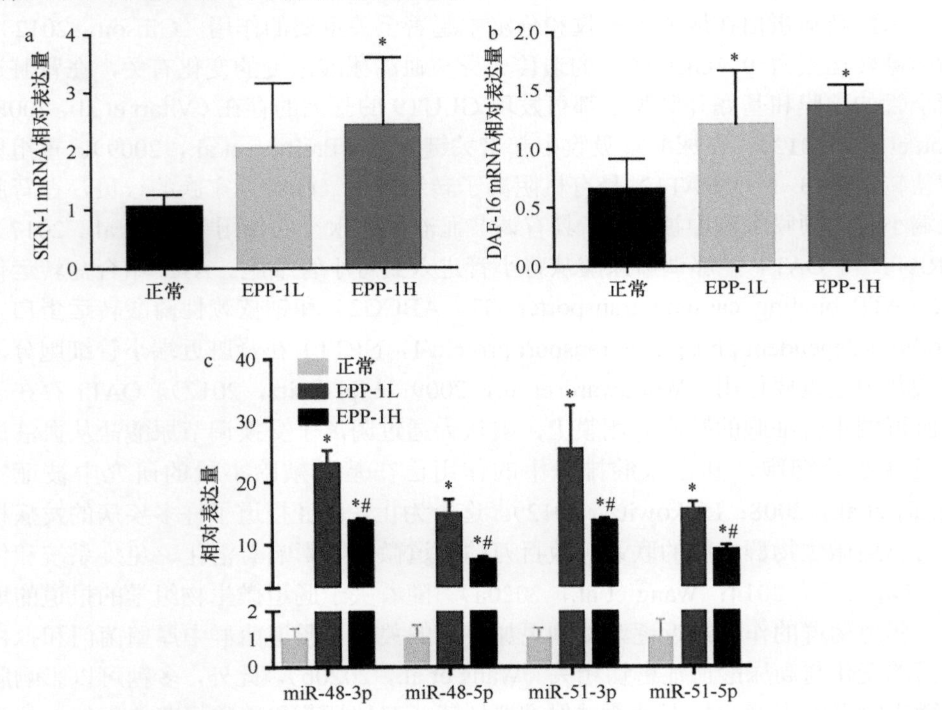

图 2-9　EPP-1 对秀丽隐杆线虫 SKN-1（a）、*DAF-16*（b）、miR-48 和 miR-51（c）表达的影响

与正常组比较，$*P<0.05$；与 EPP-1L 组比较，$\#P<0.01$

第二节　浒苔多糖 EPP-2 抗高尿酸血症研究

高尿酸血症是一种以血液中尿酸浓度高于正常水平为特征的疾病，伴有嘌呤代谢紊乱。临床研究证实，高尿酸血症是导致肾纤维化和其他一些肾脏疾病发生的关键风险因素，与糖尿病、痛风和心血管疾病的发生发展密切相关（Abeles，

2015；Cui et al.，2020）。高尿酸血症的患病率受遗传、性别、年龄、生活方式、饮食习惯、药物治疗和经济状况等多种因素的影响。根据近年来关于高尿酸血症患病率的报道，我国约有 1.2 亿高尿酸血症患者，占总人口的 10%（方卫纲等，2006）。高危人群包括中老年人和绝经后妇女，近年来更年轻的患者也被诊断出患有高尿酸血症。高尿酸血症可能通过线粒体钠离子/钙离子交换泵超载诱导内皮功能障碍，导致高血压和其他血管疾病（Hong et al.，2012）。通过清除超氧阴离子减轻高尿酸血症大鼠的肾氧化应激，提高一氧化氮-4 和血管紧张素 II 的表达，降低一氧化氮生物利用度、促进肾血管收缩和原发性高血压以及损伤传入性小动脉（Sánchez-Lozada et al.，2008）。此外，根据肾活检，发现长期高尿酸血症与肾小球硬化的发展有关（Nakagawa et al.，2003）。

尿酸转运蛋白在尿酸重吸收和分泌中起着至关重要的作用（Gibson，2012）。葡萄糖转运蛋白 9（GLUT9）的遗传变异与血清尿酸浓度的变化有关，在肾脏近端小管的顶膜和基底外侧膜上都可发现 GLUT9 的基因的存在（Vitart et al.，2008；Hou et al.，2012），在尿酸重吸收中起着关键作用（Preitner et al.，2009）。重组尿酸盐转运蛋白 1（URAT1）是有机阴离子转运蛋白（OAT）家族的一员，在肾脏近端小管的顶膜细胞中被发现，具有调节血液尿酸水平的作用（Tan et al.，2017）。URAT1 和 OAT4 能够调节尿酸从肾小管进入到肾小管细胞。ATP 结合盒转运体 G2（ATP binding cassette transporter G2，ABCG2）和钠依赖性磷酸转运蛋白 1（sodium-dependent phosphate transport protein 1，NPT1）在肾脏近端小管细胞分泌尿酸盐中起重要作用（Woodward et al.，2009；Lipkowitz，2012）。OAT1 存在于肾脏近端小管细胞的基底外侧膜上，被认为通过阴离子交换调节尿酸盐从血液进入近端小管细胞，其在尿酸排泄中的作用已在基因敲除小鼠的研究中被证实（Eraly et al.，2008；Lipkowitz，2012）。迄今为止，已经报道了许多疾病的发病机制与肠道微生物群之间的联系，数百万的肠道微生物影响着消化、免疫系统和体重（Du et al.，2014；Wang et al.，2020a）。随着关于肠道微生物组学的报道的增多，肠道菌群的作用最近逐渐受到更加广泛的关注。肠道菌群中厚壁菌门和拟杆菌门的变化与高尿酸血症密切相关（Wang et al.，2020b）。此外，多糖可以影响肠道微生物群的丰度，特别是通过促进拟杆菌、双歧杆菌和乳酸杆菌的生长，从而增加肠道中短链脂肪酸的含量，以改善肠道微环境。因此，利用多糖作为治疗手段来控制肠道菌群，不失为一种缓解高尿酸血症的有效方法。

浒苔是石莼科中分布最广的绿藻之一，长期以来被人类作为美味佳肴所食用（Yaich et al.，2013）。浒苔含有大量的功能多糖，其具有抗氧化（Lin et al.，2020；Zhao et al.，2020）、降血糖（Cui et al.，2019；Yan et al.，2019；Yuan et al.，2019）、免疫调节（Kim et al.，2011）和抗衰老（Liu et al.，2019）等生物活性。经过体内试验或体外试验验证，浒苔多糖通过激活成纤维细胞生长因子 1（fibroblast growth factor，FGF1）和 FGF2 来抑制癌细胞增殖（Jin et al.，2020）。此外，浒苔多糖通过降低　淀粉样蛋白的表达并增强脑源性神经营养因子/原肌球蛋白受体激酶 B 途径来改善东莨菪碱诱导的小鼠记忆损伤（Baek et al.，2020）。另一项研究报告称，浒苔多糖增加了缺氧诱导因子-1α 在体内的表达，从而改善了急性心肌梗死（Wang et al.，2019）。然而，到目前为止，还没有关于浒苔多糖对高尿酸血症与肠道菌群调节的影响的相关报道。因此，在本节研究中，探究了浒苔多糖通过调节肾脏和肠道微生物组中相关基因的表达来逆转小鼠血清尿酸水平的变化。

一、浒苔多糖 EPP-2 制备与纯化

将浒苔粉以 1∶45 的比例浸泡在超纯水中，在 60℃下用 45kHz 的超声波提取 60min。将提取物以 5000r/min 离心 15min，收集上清液并浓缩，然后与 4 倍体积的 90%乙醇混合 24h 以获得沉淀。然后，用中性蛋白酶除去沉淀中的蛋白质。所得混合物以 5000r/min 离心 10min，得到上清液，随后用透析膜（8000～14 000Da）透析约 48h。膜内的液体用硫酸在沸水中水解 1.5h，得到粗多糖。然后用二乙氨乙基（DEAE）纤维素-52 柱和葡聚糖凝胶 G-75 柱（北京，索莱宝，C8350 和 S8161），用 0.4mol/L 氯化钠和超纯水按照 0.9mL/min 的流速纯化粗多糖。采用苯酚-硫酸法检测多糖含量，收集多糖含量高且集中的多糖液，冻干备用，并命名为 EPP-2（Li et al.，2009）。分别配备 5mg/mL 的 EPP-2 和标品溶液，并以 12 000r/min 的转速离心 10min。使用 0.22μm 滤头进一步纯化上清液，然后将其转移到烧瓶中。使用 BRT105-104-102 凝胶柱（8mm×300mm），在 40℃下以 0.6mL/min 的流速用 0.5mol/L 的 NaCl 溶液洗脱来检测 EPP-2 的分子质量。以右旋糖酐（分子质量分别为 1152Da、5000Da、11 600Da、23 800Da、48 600Da、80 900Da、148 000Da、273 000Da、409 800Da 和 667 800Da）为标准作图。

利用 DEAE 纤维素-52 柱和葡聚糖凝胶 G-75 柱的洗脱与色谱分离过程，从 50g 浒苔粉中获得约 100mg 纯化多糖。EPP-2 的平均分子量和数均分子量分别为 46.56kDa、33.11kDa。峰值分子量（Mp）为 38.35kDa。Mp、重均分子量（Mw）和数均分子量（Mn）的值使用校准曲线计算，公式如下。lgMp：$Y=-0.1858X+11.987$（$R^2=0.9968$）；lgMw：$Y=-0.2001X+12.641$（$R^2=0.9958$）；lgMn：$Y=-0.18X+11.692$（$R^2=0.9963$）（图 2-10）。

二、浒苔多糖 EPP-2 结构解析

（一）EPP-2 单糖组成及红外光谱分析

取 50mg EPP-2 置于 15mL 离心管中，再加入 5mL 硫酸溶液（2mol/L），于 100℃

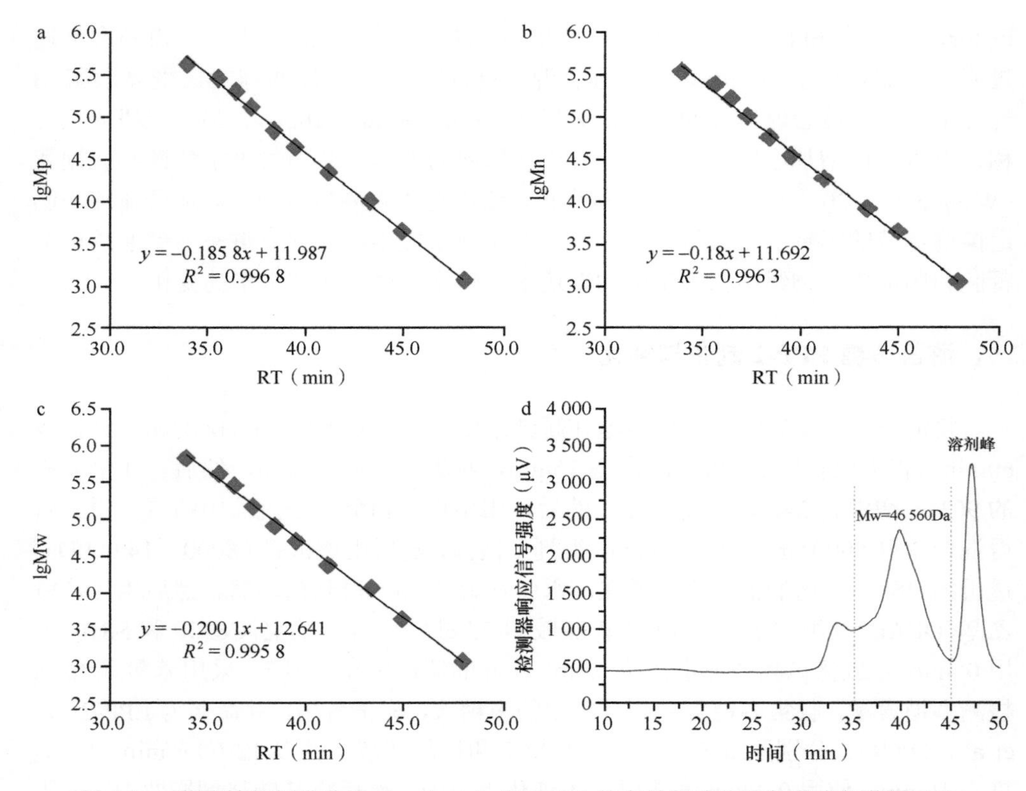

图 2-10　葡聚糖的标准曲线（a、b、c）和 EPP-2 的高效凝胶渗透色谱法色谱图（d）
RT，保留时间。下同

沸水中加热 3h，调节 pH 为 7.0，定容至 10mL。分别加入 300μL NaOH（0.3mol/L）溶液和 300μL PMP（0.5mol/L）甲醇溶液，上下混匀 30s，置于 70℃水浴锅中加热 30min，取出冷却至室温，加入 300μL HCl（0.3mol/L）进行中和，再加入 600μL 超纯水稀释混匀，然后加入 2mL 氯仿，上下混匀 30s，静置 5min。用注射器吸去下层有机相，吸取上层水相再重复萃取 2 次，经过 0.45μm 微孔滤膜过滤，置于 1.5mL 进样瓶中，待上机检测。流动相：A 液为乙腈；B 液为乙酸铵缓冲液（取乙酸铵 7.708g，加水溶解并稀释到 1000mL，用乙酸调节 pH 至 5.5）。使用配备 C18 色谱柱（美国特拉华州，美国分离技术公司，250mm×4.6mm×5μm）、流速为 1.0mL/min 的 UltiMate3000 高效液相色谱系统检测 EPP-2 的单糖组成。将 2mg EPP-2 与 200mg KBr 混合，将混合物研磨成粉末，并在 15MPa 下加压制成薄片。傅里叶变换红外光谱采用 4000～400cm^{-1} 的波数。

使用高效液相色谱法测定纯化的 EPP-2 的单糖组成，用标准单糖的光谱作为对照（图 2-11c）。EPP-2 主要包含鼠李糖（Rha）、葡萄糖醛酸（GluUA）、半乳糖（Gal）、阿拉伯糖（Ara）和木糖（Xyl），摩尔比为 20.45∶12.74∶10.99∶5.84∶

1.95（图 2-11d）。以 4000～400cm^{-1} 的傅里叶变换红外光谱检查 EPP-2 的特征基团（图 2-11e）。以 3422cm^{-1} 为中心的强吸收带归因于氢键的拉伸振动（Chen et al.，2020），而在 2926cm^{-1} 的弱吸收峰代表 C—H 不对称拉伸振动（Shu et al.，2020）。

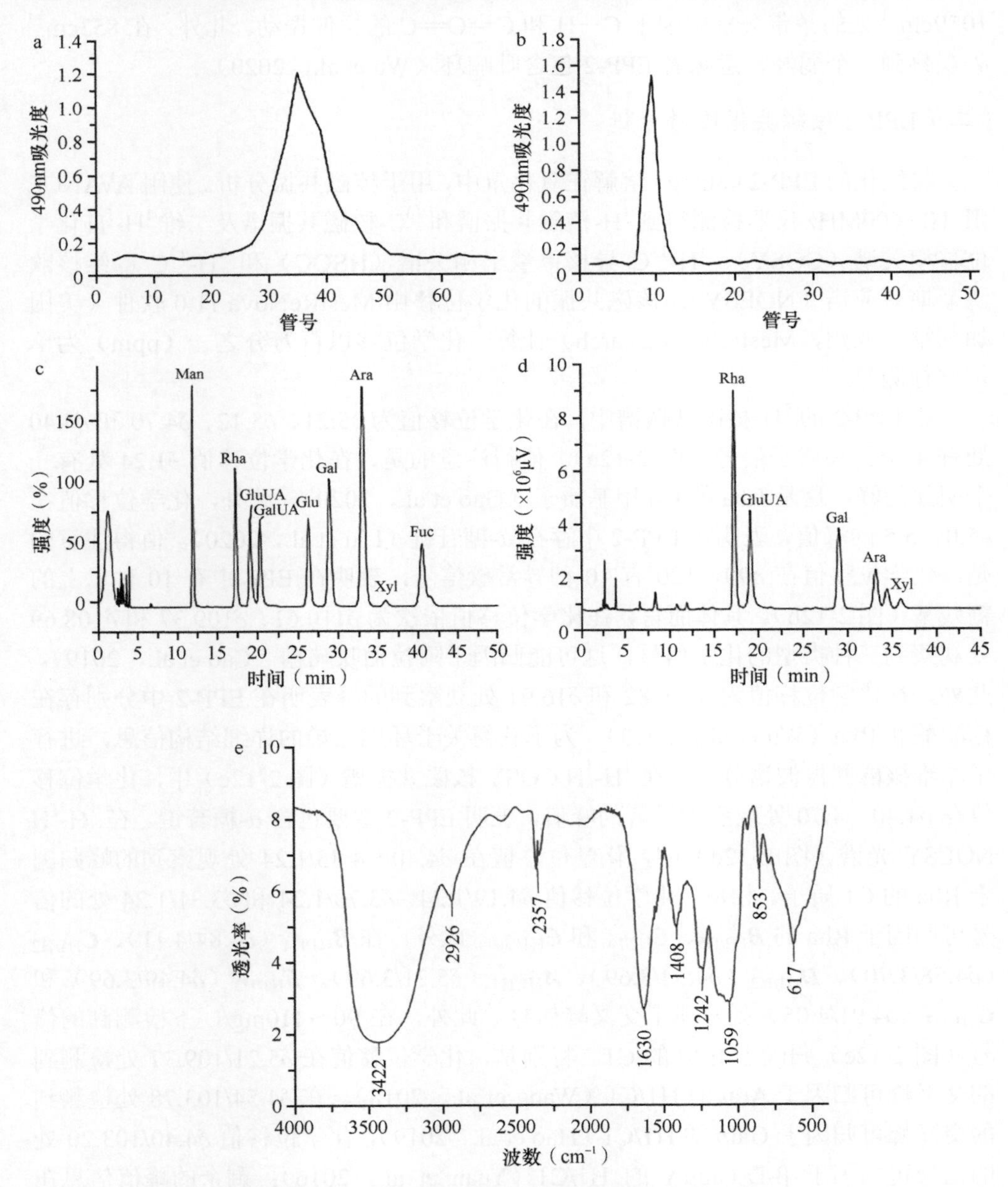

图 2-11　EPP-2 纯化和单糖组成与红外光谱分析

a、b. 分别为采用 DEAE 纤维素-52 柱和 Sephadex G-75 柱纯化的 EPP-2 的吸光度；c. 9 种标准单糖的 HPLC 图；d. EPP-2 单糖组成 HPLC 图；e. EPP-2 在 4000～400cm^{-1} 的傅里叶变换红外光谱（FT-IR）图

在 2357cm^{-1} 处的峰表明是脂肪族碳氢键的存在（Lu et al.，2019）。1630cm^{-1} 处的一个强峰表明存在碳氧键的拉伸振动（Cheng et al.，2020）。在 1408cm^{-1} 处观察到的尖锐峰表明在 EPP-2 中存在糖醛酸（Yuan et al.，2019），在 1242cm^{-1} 和 1059cm^{-1} 处的条带分别归因于 C—H 和 C═O═C 的拉伸振动。此外，在 853cm^{-1} 处观察到一个弱峰，意味着 EPP-2 包含吡喃环（Wu et al.，2020）。

（二）EPP-2 核磁共振图谱分析

将纯化的 EPP-2（80mg）溶解在氧化氘中，用于核磁共振分析。使用 AVANCE Ⅲ HD 600MHz 仪器检测得到 ^{1}H-核磁共振谱和 ^{13}C-核磁共振谱及二维 ^{1}H-^{1}H 化学位移相关谱（COSY）、^{1}H-^{13}C 异核单量子相关谱（HSQC）和 ^{1}H-^{13}C 二维核欧沃豪斯效应谱（NOESY）。核磁共振的化学位移由 MestReNova 11.0 软件（美国加利福尼亚州，Mestrelab Research）计算。化学位移以百万分之一（ppm）为单位进行测量。

在 EPP-2 的 ^{1}H-核磁共振谱中，在化学位移值为 δ5.21、δ5.12、δ4.70 和 δ4.40 处有 4 个异头质子信号（图 2-12a）。值得注意的是，在化学位移值 δ1.24 处有一个明显的峰，这是 Rha 的 C6 甲基质子（Gao et al.，2020）。此外，化学位移值在 δ5.0～5.5 的峰值，表明在 EPP-2 中存在 α-糖苷键（Liu et al.，2020）。值得注意的是，化学位移值在 δ90～120 有 10 种异常碳信号，表明在 EPP 中有 10 种以上的糖残基（图 2-12b）。具体而言，在化学位移值依次为 δ110.61、δ109.37 和 δ108.69 处观察到三种类型的化学信号，这可能归因于阿拉伯呋喃糖（Cao et al.，2019）。此外，在化学位移值为 δ176.82 和 δ16.91 处观察到的峰表明在 EPP-2 中分别存在糖醛酸和 Rha（Wu et al.，2020）。为了获得关于环戊二烯的详细结构信息，进行了二维核磁共振波谱分析，在 ^{1}H-^{1}H COSY 核磁共振谱（图 2-12c）中，化学位移值在 δ4.40～4.70 处观察到显著的峰值，表明 EPP-2 主要包含 α-糖苷键。在 ^{1}H-^{1}H NOESY 光谱（图 2-12d）中，化学位移值在 δ4.40～4.85/1.24 处观察到的峰归因于 Rha 的 C1 质子。相反，化学位移值 δ4.19/1.24、δ3.70/1.24 和 δ3.31/1.24 处的信号可归因于 Rha 的 $\boldsymbol{B}_{H2/H6}$、$\boldsymbol{C}_{H2/H6}$ 和 $\boldsymbol{C}_{H4/H6}$。此外，在 $\boldsymbol{B}_{H1/H4}$（δ4.84/4.11）、$\boldsymbol{C}_{H1/H2}$（δ4.58/3.70）、$\boldsymbol{D}_{H1/H2}$（δ4.54/3.69）、$\boldsymbol{A}_{H1/H4}$（δ5.21/3.69）、$\boldsymbol{F}_{H1/H3}$（δ4.49/3.69）和 $\boldsymbol{G}_{H1/H2}$（δ4.91/4.05）处发现了交叉峰信号。此外，在 90～110mg/L 下检测到的信号（图 2-12e）归因于 EPP 的 C1。特别是，化学位移值在 δ5.21/109.37 处检测到的交叉峰可归因于 Ara*f* 的 H1/C1（Wang et al.，2018），在 δ4.54/103.78 处检测到的交叉峰可归因于 Gal*p* 的 H1/C1（Hao et al.，2019），化学位移值 δ4.40/103.20 处的信号可归因于 β-D-Glc*p*A 的 H1/C1（Yuan et al.，2016）；剩余的峰值信息在表 2-5 中说明。

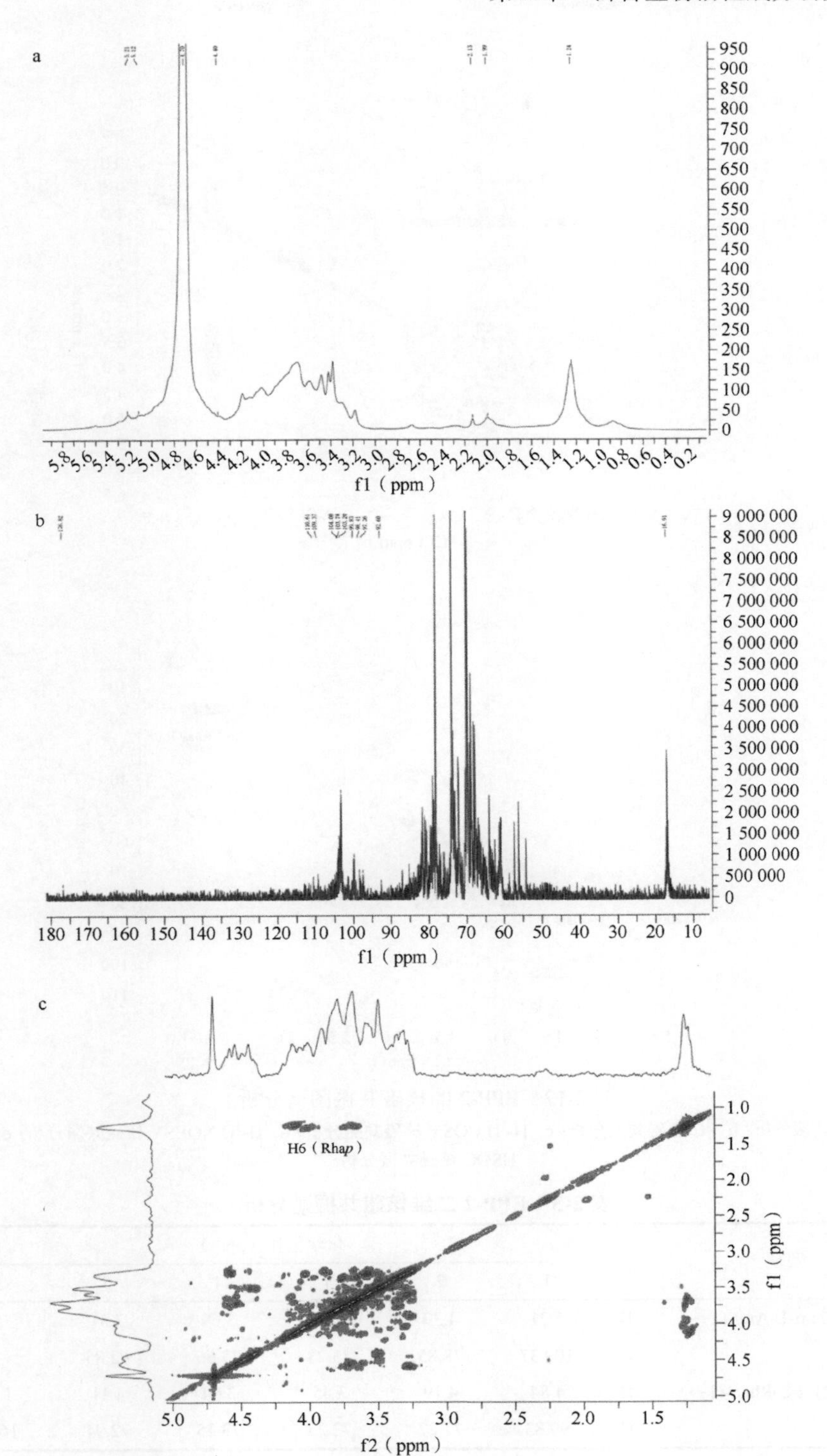

a
f1（ppm）
b
f1（ppm）
c
H6（Rhap）
f2（ppm）
f1（ppm）

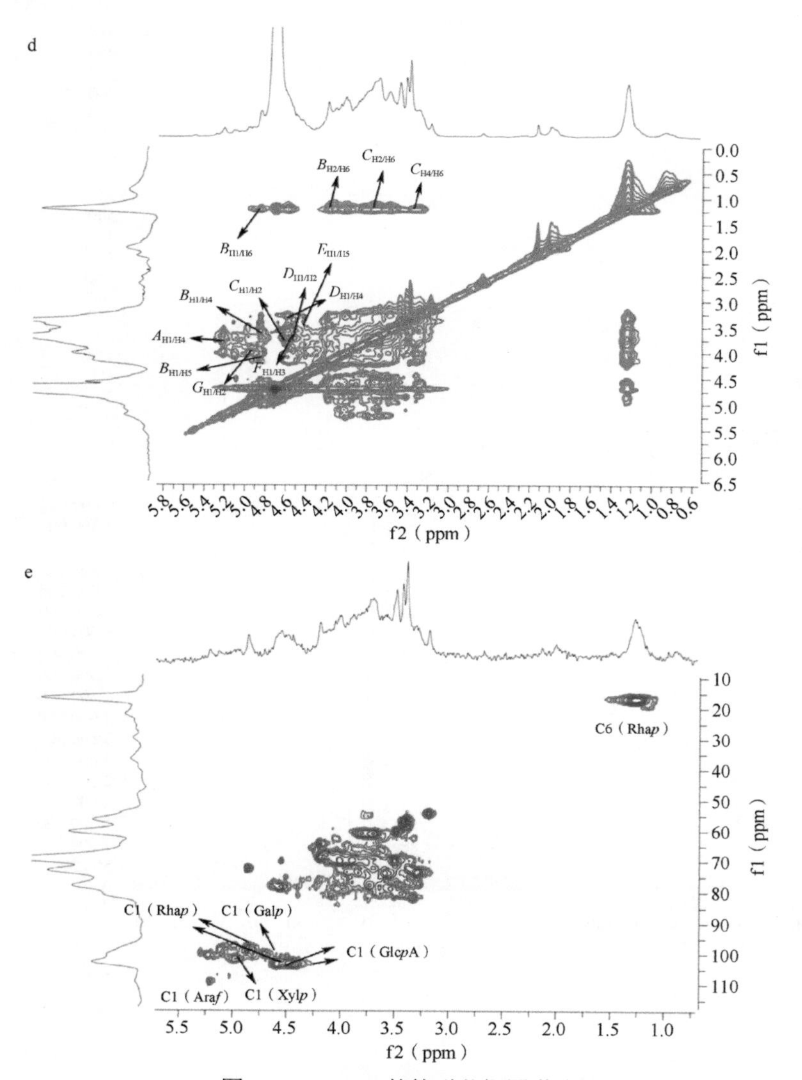

图 2-12 EPP-2 的核磁共振图谱分析

a. ^{1}H 核磁共振分析；b. ^{13}C 核磁共振分析；c. ^{1}H-^{1}H COSY 核磁共振分析；d. ^{1}H-^{1}H NOESY 核磁共振分析；e. ^{1}H-^{13}C HSQC 核磁共振分析

表 2-5 EPP-2 二维核磁共振谱分析

残基		化学位移（ppm）					
		1	2	3	4	5	6
A：→2)-α-L-Ara*f*-(1→	H	5.21	4.39	3.49	3.69	3.31	
	C	109.37	78.85	73.23	73.66	62.85	
B：→2)-α-L-Rha*p*-(1→	H	4.84	4.19	3.45	3.64	4.11	1.25
	C	99.83	77.27	72.23	73.25	72.94	16.91

续表

残基		化学位移（ppm）					
		1	2	3	4	5	6
C：→4)-α-L-Rha*p*-(1→	H	4.58	3.70	3.90	3.31	3.69	1.25
	C	103.78	73.66	70.49	78.42	72.51	16.91
D：→2,6)-β-D-Gal*p*-(1→	H	4.54	3.69	3.78	3.51	3.57	3.30
	C	103.78	78.13	73.23	72.94	70.06	69.34
E：→4)-β-D-Glc*p*A-(1→	H	4.40	3.50	3.78	3.36	3.48	
	C	103.20	73.66	72.94	78.42	61.27	176.82
F：→3,4)-β-D-Glc*p*A-(1→	H	4.49	3.49	3.69	3.32	3.48	
	C	104.00	73.66	78.85	78.13	60.83	176.82
G：→4)-*β*-Xyl*p*-(1→	H	4.91	4.05	3.79	3.68	3.48	
	C	103.20	78.42	76.85	81.30	60.84	

三、浒苔多糖 EPP-2 对高尿酸血症的改善作用

雄性昆明小鼠（18～25g，4 周龄）饲养在恒温超净动物房中，光照/黑暗周期为 12h 交替进行，温度稳定在 25℃，用标准饲料和无菌水喂养。所有操作过程按照实验动物福利标准进行，并获得福建医科大学生物医学研究伦理审查委员会（FJMU IACUC202007019）的批准。将 40 只昆明小鼠随机分为 4 组：正常（Normal）组、模型（Model）组、别嘌呤醇（ALLO）组（10mg/kg）、EPP-2 组（300mg/kg）。灌胃给予别嘌呤醇（10mg/kg）小鼠作为阳性对照（Control）组。除正常组外，其他组小鼠均用溶解在 0.5%羧甲基纤维素钠水溶液中的次黄嘌呤（300mg/kg）和奥替拉西钾（氧嗪酸钾）（250mg/kg）给药。灌胃给予该溶液 2 周后，通过眼眶取血测量血液尿酸水平来确定小鼠高尿酸血症模型造模是否成功。然后，将不同组小鼠分别用生理盐水（正常组和模型组）、别嘌呤醇和 EPP-2 溶液处理。治疗 2 周后，在对小鼠实施安乐死之前，收集新鲜粪便储存于–80℃冰箱中备用，同时对小鼠进行称重。安乐死后，收集血液、肝脏和肾脏样本。肝脏和左肾样品储存在–80℃条件下用于进行分子和生化分析，而右肾组织保存在多聚甲醛中用于进行病理组织切片观察。动物实验流程如图 2-13a 所示。

（一）EPP-2 对小鼠血清尿酸、尿素氮和肌酐的影响

全血在 4℃冰箱中储存 1h，然后离心获得血清。使用相应的试剂盒（南京，建成生物工程研究所）测定血清尿素氮、肌酐和尿酸水平，并使用 SpectraMax i3x 多模式检测平台进行分析。

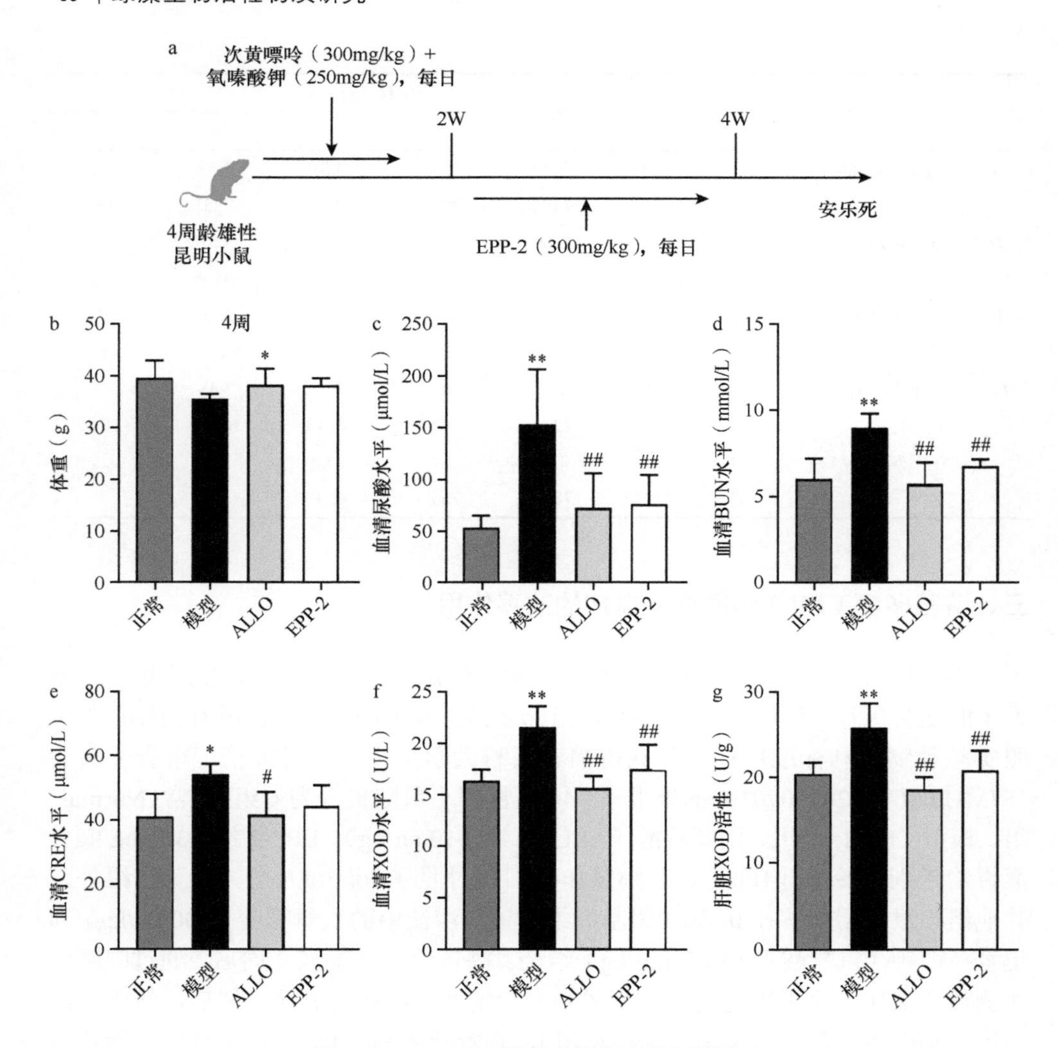

图 2-13　EPP-2 对模型小鼠生理指标的影响

a. 动物实验示意图；b. 各组小鼠体重；c. 血清尿酸（UA）水平；d. 血清尿素氮（BUN）水平；e. 血清肌酐（CRE）水平；f. 血清黄嘌呤氧化酶（XOD）水平；g. 肝脏 XOD 活性。与正常组比较，*P<0.05，**P<0.01；与模型组比较，#P<0.05，##P<0.01

药物治疗后，模型组小鼠体重明显低于正常组（P<0.05）。与正常组相比，别嘌呤醇组和 EPP-2 组小鼠的体重没有显著变化（图 2-13b）。高尿酸血症是一种嘌呤代谢障碍病症，由尿酸产量过多或血清尿酸排泄减少而导致血清尿酸水平高于正常水平。治疗后，模型组小鼠的血清尿酸水平处在高水平，与其他组小鼠的血清尿酸水平有显著差异（图 2-13c）。尿素是蛋白质代谢的主要产物，它构成了血液中大多数的非蛋白氮。尿素氮源于肝脏，通过肾脏以尿液的形式排出体外。

故而，肾功能不全、肾炎和尿路梗阻可能导致尿素氮水平增加（Yang et al.，2011）。试验结果表明，模型组小鼠血清尿素氮水平升高，而 EPP-2 组小鼠血清尿素氮水平显著降低（图 2-13d）。肌酐是一种球形的肌肉代谢产物，通过肾脏排出体内。游离肌酐的循环量完全取决于排泄率，因此可以反映肾脏的代谢功能。而模型组小鼠的肌酐水平显著高于其他组小鼠的肌酐水平（图 2-13e）。别嘌呤醇能够显著降低血清肌酐水平，而 EPP-2 对肌酐水平没有显著影响。

（二）EPP-2 对黄嘌呤氧化酶活性的影响

利用黄嘌呤氧化酶（xanthine oxidase，XOD）测定试剂盒（南京，建成生物工程研究所，A002-1-1）测定血清和肝脏 XOD 活性。将样品与 XOD 检测溶液混合，并在 37℃孵育 20min，然后使用微孔板读数器检测 XOD 活性。XOD 是一种需氧脱氢酶，是嘌呤核苷代谢途径中的限速酶，也是合成尿酸的关键酶，常见于肝脏和小肠，在高尿酸血症的发病机制中起着重要作用（Wang et al.，2010b）。结果发现，在诱导高尿酸血症后，血清和肝组织中的 XOD 水平增加，而 EPP-2 能够抑制 XOD 活性（图 2-13f、g）。

（三）EPP-2 对肾脏病理变化的影响

小鼠肾脏用生理盐水洗涤后，将右肾保存在 4%多聚甲醛中，并在室温下固定 48h。然后将肾组织脱水，在二甲苯中脱脂，包埋在石蜡中，并切成 5μm 厚的切片。苏木精-伊红染色和过碘酸-希夫染色用于确定肾脏病理变化。切片用光学显微镜拍摄和观察。

通过病理组织形态学观察可以发现（图 2-14）：与正常组的小鼠相比，次黄嘌呤诱导的小鼠表现出严重的组织病理学变化，包括间质炎性细胞浸润、肾小球紊乱以及近端小管和远端小管异常。而在 EPP-2 组的小鼠中，在肾组织中观察到较少的淋巴细胞和致密斑细胞，并且肾小球、近端小管和远端小管排列有序。尽管在别嘌呤醇组的小鼠中观察到更多的致密斑细胞，但炎性细胞浸润却大幅度减少，这表明别嘌呤醇可以调控炎症发生。为了进一步研究 EPP-2 对肾脏病变的影响，进行了过碘酸-希夫（periodic acid-Schiff，PAS）染色，并使用 Image J 软件对图像进行了分析。结果发现，高尿酸血症小鼠肾小球簇的过碘酸-希夫染色阳性面积大于正常组小鼠。此外，模型组小鼠肾小球基底膜比正常组小鼠厚。相比之下，EPP-2 组和别嘌呤醇组肾小球簇过碘酸-希夫染色阳性面积和基底膜厚度均减小。这些观察共同表明，EPP-2 和别嘌呤醇可以减轻肾小球系膜基质和基底膜的病理变化。这些发现还表明，EPP-2 可减轻由高尿酸血症引起的肾脏损害。

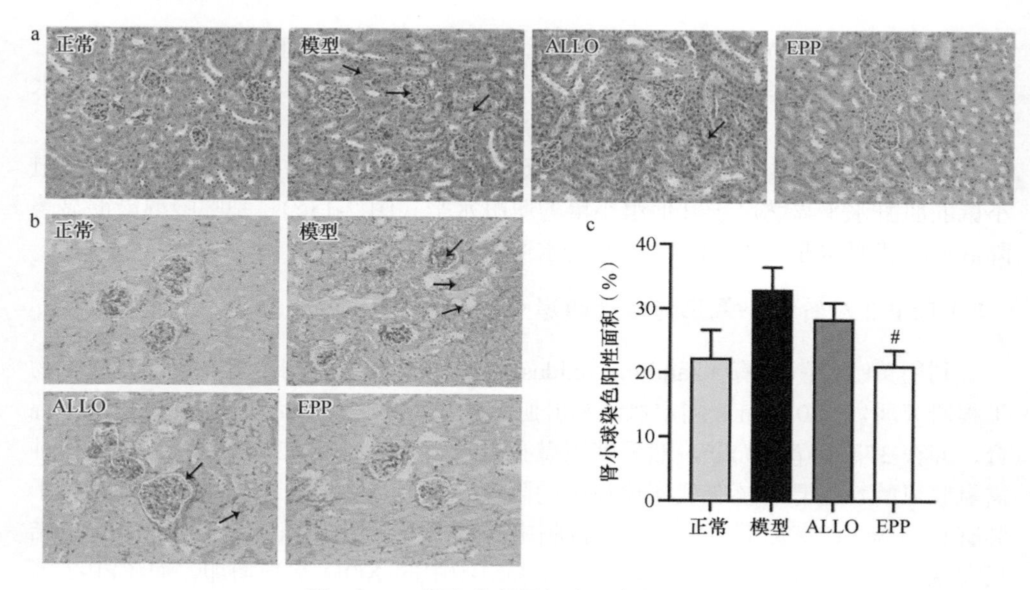

图 2-14　4 组小鼠肾组织病理变化的比较

苏木精和伊红（H&E）（a）与过碘酸-希夫（PAS）（b）染色的典型显微照片，图像是在 200 倍放大率下拍摄的；c. 各组肾脏损伤的阳性面积。与模型组比较，# $P<0.05$

（四）EPP-2 对肾脏基因和蛋白质表达水平的影响

1. 实时荧光定量聚合酶链反应

用总 RNA 快速提取试剂盒（北京，金百特生物技术，R218）提取肾组织总 RNA，反转除去基因组 DNA（gDNA）后，用反转录-聚合酶链式反应扩增基因，以测定 *URAT1*、*ABCG2*、*GLUT9*、*NPT1* 和 *OAT1* 基因的 mRNA 表达情况。使用的引物序列见表 2-6。*β-actin* 用作内参，mRNA 表达水平用 $2^{-\Delta\Delta Ct}$ 方法计算。

表 2-6　引物序列

基因名称	上游引物（5′-3′）	下游引物（5′-3′）
URAT1	CTCCATGCTGTGCTGGTTTG	ACAATCCCGATGAGTGCCTG
GLUT9	GACTCAATGCGATCTGGTTCTA	GCAGCCAGTGTTTCAATTCC
ABCG2	CTTCTGTCTTCCTGGTCCTCTC	CTTTAGGATTTATGCCTTTCTCTGC
OAT1	CATCGTGACTGAGTGGAACCT	TAGCCAAAGACATGCCCGAG
NPT1	TCCACACTAAAGTCGAGCTAAAAGT	GCTTGGTCTCCATCCACTGATT
β-actin	TGTCCACCTTCCAGCAGATGT	AGCTCATAACAGTCCGCCTAGA

2. 蛋白质印迹法试验

使用细胞裂解液从肾组织样品中提取蛋白质，用于蛋白质印迹法试验。以牛血清白蛋白为标准，用蛋白质检测试剂盒测定蛋白质浓度。用10%聚丙烯酰胺凝胶电泳分离蛋白质，然后转移到聚偏二氟乙烯（PVDF）膜上。随后，将该膜置于37℃的封闭液中封闭20min，并在4℃的条件下与适配的抗体一起孵育过夜。随后在37℃下用相应的二抗孵育2h，用荧光成像系统（Syngene）和增强化学发光法（ECL）检测试剂盒检测蛋白带，β-actin作为内部对照。

为了研究EPP-2对尿酸代谢相关转运体的调节作用，实时荧光定量聚合酶链反应（RT-qPCR）与蛋白质印迹法（Western blotting）的结果发现，与模型组小鼠相比，EPP-2治疗后ABCG2和OAT1的基因和蛋白质表达水平显著增加。然而，URAT1的表达被显著抑制。模型组小鼠的GLUT9蛋白表达升高，表明GLUT9参与了尿酸转运。然而，与模型组的小鼠相比，EPP-2治疗并没有显著改变该基因和蛋白质的表达水平。与ABCG2和OAT1相似，NPT1的蛋白质表达也有明显的增强（图2-15）。尿酸水平是评估高尿酸血症发展的一个关键因素，尿酸水平的降低可改善肾损害。血液中尿酸的稳态部分受肾小管细胞中各种尿酸盐载体诱导的尿酸重吸收和排泄的调节（So and Thorens，2010）。越来越多的证据表明，URAT1和GLUT9主要有助于尿酸的重吸收，而分泌性交换转运蛋白ABCG2、OAT1、NPT1和NPT4则主要参与尿酸的排泄（So and Thorens，2010；Bobulescu and Moe，2012）。实验结果表明，EPP-2可能通过抑制URAT1的表达以及促进ABCG2、OAT1和NPT1的表达来减轻高尿酸血症。但是，GLUT9的表达没有显著性变化。

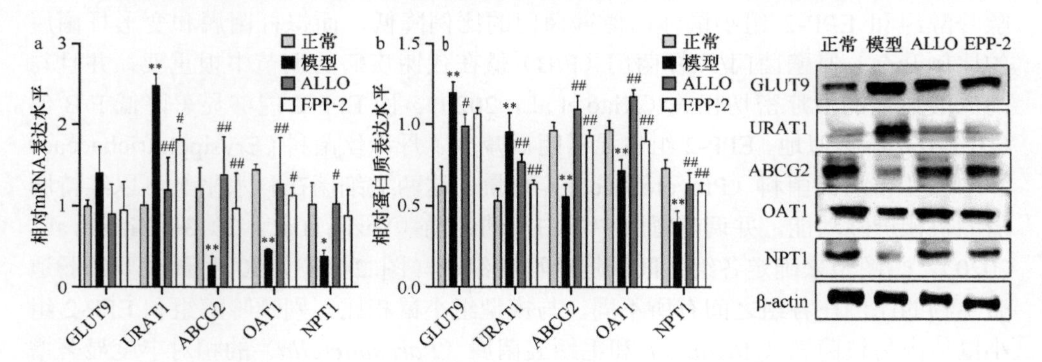

图2-15 肾组织尿酸转运体的mRNA和蛋白质表达水平

a. 不同小鼠组中肾脏GLUT9、URAT1、ABCG2、OAT1和NPT1 mRNA的qPCR分析；b. 小鼠肾脏中GLUT9、URAT1、ABCG2、OAT1和NPT1的蛋白质表达水平。与正常组比较，*$P<0.05$，**$P<0.01$；与模型组比较，#$P<0.05$，##$P<0.01$

（五）EPP-2对高尿酸小鼠肠道菌群的影响

粪便样本是用快速脱氧核糖核酸试剂盒提取的。样品中核糖体RNA的V3～V4结构域使用引物（515F，5′-GTGCCAGCCMGCCGGTAA-3′；806R，5′-GGACT

ACHVHHHTWTCTAAT-3′）扩增。聚合酶链反应在 94℃下进行 1h，然后在 94℃下循环 40 次，每次持续 20s，54℃下循环 30s，72℃下循环 30s，72℃下循环 5min。使用 Illumina MiSeq 平台（美国加利福尼亚州，Illumina）进一步评估了脱氧核糖核酸样本。测序后，使用微生物生态学定量研究（QIIME）（1.9.0 版）和 R 包（3.1.0 版）对测序结果进行质量检查。使用 PICRUSt 在线分析网站（http://huttenhower.SPH.Harvard.edu/galaxy）识别具有统计学意义的微生物群。

因为微生物群落的变化也可能与疾病的发病机制相关（Lehto and Groop，2018），所以，在实验结果证实了 EPP-2 在调节高尿酸血症中起着重要作用的基础上，进一步评估了 EPP-2 是否会影响小鼠肠道微生物群，进而改善高尿酸血症。大多数尿酸是通过肾脏分泌的，但有一部分分泌到肠道，并被肠道微生物群进一步代谢（Lv et al.，2020）。在 16S rRNA 测序分析中，在治疗 2 周后，所有小鼠的肠道微生物群中共鉴定出 1107 个操作分类单元（OTU），在主成分分析图（图 2-16c）中可以观察到 EPP-2 和模型组之间的明显区别。此外，维恩图显示在 4 个组中共有 396 个相同的 OTU（图 2-16d）。EPP-2 组有 72 个 OTU 不同于模型组。图 2-16c 和 d 中显示了肠道微生物组成在经 EPP-2 灌胃处理后的大规模变化。与模型组相比，EPP-2 组的香农-维纳多样性指数显著增加（图 2-16e）。厚壁菌门（Firmicutes）、拟杆菌门（Bacteroidetes）和变形菌门（Proteobacteria）在门水平中被鉴定为优势细菌群落（图 2-16a、b）。同时，在属水平，与正常组小鼠相比，别嘌呤醇组和 EPP-2 组小鼠体内厚壁菌门的比例降低，而拟杆菌属和变形杆菌属的比例升高。厚壁菌门/拟杆菌门（F/B）值在代谢疾病的调节中很重要，并且与高尿酸血症的治疗密切相关（Xiao et al.，2020）。而 EPP-2 能够显著降低 F/B 值（图 2-16g）。类似地，EPP-2 组也显示明显减少了丹毒丝菌科（Erysipelotrichaceae）和增加普雷沃氏菌科（Prevotellaceae）数量。这两类细菌在科水平上可以维持肠道的机械屏障功能，并调节肾脏中蛋白质的运输（Vaziri et al.，2013；Bian et al.，2020）。热图用来确定各组之间肠道菌群的组成（图 2-16f），30 种最重要的肠道微生物的比例在各组之间有所不同，与模型组小鼠相比，别嘌呤醇组和 EPP-2 组小鼠体内另枝菌属（*Alistipes*）和毛螺旋菌属（*Parasutterella*）的相对丰度显著增加（图 2-16h）。据报道，在高尿酸血症条件下，另枝菌属能降低小鼠体内产生的丁酸盐水平（Lv et al.，2020）。

为了研究由肠道微生物群变化诱导的代谢途径之间的差异，利用 PICRUSt（Douglas et al.，2018）在 EPP-2 组中鉴定出了 10 种途径，包括信使 RNA 生物发生、RNA 降解和蛋白激酶途径（图 2-17a）。这表明 EPP 可以调节基因的转录和翻译，以激活一连串的反应，从而导致下游蛋白质构象的变化，并影响尿素重吸收（Liu et al.，2017）。此外，模型组显示出显著的细菌趋化性、鞭毛装配变化和

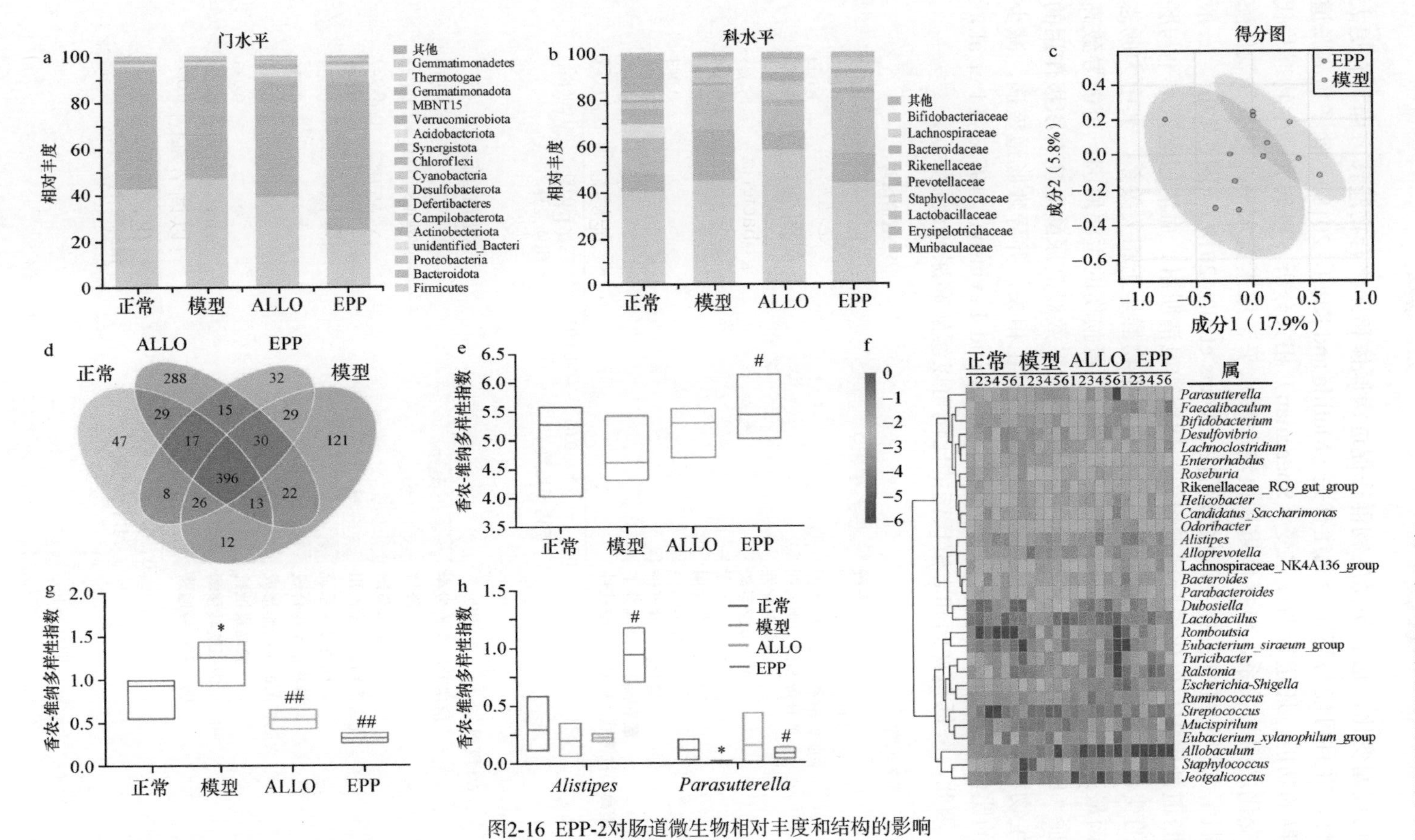

图2-16　EPP-2对肠道微生物相对丰度和结构的影响

a和b. 分别为门和科水平上肠道微生物群结构的变化；c. 使用MetaboAnalyst进行主成分分析（PCA）；d. 操作分类单元（OTU）的维恩图；e. 以香农-维纳多样性指数表示的α多样性；f. 相对丰度以热图表示；g. 厚壁菌门与拟杆菌门的比值；h. 各组小鼠微生物相对丰度（$*P<0.05$，$**P<0.01$，与正常组比较；$\#P<0.05$，$\#\#P<0.01$，与模型组比较）

硒化合物代谢变化，这表明微生物群在促进病原体和硒化合物迁移方面具有更大的灵活性，并且可能与高尿酸血症有关（Matilla and Krell，2018）。除了预测肠道微生物群的功能，还进行斯皮尔曼（Spearman）相关分析，以研究微生物群与代谢参数变化之间的关系，包括体重和血清尿酸水平、尿素氮水平、黄嘌呤氧化酶活性，肌酐水平和肝脏黄嘌呤氧化酶活性（Watts et al.，2019）（图 2-17b）。一般来说，肠道微生物与生化指标呈正相关。体重和血清肌酐、血清尿素氮水平与肠道菌群的变化密切相关。尿酸水平与大多数微生物群呈正相关关系，其中大肠志贺氏杆菌最为突出。大肠志贺氏杆菌是儿童急性肾损伤的主要原因，可能导致高尿酸血症（Balestracci et al.，2020）。拟杆菌与大多数对高尿酸血症有积极作用的肠道微生物群不同，它的比例与疾病的发病率呈正相关，并导致肠道疾病，减少拟杆菌的比例可以有效改善此类疾病（Sorensen and Levinson，1975；Li et al.，2019）。因此，降低拟杆菌和志贺氏菌的比例可以缓解高尿酸血症。

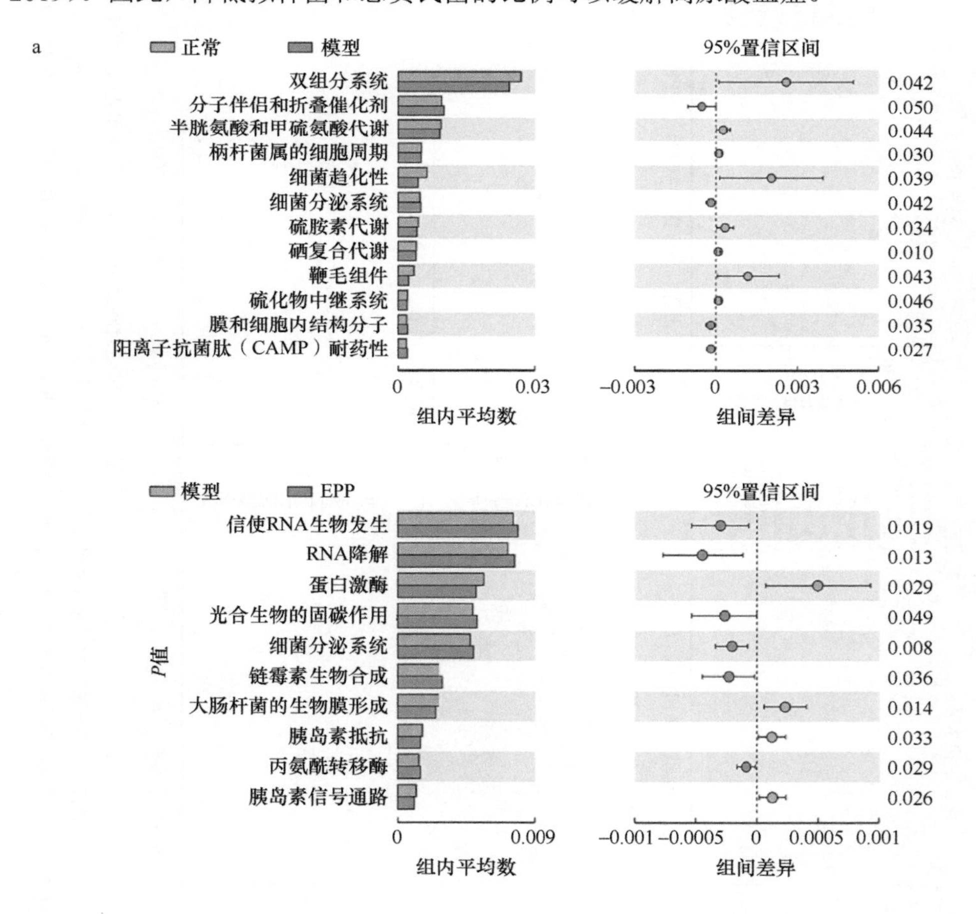

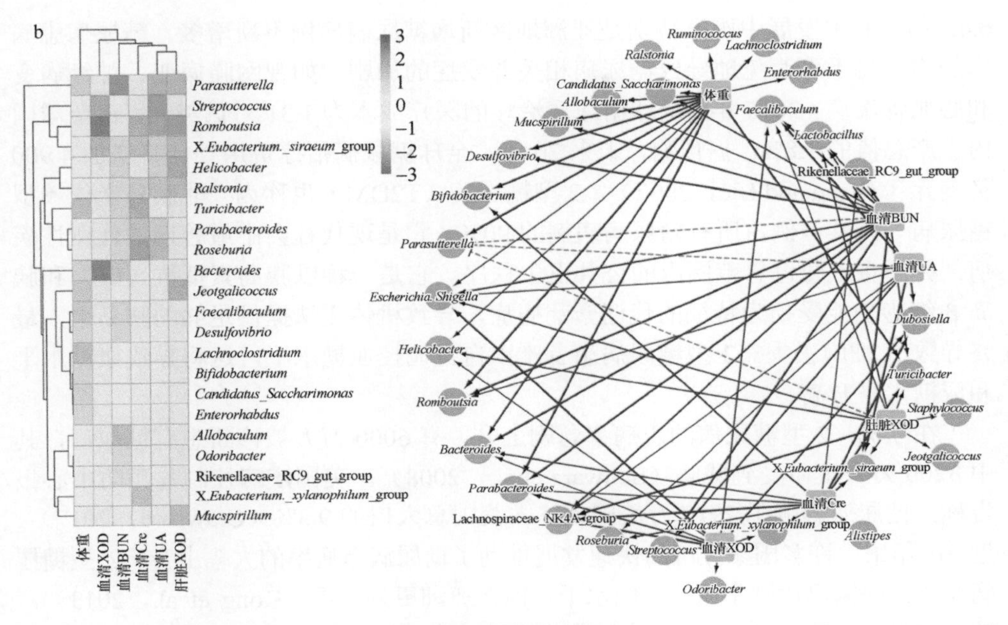

图 2-17　功能预测和相关分析

a. PICRUSt 分析；b. 基于生化指标的属水平相关分析（$P<0.05$，相关性$|r|>0.7$）

在本研究中，通过分析肾脏尿酸盐转运蛋白的表达水平和体内肠道菌群的变化来探讨 EPP-2 降低尿酸的作用。研究发现 EPP-2 包含 7 个糖残基：→2)-α-L-Ara*f*-(1→、→2)-α-L-Rha*p*-(1→、→4)-α-L-Rha*p*-(1→、→2,6)-β-D-Gal*p*-(1→、→4)-β-D-Glc*p*A-(1→、→3,4)-β-D-Glc*p*A-(1→和→4)-β-Xyl*p*-(1→)，平均分子质量为 46.56kDa。EPP-2 对血清尿酸、尿素氮、血清素和肝血清素水平具有有益作用，并可以调节包括 URAT1、ABCG2、OAT1 和 NPT1 在内的多种尿酸盐转运体的表达。此外，EPP-2 能够显著提高肠道微生物群的多样性，尤其是 *Alistipes* 和 *Parasutterella* 的比例。通过相关分析显示，副干酪乳杆菌的存在可能与尿酸增加呈负相关关系。PICRUSt 结果表明，高尿酸血症的恢复与 RNA 降解和蛋白激酶的活性有关。结果表明 EPP-2 可以改善高尿酸血症小鼠的肾脏损伤，从而为高尿酸血症和相关疾病的潜在治疗提供策略依据。

第三节　浒苔寡糖 EPO 降糖作用机制研究

糖尿病是众所周知的公共卫生问题，在 2015 年，4.15 亿的糖尿病患者中约 500 万人死亡，占当年全世界死亡人数的 14.5%（International Diabetes Federation，2015）。世界卫生组织报告指出，到 2040 年，全球糖尿病患病人数预计将增加到

6.42 亿，其中发展中国家特别是亚洲地区新增糖尿病病例不断增多。糖尿病患病率的增加将不可避免地导致糖尿病相关并发症的加剧，如视网膜病变、神经病变和心血管疾病。2015 年，全球糖尿病治疗的医疗成本为 1.31 万亿美元，占全球国内生产总值的 1.8%。据预测，未来 20 年，全球糖尿病治疗费用预计将增加 4 900 亿美元（Zhang and Liu，2002）。2 型糖尿病（T2DM）也称为“非胰岛素依赖型糖尿病”，其病例占所有糖尿病病例的 90%。它是现代社会中最普遍的代谢性疾病，并严重威胁世界范围内的公共卫生秩序。它是一种以胰岛素抵抗（IR）和胰岛 β 细胞功能受损为特征的代谢紊乱病症，导致机体无法提供足够的胰岛素，最终导致 β 细胞丢失。2 型糖尿病患者难以自身调控血糖水平，这将导致血糖水平和尿糖水平升高。

在欧洲，2 型糖尿病的患病率急剧上升，有 6000 万人被诊断患有糖尿病，其中 3200 万人生命受到威胁（Schwarz et al.，2008）。美国疾病控制与预防中心报告称，糖尿病影响了 2910 万美国人，占美国总人口的 9.3%（Crawford，2017）。近 10 年来，许多国家经济的快速发展推动了糖尿病患病率的大幅上升，2 型糖尿病在西方国家已达到了流行病的水平，而在亚洲更为严重（Kong et al.，2013），糖尿病患者人数最多的前 10 个国家中大部分为亚洲国家。城市化、体力活动的减少、肥胖率的增加、饮食转向更精细的碳水化合物和不断增加的脂肪摄入与糖尿病的发生密切相关（Ramachandran et al.，2008；Ning et al.，2009）。在全球范围内，中国和印度是糖尿病患者最多的两个国家，印度尼西亚和日本分别排在第七位和第九位（International Diabetes Federation，2015）。东南亚的糖尿病患病率预计在未来 20 年内也将增加 70%。需要强调的是，高加索人群的风险评分不适用于亚洲人群，因为糖尿病的发展涉及不同的生物学因素。与白种人相比，亚洲人糖尿病的发病年龄较小，体重指数（BMI）较低（Hu，2011）。与其他族群相比，南亚人也经历了早期 β 细胞功能的下降，胰岛素抵抗更严重，糖尿病发病年龄更小（Qiao et al.，2003；Gujral et al.，2013）。研究表明，与高加索人种相比，亚洲人群患 2 型糖尿病的风险是高加索人种的 2～4 倍（Urquia et al.，2011；Sacks et al.，2012）。

人体调节血糖的途径主要有两种：一是通过调节胰岛素的循环水平，二是通过促进非胰岛素依赖性葡萄糖代谢（图 2-18）。胰岛 β 细胞分泌胰岛素是人体调节血糖最重要的方式之一，也是胰岛素调节葡萄糖代谢的关键。胰岛素的降糖作用之一是能够招募葡萄糖转运蛋白（GLUT4）来增加葡萄糖摄取，GLUT4 常存在于具有功能性胰岛素受体、胰岛素信号级联和 GLUT4 型载体的细胞中。另外，胰岛素通过血液循环减少葡萄糖来降低血糖水平。胰岛素还可引起糖原合成、糖酵解和抑制肝葡萄糖生成，并最终调节细胞增殖、凋亡和自噬（Aikawa et al.，2000；Abate and Chandalia，2001；Kane et al.，2002；Yamaguchi and Otsu，2012；Xing et al.，2015）。胰岛素不是唯一的糖代谢调节激素，因为对葡萄糖稳态有贡献的还有内分泌胰腺产生的胰高血糖素和胰淀素，以及在肠内产生的肠促胰岛素：胰高血糖素样肽-1（GLP-1）和葡萄糖依赖性促胰岛素肽。其他激素也参与其中，如生长激素、肾上腺素、皮质醇和心钠素，它们能增加 GLUT4 表达，从而增加细胞的葡萄糖摄取。

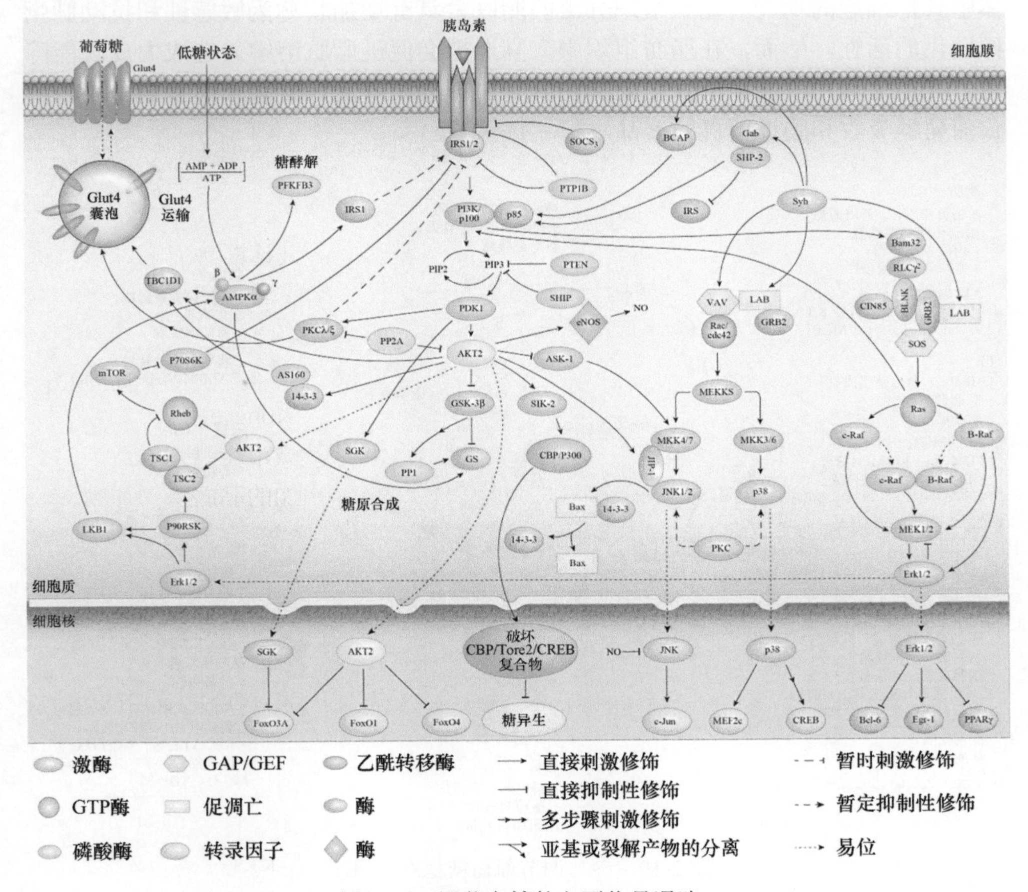

图 2-18　调节血糖的主要信号通路

在胰岛素敏感性器官（如骨骼肌和脂肪组织）中，表观遗传修饰可能在 T2DM 的发病机理中起重要作用，影响控制葡萄糖代谢的基因的功能谱（图 2-19）。T2DM 还会使细胞无法利用分泌的胰岛素来帮助调节血糖，这将引发葡萄糖不耐症和胰岛素抵抗。此外，T2DM 还会引起肝功能不全、肾功能衰竭、心脏病发作和神经损伤等严重的继发性并发症。与 T2DM 相关的危及生命的并发症包括眼睛（视网膜病变）、肾脏（肾病）、周围神经（神经病变）和心血管（心血管疾病）等重要器官的长期损害、功能障碍及衰竭。胰岛素通常会抑制糖异生，并诱导肌肉和脂肪组织对葡萄糖的摄取，以维持机体血糖处于正常水平。脂肪组织通常被认为是一种惰性的，终末分化的能量储存器官，也是重要的新陈代谢器官，产生许多激素和细胞因子，如脂联素、瘦素、肿瘤坏死因子-α（TNF-α）、白细胞介素-6（IL-6）和单核细胞趋化蛋白 1（MCP1），这些激素和细胞因子反过来会改变机体中其他细胞的功能。脂肪组织分泌的脂联素具有增加胰岛素敏感性和抗动脉粥样硬化的活性。然而，在脂肪组织中，高血糖会促进脂肪溶解并造成内皮功能障碍。在消化道中，高血糖水平会抑制胰高血糖素的分泌，促进胰岛素的分泌，导致葡萄糖吸收和肠道菌群的紊乱。

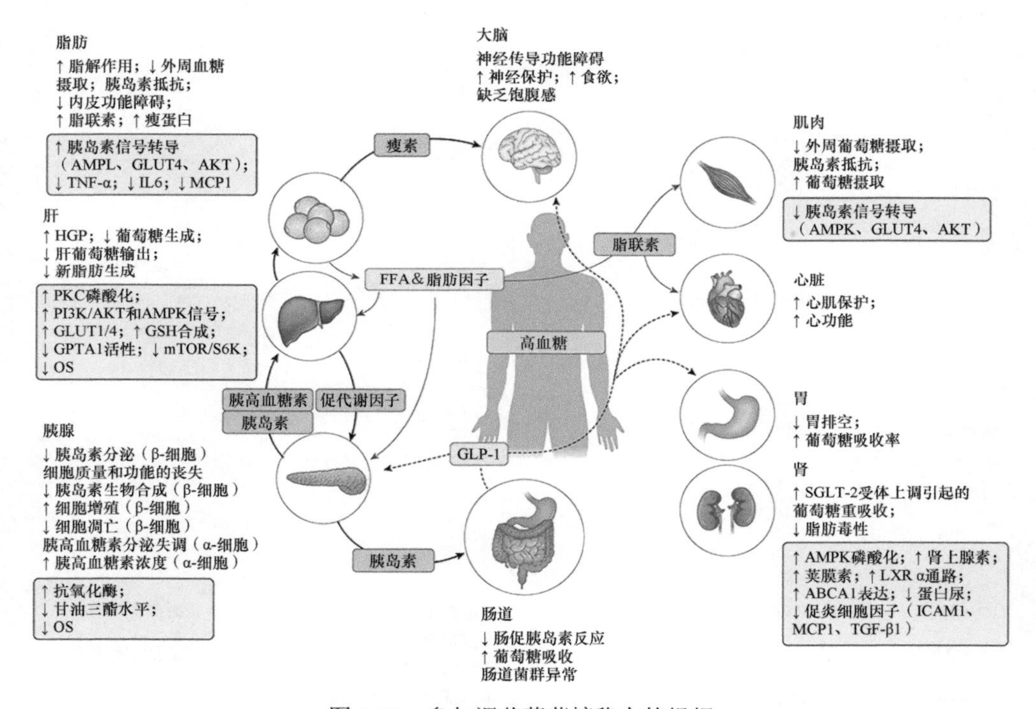

图 2-19　参与调节葡萄糖稳态的组织

胰腺能够分泌具有降低血糖作用的胰岛素，并能够增加血液中的胰高血糖素水平。因此，胰腺在葡萄糖稳态中起着至关重要的作用。然而，长期的高血糖水平会损害胰腺 β 细胞的胰岛素分泌能力，并可能导致 β 细胞损伤以及胰岛素生物合成能力的丧失。同样，持续的高血糖可导致胰腺 α 细胞分泌胰高血糖素失调和胰高血糖素浓度升高。肝脏可参与蛋白激酶 C（PKC）的磷酸化、P13K/AKT 和 AMPK 信号的调节，GLUT1/4 和谷胱甘肽（GSH）的合成，以及降低谷丙转氨酶（ALT）活性、mTOR/S6K 的表达和氧化应激，在改善 T2DM 方面发挥重要作用。尽管大多数组织无法利用过量分泌的胰岛素来影响葡萄糖代谢，但肝脏对胰岛素的抵抗会导致肝脏葡萄糖生成量、肝脏葡萄糖输出量和新的脂肪生成量的增加。此外，高血糖能够促进肾脏中钠依赖性葡萄糖转运体2受体水平上调，从而引起脂质堆积和葡萄糖重吸收。另外，研究已证实单核细胞趋化蛋白-1和转化生长因子-β1等促炎细胞因子在糖尿病肾病的发生发展中起关键作用。持续性高血糖症不仅会促进葡萄糖吸收的速率，减缓胃中排空的速度，而且还会改变心脏功能。同样，胰岛素抵抗会引起神经递质功能障碍，降低神经保护作用，增加食欲并降低饱腹感。

一、浒苔寡糖 EPO 制备与纯化

相比于绿藻浒苔多糖，关于浒苔寡糖的研究报道较少，但由浒苔多糖酸解得到的浒苔寡糖产物展现出诸多显著优势，如易溶于水、分子量小，这意味着其能被人体更好地吸收，直接影响其生物活性的发挥，具体的浒苔寡糖制备方法见图 2-20。采用 DEAE-52 为阴离子交换色谱柱，样品经过 0.45μm 滤膜，取 3mL 样品（10mg/mL）加入层析柱中，收集器转速设定为 6mL/14min；而后采用苯酚-硫酸法检测总糖含量，每隔一管检测，以洗脱管数为横坐标、吸光度为纵坐标作图。收集所需组分洗脱液，浓缩后冻干收集待用。经 DEAE-52 阴离子交换色谱柱分离得到的组分，继续通过 Bio-Gel P-2 Media 聚丙烯酰胺凝胶色谱柱进一步分离

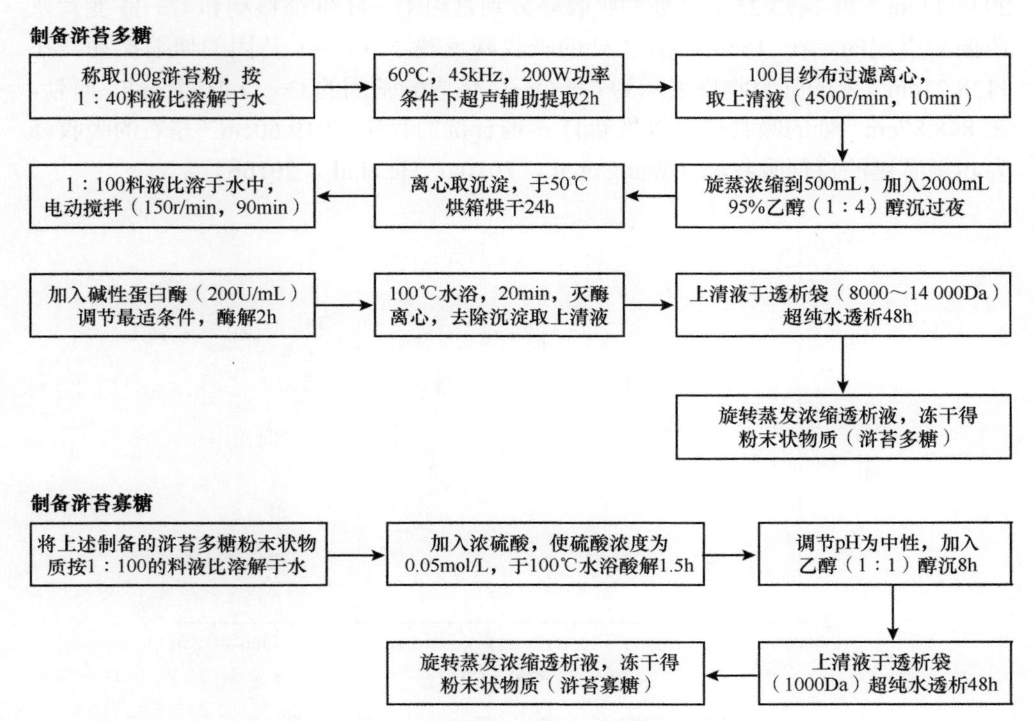

图 2-20　浒苔寡糖的制备路线图

纯化，洗脱液采用 0.3mol/L NaCl，样品经过 0.45μm 滤膜，上层析柱加载样品量，取 3mL 上述冻干后样品（10mg/mL）；流速为 6mL/14min；收集器收集，而后通过苯酚-硫酸法检测每管总糖含量。每隔一管检测，以洗脱管数为横坐标、吸光度为纵坐标作图。收集所需组分洗脱液，采用 1000Da 透析袋除去盐离子，浓缩后冻干备用，所得物质命名为 EPO。

二、浒苔寡糖 EPO 结构解析

（一）EPO 红外光谱分析

取 200mg 干燥的 KBr 和 2mg 的样品混合后于玛瑙研钵中研细，顺时针研磨约 2min，而后将研磨粉装在压片机中，旋紧螺旋，加压至 15MPa，停留 2min 左右，放压。在 4000～400cm^{-1} 区域进行 FT-IR 分析；利用仪器软件 EZOMNIC6.0（美国马萨诸塞州，Thermo Electron Corporation），对 EPO 的主要峰（强度和波数）进行了识别与分析。

在 4000～400cm^{-1} 区域记录的 FT-IR 光谱用于鉴定 EPO 的主要官能团结构（图 2-21）。在 3396.48cm^{-1} 处的特征吸收峰归因于强烈的 O—H 伸缩振动。在 2934.44cm^{-1} 和 1413.25cm^{-1} 处的吸收峰分别是由 C—H 伸缩振动和 C—H 变角弯曲振动引起的。在 1630.72cm^{-1} 处的吸收峰反映了 C═O 基团的伸缩振动。在 1138.21cm^{-1} 处的强吸收峰表示为 C—O—C 环内醚基团的 C—O 伸缩振动。而且，在 848.87cm^{-1} 处的吸收峰可以推断有 α-糖苷键的存在，919.60cm^{-1} 左右的吸收峰为 β-糖苷键的特征吸收峰（Wang et al.，2010a；He et al.，2016b）。

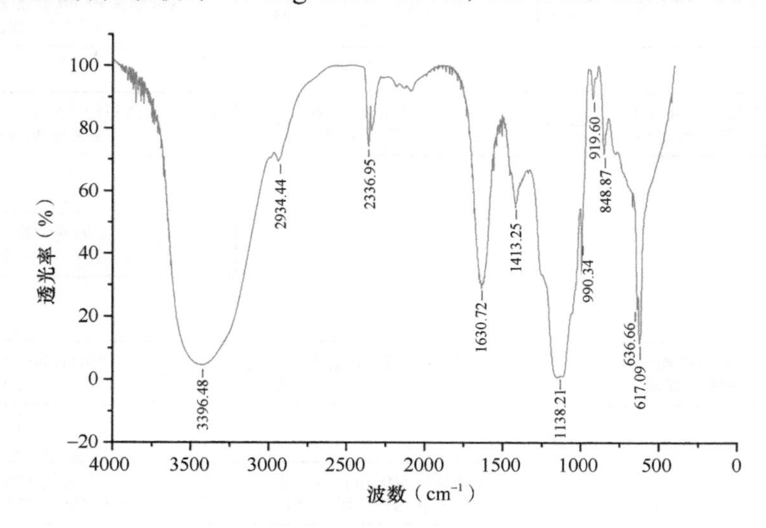

图 2-21　EPO 在 4000～400cm^{-1} 的红外光谱图

（二）EPO 单糖组成及分子量鉴定

采用柱前衍生化高效液相色谱测定单糖组分。

标准品预处理：吸取各单糖标准品（10mg/mL）300μL，置于 5mL 离心管，分别加入 NaOH（0.3mol/L）溶液 300μL 和 PMP（0.5mol/L）甲醇溶液 300μL，上下混匀，置于 70℃水浴锅中加热 30min，取出冷却至室温，之后加入 300μL HCl（0.3mol/L）进行中和，加入 600μL 水稀释混匀，然后加入 2mL 氯仿，上下混匀，静置 5min。用注射器吸去下层有机相，吸取上层水相再重复萃取 2 次，而后水相采用 0.45μm 微孔滤膜进行过滤，取 1.5mL 进样，备用等待上机检测。

待测样品预处理：取 50mg EPO 于 15mL 离心管，加入 5mL H_2SO_4（2mol/L）于 100℃水浴锅中加热 3h，调节 pH 为 7.0，定容至 10mL。流动相：A 液为乙腈；B 液为乙酸铵缓冲液（取乙酸铵 7.708g，加水溶解并稀释至 1000mL，用乙酸调节 pH 为 5.5）。色谱柱：SMT-C18（250mm×4.6mm×5μm），柱温：30℃，流速：1.0mL/min，检测器：二极管阵列检测器（PDA，245nm），上样量：10μL。

EPO 进行柱前 PMP 衍生化高效液相色谱分析得到的结果如图 2-22b 所示。结合图 2-22a 与 9 种单糖标准品的出峰时间（图 2-23）可知，EPO 的单糖主要由 D-甘露糖、L-鼠李糖、D-葡萄糖醛酸、D-半乳糖、D-葡萄糖、D-半乳糖组成，其摩尔比为 0.61∶12.53∶30.59∶3.26∶1.73∶21.69。

由图 2-24 可知，浒苔寡糖 EPO 通过 DEAE 纤维素-52 离子层析柱，使用 0.3mol/L NaCl 作为洗脱剂，洗脱得到 1 个主要峰，将其收集透析再浓缩冻干后备用，待其进一步分离纯化（图 2-24a）。将上述收集的组分溶解于超纯水且以超纯水作为洗脱剂，经 Bio-Gel P-2 Media 聚丙烯酰胺凝胶排阻色谱柱色谱分离，结果如图 2-24b 所示，糖含量较高的主要组分为单一对称的峰处，收集出峰集中部分，透析脱去盐离子，得到纯化过的主要峰物质，将其命名为 EPO。通过凝胶渗透色

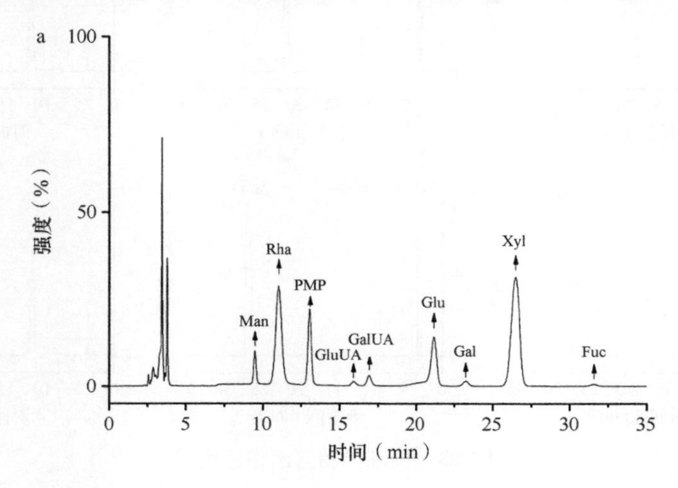

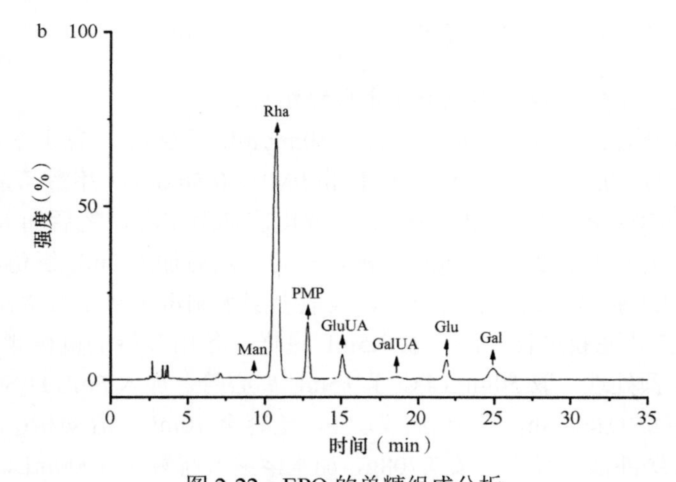

图 2-22 EPO 的单糖组成分析

a. 9 种混合标准单糖的 PMP 柱前衍生化高效液相色谱图；b. EPO 的单糖组成 HPLC 分析

Xyl，木糖；Fuc，岩藻糖。下同

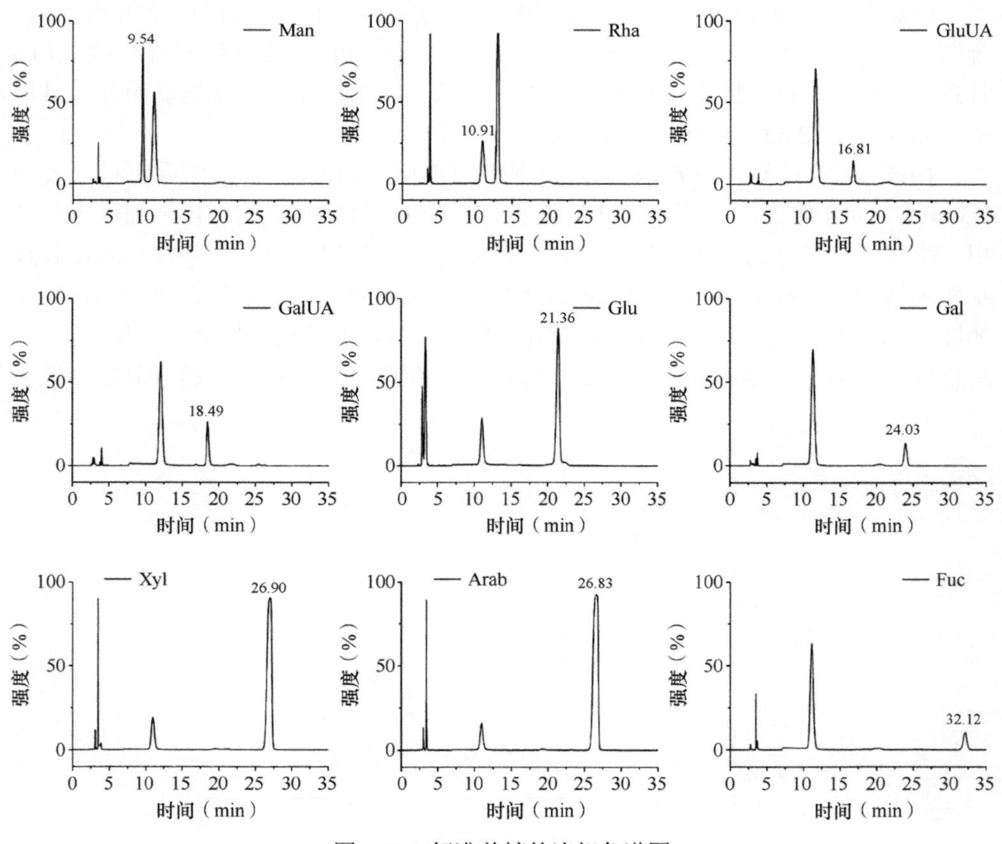

图 2-23 标准单糖的液相色谱图

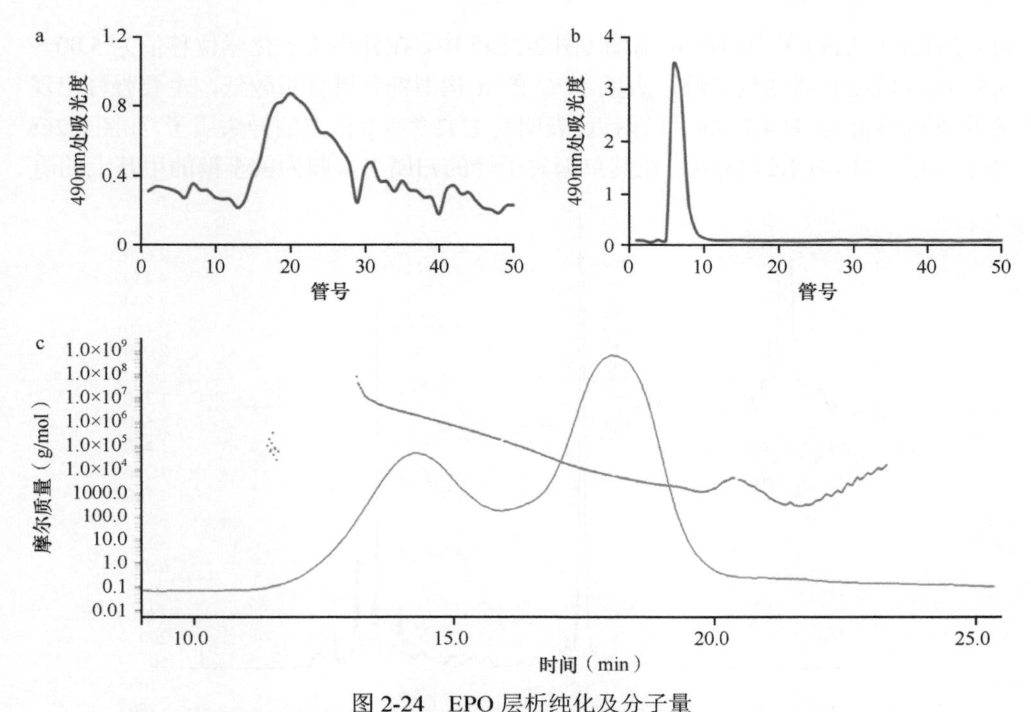

图 2-24　EPO 层析纯化及分子量

a. DEAE 纤维素-52 柱纯化；b. Bio-Gel P-2 Media 柱分离；c. GPC-MALLS 系统中分子量对数图

谱法与多角度激光散射（GPC-MALLS）对纯化过的 EPO 进行分子量检测，结果如图 2-24c 所示，EPO 主要的出峰时间为 10.0～20.0min，主要峰的平均摩尔质量为 4280g/mol，平均分子质量为 2470g/mol。

（三）EPO 核磁共振图谱分析

通过一维和二维核磁共振分析 EPO 的基础结构。将 30mg 的 EPO 溶解在 D_2O 中，对上述样品进行三次冻干，使样品 EPO 中的活泼氢充分置换 D_2O。利用 850MHz Bruker AVANCE NMR 光谱仪对浒苔寡糖的 ^{1}H 和 ^{13}C NMR 光谱在 25℃下进行 4000 次扫描。此外，通过 Bruker AVANCE Ⅲ HD 400MHz NMR 进行二维 ^{1}H-^{1}H 化学位移相关谱（COSY）、^{1}H-^{13}C 异核单量子相干谱（HSQC）和 ^{1}H-^{13}C 异核多键相关谱（HMBC）。核磁共振的化学位移由 MestReNova 8.0 软件计算（Mestrelab Research）。

核磁共振波谱分析是复杂多糖结构分析的最有效的手段，可以简化碳水化合物的结构分析。它可以提供碳水化合物的详细结构信息，如鉴定单糖组成，确定 α 和 β 构型的异头碳与氢，推断糖苷键连接方式和多糖残基的排列顺序。多糖的大部分具有 α 构型的异头质子通常出现在化学位移值为 δH 5～6 的区域（Yuan et al.，2016）；而大多数 β 构型的异头质子出现在化学位移值为 δH 4～5 的区域（He et al.，2016b）。EPO 的 ^{1}H NMR 谱图（图 2-25a）中，在异头质子化学位移值为 5.00～5.52 的区域处有微弱信号峰，表明 EPO 的 α 构型糖苷键含量较低，主要强峰出现在化学位移值为 δH 4.70 的区域附近，表明其主要含有 β 构型的异头质子。如图 2-26a 所示，信号峰 δH 1.21 区域，在其单糖质子峰的归属上，归为鼠李糖的甲基上的质

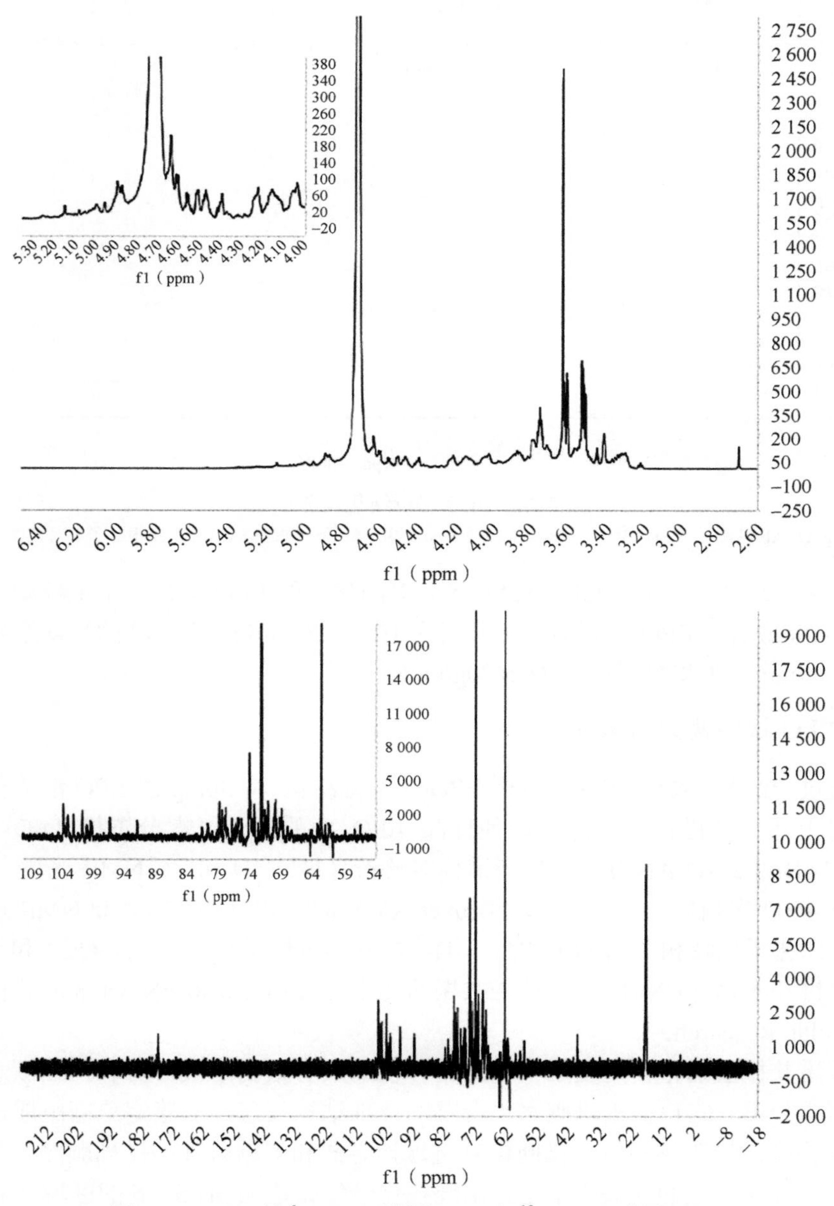

图 2-25　EPO 的 ^{1}H NMR 谱图（a）和 ^{13}C NMR 谱图（b）

子特征吸收峰。^{13}C NMR 谱图中（图 2-25b），异头碳的信号峰大都出现在化学位移值为 δ90～110 的区域。化学位移值 δC 175.03 的特征吸收峰，被确定为存在于吡喃糖—COOH 上 C6 位的碳信号。化学位移值 δC 17.14 处为鼠李糖的—CH_3上 C6 位的碳信号。一维和二维核磁共振波谱峰数据的主要化学位移如表 2-7 所示。

表 2-7　EPO 的 NMR 分析数据

残基		化学位移（ppm）					
		1	2	3	4	5	6
A：→2)-β-D-Glc*p*A-(1→	H	4.62	3.28	3.57	3.70	3.91	
	C	101.84	74.86	73.88	73.31	72.67	175.02
B：→3,6)-β-D-Man*p*-(1→	H	4.72	3.38	3.81	3.99	3.78	3.62
	C	98.15	72.13	78.74	71.27	71.31	68.84
C：→4)-α-D-Glc*p*-(1→	H	5.14	3.55	3.74	3.81	3.87	3.66
	C	101.08	70.23	73.00	78.88	73.22	61.14
D：→6)-β-D-Gal*p*-(1→	H	4.46	3.56	3.68	3.92	3.89	4.02
	C	102.86	73.73	73.07	73.36	73.56	71.01
E：β-L-Rha*p*-(1→	H	4.63	3.92	3.76	3.44	4.04	1.21
	C	100.22	71.48	70.18	72.42	69.73	17.14
F：β-L-Rha*p*-(1→	H	4.64	3.86	3.61	4.12	3.94	1.23
	C	101.12	76.12	72.18	73.42	68.73	17.04
G：→4)-β-D-Gal*p*A-(1→	H	4.61	3.52	3.63	4.63	3.92	
	C	98.92	74.31	74.02	78.02	73.57	175.02

基于一维 ^{1}H-NMR（图 2-25a）和二维 ^{1}H-^{1}H COSY 谱图（图 2-26a），化学位移值 δH 依次为 4.62、4.72、5.14、4.46、4.63、4.64 和 4.61 处表示为 7 个异头质子峰信号，可以看出单糖残基主要存在 β 构型。^{13}C-NMR（图 2-25b）和 ^{1}H-^{13}C HSQC 谱图（图 2-26b）在化学位移值 δC 依次为 101.84、98.15、101.08、102.86、100.22、101.12 和 98.92 处有 7 个异头碳信号峰。单糖残基 ***A*** 和 ***G*** 在异头质子与异头碳的化学位移由 δH 的 4.62 和 4.61 区域分别对应于 δC 的 101.84 和 98.92 区域来确定。根据 ^{1}H-^{1}H COSY 谱图，单糖残基 ***A*** 中 H2 到 H5 的化学位移分别为 δ3.28、δ3.57、δ3.70 和 δ3.91；单糖残基 ***G*** 中 H2 到 H5 的化学位移分别为 δ3.52、δ3.63、δ4.63 和 δ3.92。因此，单糖残基 ***A*** 为→2)-β-D-Glc*p*A-(1→；单糖残基 ***G*** 的 C4 和 H1 向相对低场偏移，分析推断为→4)-β-D-Gal*p*A-(1→（Zhang et al.，2017；Shakhmatov et al.，2018）。通过 ^{1}H-^{1}H COSY 谱图（图 2-26a），可得单糖残基 ***B*** 的 H2、H3、H4、H5 和 H6 的化学位移归属分别为 δ3.38、δ3.81、δ3.99、δ3.78 和 δ3.62（表 2-7）。结合 Li 等（2017）的文献报道，推测单糖残基 ***B*** 为→3,6)-β-D-Man*p*-(1→。

^{1}H-^{13}C HSQC 谱图中（图 2-26b）单糖残基 ***C***、***D***、***E*** 和 ***F*** 的化学位移 H1 与

C1 分别为 δ5.14/101.08、δ4.46/102.86、δ4.63/100.22 和 δ4.64/101.12。单糖残基 ***C*** 对应的 C4 的化学位移为 δ78.88，表明 C4 有向低场化学位移的趋势，因此可以推断出单糖残基 ***C*** 和 ***D*** 分别为→4)-α-D-Glc*p*-(1→和→6)-β-D-Gal*p*-(1→（Yuan et al.，2016；Cao et al.，2019）；单糖残基 ***E*** 和 ***F*** 均为 β-L-Rha*p*-(1→。EPO 的单糖残基连接位点是通过 ^{1}H-^{13}C HMBC 谱图确定的（图 2-26c，表 2-8）。EPO 片段结果推断为：$\boldsymbol{E}_{H1}/\boldsymbol{C}_{C4}$、$\boldsymbol{A}_{H2}/\boldsymbol{C}_{C1}$、$\boldsymbol{A}_{H1}/\boldsymbol{D}_{C6}$、$\boldsymbol{D}_{H1}/\boldsymbol{B}_{C6}$、$\boldsymbol{G}_{H1}/\boldsymbol{B}_{C3}$ 和 $\boldsymbol{F}_{H1}/\boldsymbol{G}_{C3}$ 的交叉峰显示单糖残基 ***A***、***B***、***C***、***D***、***E*** 与 ***F*** 的连接序列如下：

```
     E              C                A                D               B
β-L-Rhap-(1→4)-α-D-Glcp-(1→2)-β-D-GlcpA-(1→6)-β-D-Galp-(1→6)-β-D-Manp-(1→
                                                                      3
                                                  F            G      ↑
                                               β-L-Rhap-(1→4)-β-D-GalpA-(1
```

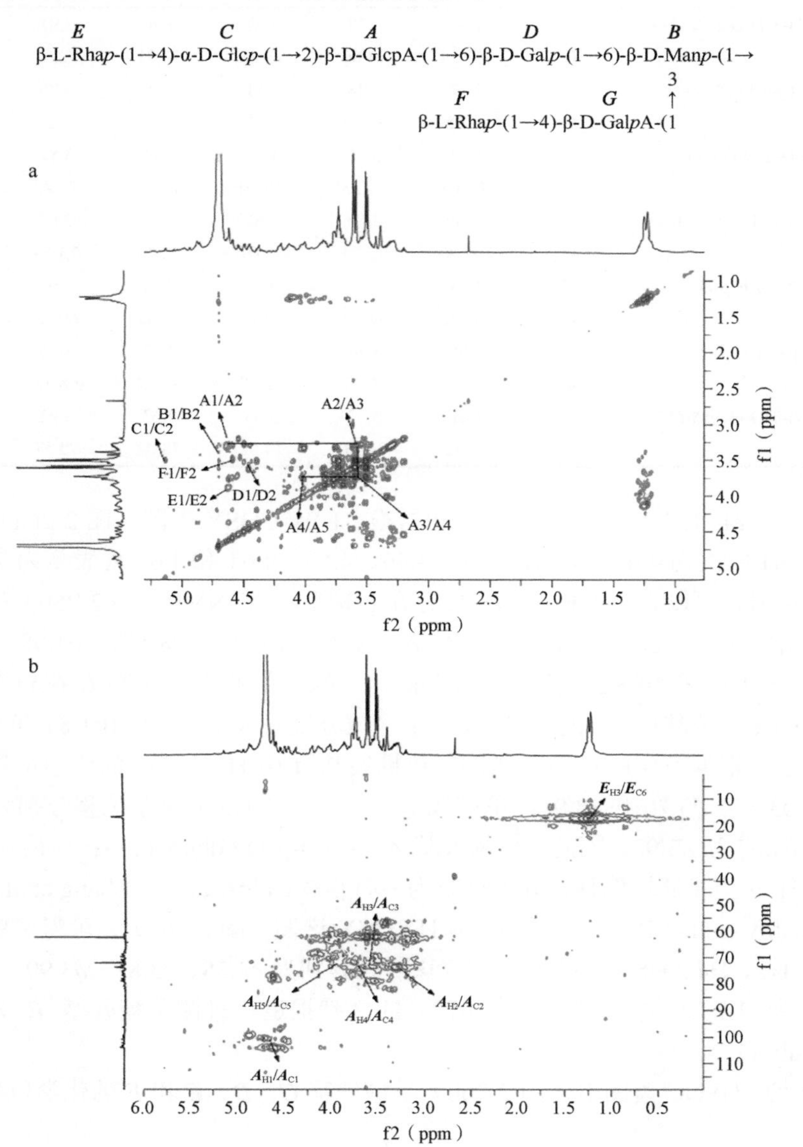

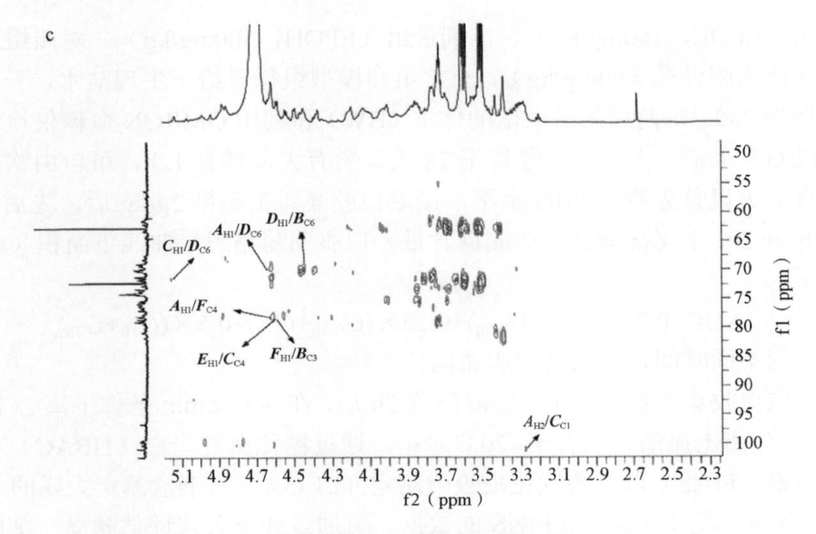

图 2-26　EPO 核磁共振图谱分析

a. ^{1}H-^{1}H COSY 核磁共振分析；b. ^{1}H-^{13}C HSQC 核磁共振分析；c. ^{1}H-^{13}C HMBC 核磁共振分析

表 2-8　EPO 糖残基在 ^{1}H-^{13}C HMBC 核磁共振谱上的异头碳 H/C 连接位点

残基	H1/C1	连接位点		
	δH/δC	δH/δC	残基	原子
A：→2)-β-D-Glc*p*A-(1→	4.62	71.01	***D***	C6
C：→4)-α-D-Glc*p*-(1→	101.08	3.28	***A***	H2
D：→6)-β-D-Gal*p*-(1→	4.46	68.84	***B***	C6
E：β-L-Rha*p*-(1→	4.63	78.88	***C***	C4
F：β-L-Rha*p*-(1→	4.64	78.02	***G***	C4
G：→4)-β-D-Gal*p*A-(1→	4.61	78.74	***B***	C3

三、浒苔寡糖 EPO 降糖作用

（一）EPO 对大鼠降糖作用的研究

1. T2DM 大鼠体重、血糖指标调节

60 只 SPF 级 SD 大鼠（6 周龄，200g）饲养在环境温度为 24℃±1℃条件下，水和食物自由获取，并于光照 12h/黑暗 12h 交替进行。大鼠适应性喂养一周后，随机选择 12 只大鼠为正常组（Normal），继续以基础饲料喂养；其余 48 只大鼠用于构建 T2DM 模型，并随机均分为 4 组：模型组（Model）、阳性对照组（Control）、

低剂量组（EPOL，150mg/kg）、高剂量组（EPOH，300mg/kg）。对照组用盐酸二甲双胍作为阳性药（90mg/kg），正常组和模型组每日给予生理盐水，干预治疗试验周期为28d。每两周测量大鼠的体重（BW）和利用OMRON血糖仪检测空腹血糖（FBG）水平。大鼠连续灌胃第28天，所有大鼠禁食12h，可自由饮用蒸馏水，禁食后大鼠首先测定FBG水平，接着口腔灌胃葡萄糖2g/kg后，先后在0h、0.5h、1h和2h于尾部静脉取血测糖含量。口服葡萄糖耐量曲线下面积（AUC）公式如下：

$$\mathrm{AUC}=0.25\times(G_{0\mathrm{h}}+G_{0.5\mathrm{h}})+0.25\times(G_{0.5\mathrm{h}}+G_{1\mathrm{h}})+0.5\times(G_{1\mathrm{h}}+G_{2\mathrm{h}}) \tag{2-1}$$

式中，G为不同时间点大鼠的空腹血糖值。

眼眶取血收集大鼠的血液，室温静置2h后，在3000r/min条件下离心10min，4℃条件下分离出血清，保存于−20℃冰箱。通过糖化血红蛋白（HBAC）和空腹血清胰岛素（FINS）以及酶联免疫吸附测定（ELISA）试剂盒测定大鼠的HBAC与FINS含量。基于FBG和FINS的数据，可通过如下公式评估胰岛 细胞的功能指数（HOMA-β），具体计算公式如下：

$$\text{HOMA-}\beta\ (\%) = (20\times\mathrm{FINS})/(\mathrm{FBG}-3.5)\times 100\% \tag{2-2}$$

如图2-27a、b所示，0d时模型组与正常组相比，模型组BW极显著下降（$P<0.01$）；模型组与浒苔寡糖低高剂量（EPOL、EPOH）组相比，大鼠体重与FBG无明显差异，说明2型糖尿病造模成功且分组合理。灌胃14d与28d后，正常组的大鼠的FBG与体重趋于稳定，模型组大鼠的体重显著下降（$P<0.05$），FBG明显升高；而EPOL组与EPOH组相比于同一阶段时期的模型组，大鼠的体重显著上升且FBG大体上显著下降（$P<0.05$），表明浒苔寡糖在不同程度上减缓FBG的上升与抑制体重的下降。通过检测大鼠血清中的糖化血红蛋白（HBAC）与胰岛β细胞功能指数（HOMA-β）来判断浒苔寡糖稳定血液血糖的能力。如图2-27c、d所示，0d时，模型组、EPOL组、EPOH组与正常组相比，大鼠的糖化血红蛋白都极显著地高于正常组（$P<0.01$）；模型组大鼠的HOMA-β值显著低于正常组（$P<0.05$）。28d时，EPOL组和EPOH组与模型组相比，EPOL组大鼠的糖化血红蛋白含量显著低于模型组（$P<0.05$），EPOL组、EPOH组大鼠的HOMA-β值都显著高于模型组（$P<0.05$）。由此可判断出EPOL组有较好的稳定血糖的作用与改善胰岛β细胞功能的作用。如图2-27e、f所示，大鼠口服葡萄糖耐受量（OGTT）能体现大鼠控制血糖能力的关键指标；对大鼠的OGTT曲线下面积进行量化表示为AUC，其结果如图2-27f所示。模型组大鼠的AUC显著高于正常组（$P<0.01$），表明2型糖尿病的大鼠对血液中高含量的葡萄糖的摄取处理能力明显下降，不能很好地改善机体高糖环境。与模型组相比，EPOL组能极显著地降低大鼠AUC水平（$P<0.01$），EPOH组能显著降低大鼠AUC水平（$P<0.05$）。由此说明浒苔EPO能降低大鼠葡萄糖AUC水平，即改善2型糖尿病大鼠体内高

糖环境所导致的糖耐受损伤。

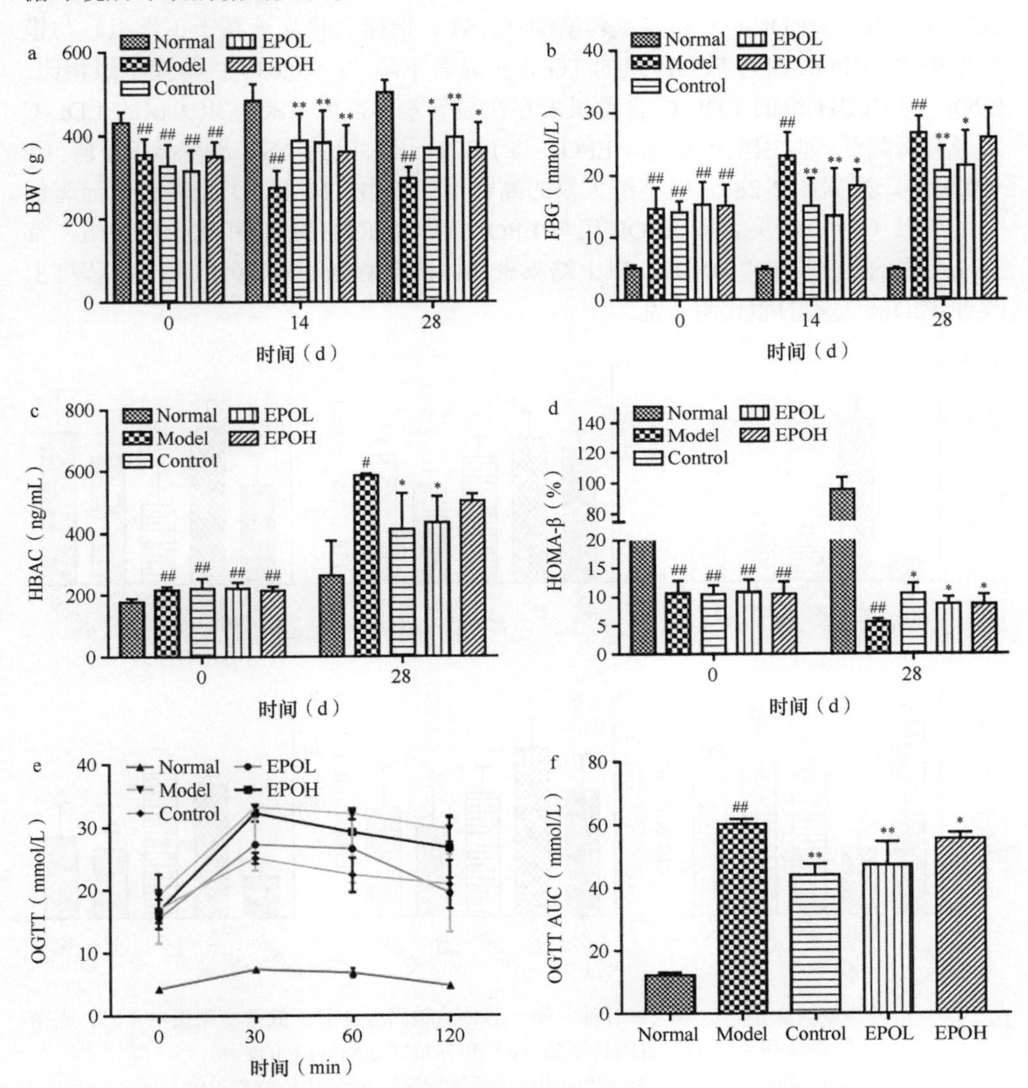

图 2-27　浒苔寡糖对 2 型糖尿病大鼠体重、血糖指标的影响

EPO 对体重变化的影响（a），对空腹血糖值的影响（b），对糖化血红蛋白（c）、胰岛 β 细胞功能指数（d）和口服葡萄糖耐量的影响（e、f）。与正常组比较，#$P<0.05$，##$P<0.01$；与模型组比较，*$P<0.05$，**$P<0.01$

2. EPO 对 T2DM 大鼠血脂的调节

2 型糖尿病在出现糖代谢紊乱的时候也常伴随着脂代谢障碍，参照相关试剂盒对血清甘油三酯（TG）、低密度脂蛋白（LDL-C）、谷草转氨酶（AST）、高密度脂蛋白（HDL-C）含量进行测定。

如图 2-28a、c、f 所示，与正常组相比，模型组的大鼠血清中甘油三酯（TG）、低密度脂蛋白（LDL-C）和谷草转氨酶（AST）指标含量显著高于正常组。与模型组相比，EPOL 组与 EPOH 组的 TG 含量显著下降（$P<0.01$）；与模型组相比，EPOL 与 EPOH 组的 LDL-C 含量虽未存在显著差异，但 EPOL 组大鼠的 LDL-C 水平有所降低；与模型组相比，EPOL 与 EPOH 组大鼠的 AST 水平显著下降（$P<0.05$）。根据图 2-28d，模型组大鼠的高密度脂蛋白（HDL-C）指标含量显著低于正常组（$P<0.01$），而 EPOL 组与 EPOH 组大鼠的 HDL-C 相比于模型组，都有极显著的上升（$P<0.01$）。以上结果表明，浒苔寡糖 EPO 可以在一定程度上改善 T2DM 大鼠的脂代谢紊乱。

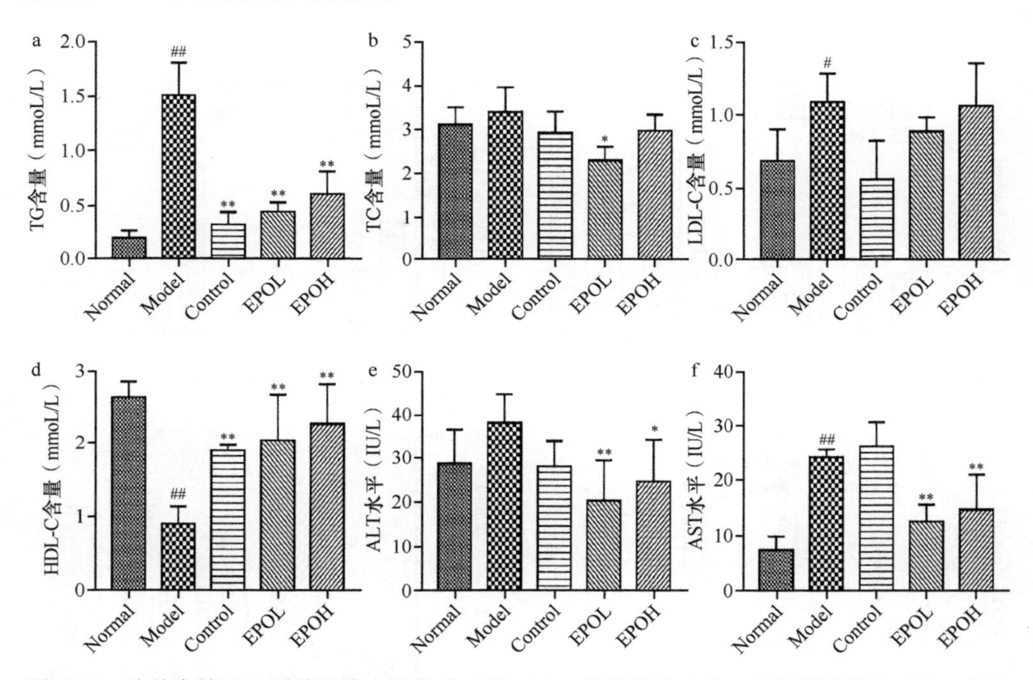

图 2-28　浒苔寡糖对 2 型糖尿病大鼠甘油三酯（a）、总胆固醇（b）、低密度脂蛋白（c）、高密度脂蛋白（d）、谷丙转氨酶（e）和谷草转氨酶（f）的影响

与正常组比较，#$P<0.05$，##$P<0.01$；与模型组比较，*$P<0.05$，**$P<0.01$

通过高糖高脂饮食辅助腹腔注射链脲佐菌素（STZ）诱导大鼠 2 型糖尿病建立。将制备的浒苔寡糖 EPO 灌胃处理 T2DM 大鼠，研究浒苔寡糖在大鼠体内的降血糖作用。在整个试验周期伊始阶段，与正常组相比，模型组的空腹血糖（FBG）、糖化血红蛋白（HBAC）和口服葡萄糖耐受量（OGTT）水平显著升高（$P<0.05$）。然而，在糖尿病大鼠中分别使用盐酸二甲双胍（metforminhydrochloride）、低剂量浒苔寡糖（EPOL）和高剂量浒苔寡糖（EPOH）干预治疗 4 周后，与模型组相比，糖尿

病大鼠中 FBG 和 OGTT 的水平显著降低（$P<0.05$），这表明 EPO 可以改善 T2DM 大鼠的葡萄糖代谢。特别地，低剂量 EPO 对提高糖尿病大鼠 OGTT 水平具有最佳效果。此外，EPO 能够使 2 型糖尿病大鼠总甘油三酯（TG）、谷丙转氨酶（ALT）和谷草转氨酶（AST）含量降低。2 型糖尿病大鼠口服 EPO 也可显著增加高密度脂蛋白（HDL-C）水平（$P<0.05$），以上生化指标结果表明，EPO 可以改善糖尿病导致的血脂异常。

3. 组织病理学观察

将肝脏、胰腺、空肠等组织放置在 4%多聚甲醛中，进行 H&E 染色病理组织切片观察。大体流程如下：①切片机制片；②组织脱蜡；③超纯水洗涤；④苏木精（hematoxylin）染色；⑤超纯水第二次洗涤；⑥盐酸、乙醇联合分化；⑦超纯水第三次洗涤；⑧磷酸盐缓冲液返蓝；⑨超纯水第四次洗涤；⑩伊红（eosin）染色；⑪脱水；⑫中性树胶密封；⑬光学显微镜拍照。

如图 2-29 所示，空肠的黏膜形成许多环状襞，襞上有大量小肠绒毛。正常组大鼠肠黏膜结构清晰，肠绒毛排列整齐紧凑，黏膜绒毛细长，表面结构完整，绒毛无明显损失，无炎症细胞浸润、无充血、无水肿等现象。模型组空肠绒毛萎缩、水肿、断裂，并存在大量的炎症巨噬细胞，表明 T2DM 会引起大鼠肠道黏膜病变。EPOL 组大鼠空肠存在轻微肠绒毛水肿，空肠炎症细胞浸润程度减轻，肠上皮细胞结构相对完整。EPOH 组大鼠空肠无明显肠绒毛水肿，绒毛排列较为整齐，缺失断裂减少。

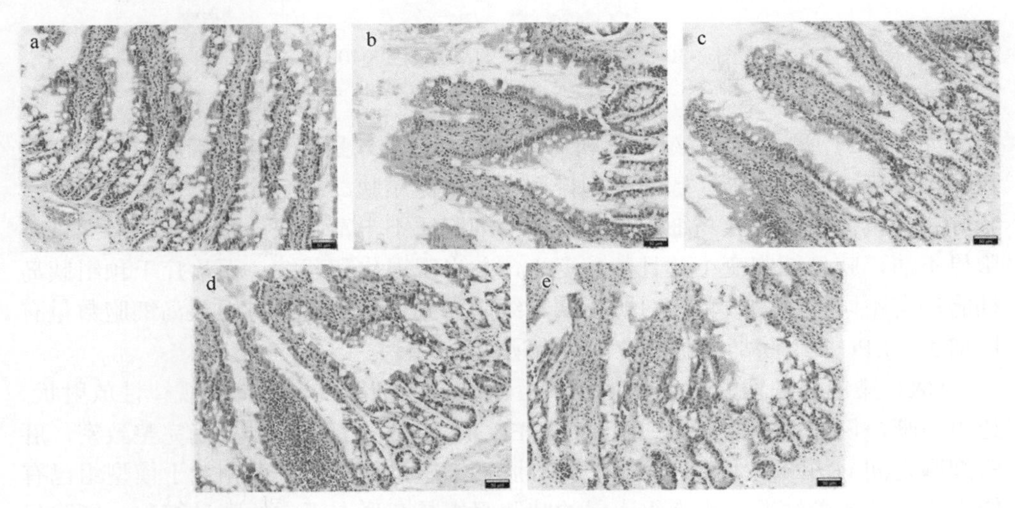

图 2-29　大鼠空肠组织环状襞 H&E 染色（400×）

a. 正常组，b. 模型组，c. 对照组，d. EPOL 组，e. EPOH 组

如图 2-30 所示，正常组大鼠肝细胞形态正常，肝细胞完好、分布均匀，肝细胞的细胞核呈规则的球形，能够清晰地看到肝小叶结构；模型组大鼠肝小叶难以分辨，肝索的分布杂乱无章，肝细胞之间空隙变大，细胞排列松散，并出现一定程度的细胞破裂、自溶和坏死的情况，肝细胞结构出现异常，细胞核形状不规则且萎缩，大小各异，肝细胞出现点状坏死，肝细胞之间界限模糊（陈永旻，2015；范锦琳，2015）；对照组大鼠肝细胞呈现多边形且边界清晰，仅发现少量炎症细胞浸润；经 EPO 处理的大鼠肝细胞排列尚完整致密，稍有排列紊乱，但比模型组有明显改善。

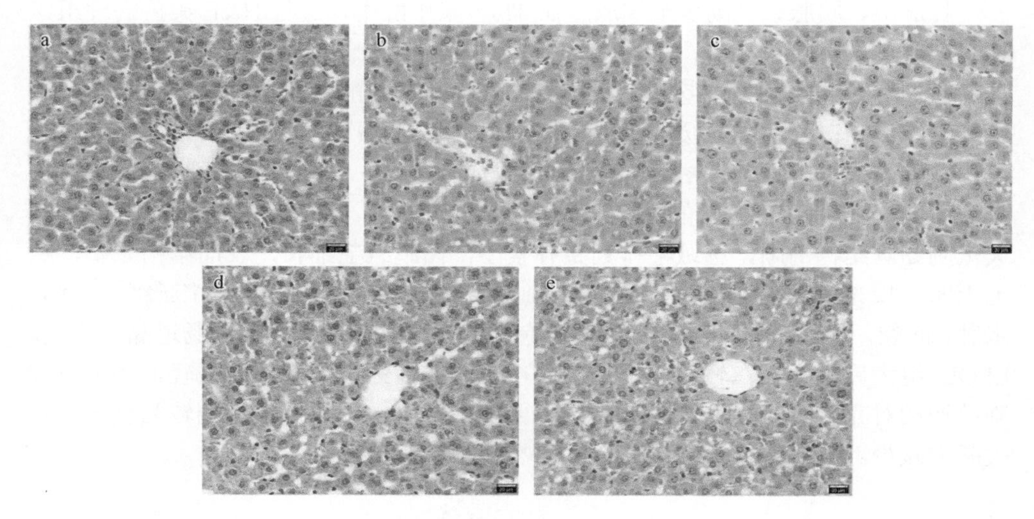

图 2-30　大鼠肝脏组织 H&E 染色（400×）

a. 正常组，b. 模型组，c. 对照组，d. EPOL 组，e. EPOH 组

如图 2-31 所示，正常组大鼠胰岛细胞紧密排列，呈团块状，细胞质内分泌颗粒多，淡染、胞界清晰。腺泡细胞排列在周围健康胰岛细胞的小叶中，细胞呈索状分布；模型组小鼠胰岛细胞排列松散，细胞质不丰富，缺少分泌颗粒，深染、胞界不清，胰岛细胞变小并且数量变少，并出现退化和萎缩；而治疗干预组胰岛细胞均有不同程度的改善。对照组胰岛细胞得到恢复，EPOL 组胰岛细胞数量有所增加，EPOH 组胰岛细胞的空泡化有所减少。

H&E 染色病理切片结果显示，EPOL 组的肝索细胞呈多边形和规律性放射状，边界清晰，仅出现少量炎症细胞浸润。EPOH 组的肝索细胞排列尚完整致密，肝索细胞之间的边缘较为清晰；虽然部分肝索细胞排列紊乱，但相对于模型组已有较大程度的改善情况。正常组大鼠的胰腺组织具有形态正常的胰岛细胞，细胞呈团索状分布。模型组大鼠的胰岛细胞明显萎缩成小团块状；与模型组相比，EPOL 与 EPOH 均能够抑制胰腺组织细胞的萎缩，维持胰岛细胞数量。机体长时间处于高血糖环境往往导致血管破裂，从而影响机体空肠组织的消化吸收。在 2 型糖尿病大鼠中，空肠绒毛出现溶解，部分细胞出现破损与上皮细胞脱落，而干预组大鼠呈现出一定的缓解现象。

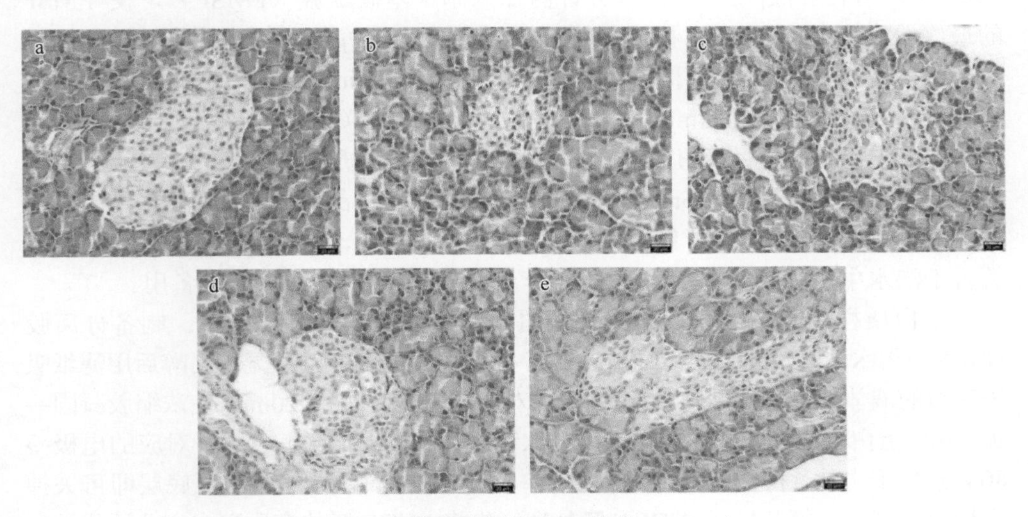

图 2-31　大鼠胰腺组织 H&E 染色（400×）

a. 正常组，b. 模型组，c. 对照组，d. EPOL 组，e. EPOH 组

（二）EPO 对降糖通路调节的研究

1. 大鼠空肠组织糖代谢相关基因 mRNA 的表达

大体流程如下：①去除基因组 DNA 反应体系；涡旋振荡混匀，短暂离心，使管壁上的溶液汇聚收集到管底；42℃孵育 2min，4℃保存。②配制反转录体系；涡旋振荡混匀，短暂离心，使管壁上的溶液汇聚收集到管底；37℃孵育 15min，85℃孵育 5s，4℃保存。③SYBR 染料法荧光定量检测，配制溶液体系，PCR 扩增。引物设计见表 2-9。

表 2-9　引物序列表

基因名称	上游引物（5′-3′）	下游引物（5′-3′）
PI3K	AGAGTTTCCTGGGCATCAATAA	CTGGAAGTGTGGACTTGTCTT
ERK1/2	CTGGCTTTCTGACCGAGTATG	GGTGTAGCCCTTGGAGTTAAG
AKT	GCTGGAGGACAACGACTATG	CTTCTCATGGTCCTGGTTGTAG
MEK	ATCTTAGGGAAGGTCAGCATTG	CACGAGAGTTCACCAGAATGT
GAPDH	ACTCCCATTCTTCCACCTTTG	CCCTGTTGCTGTAGCCATATT

2. 大鼠空肠组织糖代谢相关蛋白的表达

称取 100mg 空肠组织并剪切成细小的碎片，取适当量的免疫印迹及免疫沉淀（WB/IP）用裂解液[在使用前数分钟内加入苯甲基磺酰氟（PMSF），使 PMSF 的最终浓度为 1mmol/L]，按照每 20mg 组织加入 200μL 裂解液的比例加入裂解液，用匀浆机匀浆后，置于冰上进行充分裂解（60min）；而后将组织浑浊液在 12 000r/min 条件下离心 4min，取上清液，保存于–20℃冰箱。而后测量样品蛋白质浓度，按照上样量目标值 30μg，调整各组样本蛋白质浓度一致（以 PBS 缓冲液稀释），将蛋白液装入 1.5mL 离心管中，分别加入样品液 1/4 体积的 5×十二烷基硫酸钠（SDS）蛋白上样缓冲液，使其终浓度为 1×，用封口膜封口后，将离心管置于沸水中煮沸 5min，使蛋白质充分变性，而后置于–20℃冰箱备用。

蛋白质样品制备完成后，进行蛋白质印迹法电泳，流程如下：制备分离胶（8%）→无水乙醇液封→室温放置 40min 待分离胶凝固→倒掉无水乙醇后用滤纸吸干残留的液体→加浓缩胶（5%）→插入对应的梳子→等待 20min 使浓缩胶凝固→加 15μL 蛋白质样品（胶先放入 RB 电泳缓冲液中，再加样）→插好对应的电极→80V 条件下电泳，待溴酚蓝跑过浓缩胶→调至 120V，待溴酚蓝跑至底层即可关掉电极→转聚偏二氟乙烯（PVDF）膜处理（先将 PVDF 膜放在甲醇中充分活化）→在湿转法（TB）转膜液中，夹板黑色面放底下，将润湿泡沫、三层滤纸、胶、PVDF 膜、三层滤纸、泡沫，按顺序叠放；转膜条件 200mA、2h→置于摇床，用封闭液室温封闭 30min→加入一抗液（稀释比例 1∶1000），4℃过夜孵育→TBST 液摇床洗脱 PVDF 膜，10min/次，洗 4 次→加入二抗蛋白液，稀释比例 1∶1000，37℃孵育 40min→置于摇床，用三羟甲基氨基甲烷缓冲液（Tris buffered saline with Tween，TBST）洗脱 PVDF 膜，10min/次，洗 4 次→加入显色液 A∶B=1∶1，进行曝光成像。

由图 2-32a 可知，与正常组相比，模型组大鼠中靶基因 *PI3K*、*MEK* 的 mRNA 表达水平显著下调（$P<0.01$）。与模型组相比，EPOL 组大鼠中靶基因 *PI3K*、*AKT*、*MEK* 的 mRNA 表达水平显著提高（$P<0.05$）。其中，MEK 与 ERK 的信号通路与细胞异常的增殖和分化以及维持肠道内皮细胞的稳态有关；PI3K 与 AKT 的信号通路与降血糖相关，2 型糖尿病会导致空肠的细胞异常与分化，破坏肠道内皮细胞的稳态，进一步地引发肠道炎症反应，最终导致降血糖途径发生紊乱。模型组 PI3K/AKT 胰岛素信号通路相关降糖基因 mRNA 表达量下降，说明浒苔寡糖干预能够改善胰岛素信号通路的转录。

蛋白质印迹法的结果如图 2-32b、c 所示。与正常组相比，模型组大鼠中靶蛋白 AKT、MEK、ERK1/2 的表达受到显著抑制（$P<0.01$）。与模型组相比，EPOL 组大鼠的靶蛋白 PI3K、AKT、MEK 的表达都显著提高（$P<0.05$）。结果表明，

与正常组相比，2 型糖尿病大鼠的 PI3K/AKT/MEK 信号通路发生明显变动。研究表明，2 型糖尿病的症状会破坏肠道内皮细胞的稳态（Gao et al.，2019）。浒苔寡糖 EPOL 组通过促进 PI3K、AKT、MEK 蛋白的上调，从而提高机体对葡萄糖的摄入利用能力，并维持肠道内皮细胞的稳态。

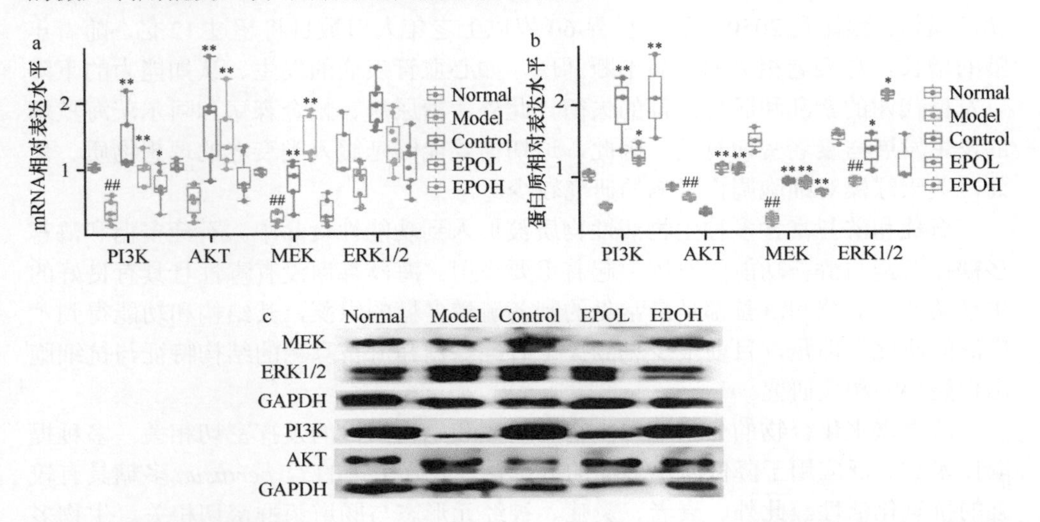

图 2-32　EPO 对 2 型糖尿病大鼠 PI3K/AKT/MEK/ERK1/2 信号通路基因的 mRNA（a）与蛋白质表达水平的影响（b、c）

与正常组比较，##$P<0.01$；与模型组比较，*$P<0.05$，**$P<0.01$

以 2 型糖尿病大鼠为研究对象，检测其空肠靶基因 *PI3K*、*AKT*、*MEK*、*ERK1*/2 mRNA 转录水平及相应的蛋白表达水平。2 型糖尿病对肠道造成炎症损伤并破坏肠黏膜屏障，导致肠黏膜通透性增加，激活 MEK/ERK 通路可间接促进肌球蛋白轻链激酶的激活，并引起肠道内皮细胞收缩，从而有助于肠道屏障的稳定（Garg et al.，2019；Liang et al.，2019）。EPO 干预组可同时激活多种信号转导途径，这些途径可对肠道屏障功能产生不同的影响。EPO 的干预增加了 PI3K/AKT 和 MEK/ERK 信号通路的表达，后者在肠道内皮细胞再生过程中发挥重要作用。激活 MEK/ERK 信号通路而不抑制 PI3K/AKT 的信号转导，可增强 T2DM 大鼠的肠道屏障的稳定性，同时能够促进糖代谢作用。本节研究以 2 型糖尿病大鼠为研究对象，测定和分析糖脂代谢相关生化指标，利用组织病理学与分子生物学的 RT-qPCR 和蛋白质印迹法技术，测定糖代谢相关信号通路 PI3K/AKT 及 MEK/ERK 关键基因的表达情况，评价了浒苔寡糖 EPO 对 2 型糖尿病的干预作用，通过 2 型糖尿病大鼠的已检测的各项指标，得出低剂量浒苔寡糖具有较好的降血糖的潜力。

第四节　浒苔寡糖EPO-1和石莼寡糖ULO-1抗衰老作用研究

衰老是器官损伤不断积累的过程，包括大脑、肝脏、肌肉、骨骼、心血管和胰岛损伤。预计到2050年，全世界60岁以上老年人口数目将超过12亿。随着年龄的增长，与衰老相关的疾病不断涌现，如心血管疾病的发生、认知能力的下降以及糖代谢的紊乱和肠道菌群的失衡。此外，糖尿病、帕金森病和阿尔茨海默病的发生发展与衰老密切有关。因此，迫切需要能够延缓人类衰老的理想物质。然而，关于绿藻对细胞凋亡影响的研究较少。

石莼和浒苔富含多种生物活性物质被加入到功能性食品中。石莼多糖和浒苔多糖在石莼与浒苔功能的发挥中起着重要作用。海藻寡糖没有毒性且具有良好的生理功能。石莼和浒苔都是最常见的制备硫酸多糖的绿藻，其结构和功能得到了广泛的研究。但是，目前很少见到关于石莼寡糖和浒苔寡糖的结构特征与抗细胞凋亡能力的相关研究。

藻类碳水化合物的分子量与生物利用率和生物活性的发挥密切相关。多种提取技术被广泛应用于降低海藻多糖的分子量。低分子量的 *U. pertusua* 多糖具有较强的抗氧化活性。此外，衰老、炎症、神经元形态与肠道菌群密切相关。生物多样性降低、条件致病菌含量增加是衰老过程中肠道菌群的典型特征。与年龄相关的菌群失调会导致肠道屏障通透性增加，肠道微生物代谢产物渗透到血液中，促进了炎症因子如IL-6和TNF-α的产生，而进一步地，炎症因子会引发肠道炎症。基于石莼寡糖和浒苔寡糖的结构特征，本节通过对SAMP8小鼠的抗衰老相关指标进行检测，分析了石莼寡糖（ULO-1）和浒苔寡糖（EPO-1）的抗衰老作用及其对肠道菌群的调节作用。

一、浒苔寡糖EPO-1和石莼寡糖ULO-1制备

浒苔和石莼采集于中国青岛附近黄海沿岸地区，采用小型粉碎机对洁净、风干的海藻进行粉碎。采用超声辅助（50kHz）热水法在60℃下提取粉末（1∶40，g/mL），提取1h。上清液以4500r/min离心10min，加入4倍体积的95%乙醇在4℃的温度下进行沉淀过夜。用碱性蛋白酶去除石莼和浒苔提取物中的蛋白质。50℃下酶解2h，所有实验多糖的酶负载量均保持 2.00×10^5U/g，根据BCA蛋白检测试剂盒说明书测定蛋白去除率。然后，通过透析纯化多糖溶液去除蛋白质和杂质。在100℃的条件下用0.05mol/L的硫酸和盐酸对多糖进行进一步降解，处理1.5h得到寡糖。采用超滤技术对三种不同的分子质量的寡糖进行分段，即＜1000Da、

1000～3000Da、＞3000Da。这些寡糖的产率用以下公式计算：产量（%）=寡糖重量/藻粉重量×100%。以葡萄糖醛酸为标准品测定糖醛酸含量。为验证硫酸基团的存在，采用1%琼脂糖凝胶对多糖进行电泳，以糖原为标准，对浒苔和石莼的多糖与寡糖进行理化分析。

二、浒苔寡糖 EPO-1 和石莼寡糖 ULO-1 结构解析

EPO-1 和 ULO-1 红外光谱分析及单糖组分分析结果如下。

研究需要阐明降解多糖中的特殊基团或其单糖残基在抗氧化功能中是否起着关键作用。石莼寡糖和浒苔寡糖冷冻干燥后，以 1∶100（*m*/*m*）的比例与 KBr 混合，压制成 1mm 厚的薄层。样品使用傅里叶变换红外光谱系统进行扫描，波数为 4000～400cm^{-1}。将浒苔寡糖和石莼寡糖（10mg）溶于 5mL 硫酸（2mol/L）中，在沸水中水解 3h，再加入 11.0mg 盐酸羟胺和 0.5mL 吡啶。然后加入乙酸酐和氯仿，在 90℃下蒸发 45min。用气相色谱-质谱（GC-MS）系统测定单糖浓度时，上样量为 1μL。初始柱温设置为 190℃，升温至 240℃（2℃/min，保持 8min），再升温至 260℃（10℃/min）。氦气作为载体气体，速率为 1.0mL/min，离子源温度设置为 260℃。

傅里叶变换红外光谱对不同分子质量的浒苔和石莼多糖与寡糖进行了特征基团分析。石莼多糖（图 2-33a）的峰值在 3396cm^{-1}、1637cm^{-1}、1096cm^{-1} 和 849cm^{-1} 处，表明其分别由含有羟基基团、糖醛酸、C—O—H 变形振动和 C—O—S 伸缩振动引起。1147cm^{-1} 处的吸收带是由 C—O—C 伸缩振动引起的。浒苔多糖（图 2-33b）的吸收峰在 3436cm^{-1} 和 2937cm^{-1} 处，分别表明 O—H 和 C—H 的存在。此外，在 1626cm^{-1}、1259cm^{-1} 和 852cm^{-1} 处明显的吸收峰分别是由 C—O、S—O 和 C—O—S 伸缩振动引起的。1422cm^{-1} 和 1042cm^{-1} 处的峰值分别是由 C—O 和 C—O—H 伸缩振动引起的。此外，还可以看出多糖在硫酸化处理后与硫酸化前的红外吸收曲线轮廓相似。通过对石莼寡糖和浒苔寡糖的结构特征进行红外分析，在 2932.19cm^{-1} 和 1253.72cm^{-1} 处的弱吸收峰来自 C—H 拉伸振动，这是寡糖的特征指纹图谱。在 3400cm^{-1} 和 1639.75cm^{-1} 处的强吸收带与主吸收带分别代表 O—H 和羧基基团的存在。在约 1050cm^{-1} 处的强特征吸收峰表明 C—O—H 的存在，并且两个寡糖中都存在吡喃糖。石莼寡糖的红外光谱图中的 846.06cm^{-1} 处和浒苔寡糖的红外光谱图中的 842.09cm^{-1} 处的吸收峰是由 C—O—S 的弯曲振动引起的（图 2-33a、b）。

此外，通过单糖组分分析表明，石莼寡糖由 Rha、Fuc、Ara 和 Xyl 组成（图 2-33c）。而浒苔寡糖由 Rha、Ara、Xyl、Man 和 Glc 组成（图 2-33d）。多糖中含有较多的岩藻糖残基，该多糖具有清除自由基和抑制细胞增殖的作用，这也赋予了此类多

糖较高的抗衰老作用（Péterszegi et al.，2003）。石莼寡糖中的硫酸盐含量为 8.99%，几乎是浒苔寡糖（4.66%）的两倍（表 2-10）。已有研究表明，含硫酸基团的糖类具有良好的溶解性且活性较高（Wang et al.，2010a）。此外，—SO_3H 基团可以通过增强空间位阻来改变糖类分子构象。石莼寡糖的得率为 62.25%，而浒苔寡糖的得率为 59.81%（表 2-10）。石莼寡糖的得率与通过多糖水解和 H_2O_2 分解得到的石莼寡糖在产量上没有显著差异。然而，浒苔多糖通过水解产生的浒苔寡糖得率略低于浒苔多糖用 1mol/L 盐酸降解 60min 所获得的寡糖得率。石莼寡糖和浒苔寡糖的分子质量在＜1000Da、1000～3000Da 和＞3000Da 的比例分别是 29.96：13.19：19.10 和 32.56：6.29：20.96。石莼寡糖中分子质量＜3000Da 的寡糖占比较多，这可能暗示着石莼寡糖比浒苔寡糖有更高的生物利用率。此外，两种寡糖中均含有糖醛酸，浒苔寡糖中的糖醛酸含量（36.82%）远高于石莼寡糖中的糖醛酸含量（24.32%）。

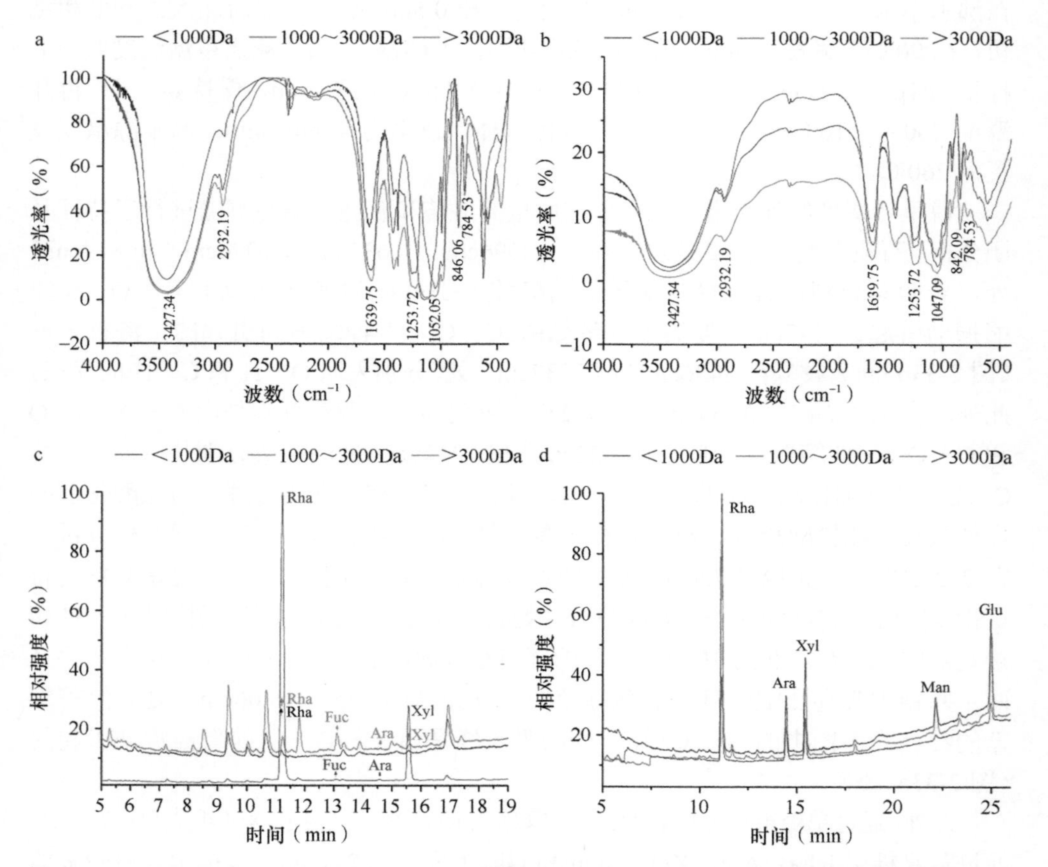

图 2-33 ULO-1（a、c）和 EPO-1（b、d）的傅里叶变换红外光谱与气相色谱-质谱联动仪分析

表 2-10　浒苔寡糖（EPO-1）和石莼寡糖（ULO-1）理化特性分析

寡糖	SO_4^{2-}（%）	糖醛酸含量（%）	得率（%）	寡糖分级得率（%）		
				＜1000Da	1000～3000Da	＞3000Da
ULO-1	8.99	36.82	5.59	29.96	13.19	19.10
EPO-1	4.66	24.32	4.87	32.56	6.29	20.96

三、浒苔寡糖 EPO-1 和石莼寡糖 ULO-1 抗衰老作用

（一）EPO-1 和 ULO-1 对 SAMP8 小鼠体重及血液指标的影响

40 只 SAMP8 衰老型小鼠和 10 只 SAMP1 抗衰老的雄性小鼠（24 周龄，体重 18～20g），在标准条件下（12h 暗/光周期，25℃±2℃），可自由获取水和正常饮食。垫料和饮水瓶定期更换以保证生活环境清洁。将 40 只 SAMP8 小鼠随机分为 P8 组（SAMP8 组）、REV 组（白藜芦醇组）、ULO-1 组和 EPO-1 组，SAMP1 为阳性对照组（R1）。经过一周的适应性喂养后，SAMP8 小鼠被随机分为以上 4 组，并喂标准饲料。白藜芦醇组、石莼寡糖组、浒苔寡糖组分别每天喂养 150mg/(kg·d) 的白藜芦醇、石莼寡糖和浒苔寡糖，喂养 10 周。所有 5 组的标准饲料的脂肪含量为 13.5%。

试验结束时对小鼠进行称重。禁食 12h 后，快速获得小鼠脑组织和血液，进行进一步分析。以 3500r/min 离心 15min 后收集血清，置于−80℃条件下保存，进行血液抗氧化和炎症相关治疗的检测分析。整个脑组织海马体用于氧化应激和衰老相关分析。收集小鼠粪便和结肠端-盲肠端内容物，于−80℃下保存，用于短链脂肪酸（SCFA）分析和肠道菌群分析。血清总甘油三酯（TG）、总胆固醇（TC）、高密度脂蛋白（HDL）和低密度脂蛋白（LDL）水平测定根据相应的测定试剂盒说明书。此外，分别测定血清和脑组织中丙二醛（MDA）、谷胱甘肽（GSH）、超氧化物歧化酶（SOD）与过氧化氢酶（CAT）的浓度及总抗氧化能力（T-AOC）。血糖仪检测血液中葡萄糖含量。

喂养 4 周后，P8 组小鼠的体重明显低于其他组小鼠，说明石莼寡糖和浒苔寡糖促进了体重增加。与 R1 组相比，ULO-1 组和 EPO-1 组均无明显的差异。试验结果表明，血脂水平降低与寿命延长相关；REV 组、ULO-1 组、EPO-1 组的血清 TG 和 TC 水平明显低于 P8 组，寡糖处理组与 R1 组无明显差异（图 2-34b）。REV 组、ULO-1 组、EPO-1 组的葡萄糖水平也低于 P8 组，并与 R1 组相似，这可以表明 ULO-1 和 EPO-1 可以调节老年小鼠的血糖失衡状态（图 2-34c）。此外，高水平的胆固醇和低密度脂蛋白被认为是心脏病与动脉硬化的危险因素（Dron and Hegele，2017）。REV 组、ULO-1 组和 EPO-1 组的血清高密度脂蛋白水平升高，而低密度脂蛋白水平低于 P8 组（图 2-34d）。此外，寡糖处理组小鼠低密度脂蛋

白水平与 REV 组相比没有明显差异（图 2-35d）。结果表明，在 ULO-1 和 EPO-1 的控制下，小鼠血清胆固醇水平在试验期间保持良好。

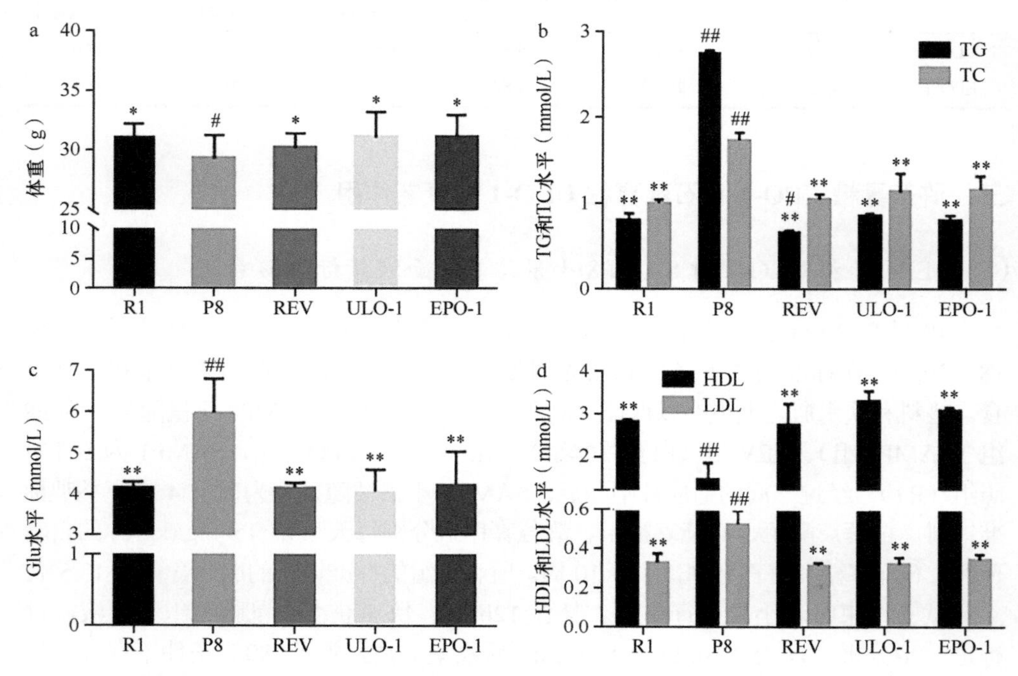

图 2-34 ULO-1 和 EPO-1 对体重（a）与血常规指标（b、c、d）的影响

图中数据为平均数±SD（n=5）。与 R1 组比较，##P<0.01；与 P8 组比较，**P<0.01

氧化应激衰老理论被大众广泛接受，衰老被认为与组织和器官中的活性氧（ROS）的增加有关（Harman，1956）。ROS 诱导的丙二醛（MDA）和脂质氧化产物水平通常可以反映机体的氧化损伤（Belviranli and Okudan，2016）。SAMP8 小鼠的大脑中 MDA 水平较高；与 R1 组对比，经 ULO-1 和 EPO-1 喂养的小鼠具有相同的 MDA 水平，且均低于 P8 组的 MDA 水平（图 2-35a、b）。谷胱甘肽（GSH）、超氧化物歧化酶（SOD）、过氧化氢酶（CAT）和总抗氧化能力（T-AOC）通常被认为是抑制 ROS 的重要因素，其能够通过催化活性氧转化为无害的过氧化氢。此外，GSH 和 CAT 可以通过抑制 ROS 的产生来降低组织中 ROS 的含量。衰老型小鼠血清和脑组织中谷胱甘肽水平显著降低。经过 ULO-1 和 EPO-1 喂养后的小鼠的 GSH 水平与 R1 组相比达到了正常水平。此外，ULO-1 组和 EPO-1 组的血清 GSH 水平存在差异，ULO-1 对 GSH 水平比 EPO-1 具有更有效的提高能力（图 2-35a）。血清和脑组织中的 SOD 与 CAT 水平均高于 P8 组；EPO 的促进作用明显优于白藜芦醇和 ULO-1；相比于 ULO-1 组，EPO-1 组大脑 SOD 水平较低，但两者均可以使血清 SOD 水平恢复到正常值。然而，与 ULO-1 相比，EPO-1 可能导

致大脑中 CAT 水平更高。与正常小鼠相比，ULO-1 和 EPO-1 喂养的小鼠的 T-AOC 水平无明显的差异（图 2-35c、d）。上述结果表明，血清和脑组织中的 MDA 水平的降低可能与高水平的 GSH、SOD、CAT 和 T-AOC 有关。绿藻硫酸化多糖通过清除活性氧来发挥良好的抗氧化作用，随着硫酸基团的增加，自由基的清除能力和还原能力也得以改善（Costa et al.，2012）。

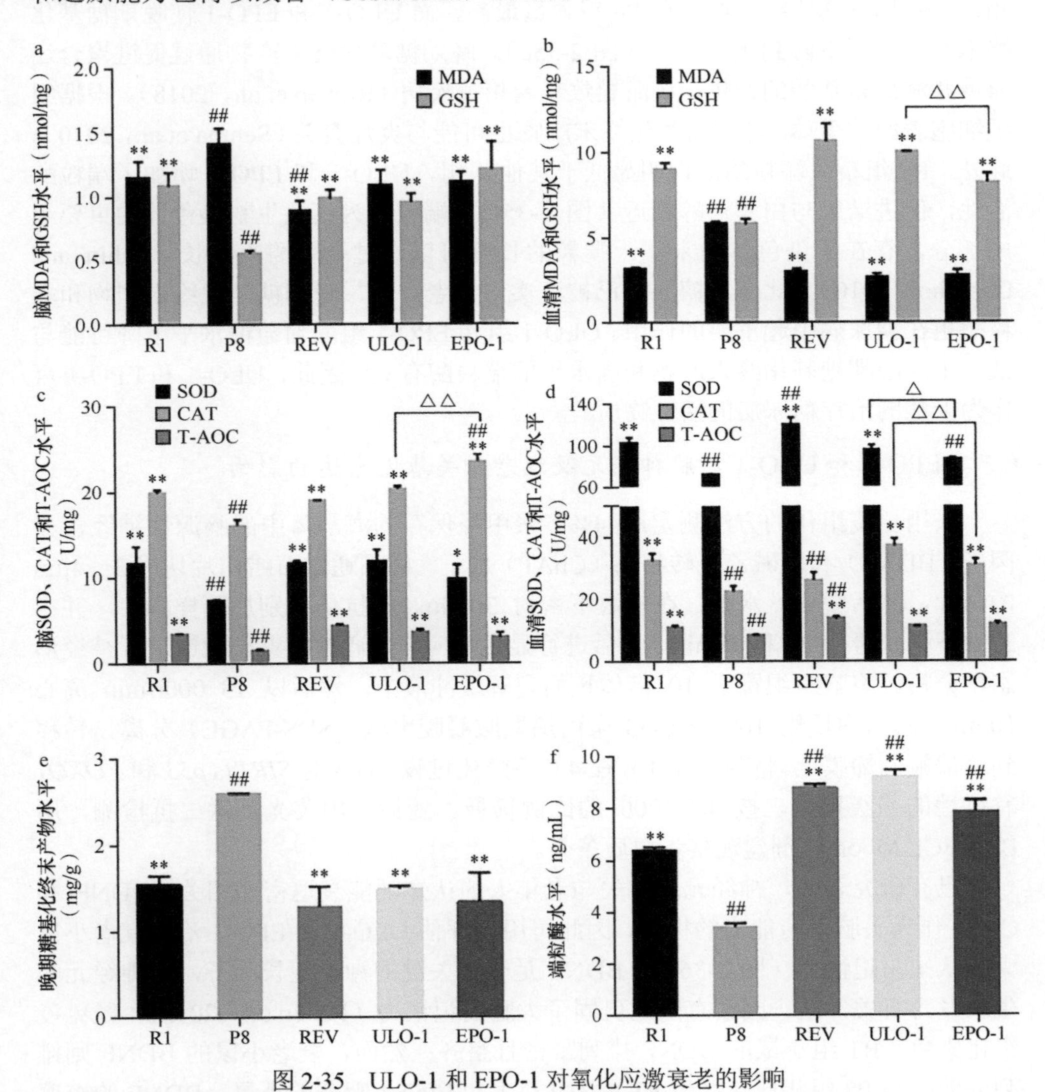

图 2-35　ULO-1 和 EPO-1 对氧化应激衰老的影响

脑（a）和血清（b）中丙二醛与谷胱甘肽水平；模型小鼠大脑（c）、血清（d）中的 SOD、CAT、T-AOC 水平；ULO-1、EPO-1 对模型小鼠大脑年龄（e）、端粒酶（f）含量的影响。图中数据为平均数±SD（n=5）。与 R1 组比较，##P<0.01；与 P8 组比较，**P<0.01；与 R1 组比较，△△P<0.01；与 ULO-1 组比较，△△P<0.01

（二）EPO-1 和 ULO-1 对 SAMP8 小鼠的抗衰老作用

用 9 倍体积的生理盐水均质脑组织，并以 2500r/min 的速度离心 8min。参照使用 ELISA 试剂盒说明书测定晚期糖基化终末产物（AGE）和端粒酶水平。晚期糖基化终末产物和端粒酶是导致细胞凋亡与衰老相关疾病的关键因素。与其他组相比，晚期糖基化终末产物在 P8 组含量最高，而 ULO-1 和 EPO-1 使晚期糖基化终末产物水平下降到正常水平（图 2-35e）。晚期糖基化终末产物通过促进聚合还原糖和游离氨基酸的产生，从而导致衰老相关疾病（Rowan et al.，2018）。根据组织细胞表面的受体，晚期糖基化终末产物也可能与炎症有关（Semba et al.，2010）。此外，P8 组小鼠端粒酶活性明显低于其他 4 组，ULO-1 和 EPO-1 增加了端粒酶活性，促进结果与白藜芦醇相近（图 2-35f）。端粒作为真核生物染色体的重要组成部分，存在于染色体的末端。端粒的长度可以通过端粒酶来延长（Sahin and Depinho，2010）。此外，糖尿病已被证实与衰老有关，晚期糖基化终末产物和端粒酶也在糖尿病中起重要的作用。ULO-1 组和 EPO-1 组的葡萄糖水平下降可能与低水平的晚期糖基化终末产物和高水平的端粒酶有关。因此，ULO-1 和 EPO-1 可作为天然的治疗糖尿病的活性物质。

（三）EPO-1 和 ULO-1 对脑神经元及衰老相关基因表达的影响

采用免疫组化的方法测定用 4%多聚甲醛保存的海马体中的脑源性神经营养因子（BDNF）和胆碱乙酰转移酶（ChAT）水平。样品通过石蜡切片切成 3～4μm 的薄片，然后脱蜡、水化，在室温下密封 30min。将抗体分别加到样本中，并在 37℃下分别孵化 2h 和 30min。然后进行显色反应，并通过倒置显微镜进行神经形态学分析。将脑组织置于 10 倍体积的裂解缓冲液中，然后以 13 000r/min 离心 10min。总蛋白质用 10%的 SDS 聚丙烯酰胺凝胶电泳（SDS-PAGE）分离，转移到聚偏氟乙烯膜上。将膜封闭 1h，在 4℃下孵化过夜，加入对 *SIRT1*、*p53* 和 *FOXO1* 有抗性的初级抗体，按 1∶1000 的比例稀释。随后，用荧光耦联二抗检测，用 BeyoECL Moon 试剂盒观察蛋白质条带。

已有研究表明，神经元的缺失与老年人的认知功能衰退密切相关。BDNF 和 ChAT 作为大脑学习能力的标志，因此可用于评估 ULO-1 和 EPO-1 治疗衰老小鼠大脑认知与记忆力（图 2-36a）。BDNF 是一种关键的神经生长因子，与神经元的生长发育有关，这一因素有效地巩固了大脑的记忆力（Patterson，2015）。经免疫组化染色，R1 组小鼠的 BDNF 排列紧密且整齐；然而，衰老小鼠的 BDNF 则排列分散。与 P8 组相比，经过 REV、ULO-1 和 EPO-1 喂养的小鼠，BDNF 的密度增加，神经元排列有序。此外，与 ULO-1 组相比，经 EPO-1 喂养的小鼠的 BDNF 染色更深，这表明 ULO-1 和 EPO-1 能更好地调节神经元的形态。通过调控神经递质相关酶的活性，ChAT 在认知功能和海马体组成上发挥关键作用（Zhu et al.，

2018）。在 R1 组和 P8 组中，ChAT 的特征没有特别的变化。经过白藜芦醇喂养的衰老小鼠中可明显地观察到大量被染成紫褐色的粒子。与 REV 组相比，ULO-1 组和 EPO-1 组小鼠的 BDNF 染色略少。衰老小鼠神经元形态的改善表明 ULO-1 和 EPO-1 可以保护 BDNF 与 ChAT 免受衰老引起的海马体损伤。沉默信息调节因子 1（SIRT1）、p53 和叉头框蛋白 O1（FOXO1）通常被证实是导致衰老的关键因素；SIRT1 是一类组蛋白去乙酰化酶，通过使 p53 和 FOXO1 去乙酰化来控制细胞周期，抑制细胞凋亡（Yi and Luo，2010）。经过 ULO-1 和 EPO-1 喂养，SIRT1 的表达水平明显高于 P8 组，且 EPO-1 组的 SIRT1 的表达水平明显高于 ULO-1 组。此外，在 REV 组、ULO-1 组和 EPO-1 组中 FOXO1 与 p53 的基因表达明显低于 P8 组，且在这些组之间没有明显的差异，因此，ULO-1 和 EPO-1 可以通过下调 p53 和 FOXO1 的表达来延缓细胞的衰老（图 2-36b、c）。细胞表面的硫酸盐复合物与生长因子相互作用，表明 ULO-1 和 EPO-1 的硫酸盐结构可能与 p53 及 FOXO1 共同作用，以延缓衰老（Mulloy，2005）。

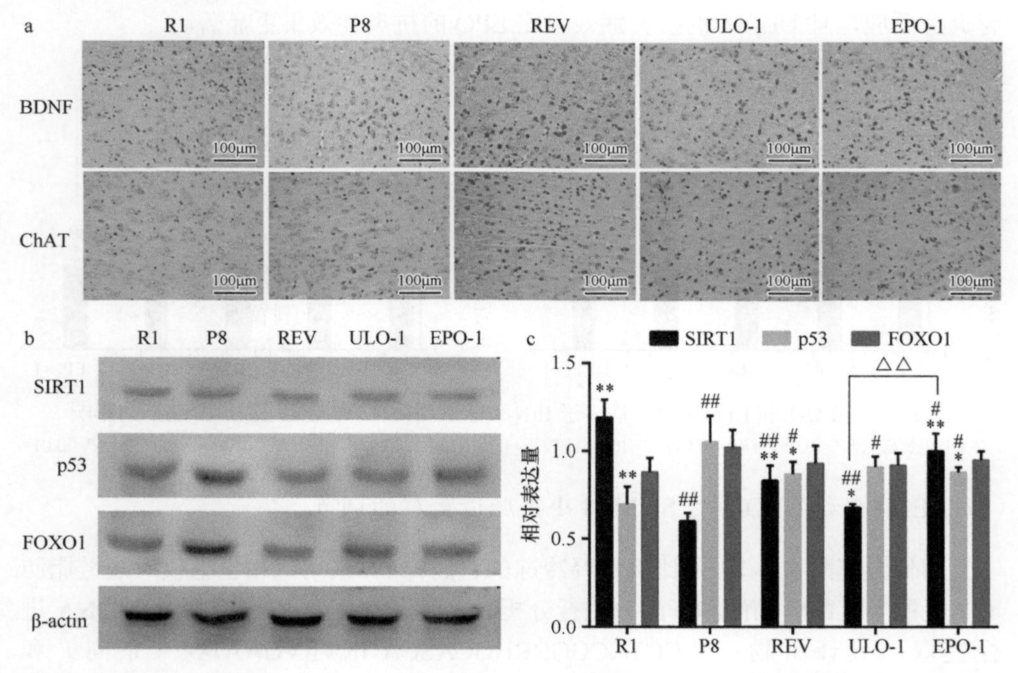

图 2-36　ULO-1、EPO-1 对 BDNF（a）、ChAT（b）免疫组化分布以及 SIRT1、p53、FOXO1 表达的影响（c）

与 P8 组比较，*$P<0.05$，**$P<0.01$；与 ULO-1 组比较，△△$P<0.01$；与 R1 组比较，#$P<0.05$，##$P<0.01$

（四）EPO-1 和 ULO-1 对 SAMP8 小鼠的抗炎症作用

采用酶联免疫吸附测定（ELISA）方法测定炎症因子水平，使用相应的 ELISA

试剂盒，根据制造商的指示测定与衰老相关的炎症细胞因子如白细胞介素 2（IL-2）、白细胞介素-6（IL-6）、肿瘤坏死因子-α（TNF-α）和干扰素（IFN-γ）的血清浓度。

随着年龄增长，某些炎症因子含量不断升高，如 IFN-γ、TNF-α 和 IL-6 在衰老小鼠的血清中是高水平的（Huang et al.，2017；Bektas et al.，2018）。SAMP8 小鼠中 IFN-γ 和 IL-6 的表达水平明显高于其他 4 组小鼠，在经过石莼寡糖和浒苔寡糖喂养后，可以降低到正常治疗水平（图 2-37a、b）。特别是，ULO-1 喂养组小鼠血清 IFN-γ 表达水平低于 EPO-1 组小鼠。ULO-1 组和 EPO-1 组的 TNF-α 表达水平明显低于 P8 组的衰老小鼠。然而，EPO-1 喂养组小鼠的 TNF-α 表达水平高于 ULO-1 组和 R1 组的小鼠（图 2-37）。IL-2 可以促进 T 淋巴细胞的生长和自然杀伤细胞的分化（Malek，2003）。衰老小鼠血清中 IL-2 浓度较低，这与之前的研究一致（Lim et al.，2014）。ULO-1 组 IL-2 的表达水平明显高于 EPO-1 组，并与 R1 组相似（图 2-37b）。炎症随年龄增长不断出现，ULO-1 和 EPO-1 能有效改善炎症反应，且 ULO-1 的抗炎症效果比 EPO 的抗炎症效果更显著。

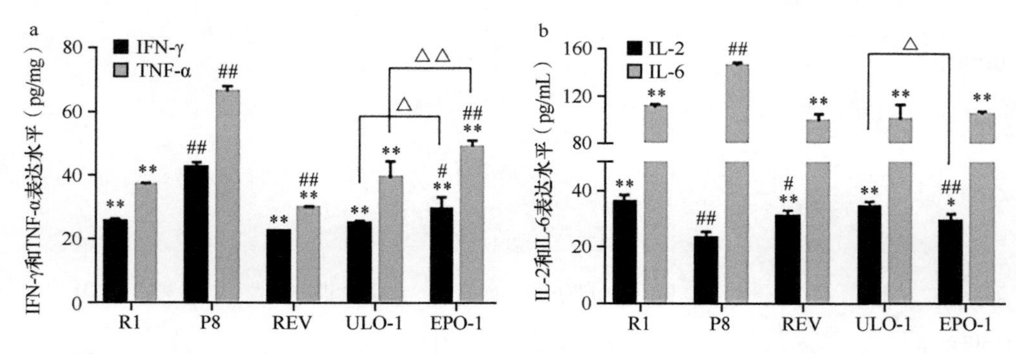

图 2-37　ULO-1 和 EPO-1 对炎症因子 IFN-γ 与 TNF-α（a）、IL-2 及 IL-6（b）的影响

与 R1 组比较，#P<0.05，##P<0.01；与 P8 组比较，**P<0.01；与 ULO-1 组比较，△P<0.05，△△P<0.01

（五）EPO-1 和 ULO-1 对 SAMP8 小鼠肠道菌群的调节

用低温草酸按 1∶1 的比例稀释冷冻的盲肠样品，采用气相色谱仪对短链脂肪酸（乳酸、乙酸、丙酸和丁酸）进行分析。对结肠端-盲肠端内容物中总 DNA 进行提取。设计引物：5′-CCTACGGRRBGCASCAGKVRVGAAT-3′（正向）和 5′-GGACTACNVGGGTWTCTAATCC-3′（反向）。使用酶标仪对 PCR 产物进行纯化和定量。测序文库由 TruSeq Nano DNA LT Library Prep Kit 构建，测序在 Illumina MiSeq 平台上进行，产生 2×300bp 的双端序列。有效序列由 QIIME 软件包 1.8.0 版进行分析（http://qiime.org），对各组的微生物相对丰度进行分析。利用软件 Cytoscape3.6.1 绘制肠道菌群与生化指标的关联图。

由误差棒图显示（图 2-38a），肠道菌群在 REV 组、ULO-1 组和 EPO-1 组中的细菌类群的平均比例存在显著差异。*Ruminococcus* 与衰老相关，在白藜芦醇处理后小鼠肠道中 *Ruminococcus* 的丰度降低了，这与之前的研究一致（Maffei et al.，2017）。REV 组 *Ruminococcus* 的丰度明显低于衰老组小鼠。有研究表明，*Desulfovibrio* 的丰度通常与年龄的增加呈正相关，该菌能够产生硫化氢，而硫化氢可能会对组织造成毒性损伤，引发黏膜炎症（Van der Lugt et al.，2018）。R1 组和 P8 组之间的 *Ruminococcus* 丰度没有明显的差异。ULO-1 可显著降低 *Ruminococcus* 丰度至

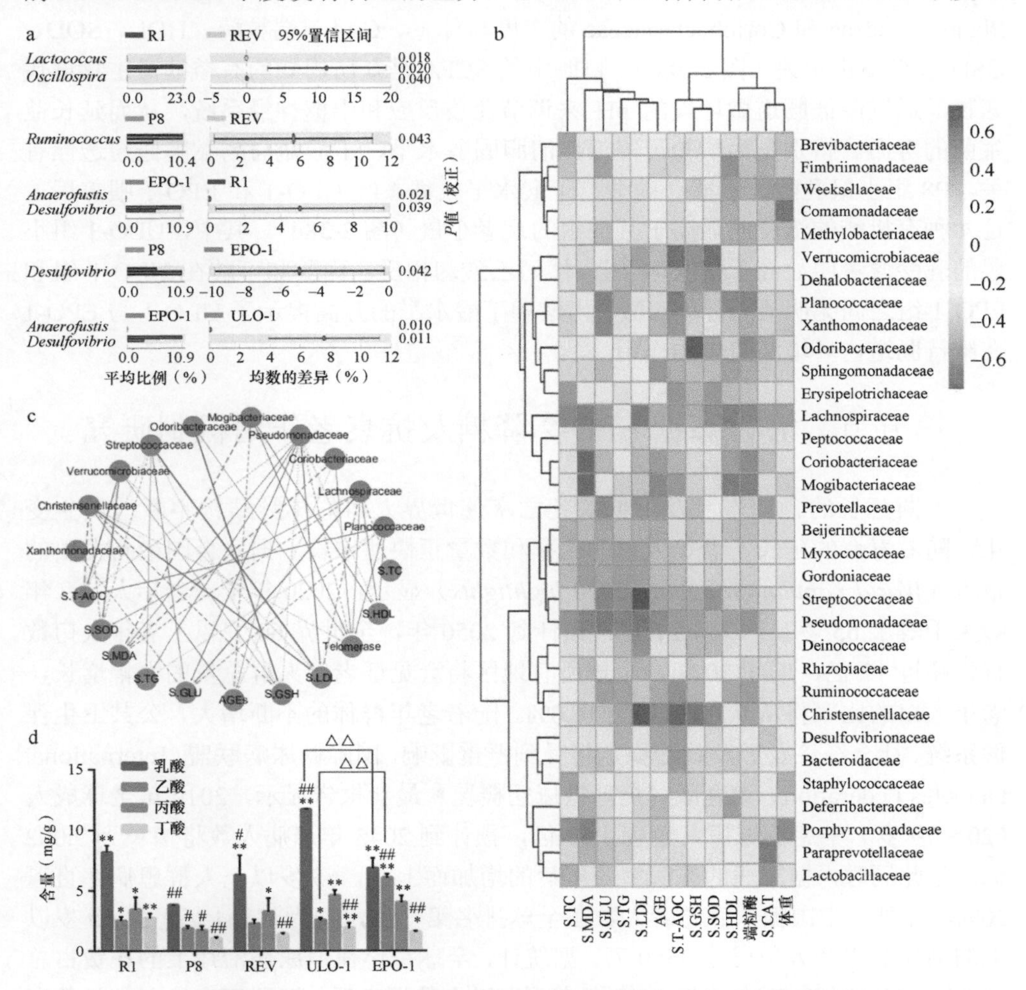

图 2-38　EPO-1 和 ULO-1 对 SAMP8 小鼠肠道菌群的影响

a. 误差棒图用以验证肠道菌群在各组间的差异；b. 血清和脑组织中衰老相关参数与微生物之间的 Spearman 相关性分析热图；c. 优势微生物与生理参数的相关性网络图（$|r|>0.5$），实心红线和虚线蓝色分别代表正、负关系；d. 小鼠盲肠内容物中 SCFA 和乳酸的浓度。与 P8 组比较，*$P<0.05$，**$P<0.01$；与 R1 组比较，#$P<0.05$，##$P<0.01$；与 ULO-1 组比较，△△$P<0.01$

正常水平。然而经浒苔寡糖处理后，*Ruminococcus* 的丰度显著增加，这表明 EPO-1 会导致轻度炎症（图 2-38b）。此外，基于斯皮尔曼（Spearman）相关性分析了肠道菌群与年龄相关参数的相关性强弱，并进一步对相关性强的菌群和参数进行了可视化分析。Verrucomicrobiaceae 的丰度与 SOD、T-AOC 水平呈明显的正相关。然而，Streptococcaceae、Christensenellaceae、Pseudomonadaceae 和 Lachnospiraceae 的丰度与 GSH、SOD、CAT、T-AOC、端粒酶水平呈负相关，有利于延缓衰老（图 2-38b）。肠道菌群与年龄相关指标的相关性显示，Odoribacteraceae、Mogibacteriaceae、Planococcaceae 和 Coriobacteriaceae 的丰度与体重、CAT、端粒酶、HDL、SOD、GSH 水平呈正相关（图 2-38c）。盲肠中的 SCFA 是众所周知的有益的微生物群代谢物，通过降低肠道微环境的 pH 来调节免疫反应和中枢神经系统，从而延长益生菌的寿命。特别是丙酸盐可降低血清胆固醇水平，丁酸盐与肠黏膜低通透性有关。P8 组小鼠乳酸、乙酸、丙酸、丁酸水平较低。经 ULO-1 和 EPO-1 喂养后，这 4 种有机酸的浓度明显高于其他组的衰老小鼠（图 2-38d）。其中，ULO-1 组小鼠的乳酸含量明显高于 EPO-1 组，然而乙酸却相反。丙酸和丁酸在 ULO-1 组和 EPO-1 组之间无明显差异。乙酸、丙酸和丁酸水平的升高揭示了 ULO-1 与 EPO-1 在维持肠道内环境稳定中的作用。

第五节　浒苔寡糖 EPO-2 降糖及抗衰老作用机制研究

不断延长的预期寿命及更低的死亡率使世界人口的年龄结构不断地发生变化，随着寿命的延长，老年人口的比率和数量正快速增长。据联合国最新发出的报告（*World population ageing 2020 highlights*）显示，2020 年全球老年人口（年龄大于等于 65 岁）约为 7.27 亿，预计到 2050 年，全世界 60 岁以上老年人口数目将超过 12 亿，期间 30 年，全球所有地区将会见证老年人群总量的大幅增长，老年人口的比率将从 9.3%增加到 16.0%。随着老年群体的不断增大，公共卫生保健系统、社会经济发展及政治稳定将受到严重影响。国际糖尿病联盟（International Diabetes Federation）第九版《全球糖尿病概览》最新报告显示，2019 年全球成人（20～79 岁）中患糖尿病人数达 4.63 亿，预计到 2045 年患病人数将增长到 7.002 亿。与此同时，糖尿病的患病率随年龄的增加而上升，65 岁以上人群患病率直逼 20%。此外，中国糖尿病患者人数在全球排名第一位，约为 1.164 亿，且 65 岁以上的糖尿病患者人数已达 3550 万。据统计，全球每年在糖尿病治疗上的花费占总健康医疗花费的 10%，约为 7600 亿美元。以上数据表明，糖尿病为当下常见的慢性病，对人们的健康生活和社会经济发展均造成了巨大的影响。

衰老是发生在单细胞或多细胞生物中的一种复杂现象，是由机体某种细胞因子或功能紊乱造成的一种疾病。衰老除了与环境、饮食习惯、药物干预等外界因素相关，还与机体分子水平所发生的功能衰退相关，如端粒缩短、线粒体功能紊乱、活性氧（ROS）簇增加、氧化损伤积累、炎症因子和基质金属蛋白酶释放、生长因子水平降低、晚期糖基化终末产物产生等，这些衰老相关因子会严重影响机体细胞生长周期，从而加速衰老，并引发心血管疾病、慢性阻塞性肺病、慢性肾病、糖尿病、关节炎、骨质疏松、肌少症、中风、神经退行性疾病（帕金森病、阿尔茨海默病、亨廷顿病）及各种癌症（Niccoli and Partridge，2012；De Cabo et al.，2014；Krajewska-Włodarczyk et al.，2018）。目前关于糖尿病的治疗手段主要是药物治疗辅助营养与运动治疗的综合治疗方法。市面上常见的口服药物主要分为两类：一是磺脲类药物，该类药物主要是通过增强胰岛素的分泌来达到降糖的作用，常见的有格列苯脲、格列齐特、格列吡嗪、格列喹酮、格列美脲等药物；二是双胍类药物，此类药物能够促进肌肉等外围组织对葡萄糖分子的利用，同时能够降低葡萄糖在肠道中的吸收率，从而达到缓解机体高糖状态的目的。但上述降糖药物在一定程度上均会对用药患者身体产生一定程度的副作用，如格列苯脲在服用过度的情况下会导致机体处于低血糖状态，并有致命危险；双胍类降糖药物会对胃肠道产生不良影响，服用者在服用期间会出现食欲不振、腹泻等现象。因此，急需一种高效且副作用低的天然药物用于治疗糖尿病。

本节以绿藻浒苔寡糖为研究材料，对经过提取、分离、纯化的浒苔寡糖进行结构解析。在降糖方面，以衰老糖尿病小鼠为研究对象，探究浒苔寡糖的降糖与抗衰老作用及分子作用机制。同时以脑、肠为切入点，应用 16S rRNA 高通量测序技术、代谢组学技术、分子生物学技术，阐述浒苔寡糖对衰老糖尿病小鼠的肠道菌群以及对脑组织代谢的调节作用。进一步地，通过生物信息学分析浒苔寡糖对大脑中发挥降糖及抗衰老作用的差异代谢物，并在胰岛素抵抗秀丽隐杆线虫模型上进行验证。研究旨在探究浒苔寡糖-衰老-糖尿病间的多维关系，为减缓衰老以及治疗改善糖尿病所带来的并发症提供重要理论依据与有效天然产物，促进绿藻浒苔的高值化利用。

一、浒苔寡糖 EPO-2 制备与纯化

（1）称取 100g 干燥的浒苔粉，按照 1∶40 的料液比加入 60℃热水进行水提，同时采用超声进行辅助提取，超声机的参数设置为 70kHz、100W，并保持温度恒定，超声时间为 3h。

（2）通过离心（4000r/min、15min）除去滤渣得上清，并对上清进行抽滤，进一步除去细微杂质。经过滤膜过滤的上清置于旋转蒸发仪中进行浓缩旋蒸，加 4 倍体积的无水乙醇以获取浒苔粗多糖沉淀物。

（3）进一步地将沉淀物离心收集，于 60℃烘干箱中烘干，称取重量后，按照

料液比 1∶100 的比例进行溶解。其后，加入中性蛋白酶酶解 2h 以除去醇不溶蛋白，离心后除去水解的蛋白质，置于 8～14kDa 的透析袋中透析 48h。

（4）将透析袋内的溶液进行浓缩、冻干以获取浒苔多糖。

（5）将上述多糖按照料液比 1∶100 的比例进行硫酸酸解（0.01mol/L、100℃、1.5h），而后加 NaOH 将溶液调节为中性，加入等体积乙醇进行醇沉（4℃、过夜），获得浒苔多糖酸解物。利用 1000Da 规模的透析袋对浒苔多糖酸解物进行分级，获得分子质量＜1000Da 的浒苔寡糖。

（6）精确称取 0.3g 浒苔寡糖，加入 10mL 超纯水充分溶解后，过孔径为 0.45μm 的滤膜备用。DEAE-52 填充好色谱柱后，加入 2mL 的上述溶液，在 0.3mol/L 的氯化钠洗脱液下进行层析，收集器转速设为 60r/min，每管收集 14min，共收集 100 管。收集完毕后，采用苯酚-硫酸法测定糖含量，收集吸光度最高且集中的管，前后总计 5 管。收集后的管中溶液于 1000Da 的透析袋中进行透析以除去盐离子，而后冻干收集，将其命名为 EPO-2。

二、浒苔寡糖 EPO-2 结构解析

（一）EPO-2 单糖组分测定

1. 单糖标品混合液配制及衍生化

分别准确称取 100mg 的甘露糖、半乳糖、鼠李糖、葡萄糖、葡萄糖醛酸、半乳糖醛酸以及阿拉伯糖于 10mL 容量瓶中，定容至 10mL，充分混匀。取 50μL 上述溶液于具塞试管中，并分别加入 50μL 的 NaOH（0.3mol/L）和 1-苯基-3-甲基-5-吡唑啉酮（PMP）甲醇溶液（0.5mol/L）。涡旋 30s 后，置于 70℃水浴锅中水浴 30min，冷却至室温。再加入 50μL 盐酸、100μL 去离子水以及 1mL 氯仿，涡旋混匀后静置 5min，萃取上层水相 2 次后，过滤膜备用（邱雯曦等，2007）。

2. 寡糖样品（EPO-2）预处理

准确称取 50mg 样品于 15mL 离心管中，加入 5mL H_2SO_4（2mol/L）后沸水浴 3h。冷却后用 NaOH 调至中性，并定容至 10mL。

3. HPLC 方法

上样前先运行仪器，灌注清洗溶剂 60s，循环清洗 20 次，流速为 0.3mL/min，流动相为 50%乙腈（A）和 50%水（B），柱温 35℃，待压力的基线稳定后运行样品，上样量为 10μL。

高效液相色谱相比气相色谱不需要将样品气化，能够高效、稳定地分析样品的单糖组分，其中柱前衍生化是分析糖类物质最常用的方法（邱雯曦等，2007）。

EPO-2 经硫酸酸解后，可观察到 PMP 作为柱前衍生剂对酸解物的衍生效果（图 2-39b）。EPO-2 主要出峰时间为 1.947min 和 4.286min，与混合单糖标品的色谱峰出峰时间（图 2-39a）对比分析可知，EPO-2 主要由 L-鼠李糖和 D-半乳糖醛酸组成，其摩尔比为 26.42∶1.01。

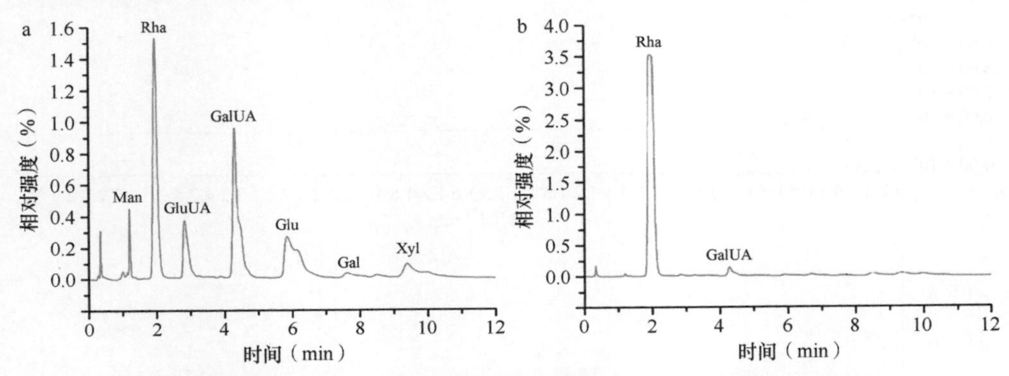

图 2-39　单糖标准品（a）和 EPO-2 单糖组分（b）的高效液相色谱分析

（二）EPO-2 单糖分子量测定

1. 色谱条件

安捷伦 C18 柱（美国加利福尼亚州，安捷伦，150mm×2.1mm×3.5μm）；流动相为甲酸-乙腈（A）和甲酸水溶液（B）；柱温 40℃；洗脱梯度：0～5min（A：10%～20%），5～20min（A：20%～45%），20～24min（A：75%～78%），24～25min（A：78%～85%），25～32min（A：87%～92%），32～35min（A：92%～95%），35～40min（A：100%～100%）；进样量为 1μL（卞振华等，2018）。

2. 质谱条件

电喷雾离子源（ESI），阳离子模式，毛细管电压 2.9kV，锥孔电压 30V，扫描范围 *m/z*：50～1000，碰撞能量 18～20eV（吕婧等，2020）。

3. 液相色谱-四极杆飞行时间串联质谱

液相色谱-四极杆飞行时间串联质谱（LC-QTOF-MS）能够快速高效分析样品纯度及分子质量。由图 2-40 可知，浒苔寡糖经过 DEAE-52 纤维柱纯化后纯度较高，没有杂峰的出现。另外，由 *m/z* 和出峰强度可推断 EPO-2 的分子质量为 763.608Da。

（三）EPO-2 红外光谱分析

精确称取 2mg 寡糖样品，按照 1∶100 的比例与干燥的溴化钾粉末混合，置于玛瑙研钵中充分研磨，倒入模具中压制（15kPa、2min）成透明且均一的薄片。

消除背景干扰后，在 4000～400cm^{-1} 下进行傅里叶变换红外光谱（FT-IR）测定。

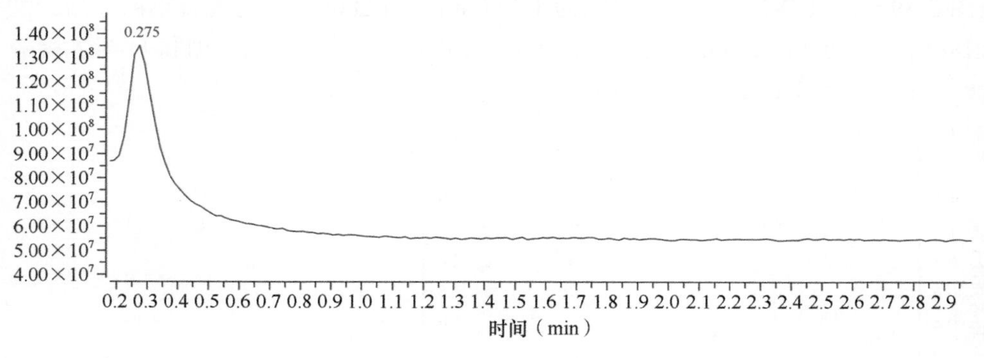

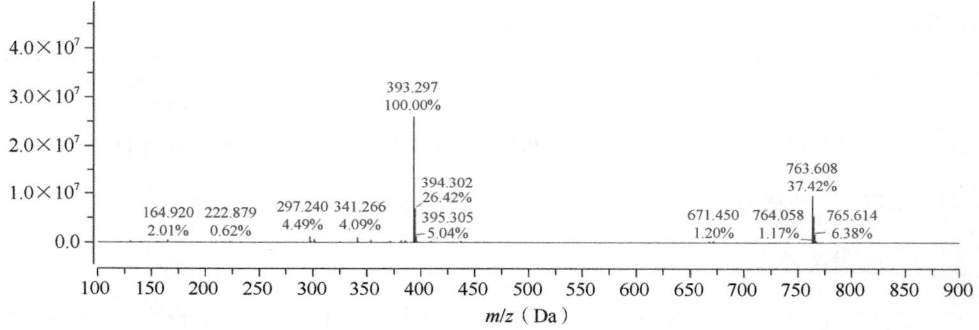

图 2-40 浒苔寡糖 LC-QTOF-MS 图谱

浒苔寡糖的红外扫描光谱显示（图 2-41），在 3429.59cm^{-1} 处的吸收峰是由 O—H 基团伸缩振动引起的（Zhao et al.，2016）。此外，在 2931.44cm^{-1}（C—H）和 1422.66cm^{-1}（—CH_2）处的吸收峰表明 EPO-2 具有典型的多糖基团（Han et al.，2018）。在 1236.61cm^{-1} 处的特征吸收峰是由 C—O—C 伸缩振动引起的，在 1154.01cm^{-1} 附近的强吸收峰归因于 C—O 基团的伸缩振动（Ye et al.，2019）。在 848cm^{-1} 附近的吸收峰表明有 α-糖苷键的存在（Wang et al.，2010a）。

三、浒苔寡糖 EPO-2 对衰老糖尿病小鼠脑组织的调节作用

衰老过程中，由于促炎因子和氧化损伤的积累，常伴大脑认知功能衰退、脑突触结构改变、脑神经再生力减弱等现象（Kumar et al.，2018）。本章通过蛋白质印迹法（Western blotting）和 RT-qPCR 技术对小鼠脑组织糖代谢及脑屏障相关基因的表达水平进行了测定。此外，利用代谢组学技术对小鼠脑组织进行液质色谱-质谱法（LC-MS）鉴定，并找出变化明显的差异代谢物在线虫上进行验证，以观察该代谢物对衰老糖尿病的调节作用。

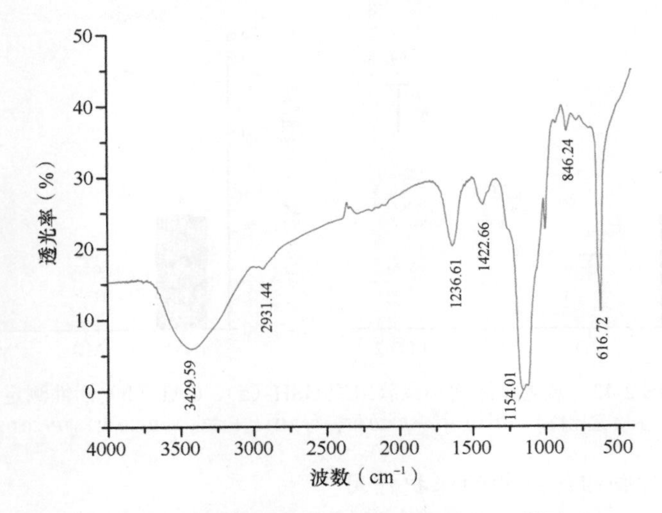

图 2-41　浒苔寡糖的傅里叶变换红外光谱图

（一）EPO-2 对脑组织的抗氧化研究

将 40 只 6 周龄雄性小鼠（20g±5g）均分为 4 笼，饲养在温度（24℃±1℃）恒定、湿度适宜的一级动物房中，动物饲养全过程严格遵守实验动物伦理规章。饲养期间小鼠自由饮水，饲料充足，每 12h 灯光控制以模拟昼夜变换。小鼠适应环境一周后，随机选取 10 只小鼠置于同一笼中作空白组（NM），继续饲喂普通饲料。另外 30 只小鼠用于构造衰老糖尿病模型。从第 2 周开始，其余 30 只小鼠开始饲喂高糖高脂饲料，第 5 周时腹腔注射 STZ[45mg/(kg·d)]，隔天注射一次，累计注射 3 次（严新，2019），高糖模型造模成功后，对小鼠进行连续 4 周的 D-半乳糖[45mg/(kg·d)]皮下注射以构造衰老糖尿病模型。随后将小鼠分为模型组（MD）、二甲双胍阳性组[MET，75mg/(kg·d)]、浒苔寡糖组[EPO-2，150mg/(kg·d)]，药物处理周期为 3 周。称取小鼠脑组织 0.1g 左右，并于冰上剪碎，加 1mL PBS 缓冲液，组织匀浆后按照 GSH、CAT 测定试剂盒上的说明书对脑组织氧化相关生理指标进行测定。

谷胱甘肽还原酶是人体氧化还原体系中重要的酶之一，使谷胱甘肽维持在正常水平，在细胞氧化还原状态平衡和完整性中发挥重要作用。与模型组小鼠相比，EPO-2 灌胃处理后的衰老糖尿病小鼠脑组织的谷胱甘肽还原酶活性明显提高，且改善效果优于二甲双胍（图 2-42a）。过氧化氢酶是体内重要的抗氧化酶，与正常组相比，模型组 CAT 活性显著低于正常组（$P<0.05$），说明模型组小鼠脑组织的抗氧化能力不足。而与 MD 组相比，MET 组和 EPO-2 组小鼠脑组织的 CAT 活性显著提高（$P<0.01$）（图 2-42b）。

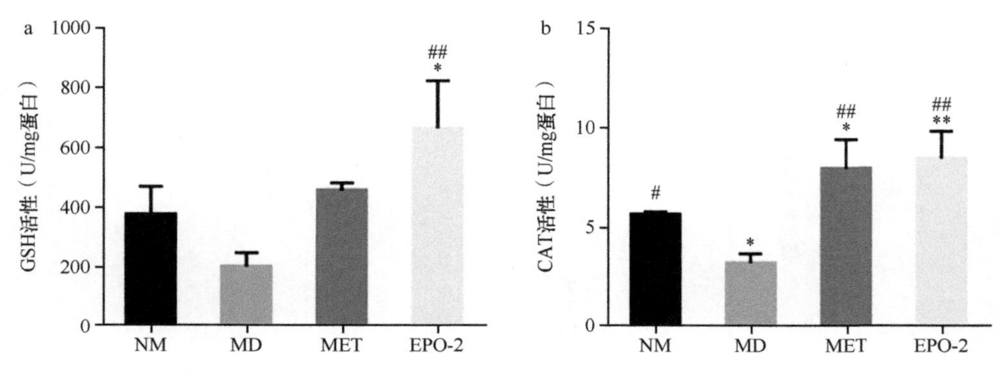

图 2-42　衰老糖尿病小鼠脑组织 GSH（a）、CAT（b）活性测定

与 NM 组比较，**P<0.01，*P<0.05；与 MD 组比较，##P<0.01，#P<0.05

（二）EPO-2 对脑组织结构的保护作用

随着年龄的增长，机体会出现认知和记忆功能衰退，并伴随脑组织突触结构改变、海马萎缩等现象（Kumar et al.，2018）。脑组织 H&E 染色后，细胞核被苏木精染成蓝紫色，细胞质被伊红染成红色。从整体上看，模型组小鼠脑组织受到严重损伤、结构松散，且神经坏死程度严重，神经元数量明显低于其他组的神经元数量；微观上，MD 组小鼠脑神经元结构损伤严重，细胞核与苏木精结合较弱，细胞溃散、增宽，细胞膜结构不完整（图 2-43b）。由图 2-43d 可知，衰老糖尿病小鼠脑组织在经过 EPO-2 灌胃处理后得到显著改善，脑组织未出现明显损伤，且神经元细胞数量多于正常组和模型组。此外，EPO-2 组小鼠脑神经元细胞结构较完整，细胞核被染成深紫色，细胞排列有序、紧密，且界限明显。

（三）EPO-2 对脑 STAT3/FOXO1/BCL-6 通路的调节作用

1. 脑组织总 RNA 提取及定量

参照总 RNA 快速提取试剂盒说明书对脑组织总 RNA 进行提取，反转后的 cDNA 经过超微量分光光度计进行定量，而后用超纯水稀释备用。

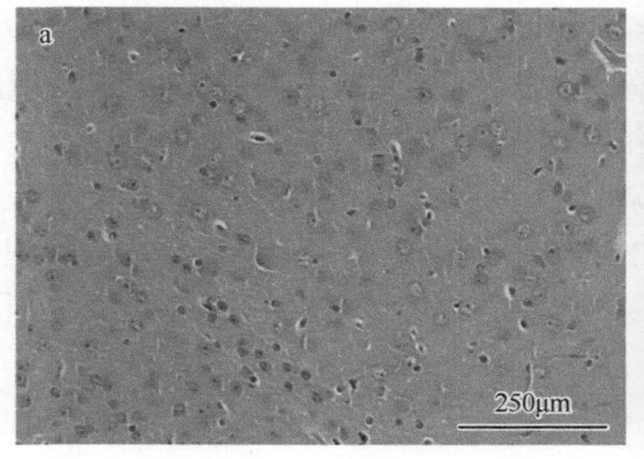

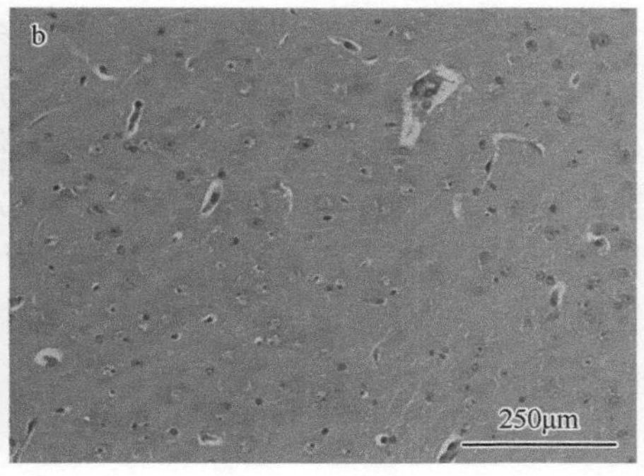

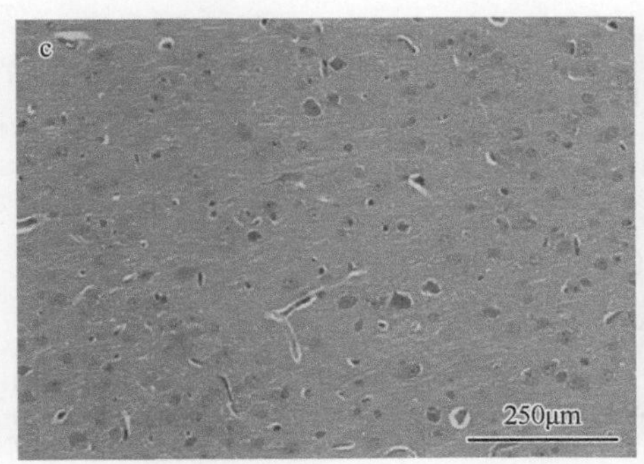

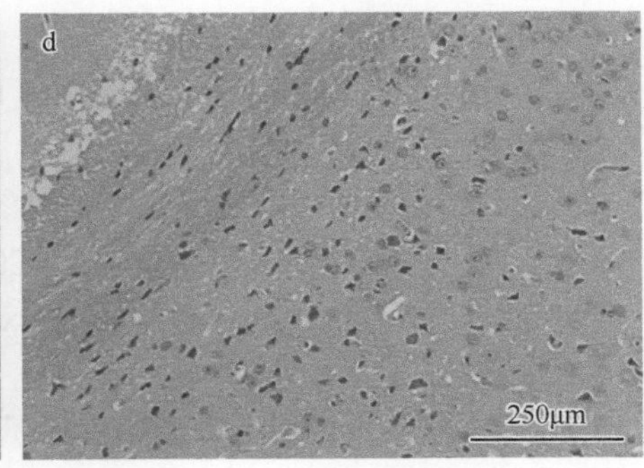

图 2-43　小鼠脑组织 H&E 染色（200×）

a. NM 组，b. MD 组，c. MET 组，d. EPO-2 组

2. 脑组织 RT-qPCR 法测定目的基因 mRNA 的表达

1）引物设计见表 2-11。

表 2-11　引物序列

基因名称	上游引物（5′-3′）	下游引物（5′-3′）
STAT3	GTCTGTAGAGCCATACACCAAG	GGTAGAGGTAGACAAGTGGAGA
FOXO1	GCTCTGTGCGCCTAAGTACA	CCGATGGACGGAATGAGAGG
BCL-6	CCGGCACGCTAGTGATGTT	TGTCTTATGGGCTCTAAACTGCT
MMP2	CCCCATGAAGCCTTGTTTACC	CAGTGGACATAGCGGTCTCG
p16	TCACACGACTGGGCGATTG	TGCCCATCATCATCACCTGAATC
GLP1R	AAGCGAGGGGAGAGAAACTT	CAACAAGGATGGCTGAAGCG
GAPDH	CAGGAGAGTGTTTCCTCGTC	ATGAAGGGGTCGTTGATGGC

2）配制反应体系见表 2-12。

表 2-12　反应体系（20μL）

试剂	用量（μL）
2×NovoStart®SYBR qPCR SuperMix Plus	10
上游引物	0.8
下游引物	0.8
cDNA	2
ROX 参比染料 I（ROXI）	0.4
无核酸酶水（RNase free water）	6

3）PCR 特异性扩增

a. PCR 扩增程序

95℃ 1min 1 个循环，95℃ 20s 40 个循环，60℃ 1min。

b. 熔解曲线分析

95℃，15s；60℃，30s；95℃，15s 1 个循环。

4）mRNA 相对表达量计算

ΔCt（n）=Ct 目的基因（n）–Ct 内参基因（n）

ΔΔCt（n）=ΔCt 检测基因（n）–ΔCt（1）

$Ct=-1/\lg(1+Ex)\times\lg(X_0)+\lg[N/\lg(1+Ex)]$

式中，Ct 值是指每个反应管内的荧光信号达到设定的阈值时所经历的循环数；n 为扩增反应的循环次数；X 为初始模板量；Ex 为扩增效率；N 为荧光扩增信号达到阈值强度时扩增产物的量。

然后计算 $2^{-\Delta\Delta Ct}$，得各样品目的基因的相对表达水平。

3. 脑组织蛋白质印迹法测定蛋白质表达水平

1）脑组织蛋白质提取

称取 150mg 左右的脑组织，加入 500μL 含 1mmol/L PMSF 的碘化丙啶（PI）裂解液，匀浆机匀浆后，置于冰上裂解 2～3h，12 000r/min 离心 5min 后取上清，并利用蛋白质含量测定试剂盒测定样本蛋白质含量，并使蛋白质上样浓度为 5mg/mL，煮沸 10min 使蛋白质充分变性，置于–20℃冰箱中备用。

2）蛋白免疫印迹反应

a. 制胶和电泳

首先根据目标蛋白分子质量制备 8%浓度的分离胶和 5%浓度的浓缩胶，并在浓缩胶上插入 8 孔梳子，待胶凝固后，每孔加入 10μL 样品，放入 Tris-甘氨酸电泳缓冲液中跑电泳，样品跑浓缩胶时电压设为 80V，跑分离胶时电压设为 120V。

b. 转膜

当样品充分跑开后，按照海绵、滤纸、PVDF 膜（甲醇活化）、胶、滤纸、海绵的顺序完成转膜夹的安装，并在 200mA、冰水浴的条件下转膜，30～150kDa 分子质量的蛋白质转膜 2h，分子质量大于 150kDa 的蛋白质转膜 2.5h。

c. 一抗孵育

转膜结束后，用 1×TBST 清洗 PVDF 膜 2～5 次，每次 10min。而后用封闭液封闭 40min，根据目标蛋白分子质量剪下相应的条带，放进装有 500μL 的一抗封闭液的塑封膜中，置于 4℃冰箱中孵育过夜。

d. 二抗孵育

一抗孵育后，用 TBST 洗涤条带 3 次，再加入 500μL 二抗（1∶1000 稀释），37℃下孵育 2h，孵育完成后再用 1×TBST 洗涤条带 3 次，每次 10min。

e. 显影

条带洗涤完毕后，取 500μL 显色液 A 和 500μL 显色液 B，充分混匀后，将条带放入混匀的显色液中浸润2min，而后在化学发光仪中进行显影。

为进一步了解浒苔寡糖（EPO-2）对小鼠脑组织的保护机制，利用 RT-qPCR 对 STAT3 通路相关基因以及脑屏障相关基因的表达水平进行测定。由图 2-44a 知，与模型组相比，EPO-2 组小鼠脑组织的 *STAT3*、*FOXO1*、*BCL-6* 基因显著上调（$P<0.01$）。此外，衰老糖尿病小鼠经过 4 周的浒苔寡糖处理，脑组织屏障相关基因 *MMP2* 和衰老相关基因 *p16* 的表达水平显著降低（$P<0.01$）（图 2-44b）。根据基因 mRNA 相对表达量结果，进一步地通过蛋白质印迹法技术对 STAT3 信号通路关键基因的蛋白质相对表达量进行测定，结果如图 2-44c、d 所示，EPO-2 处理的小鼠脑组织 *STAT3*、*FOXO1*、*BCL-6* 基因的蛋白质相对表达量显著提高（$P<0.01$），MMP2 和 p16 蛋白相对表达水平与 MD 组相比显著降低（$P<0.01$）。蛋白质印迹法结果与 RT-qPCR 结果一致，说明长期高糖高脂饮食以及氧化损伤状

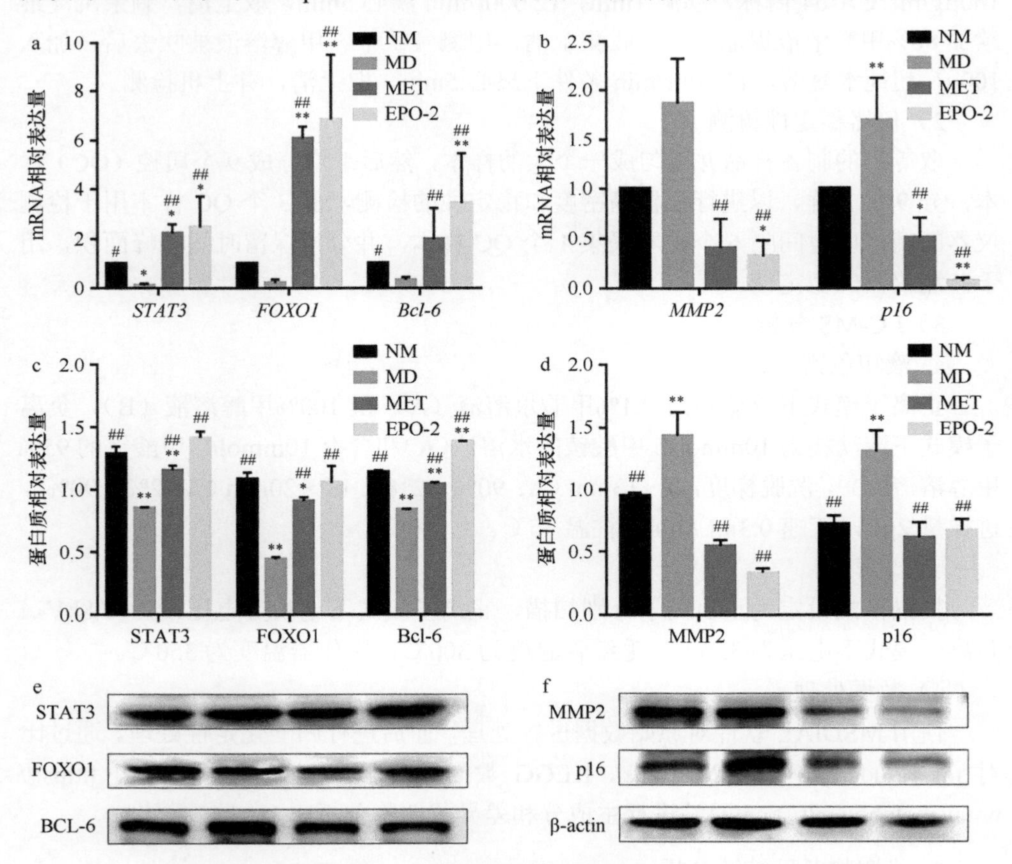

图 2-44 衰老糖尿病小鼠脑组织相关基因及蛋白质的相对表达情况

STAT3、*FOXO1*、*BCL-6* mRNA（a）和蛋白质（c、e）相对表达情况；*MMP2*、*p16* mRNA（b）和蛋白质（d、f）相对表达情况

与 NM 组比较，$^{**}P<0.01$，$^{*}P<0.05$；与 MD 组比较，$^{\#\#}P<0.01$，$^{\#}P<0.05$

态导致小鼠脑组织正常功能以及STAT3信号通路的紊乱，从而导致基因表达的异常变化，在经过浒苔寡糖处理后，STAT3信号通路得到了有效调节，此外，脑屏障相关基因以及衰老相关基因的表达情况也同样恢复到接近正常组的水平，说明EPO-2能够提高小鼠脑组织屏障效果，有效阻止有害物质对大脑的损伤，使脑组织免受炎症因子以及过氧化物的损害。

（四）EPO-2对脑组织的代谢调节

1. 脑组织LC-MS分析

1）样品准备

准确称取 5mg 冻干样品，加入 500μL 甲醇溶液（80%），而后加入 10μL 100μg/mL CA-d4 内标，涡旋 1min，12 000r/min 离心 5min，取上清，剩余沉淀继续加 80%甲醇溶液提取 2 次，收集上清，用氮气吹干。甲醇溶液被吹去后，加入 100μL 超纯水复溶，12 000r/min 条件下离心 5min，取上清，并上机检测。

2）仪器稳定性检测

取等量的制备样品并混匀成一个大的样本，然后平均分成 9 个质控（QC）样本，分 9 针上样，以进行仪器精密度和稳定性的检测，前 3 个 QC 样本用于检测仪器的精密度，间隔 6 个样本采集 1 个 QC 样本，并分析保留时间和峰面积，用于监测仪器的稳定性。

3）LC-MS分析

a. 液相色谱

正离子模式下流动相为 0.1%甲酸水溶液（A）和 100%甲醇溶液（B），负离子模式下流动相为 10mmol/L 甲酸铵的水溶液（A）和含有 10mmol/L 甲酸铵的 95%甲醇溶液（B），洗脱梯度：0～13min（A：90%～2%）、13～20min（A：2%～90%），进样量 2μL，流速 0.3mL/min，柱温 35℃。

b. 质谱

扫描模式设定为正负离子分别扫描，正离子模式下电喷雾电压设为 3.8kV，负离子模式下电压为 3.2kV，毛细管温度为 300℃，雾化器温度为 350℃。

4）数据处理

使用 MSDIAL 软件对原始数据进行处理，而后进行归一化定性处理。通过比对 mzCloud、HMDB、MSBank、KEGG 数据库进行定量分析，最终通过 https://www.metaboanalyst.ca/网站进行主成分和差异代谢物分析。

2. 代谢物多元统计分析

对高维数据进行变量选择有利于提高样本聚类，稀疏偏最小二乘回归分析（sparse PLS discriminant analysis，sPLS-DA）主要用于数据降维，提取数据中的主要成分，以方便数据可视化分析（Lê Cao et al.，2011）。相比于主成分分析，sPLS-DA 分析只考虑权重非零的代谢物，并将其纳入代谢物选择范围，更具有代表性。在 95%置信区间内，模型组代谢物与正常组和 EPO-2 组有很好的区分。相比于 NM 组，EPO-2 组各样本间有较大的分散度，模型组脑组织代谢物在负离子模式下的分散程度较在正离子模式下的分散程度高，说明各样本在负离子模式下所检测出的代谢物质差异较大（图 2-45）。

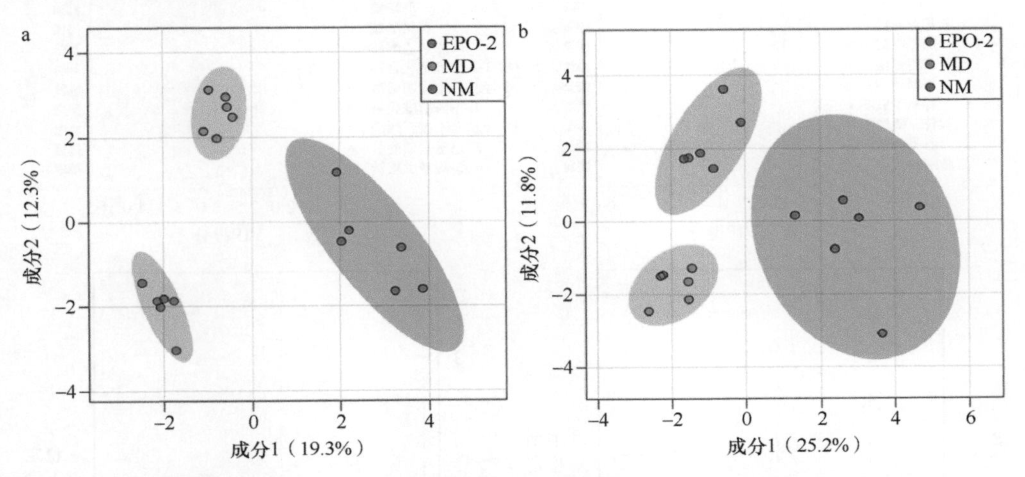

图 2-45　正（a）、负（b）离子模式下各组样本 sPLS-DA 得分图（n=6）

3. 正常组与模型组差异代谢物分析

通过 LC-MS 代谢组学非靶向分析，在正离子模式下共检测出 131 种代谢物，在负离子模式下共检测出 86 种代谢物。以偏最小二乘法模型中变量重要性投影（VIP）为参数，分别在正、负离子模式下筛选出了排名前 15 位的差异代谢物。通常情况下 VIP 值大于 1 的代谢物具有显著性差异，VIP 值越大代表该代谢物在组间差异更大。以 VIP 值=3 为界，与正常组相比，模型组 β-胍基丙酸（β-guanidino propionic acid）、L-谷胱甘肽（L-glutathione）和 *N*-乙酰基-D-天冬氨酸（*N*-acetyl-D-aspartic acid）含量较高。而相比于模型组，柠檬酸（citric acid）在正常组含量最高（图 2-46a、b）。胍基丙酸为氨基酸衍生物，在哺乳动物血清、大脑、肝脏组织中常见，该物质在适宜浓度范围内能够增加骨骼肌细胞对葡萄糖的摄取，提高胰岛素敏感性并选择性地减少脂肪组织的重量，具有预防高血糖、肥胖等作用（Oudman et al.，2013）。但研究表明过多的胍基丙酸会导致机体红细胞溶血，最终导致尿毒症。此外，胍基丙酸在尿毒症患者体内能够抑制中性粒细胞的活性，从而降低机体免疫力（Kamoun et al.，1981）。谷胱甘肽具有良好的抗氧化作用，在模型组小鼠中谷胱甘肽含量高说明模型组小鼠大脑正受到氧化损伤，急需抗氧化物质来调节脑组织的氧化还原状态。柠檬酸在正常组含量较高，说明模型组的三羧酸循环因衰老和高糖而被抑制。

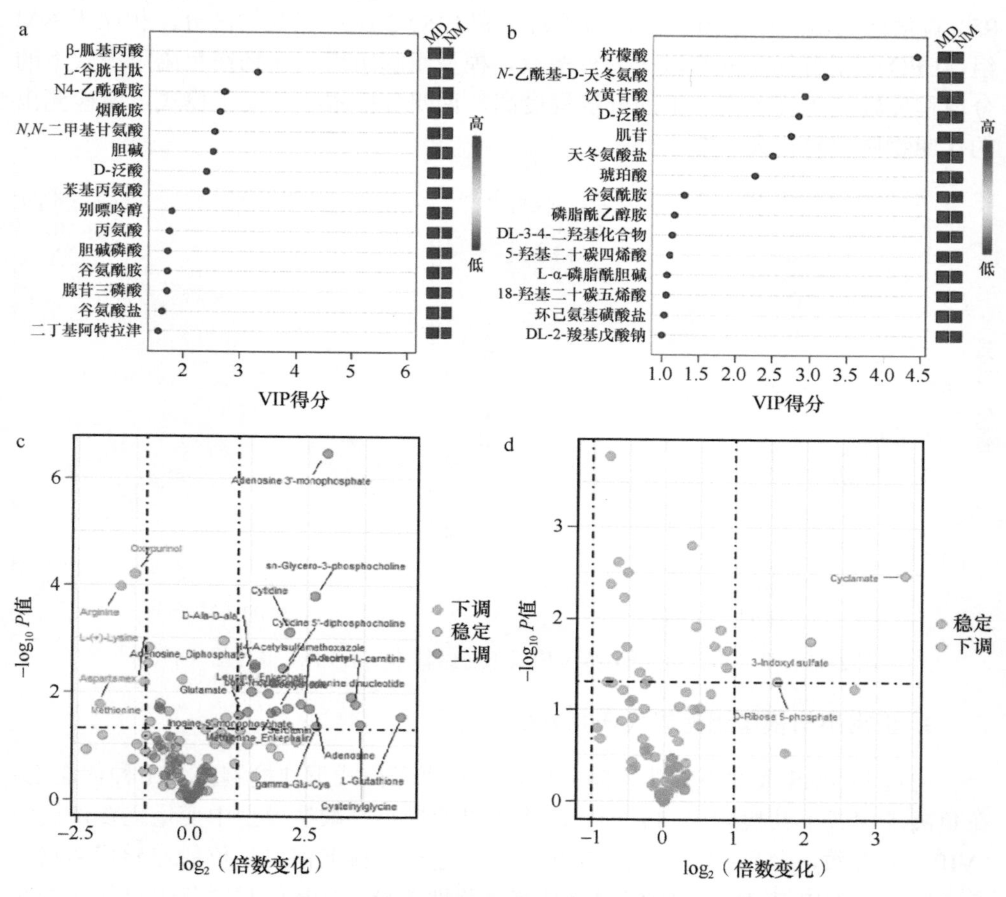

图 2-46　模型组（MD）与正常组（NM）差异代谢物分析

正（a）、负（b）离子模式下 MD 组与 NM 组差异代谢物 VIP 分析结果；正（c）、负（d）离子模式下 MD 组与 NM 组差异代谢物火山图

分别以代谢物差异倍数（FC）和 P 值的对数为横、纵坐标绘制火山图，筛选出 FC 值大于 2、P 值小于 0.05 的差异代谢物，从而更加直观有效地检测出变化明显的差异代谢物。正离子模式下，腺苷三磷酸（ATP）和腺苷一磷酸（AMP）含量有所上调，羟嘌呤醇（oxypurinol）有所下调（图 2-46c）。在负离子模式下，环己氨基磺酸盐（cyclamate）、3-硫酸吲哚酚（3-indoxyl sulfate）、D-核糖-5-磷酸（D-ribose 5-phosphate）含量显著上调，未检测出明显下调的代谢物（图 2-46d）。ATP 作为一种不稳定的能量物质，为机体提供直接的能量来源；AMP 作为 ATP 的水解产物之一，在细胞信号传递中发挥重要作用；D-核糖-5-磷酸参与嘌呤核苷

酸的合成，为能量代谢奠定物质基础，三者被检测出有明显的上调，说明能量代谢通路被促进。环己氨基磺酸盐具有致癌作用，2017 年被世界卫生组织列入致癌物清单中，对机体有害。3-硫酸吲哚酚能够通过促进干扰素调节因子 1（IRF1）的表达来抑制发动蛋白相关蛋白 1（DRP1）的表达，从而引起线粒体自噬缺陷，进而导致肠道屏障功能障碍（Huang et al.，2020）。3-硫酸吲哚酚含量升高说明小鼠肠道受到一定损伤。

4. 模型组与 EPO-2 组差异代谢物分析

以 VIP 值=3 为界，与 EPO-2 组相比，模型组 β-胍基丙酸（β-guanidino propionic acid）、腺苷-3′-一磷酸（adenosine 3′-monophosphate）、腺苷（adenosine）、*N*-乙酰基-D-天冬氨酸（*N*-acetyl-D-aspartic acid）、腺苷一磷酸（AMP）含量很高，而肌苷（inosine）、精氨酸（arginine）含量在 EPO 处理过的小鼠脑组织中较集中（图 2-47a、b）。由图 2-47c、d 可知，正离子模式下，腺苷-3′-一磷酸和 3-磷酸甘油（3-phosphocholine）含量有所上调，羟嘌呤醇（oxypurinol）含量有所下调。而在负离子模式下，AMP、β-烟酰胺腺嘌呤二核苷酸（β-nicotinamide adenine dinucleotide，β-NAD^+）、腺苷含量显著提高，黄嘌呤（xanthine）和 18-羟基二十碳五烯酸（18-HEPE）含量显著降低。乙酰基天冬氨酸在模型组中含量高，而天冬氨酸在 EPO-2 组中高，说明 EPO-2 可能会增加相关酶活性，使乙酰基天冬氨酸脱乙酰化转变成天冬氨酸。肌苷又称次黄嘌呤核苷，进入细胞后转化成丙酮酸，进而分解成乳酸和辅酶 A，进入到三羧酸循环途径。β-烟酰胺腺嘌呤二核苷酸（β-NAD^+）为还原型辅酶 I，在电子传递链中充当电子传递的酶工具，参与细胞 ATP 合成、DNA 修复、表观遗传基因表达、胞内钙信号调节等细胞过程（Braidy et al.，2019）。β-NAD^+的上调表明衰老糖尿病小鼠的细胞损伤得到一定程度的修复。黄嘌呤为嘌呤的降解产物，其可在黄嘌呤氧化酶的作用下转化成尿酸，黄嘌呤含量降低表明嘌呤或尿酸代谢相关通路受到影响。精氨酸能够参与

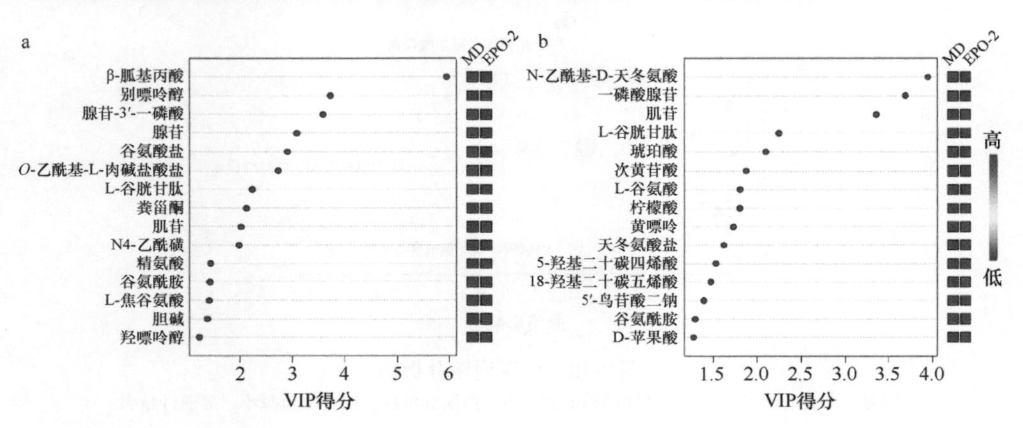

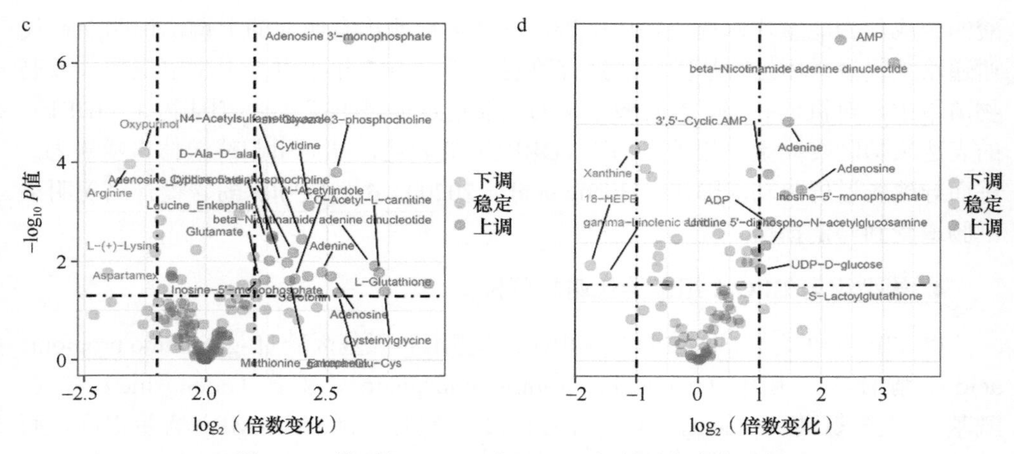

图 2-47　模型组（MD）与 EPO-2 组差异代谢物分析

正（a）、负（b）离子模式下 MD 组与 EPO-2 组差异代谢物 VIP 分析结果；正（c）、负（d）离子模式下 MD 组与 EPO-2 组差异代谢物火山图

鸟氨酸循环，促进无毒尿素的形成，精氨酸含量在 EPO-2 组含量较高，说明 EPO-2 能促进精氨酸的代谢或合成，从而影响鸟氨酸循环。

5. 代谢通路分析

通过对差异代谢物分析，经过 EPO-2 处理后的小鼠脑代谢组学发生显著变化，在正、负离子模式下共筛选出 32 种具有显著性差异的差异代谢物。以 *Mus musculus* 为模式生物，对 EPO-2 组和 MD 组的 32 种差异代谢物进行代谢通路分析。如图 2-48

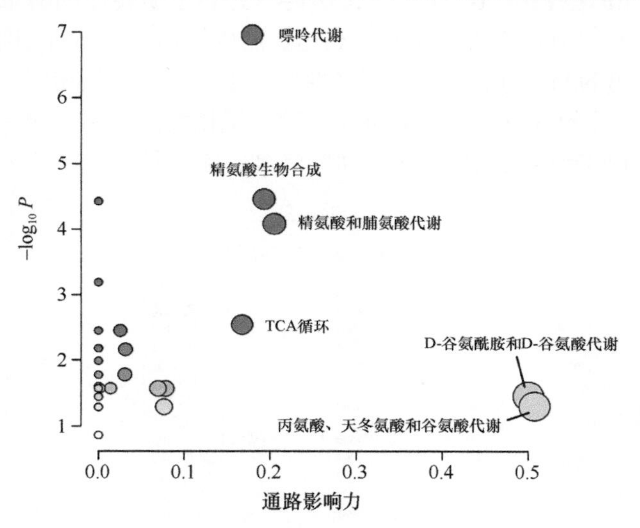

图 2-48　代谢通路分析图

圆圈大小代表该点所代表的通路的影响力大小；圆圈颜色越红代表 *P* 值越小，显著性越大

所示，每个圆圈代表分析的通路，嘌呤代谢、精氨酸生物合成、精氨酸和脯氨酸代谢、TCA 循环代谢通路变化较为显著，同时 D-谷氨酰胺和 D-谷氨酸代谢通路与谷氨酸、天冬氨酸和甘氨酸盐代谢通路影响力较大（表 2-13）。此外，圆圈位置越靠近对角线右上方，越具有统计学意义，因此能更直观地看出嘌呤代谢、精氨酸生物合成、精氨酸和脯氨酸代谢、TCA 循环代谢 4 条代谢通路中关键差异代谢物的变化和关联，绘制上述通路关联图（图 2-49），由图 2-49 可知各代谢通路之间相互关联、相互调节。

表 2-13　差异代谢物通路分析相关参数

序号	通路名称	差异代谢物的数量	*P* 值	影响力
1	嘌呤代谢	8	$1.100\,8\times10^{-7}$	0.178 54
2	精氨酸生物合成	3	$3.479\,8\times10^{-5}$	0.192 89
3	氨酰-tRNA 生物合成	4	$3.767\,1\times10^{-5}$	0.0
4	精氨酸和脯氨酸代谢	3	$8.263\,6\times10^{-5}$	0.204 85
5	丙酸代谢	1	$6.448\,8\times10^{-4}$	0.0
6	柠檬酸循环（TCA 循环）	3	0.002 859 8	0.167 23
7	甘油磷脂代谢	1	0.003 535 4	0.025 82
8	甘氨酸、丝氨酸和苏氨酸代谢	1	0.003 535 4	0.0
9	赖氨酸降解	1	0.006 631 5	0.0
10	生物素代谢	1	0.006 631 5	0.0
11	乙醛酸和二羧酸代谢	3	0.006 917 8	0.031 75
12	丁酸代谢	2	0.010 310	0.0
13	丙酮酸代谢	1	0.016 595	0.031 1
14	组氨酸代谢	2	0.016 780	0.0
15	β-丙氨酸代谢	1	0.025 019	0.0
16	烟酸和烟酰胺代谢	1	0.025 019	0.0
17	泛酸和辅酶 A 生物合成	1	0.025 019	0.0
18	戊糖和葡萄糖醛酸的相互转化	1	0.026 998	0.078 12
19	氨基糖和核苷酸糖代谢	1	0.026 998	0.069 61
20	淀粉和蔗糖代谢	1	0.026 998	0.014 41
21	半乳糖代谢	1/27	0.026 998	0.002 28
22	抗坏血酸和醛酸代谢	1/10	0.026 998	0.0
23	D-谷氨酰胺与 D-谷氨酸代谢	2/6	0.035 053	0.5
24	不饱和脂肪酸的生物合成	1/36	0.036 072	0.0
25	丙氨酸、天冬氨酸和谷氨酸代谢	5/28	0.049 876	0.507 22
26	谷胱甘肽代谢	2/28	0.050 774	0.076 46

续表

	通路名称	差异代谢物的数量	*P* 值	影响力
27	卟啉与叶绿素代谢	1/30	0.051 644	0.0
28	氮代谢	1/6	0.051 644	0.0
29	花生四烯酸代谢	1/36	0.136 680	0.0

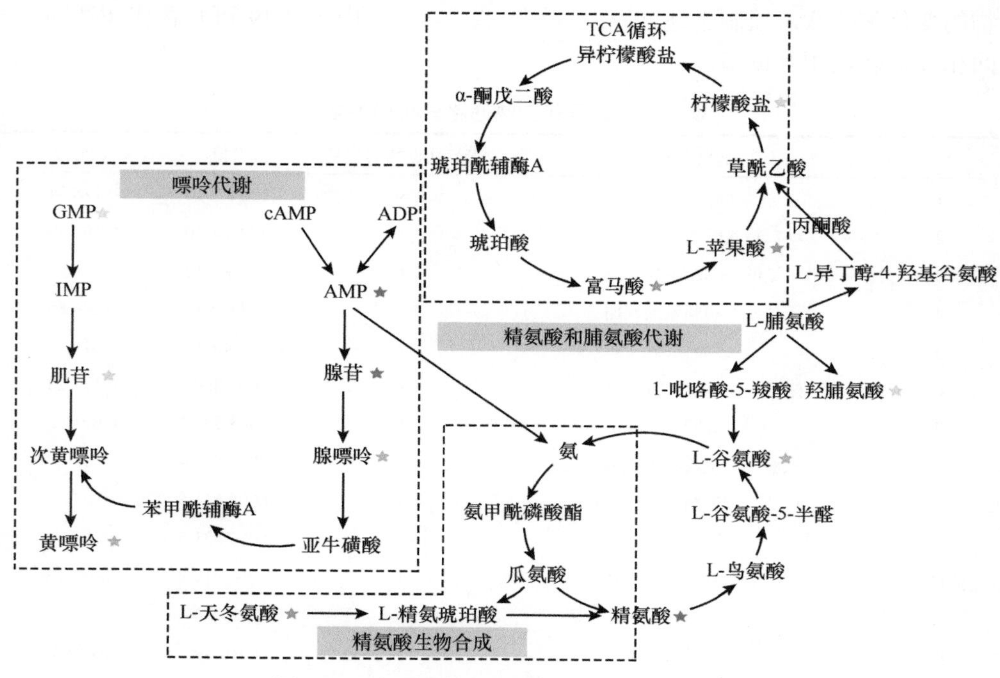

图 2-49　变化显著的差异代谢物通路关联图

星号颜色越深代表代谢物变化越显著

四、浒苔寡糖 EPO-2 对衰老糖尿病小鼠肠组织的调节作用

（一）EPO-2 对肠道的保护作用

营养物质进入肠道后被肠绒毛吸收，但衰老与绒毛结构和功能的退化以及再生能力的下降有密切关系，吸收活性将受到肠绒毛大小和密度的影响（He et al., 2020）。与正常组相比，模型组小鼠肠道组织受到严重破坏，肠绒毛数量明显降低，长度缩短，空隙增加。肠绒毛与基底层的间隙明显增加，无法观察到明显的环形肌和纵行肌（图 2-50a、b）。与模型组相比，盐酸二甲双胍和浒苔寡糖处理的小鼠肠道组织结构完整，肠绒毛排列紧密，杯状细胞和柱状细胞清晰可见（图 2-50c、d）。此外，EPO-2 组小鼠肠绒毛与肌层间隙与 EPO-2 组相比明显缩短，表明肠屏障功能优于 MET 组小鼠。

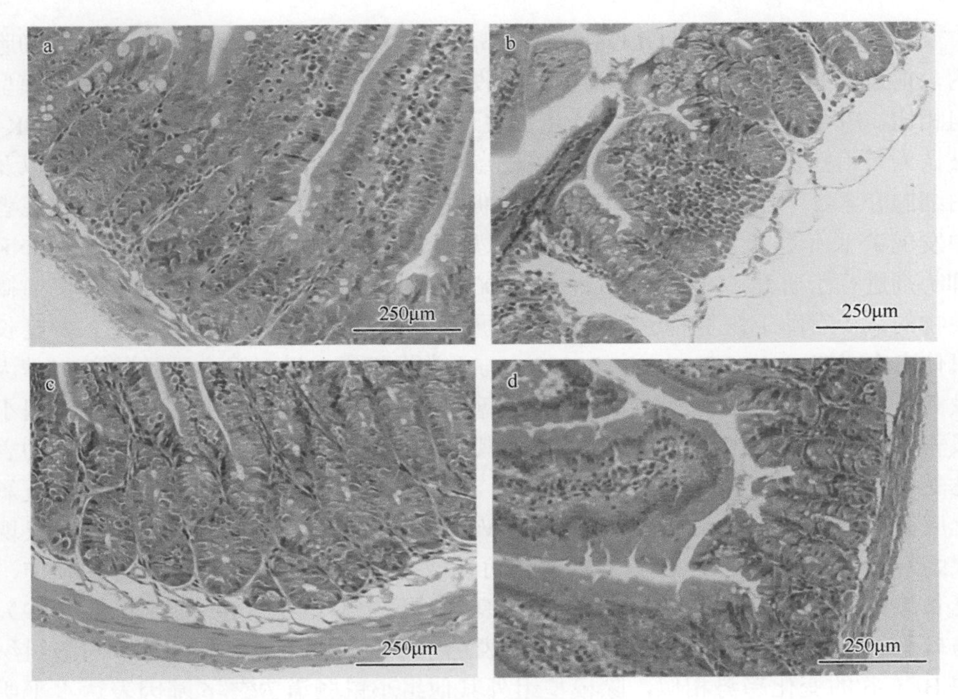

图 2-50　小鼠肠组织 H&E 染色（200×）

a. NM 组，b. MD 组，c. MET 组，d. EPO-2 组

（二）EPO-2 对肠道 GLUT4/FOXO1/JNK 的调节作用

1. 肠组织总 RNA 提取及定量

参照总 RNA 快速提取试剂盒说明书对肠组织总 RNA 进行提取，反转后的 cDNA 经过超微量分光光度计进行定量，而后用超纯水稀释备用。

2. 肠组织 RT-qPCR 法测定目的基因 mRNA 的表达

肠组织 RT-qPCR 法测定目的基因 mRNA 的表达的引物序列见表 2-14。

表 2-14　引物序列

基因名称	上游引物（5′-3′）	下游引物（5′-3′）
GLUT4	GTTTCTCCAACTGGACCTGTAA	GGACGGCAAATAGAAGGAAGA
JNK	AGCAGAAGCAAACGTGACAAC	GCTGCACACACTATTCCTTGAG
FOXO1	GCTCTGTGCGCCTAAGTACA	CCGATGGACGGAATGAGAGG
BCL-6	CCGGCACGCTAGTGATGTT	TGTCTTATGGGCTCTAAACTGCT
GLP1	AAGCGAGGGGAGAGAAACTT	CAACAAGGATGGCTGAAGCG
GAPDH	CAGGAGAGTGTTTCCTCGTC	ATGAAGGGGTCGTTGATGGC

葡萄糖转运体4型（GLUT4）受胰岛素的调控以调节胞外葡萄糖进入到细胞内，促进脂肪和肌肉细胞对葡萄糖的吸收利用（Leto and Saltiel，2012）。与模型组相比，EPO-2组小鼠的GLUT4蛋白表达量明显增加。c-Jun氨基端激酶（JNK）被认为是治疗炎症性疾病的潜在相关靶点，其能调节T细胞的成熟和凋亡，以及白细胞介素-2（IL-2）、IL-6和TNF-α等促炎细胞因子的形成。在炎症性肠病患者中发现JNK信号被激活，已经在动物模型和人类的炎症性肠病（IBD）中对JNK抑制剂进行了研究（Mitsuyama et al.，2006）。研究发现，抑制JNK信号或肠道微生物的减少有助于恢复肠道上皮细胞的屏障功能，重建宿主微生物稳态，并延长机体寿命（Zhou and Boutros，2020）。与正常组相比，模型组小鼠肠道*JNK*基因及其蛋白表达水平显著增加，表明衰老糖尿病小鼠肠道出现炎症，而与模型组小鼠相比，EPO-2组小鼠肠道*JNK*基因及其蛋白表达水平明显降低，表明JNK的表达受到了EPO-2的调节（图2-51a、c）。JNK/FOXO信号通路是一种明确的抗氧化应激信号形式（Kops et al.，2002；Wang et al.，2005）。Lee等（2009）发现果蝇神经元中JNK/FOXO信号的激活可以改善由神经元氧化应激诱导的损伤，延长果蝇神经元的寿命，参与果蝇肠道衰老过程中的组织重建（Lee et al. 2009）。与模型组相比，EPO-2组小鼠FOXO1表达水平显著提高（$P<0.01$）。与脑组织中BCL-6的变化趋势相似，除模型组外其他组小鼠肠道*BCL-6*基因表达水平明显升高（图2-51b、d）。

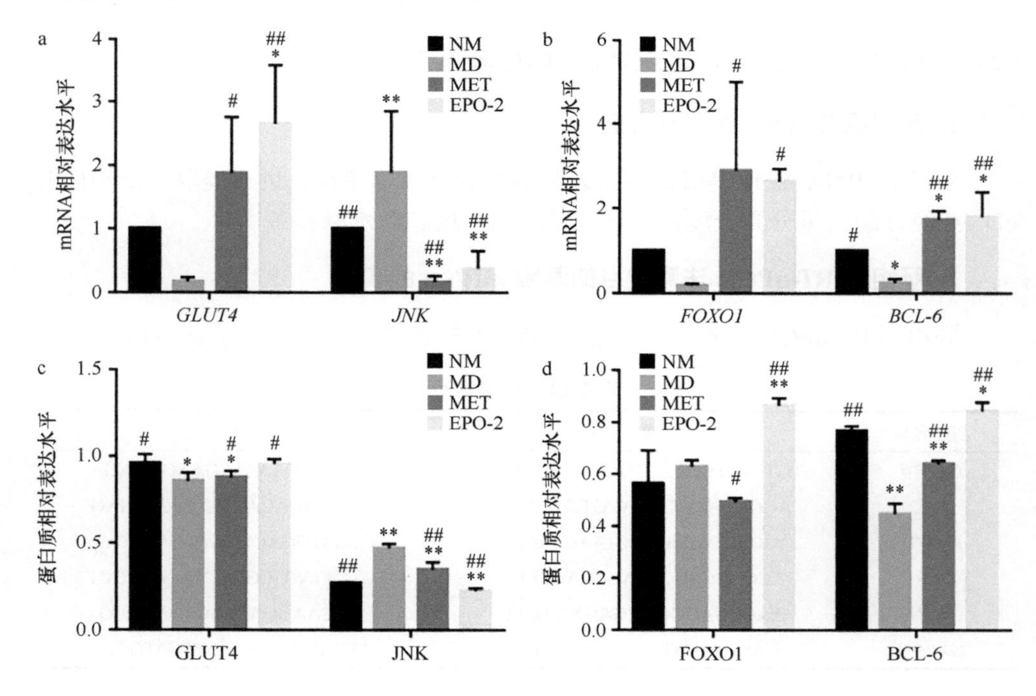

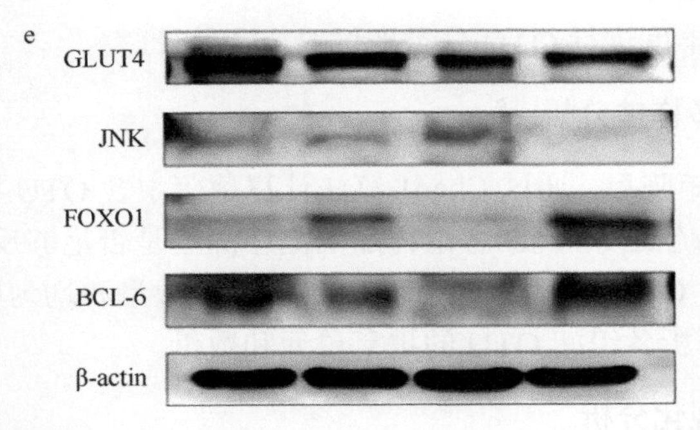

图 2-51　衰老糖尿病小鼠肠组织 *GLUT4*、*FOXO1*、*JNK*、*BCL-6* mRNA（a、b）和蛋白（c、e）相对表达情况

与 NM 组比较，$^{**}P<0.01$，$^{*}P<0.05$；与 MD 组比较，$^{\#\#}P<0.01$，$^{\#}P<0.05$

（三）EPO-2 对肠道菌群的调节作用

1. 肠道样本预处理

小鼠处死当天，收集肠道内容物于灭菌离心管中，于–80℃冰箱中冻存，备用。

2. 16S rRNA 基因高通量测序

取出冻存的小鼠肠道内容物 0.2g，放入灭菌的 PBS 缓冲液中，搅拌混匀，以 1000r/min 的转速离心 5min，收集沉淀，另将上清液在相同条件下离心两次，收集沉淀，将 3 次收集的沉淀物混合，备用。

3. 数据预处理和质量控制

采用 PacBio Sequel 平台对菌落全长核糖体 DNA（rDNA）进行单分子测序，并应用 QIIME 软件，留下序列长度＞500bp 的序列，同时剔除错配基数＞5 以及连续相同碱基数＞8 的序列。随后用 QIIME 软件调用 USEARCH 序列比对工具对序列进行检查并删除嵌合体序列。

4. OTU 划分

操作分类单元（operational taxonomic unit，OTU）是指根据设定的序列相似度阈值，相似度高于 97%归并为一个 OTU，使用 QIIME 软件，调用 UCLUST 序列比对工具，对相似度高于 97%的序列进行相似度归并和 OTU 划分，选取每个 OTU 中丰度最高的序列作为 OTU 的代表序列。用每个 OTU 在每个样本中所包含的序列数，构建 OTU 矩阵文件，并将集成文件转化成生物观测矩阵（BIOM）以便于分析。每个 OTU 的代表序列，参照 Greengene 数据库对 OTU 进行分类地位鉴定。另外将丰度值低于全体样本测序总量十万分之一的 OTU 进行去除，并将利用除去稀有 OTU 的丰度进行 OTU 分类地位鉴定和统计。

5. 菌群丰度及多样性分析

获得 OTU 丰度矩阵后，通过 Chao1 算法计算菌落中含 OTU 数目的指数以评估菌群丰度。绘制稀疏曲线，判断各组样品的测序深度是否足够反映菌群多样性。此外按照丰度大小对 OTU 进行排列，对 OTU 丰度、数量和均匀度进行分析。绘制维恩（Venn）图分析各组间 OTU 的重复单元和数量。

6. 肠道菌群可视化分析

为进一步分析肠道菌群中变化明显的肠道菌种，用 STAMP 软件绘制变化明显的肠道微生物的变化趋势。结合糖代谢及衰老相关基因的表达情况，用 R-Studio 软件绘制热图，探究糖代谢及衰老相关的基因与肠道菌群的关联性，进而深层次探究浒苔寡糖对小鼠肠道菌群的调节作用。

随着年龄的增长，肠道菌群丰度、结构组成会发生显著变化。Chao1 指数和香农-维纳多样性指数分别能够反映肠道菌群的丰度与多样性。与其他组相比，模型组小鼠肠道菌群丰度较低（图 2-52a）。正常组和 EPO-2 处理组小鼠肠道菌群香农 - 维纳多样性指数相近，且高于模型组，说明 EPO-2 能够改善衰老糖尿病小鼠肠道菌群多样性受损的情况，此外，二甲双胍处理的小鼠肠道菌群多样性比模型组还低，说明二甲双胍能够在一定程度上加重衰老糖尿病小鼠肠道菌群的损伤（图 2-52b）。图 2-52c 展现了肠道菌群在门水平上的相对丰度，其中拟杆菌门（Firmicutes）和厚壁菌门（Bacteroidota）为两大主要的细菌门，此外，弯曲杆菌门（Campylobacterota）在模型组小鼠的肠道菌群中占有较大的比例。研究表明，Firmicutes 和 Bacteroidota 比值（F/B）高的人群易诱发肥胖症状，有趣的是，该比值在老年人口中较低。由图 2-52d 知，该比值在仅在二甲双胍处理的小鼠肠道菌群中较高（$P<0.05$），在其他组小鼠中均没有显著区别。

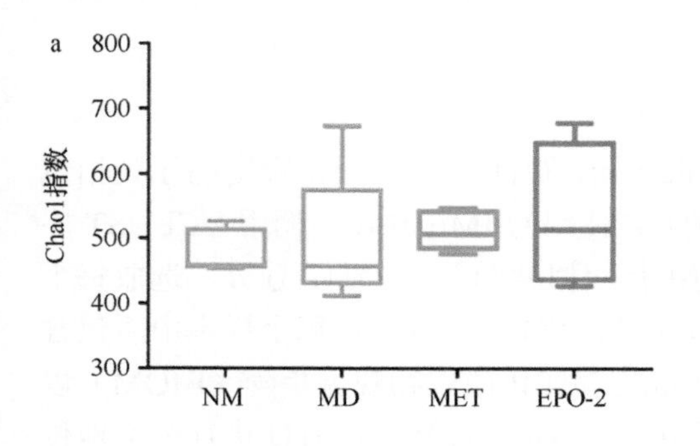

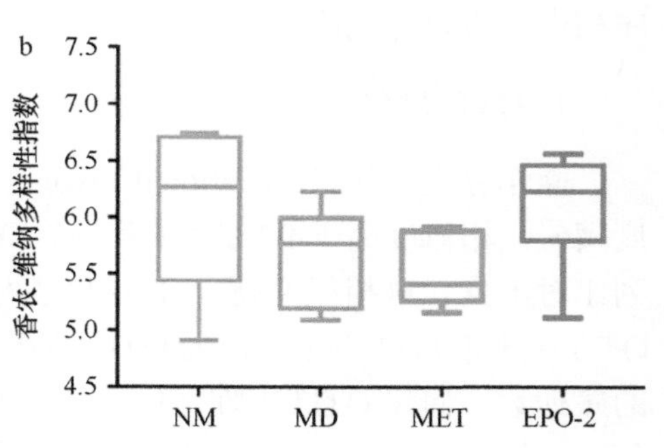

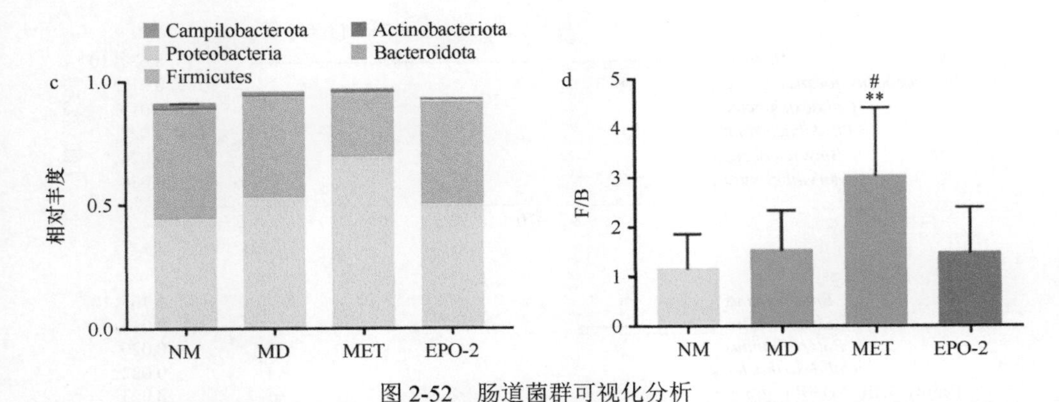

图 2-52　肠道菌群可视化分析

衰老糖尿病小鼠肠道内容物 α 多样性分析（a：Chao1 指数；b：香农-维纳多样性指数）；丰度前 5 位的菌门在各组的分布情况（c）；各组厚壁菌门和拟杆菌门丰度比值（d）

与 NM 组比较，**$P<0.01$，*$P<0.05$；与 MD 组比较，##$P<0.01$，#$P<0.05$

在属水平上对各组肠道菌群丰度分别进行了比较，与模型组小鼠相比，EPO-2 组 *Alistipes*、*Colidextribacter*、*Bifidobacterium* 菌群丰度明显降低（图 2-53a）。与正常组相比，模型组 *Enterococcus*、*Acinetobacter*、*Corynbacterium*、*Leuconostoc* 菌群丰度明显提高，*Turicibacter*、*Romboutsia*、*Colidextribacter*、*Streptococcus* 菌群丰度有所降低（图 2-53b）。与正常组相比，EPO-2 组 *Lactobacillus* 和 *Weissella* 菌群丰度明显升高，*Colidextribacter*、*Ruminococcus*、*Turicibacter*、*Alistipes*、*Desulfovibrio* 菌群丰度明显降低（图 2-53c），同时变化显著的菌群在 EPO-2 组和正常组中出现得较多，说明 EPO-2 组能够显著改变衰老糖尿病小鼠的肠道菌群相对丰度。*Alistipes* 菌群与生理失调和疾病发生密切相关，其在阑尾炎、肠脓肿患者的肠道中被分离出来（Parker et al.，2020）。*Bifidobacterium* 在免疫缺陷的宿主中具有侵袭性，可能导致败血症样的症状（Esaiassen et al.，2017）。以上菌属种类在经过 EPO-2 处理后显著降低，说明 EPO-2 能够有效减少衰老糖尿病小鼠肠道中有害菌的增殖。*Turicibacter* spp.与肠道黏液的降解和肠道免疫功能的发挥密切相关（Clark and Mach，2016）。*Enterococcus* 是一类人体肠道中常见的革兰氏阳性菌，但该菌对头孢菌素、氨基糖苷类、克林霉素等常见抗生素有一定的耐药性（García-Solache and Rice，2019）。*Acinetobacter* 是常见的致病菌，能够导致呼吸道感染、尿道感染、腹膜感染和脑膜炎等病症，对人体健康造成危害（Bergogne-Bérézin and Towner，1996）。*Lactobacillus* 和 *Weissella* 能够产生乳酸菌胞外多糖，具有提高机体免疫、抗肿瘤、抗溃疡的作用（Kavitake et al.，2020），而 EPO-2 能够提高两种菌的占比，说明 EPO-2 具有良好的肠道菌群调节作用。

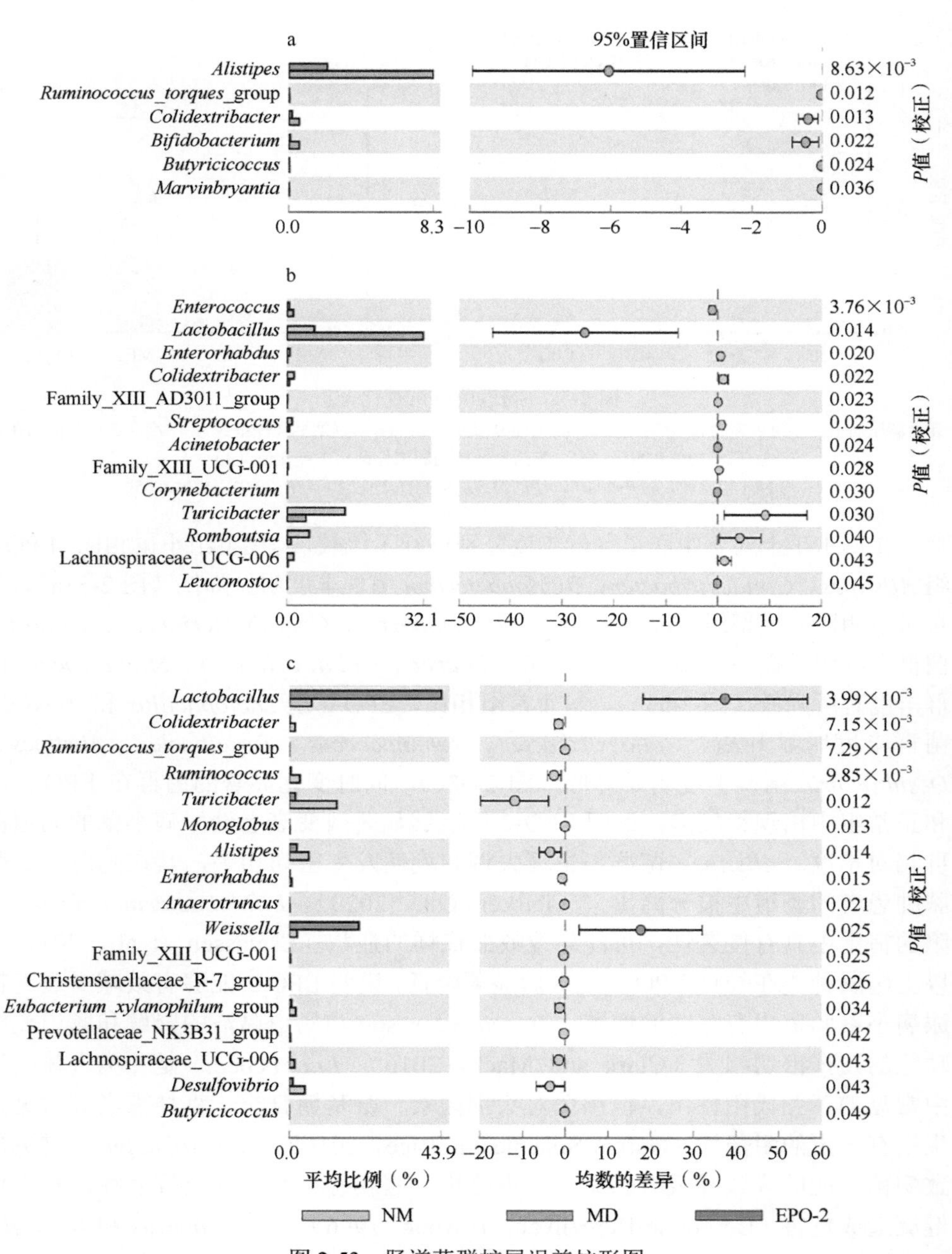

图 2-53　肠道菌群扩展误差柱形图

a. 模型组 vs EPO-2 组；b. 模型组 vs 正常组；c. EPO-2 组 vs 正常组

为深入研究小鼠肠道菌群间的相互关系以及挖掘占据核心地位的肠道菌种，分别分析了正常组、模型组、EPO-2 组小鼠肠道菌群中丰度前 15 位的菌种。由图 2-54a、 b 可知，衰老糖尿病小鼠与正常组小鼠相比，某些菌之间的相关性发生了显著变化，如 Lachnospiraceae 和 *Lactobacilus*、*Dubosiella* 和 *Lactobacilus*、*Dubosiella* 和 *Alistipes*、*Weissella* 和 *Streptococcus*、*Kurthia* 和 *Eubacterium* 之间由先前极强的正（负）相关性转变成极强的负（正）相关性。小鼠在接受 EPO-2 处理后，与模型组相比，相关性发生反转的菌的数量减少，但某些菌之间的相关性得到巩固并由弱变强。但 *Eubacterium* 菌种与其他大多数菌种的相关性都发生了反转性变化（图 2-54c）。研究表明，肠道中 *Eubacterium* 菌主要参与碳水化合物的代谢（Vacca et al.，2020），该菌含量在 EPO-2 组显著提高，此外 *Eubacterium* 菌与其他菌的相关性在 MD 组小鼠肠道中的变化不明显，说明该菌是 EPO-2 调节小鼠肠道的主要目标菌。

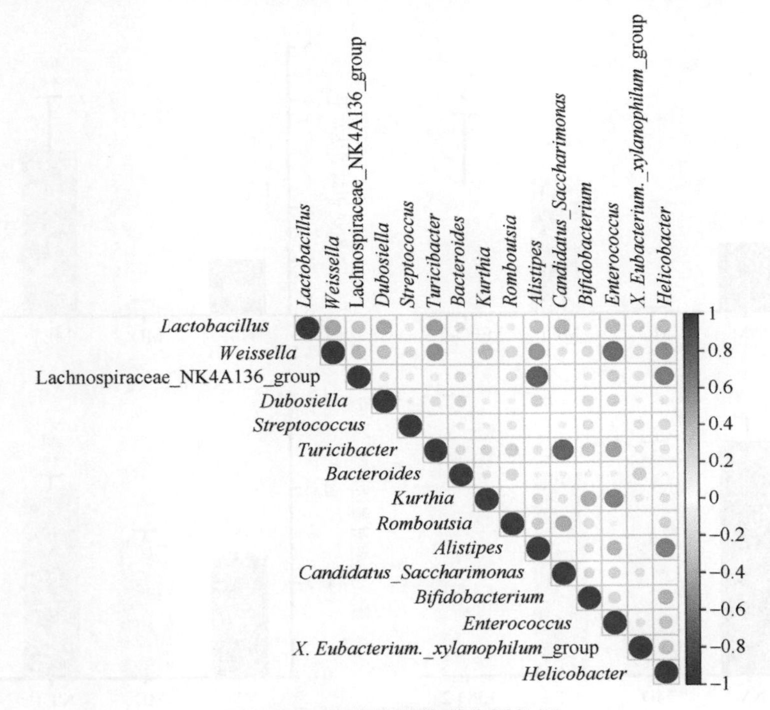

图 2-54　肠道菌群关联分析热图

五、浒苔寡糖 EPO-2 介导脑肠轴对糖代谢的调节作用

由图 2-55 可知，与衰老糖尿病小鼠相比，经过 EPO-2 处理后的小鼠肠道中胰高血糖素样肽（GLP1）的相对表达水平显著提高（$P<0.05$），同时脑组织中胰高血糖素样肽受体（GLP1R）的相对表达水平也显著提高（$P<0.01$）。肠内分泌细胞释放的 GLP1 能够增强胰高血糖素和胰岛素的分泌，从而控制肠道对葡萄糖的吸收代谢，此外，GLP1 能够抑制胃的排空速度，从而在一定程度上限制机体对

食物的摄取（Drucker，2018）。EPO-2 组小鼠肠道 GLP1 的相对表达水平显著提高，说明 EPO-2 能够调节肠道对葡萄糖的吸收代谢。据报道，肠道中的 GLP1 可直接作用于迷走传入神经末梢，亦可通过肝门静脉和血液循环进入到大脑中，从而与 GLP1R 结合，促进神经元的增殖分化和海马神经可塑性的增加，并改善记忆（van Li et al.，2012；van Bloemendaal et al.，2014）。在 T2D 动物模型或糖尿病患者中，可观察到高血糖和高血脂导致 β 细胞与下丘脑神经元细胞表面的 GLP1R 数量减少，且肠道菌群的紊乱会破坏由 GLP1 激活的脑肠轴（Yang et al.，2016；Grasset et al.，2017）。而经 EPO-2 处理后 GLP1R 的相对表达量明显增高，说明 EPO-2 能够改善肠损伤对 GLP1 所在的脑肠轴信号通路的损伤。

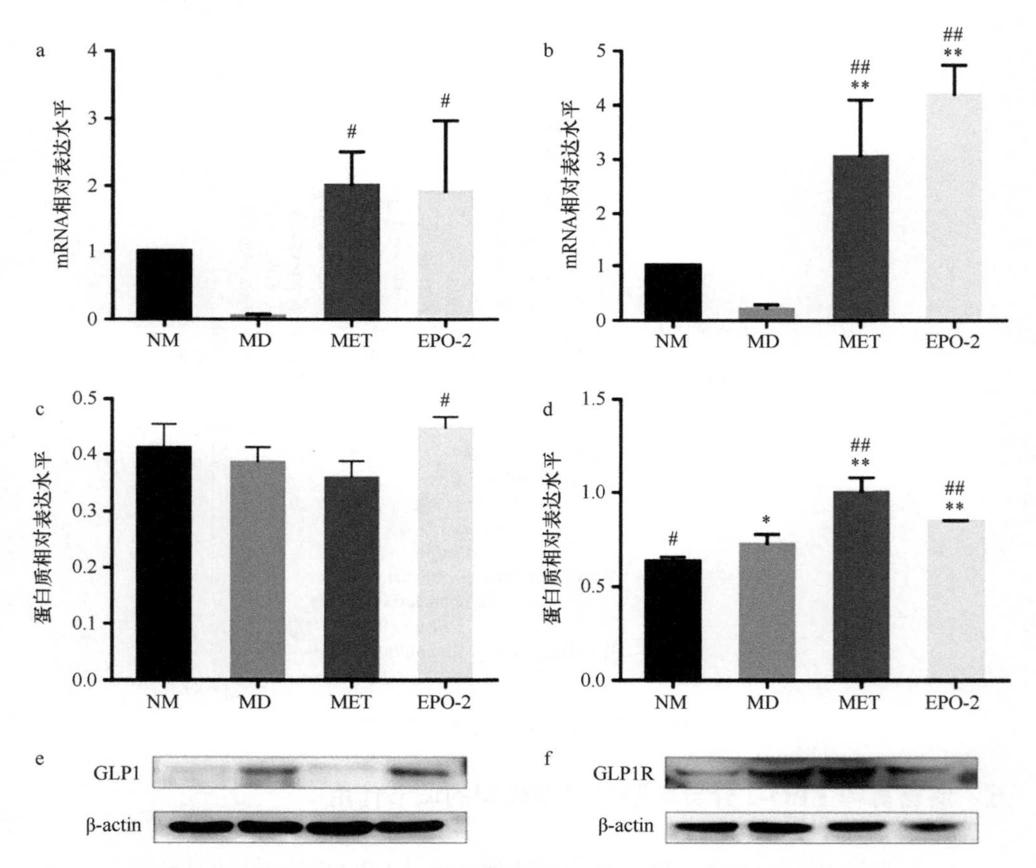

图 2-55　肠道组织 GLP1、脑组织 GLP1R 的 mRNA 和蛋白相对表达量

肠道组织 GLP1 的 mRNA 和蛋白相对表达量（a、c、e）；脑组织 GLP1R 的 mRNA 和蛋白相对表达量（b、d、f）
与 NM 组比较，**P<0.01，*P<0.05；与 MD 组比较，##P<0.01，#P<0.05

为更精确地探究肠道菌群和脑代谢物间的相互调节关系，图 2-56 绘制了相关性大于 0.8 的肠道菌群和脑代谢物。只有腺苷二磷酸（ADP）和 *Enterococcus* 间、

苹果酸和 *Colidextribacter* 间呈现正相关性，其他菌种与脑代谢物呈极强的负相关性（$r<-0.8$）。腺苷一磷酸被发现在 EPO-2 处理的小鼠脑组织中含量较高，说明其在脑代谢中发挥重要作用，而 *Enterococcus* 在模型组含量较高，进一步证明 *Enterococcus* 为有害菌，因此 *Enterococcus* 含量可作为衰老糖尿病的标志菌属。苹果酸为三羧酸循环的重要中间物质，在糖代谢中发挥重要作用，上述内容讨论到 EPO-2 能够调节三羧酸循环，因此苹果酸的合成分解也受到了 EPO-2 的调节，此外，该物质与 *Colidextribacter* 菌属呈负相关性，且该菌在衰老糖尿病小鼠肠道中含量较高，说明 *Colidextribacter* 菌属同样也可以作为衰老糖尿病的标志菌属。*Turicibacter* 与腺嘌呤间、*Colidextribacter* 和 NADH 间呈极强的正相关性（$r>0.9$）。*Turicibacter* 在 EPO-2 处理组的衰老糖尿病小鼠中含量明显降低，腺嘌呤含量在小鼠中同样降低，两者间的正相关性需进一步探究。此外，还发现小鼠脑中肌苷、磷酸胆碱、亚精胺、亮氨酸、腺嘌呤、黄嘌呤、腺苷酸、D-核糖-5-磷酸、烟酰胺腺嘌呤二核苷酸、亚麻酸、顺丁烯二酸、乙酰丙嗪物质与肠道菌群关联性极强。在脑代谢组学分析中发现，肌苷含量极高，与 *Lactobacillus*、*Corynebacterium* 和 *Leuconostoc* 菌属呈正相关性，*Lactobacillus* 为有益菌，说明其可作为治疗衰老糖尿病的靶点菌属。关于 *Corynebacterium* 和 *Leuconostoc* 菌的研究较少，需要进一步探究其与衰老糖尿病的关联性。

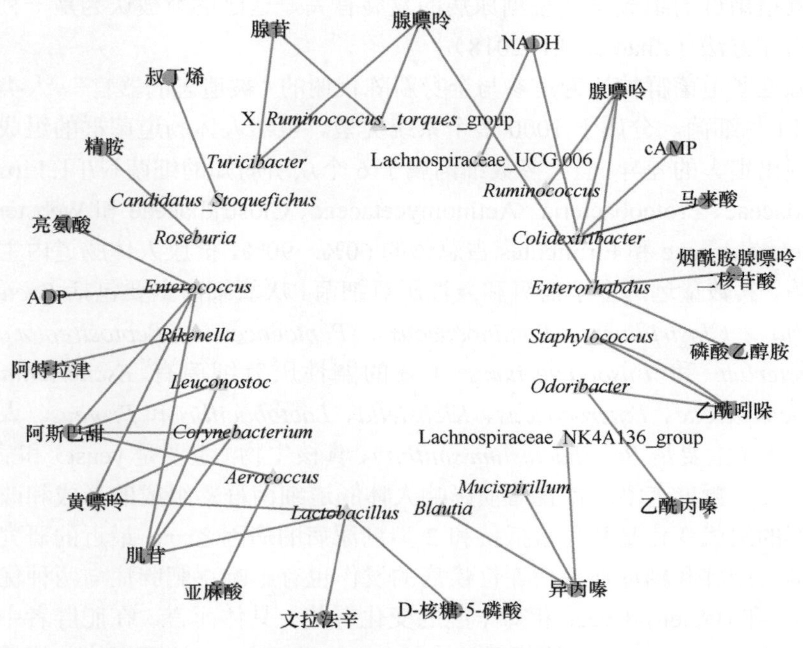

图 2-56　小鼠肠道菌群与脑代谢物关联图（$|r|>0.8$）
红色代表正相关性，蓝色代表负相关性

第六节　浒苔多酚 EPE3k 降糖作用机制研究

近年来，天然多酚因其降血糖作用和与糖尿病相关的病理机制而备受关注。游离多酚和简单多酚化合物可以在小肠内消化吸收，而复杂多酚则被大肠的肠道菌群利用。多酚一般通过抑制 α-淀粉酶和 α-葡萄糖苷酶降低餐后血糖水平，并通过抑制肠道葡萄糖吸收和肝脏释放葡萄糖、刺激胰腺胰岛素分泌、促进肌肉细胞与脂肪细胞对葡萄糖的摄取来调节葡萄糖代谢。海藻多酚具有降血糖、降血脂、抗凝、抗肿瘤、抗病毒、抗衰老等多种生理活性。

胰岛素刺激包括靶组织的摄取和葡萄糖的利用，这是通过一系列信号转导过程来实现的，如磷脂酰肌醇 3 激酶（PI3K）和 c-Jun 氨基端激酶（JNK）（Gaster et al.，2001；Wang et al.，2009；Cordero-Herrera et al.，2013；Abu-Farha et al.，2015；Yan et al.，2019）。这些信号转导过程中的任何损伤或障碍都可能导致胰岛素抵抗。*PI3K* 和 *JNK* 是与胰岛素抵抗发展有关的主要基因（Wang et al.，2009；Cordero-Herrera et al.，2013；Sharma et al.，2019；Yan et al.，2019）。肠道菌群在调节宿主的代谢、免疫系统的成熟和代谢疾病的发展中起着重要作用。此外，肠道菌群紊乱也会通过改变短链脂肪酸或胆汁酸的代谢而导致 2 型糖尿病的发生和发展。肠道菌群的组成与 2 型糖尿病的发展有关，这已逐渐被认为是一种潜在的诊断和治疗方法（Zhao et al.，2018）。

内源性肠道菌群被认为是参与全身新陈代谢的“被遗忘的器官”。人类肠道中约有 1014 种细菌，分属于 1000 多个系统类型。虽然人体肠道菌群的组成在个体之间表现出很大的差异，但大多数细菌属于 6 个众所周知的细菌科/门：Firmicutes、Bacteroidaceae、Proteobacteria、Actinomycetaceae、Clostridiaceae 和 Websteriaceae，其中 Bacteroidaceae 和 Firmicutes 占总体的 60%～90%。健康人体肠道内主要含有厌氧细菌，其数量远远多于需氧和兼性厌氧细菌。厌氧细菌主要包括 *Bacteroides*、*Eubacteria*、*Clostridium*、*Ruminococcus*、*Peptococcus*、*Peptostreptococcus*、*Bifidobacterium* 和 *Fusobacterium*。主要的兼性厌氧细菌有 *Escherichia coli*、*Enterobacteriaceae*、*Enterococcus*、*Klebsiella*、*Lactobacillus* 和 *Proteus*。人类肠道中的古细菌（主要是 *Brevibacterium smithii*）、真核生物（主要是 yeast）和病毒（主要是 phage）数量有限。饮食习惯影响人体肠道细菌群落组成的形成和改变，而肠道菌群的组成变化是胰岛素抵抗和 2 型糖尿病的病因之一。最近的研究表明，肠道菌群对肥胖和糖尿病等代谢性疾病的发作也有影响。肥胖症与两种优势细菌 Firmicutes 和 Bacteroidaceae 相对丰度的变化有关。具体而言，在肥胖者中观察到占比较大的 Firmicutes 和占比相对较小的 Bacteroidaceae，这两者均与能量摄入和肥胖有关。与肥胖不同，T2DM 相关的微生物失调主要表现在较低水平的短链脂肪酸（SCFA）产生菌以及更高水平的已知或潜在的机会性病原体（*Clostridium hathewayi*、*C. ramosum*、*Eggerthella lenta*）。研究表明，肠道菌群的功能变化有助于血糖浓度的增加，肠道菌群影响糖尿病的发生发展（图 2-57）。

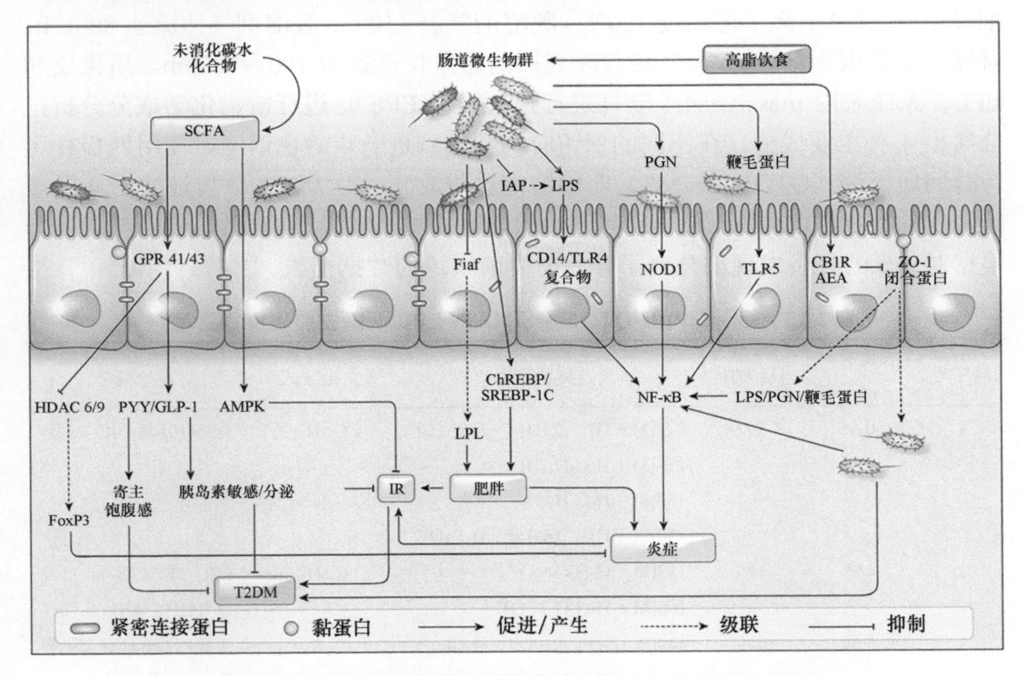

图 2-57 肠道菌群和代谢性内毒素血症/菌血症对糖尿病的影响

在本节的研究中，用 55%乙醇提取绿藻浒苔，然后通过 3000Da 的超滤膜获得目标样品（EPE3k），研究 EPE3k 在体内的潜在抗糖尿病性能及其机制。此外，还通过高通量测序分析了肠道菌群的结构和功能，报道了绿藻浒苔的多酚类物质在 2 型糖尿病小鼠中的降血糖作用。

一、浒苔多酚 EPE3k 提取与鉴定

浒苔粉用 55%乙醇在 60℃下，45kHz 超声辅助提取 90min。将提取物浓缩，通过 3000Da 超滤膜，冷冻干燥备用。在 4℃下，12 000r/min 离心 10min 后，将提取物通过注射器过滤器过滤[苏州，赛恩斯，13mm×0.22μm，聚四氟乙烯（PTFE）]，然后注入超高效液相色谱（UPLC）系统（Waters）。用 C18 柱（上海，沃特世，2.1mm×100mm×1.8μm）在 Waters ACQUITY UPLC I-Class 上进行色谱分离，进样量 1μL，流动相为 0.1%（*V/V*）甲酸水溶液（A）和 0.1%（*V/V*）甲酸乙腈溶液（B）。UPLC 洗脱条件优化如下：0～0.25min，99%（A）；0.25～16.25min，

99%～1%（A）；16.25～17.00min，1%（A）；17.00～17.01min，1%～99%（A）；17.01～20.00min，99%（A），流速为0.45mL/min。质谱参数为：电喷雾离子源（ESI），质谱扫描质荷比（*m/z*）范围为50～1 200；扫描时间0.2s；雾化器压力6.5bar；毛细管电压2.0kV；离子源温度120℃；脱溶剂气温450℃；脱溶剂气体流速800L/h，碰撞能量范围10～60eV，二极管阵列探测器波长设置为190～700nm。质谱仪和UPLC系统采用masslynx4.1软件进行控制。对EPE3k进行植物化学成分分析，分离出4种主要成分。在不同的保留时间观察到进一步的色谱峰，使用四极杆飞行时间质谱法（QTOF/MS/MS）明确鉴定这些成分。对MS的分析证实了4种多酚物质的存在（表2-15）。通过将其质谱图谱数据与文献报道相比较来鉴定其结构，根据对*m/z*的分析发现部分离子碎片与先前报道的数据一致。

表2-15　基于UPLC-QTOF-MS/MS对EPE3k的主要化合物鉴定

峰序号	保留时间（min）	$[M+H]^+$	离子碎片	分子式	鉴定成分
1	0.65	277	277$[M+H]^+$，235$[M+H\text{-}C_3H_6]^+$，151$[M+H\text{-}C_5H_{14}O]^+$，133$[M+H\text{-}C_8H_{16}O_2]^+$，	$C_{18}H_{28}O_2$	酯-5(10)-烯-3,17-二醇
2	4.99	179	179$[M+H]^+$，161$[M+H\text{-}H_2O]^+$ 133$[M+H\text{-}H_2O\text{-}CO]^+$，105$[M+H\text{-}H_2O\text{-}2CO]^+$	$C_{10}H_{10}O_3$	(4R)-34-二氢-48-二羟基-1(2H)-萘酮
3	5.64	449	449$[M+H]^+$，299$[M+H\text{-}Glc]^+$，399$[M+H\text{-}Orha\text{-}2H_2O]^+$	$C_{12}H_{20}O_{11}$	木犀草素-6-C-葡萄糖苷
4	6.59	597	135$[M\text{-}H\text{-}Rha\text{-}Glc\text{-}C_7H_4O_4]^-$，107$[M\text{-}H\text{-}Rha\text{-}Glc\text{-}C_8H_8O_2\text{-}CO_2]^-$	$C_{27}H_{32}O_{15}$	新圣草苷

注：$[M+H]^+$表示质子化的分子离子

二、浒苔多酚EPE3k降糖作用

（一）EPE3k对T2DM小鼠血糖的影响

购买30只体重在18～22g的清洁级雄性ICR小鼠。用基础饲料喂养，使其适应一周。一周后，随机选取10只小鼠作为正常（Normal）组，继续用基础饲料喂养，其余小鼠采用高糖高脂饲料（15%猪油、15%蔗糖、1%胆固醇、10%蛋黄、0.2%脱氧胆酸钠、58.8%基础饲料）喂养诱发糖尿病。4周后，所有小鼠禁食不禁水12h，正常组腹腔注射0.1mol/L柠檬酸–柠檬酸钠缓冲液，而其他小鼠腹腔注射链脲佐菌素，所有小鼠每天注射3次。利用尾巴采血的方式采集血液并测定FBG，FBG≥11.1mmol/L视为2型糖尿病小鼠造模成功。将造模成功的小鼠随机分为两组，分别为模型（Model）组和EPE3k给药组（300mg/kg）。

每两周测量记录一次小鼠体重和 FBG。在给药后的 4 周进行口服葡萄糖耐量试验。全部小鼠禁食不禁水 12h。小鼠剪尾取血作为 0min 的血糖值，5min 后灌葡萄糖溶液[2g/(kg·d)]，灌胃后在 30min 和 120min 测定小鼠的血糖值。试验结束后用颈椎脱位法处死小鼠，解剖并收集其肝脏和盲肠，以磷酸缓冲液漂洗后装入离心管并用液氮速冻，置于干冰中，最后转至–80℃冰箱中保存（严新，2019）。

在开始和第 14 天时，经过 EPE3k 处理的小鼠体重与模型组相比显著降低（图 2-58a）。早期试验发现，正常组与其他两组之间的空腹血糖水平也有显著差异（图 2-58b）。28d 时，EPE3k 给药组小鼠的 FBG 水平明显低于模型组，且与正常组相似。模型组和 EPE3k 给药组小鼠的葡萄糖耐量已大大增加，而这些动物在 0.5h 时的血糖明显高于正常组（图 2-58c）。在 2h 时，模型组和 EPE3k 给药组的血糖水平较低，并且 EPE3k 给药组的血糖水平明显低于模型组。

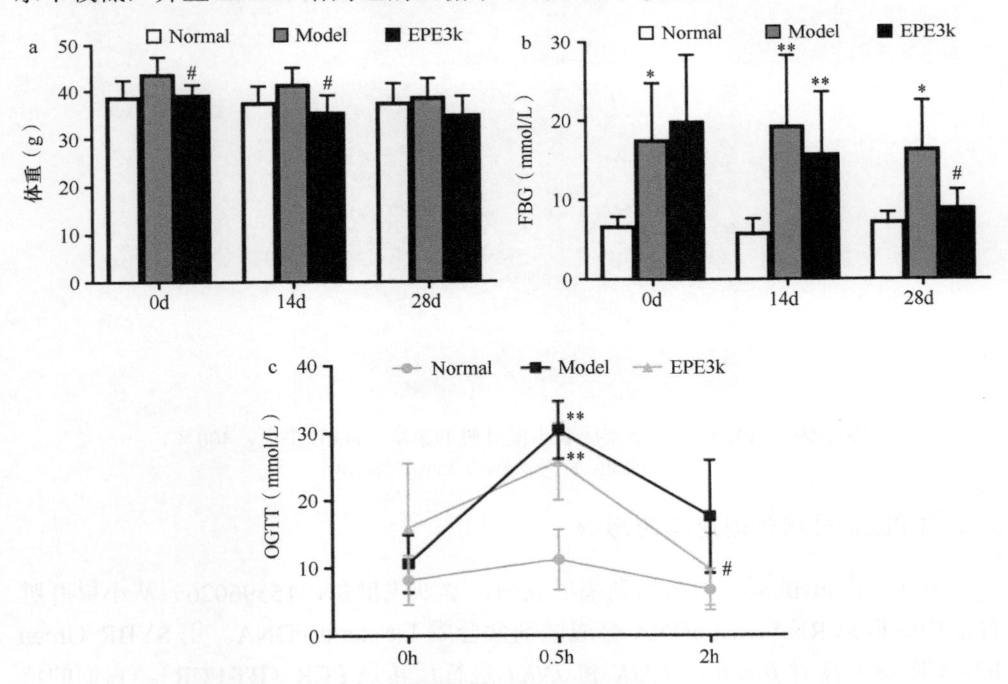

图 2-58 EPE3k 给药对 2 型糖尿病的影响

EPE3k 给药对 2 型糖尿病小鼠体重（a）、空腹血糖水平（b）、口服葡萄糖耐量（c）的影响

与正常组比较，$*P<0.05$ 和 $**P<0.01$；与模型组比较，$\#P<0.05$

（二）EPE3k 对 T2DM 小鼠肝脏病理变化的影响

取部分肝脏用 4%多聚甲醛溶液固定，用于后期组织病理学切片观察。将浸泡于多聚甲醛溶液中的肝脏取出，石蜡包埋后，将样品组织切成 2mm 切片，用苏木精和伊红染色，在光学显微镜下进行观察。

正常组肝细胞排列有序，肝小叶结构正常（图 2-59a）。与正常组相比，模型组的肝细胞结构紊乱，并有轻度发炎现象（图 2-59b）。高糖高脂饮食和链脲佐菌素可能引起了小鼠肝组织的损伤。与模型组相比，EPE3k 给药组的肝索排列较规整，炎症程度稍有改善（图 2-59c）。结果表明，EPE3k 给药组对肝脏有一定程度的修复作用。

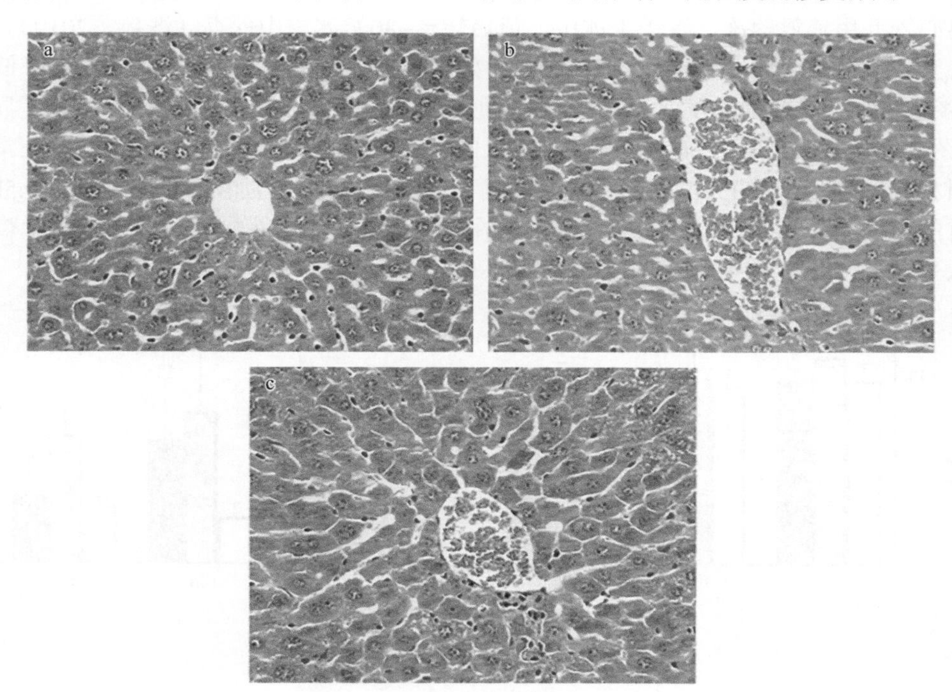

图 2-59　EPE3k 对 2 型糖尿病小鼠肝脏的影响（H&E 染色，400×）
a. 正常组；b. 模型组；c. EPE3k 给药组

（三）EPE3k 对糖代谢通路的影响

利用 Trizol 试剂（美国加利福尼亚州，赛默飞世尔，15596026）从小鼠肝脏样品中提取总 RNA，用 cDNA 合成试剂盒合成 1st-stand cDNA。用 SYBR Green RT-PCR 试剂盒对 *β-actin*、*PI3K* 和 *JNK1* 进行反转录 PCR（RT-PCR），它们的特异性引物如下：*β-actin* F：5′-ACATCCGTAAAGACCTCTATGCC-3′，R：5′-TACTCCTGCTTGCTGATCCAC-3′；*PI3K* F：5′-CCAAATGAAAAGAACGGCTA-3′，R：5′-GCGACTTCAGCTTATCATGG-3′；*JNK1* F：5′-CAGAAGCAAACGTGACAAC-3′，R：5′-AAGAATGGCATCATAAGCTG-3′。按以下条件进行扩增：95℃变性 10min；95℃反应 15s；60℃反应 50s，循环 40 次。使用 ABI 实时 PCR 系统（伯乐公司），并以 *β-actin* 基因作为内参分析 mRNA 的相对定量。

靶组织利用葡萄糖主要通过两种经过 PI3K 的途径。胰岛素敏感组织中，

PI3K/AKT 通路的缺失破坏了葡萄糖稳态，进而导致血液中葡萄糖的积累。在胰岛素靶细胞中，IRS1 和 IRS2 的丝氨酸与苏氨酸残基位点被 JNK1/2 磷酸化，导致前者酪氨酸磷酸化水平降低和 PI3K 信号转导程度下降，两者最终都可能导致 2 型糖尿病。利用实时定量 PCR 检测了试验小鼠的肝脏组织。为了探讨 EPE3k 给药是否能有效地改善 2 型糖尿病中与降糖途径相关的基因表达，测定了 *PI3K* 和 *JNK1* 基因的 mRNA 与蛋白表达。试验 28d 后，EPE3k 给药组肝脏中 *PI3K* 的 mRNA 表达明显高于模型组，而模型组的表达则比正常组低（图 2-60a）。另外，与正常小鼠相比，糖尿病小鼠中 *JNK1* 基因的 mRNA 表达水平显著提高。EPE3k 给药组小鼠 *JNK1* 的 mRNA 表达明显低于模型组，并且与正常组接近（图 2-60b）。EPE3k 通过促进 PI3K 通路信号的激活并部分抑制 JNK 信号转导以改善外周组织的葡萄糖摄取，改善糖尿病小鼠的肝脏胰岛素抵抗（严新，2019）。

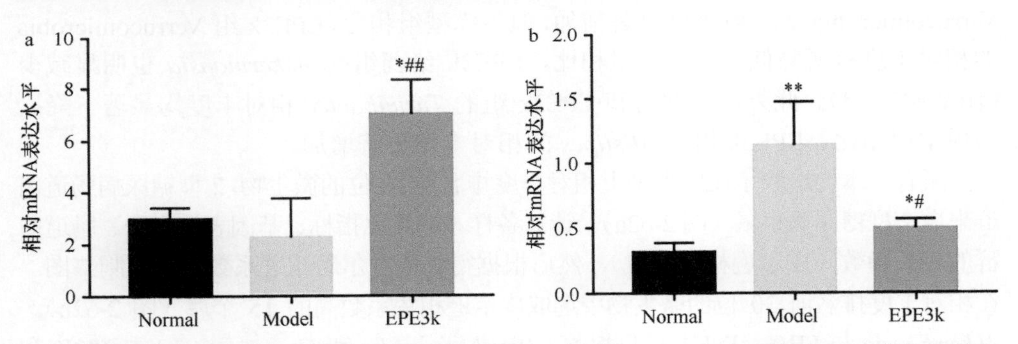

图 2-60　EPE3k 给药对 2 型糖尿病小鼠肝脏 PI3K（a）和 JNK1（b）通路 mRNA 表达的影响

与正常组比较，*$P<0.05$ 和**$P<0.01$；与模型组比较，#$P<0.05$ 和##$P<0.01$

（四）EPE3k 对 T2DM 小鼠肠道菌群的影响

使用 E.Z.N.A.® Mag-Bind Stool DNA 试剂盒（美国佐治亚州，欧米茄，M4016-00）从小鼠肠道内容物中提取微生物基因组 DNA。设计引物对 16S rRNA 的 V3～V4 区进行扩增（F：5′-CCTACGGGNGGCWGCAG-3′；R：5′-GACTACHGGTATCTAATCC-3′）。PCR 反应包含有 10～20ng DNA 模板、2×*Taq* master Mix、10μmol/L 引物 F 和 10μmol/L 引物 R。循环条件设定为：94℃初始变性 3min；94℃反应 30s，45℃反应 20s，60℃反应 30s，进行 5 个循环；94℃反应 30s，55℃反应 20s，72℃反应 30s，进行 20 个循环；最后 72℃延伸反应 5min。分别用 Agencourt AMPure XP（Beckman）与 Qubit dsDNA HS 检测试剂盒（Invitrogen）对扩增产物进行纯化和定量，然后在 Illumina MiseqTM 平台上进行测序。根据核糖体数据库项目（RDP）分类器对微生物序列进行分类。基于不同样品的代表性读数之间的系统发育关系，使用 Fast UniFrac 比较不同样品中的微生物群落结构。

天然活性物质被人体摄入后在肠道中被利用，进而调节肠道菌群的代谢行为以达到治疗的目的（Shang et al.，2016b）。肠道菌群主要由9种细菌门组成，包括 Bacteroidetes、Firmicutes、Proteobacteria、Actinobacteria、VadinBE97、Fusobacteria、Verrucomicrobia、Cyanobacteria和Spirochaeates，其中Bacteroidetes和Firmicutes占绝对优势（>90%）。2型糖尿病患者与健康人体的肠道细菌在门和属水平上有显著差异，糖尿病患者厚壁菌的相对丰度较高，并且根据之前的研究报道，Bacteroidetes和Proteobacteria含量比正常人低，这表明肠道内的微生物可能参与了宿主体内各种营养物质的代谢过程（Mardinoglu et al.，2016；Dias et al.，2018）。在门水平上测定了各组小鼠肠道内容物中微生物的相对丰度。结果表明，鉴定的肠道细菌主要为Bacteroidetes、Firmicutes、Proteobacteria、Verrucomicrobia、Tenericutes和Actinobacteria（图2-61a）。Bacteroidetes、Firmicutes和Proteobacteria是小鼠肠道内容物中检出的优势菌（图2-61c）。与正常组相比，模型组的Verrucomicrobia的相对丰度显著增加，但与模型组相比，EPE3k组Verrucomicrobia的相对丰度有所降低。与模型组相比，EPE3k给药组的*Akkermansia*也明显减少（图2-61b、d）。此外，模型组和EPE3k组的*Turicibacter*相对丰度均显著下降；与模型组相比，EPE3k组中*Alistipes*的相对丰度显著增加。

所有样本均选取了在属水平上相对丰度排名前30位的微生物，2型糖尿病肠道菌群来自2型糖尿病小鼠（图2-62a）。计算各样本的生化指标、基因表达水平、肠道菌群的相关指数（皮尔逊相关系数），然后根据得到的皮尔逊相关系数表格绘制热图。在相对丰度排名前30位的微生物中选取皮尔逊相关系数高的15个属（图2-62b）。*Akkermansia*与FBG、JNK1呈负相关。*Parabacteroides*和*Coprococcus*_1与PI3K和BW呈正相关。其他肠道菌群与FBG呈正相关，*Ruminiclostridium*_6、*Ruminococcus*_1、*Corynebacterium*_1、*Ruminiclostridium*_9和Lachnospiraceae_ NK4A136_group与PI3K也呈正相关。Firmicutes会造成饮食中热量的吸收和增加肠道细胞中脂肪的储存。在属水平上，EPE3k给药处理可显著调节*Akkermansia*、*Alistipes*和*Turicibacter*的丰度，并对小鼠的菌群结构有积极的影响。这与经EPE3k处理的小鼠肝脏的组织学特征变化、血糖水平降低和体重下降相一致。本研究证实了肠道菌群通过改变肠促胰岛素的分泌参与2型糖尿病的调节。因此，EPE3k作为2型糖尿病的益生菌给药具有潜在的应用前景。

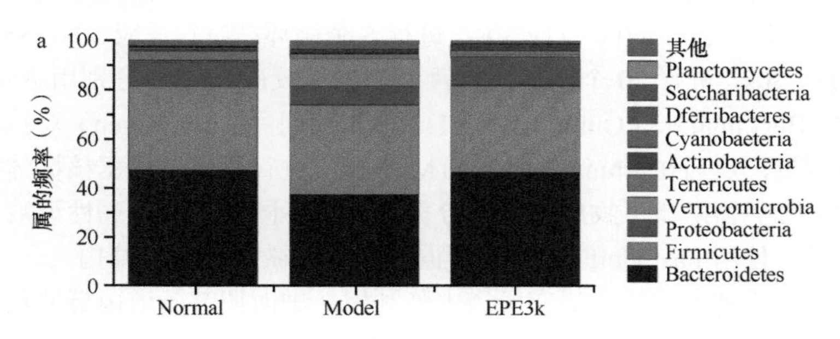

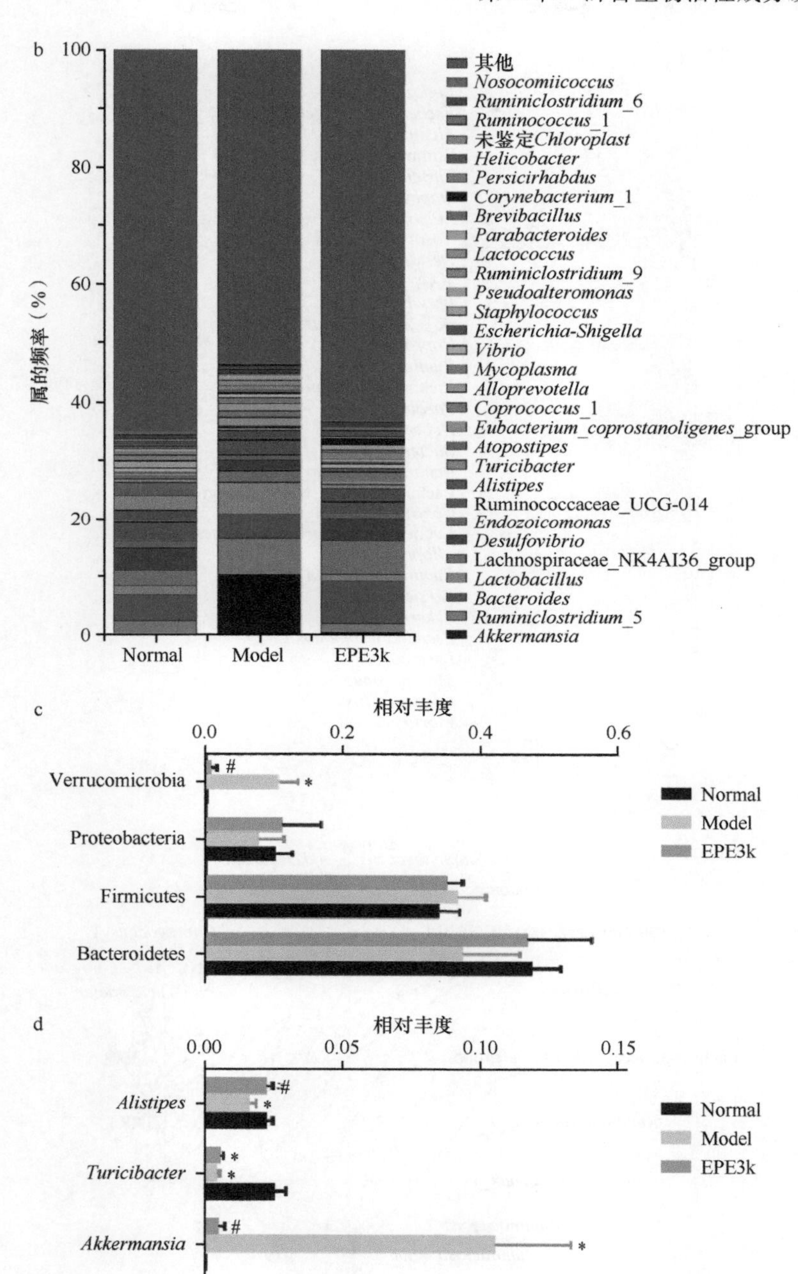

图 2-61　EPE3k 作用于 2 型糖尿病小鼠后肠道菌群的变化

EPE3k 给药在门水平（a）和属水平（b）对 2 型糖尿病小鼠肠道菌群相对丰度的影响。各组中肠道微生物群落变化最大的门（c）和属（d）的相对丰度

与正常组比较，*$P<0.05$；与模型组比较，#$P<0.05$

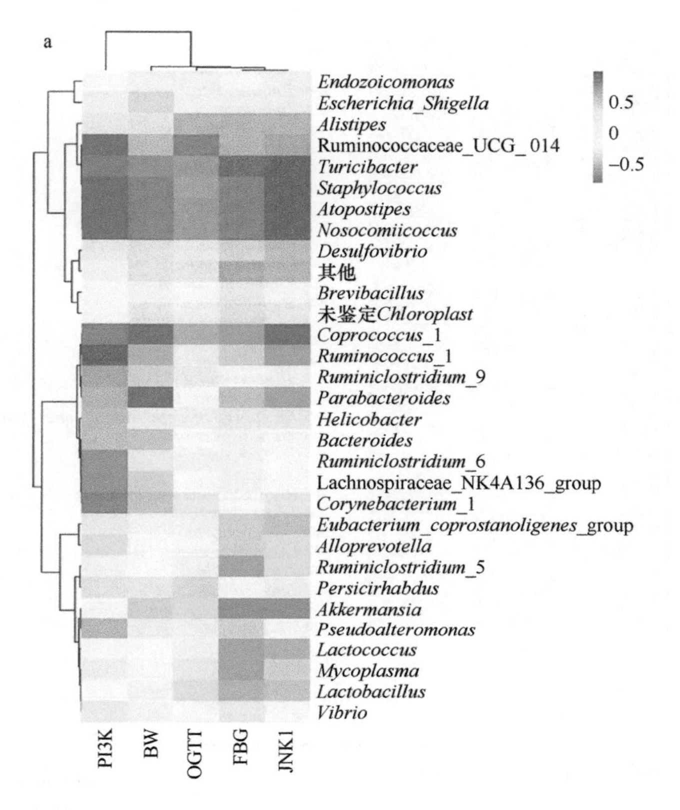

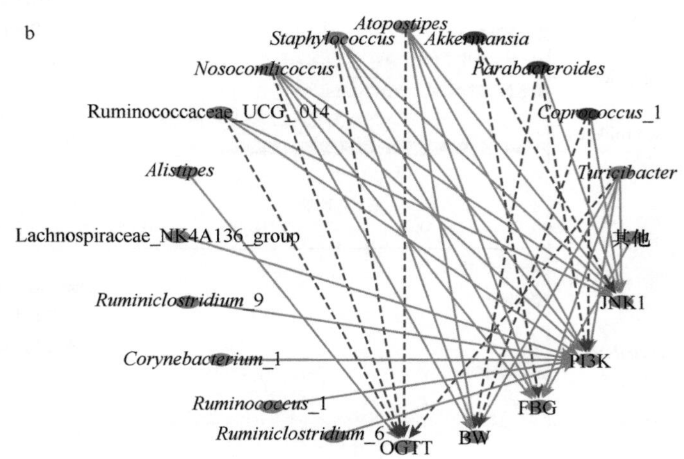

图 2-62 生化指标和 mRNA 表达水平与肠道菌群关联分析的热图

红色区域和蓝色区域分别表示正、负相关，颜色深浅表示相关性强弱（a）；利用生化指标和基因表达水平分析肠道菌群网络关联图，红色实线和蓝色虚线分别表示正、负相关，线宽表示关联强度（b）。进行 Spearman 相关性检验后，仅在网络关联图中绘制显著性边缘线，使用 Spearman 相关系数（$|r|>0.6$）分析

第七节　浒苔黄酮EPW降糖作用机制研究

胰岛素信号转导途径中一些关键蛋白的表达对血糖水平变化和葡萄糖储存增加的机制有足够的影响。胰岛素受体底物-磷脂酰肌醇3激酶（IRS-PI3K）途径的胰岛素信号转导在调节葡萄糖稳态中起重要作用。IRS1 是通过胰岛素受体中Ser/Tyr的磷酸化而产生的一种关键底物蛋白，它可以结合并激活 PI3K。PI3K 的激活是胰岛素诱导葡萄糖转运的关键步骤。它有望通过丙酮酸脱氢酶激酶同工酶1激活三种已知的蛋白激酶B（AKT激酶）亚型。AKT激酶作为关键的多效激酶，通过多种方式影响胰岛素对葡萄糖代谢的作用（Saltiel and Kahn，2001；Ma et al.，2015）。此外，c-Jun N端激酶（JNK）是一种重要的调控因子，它能增加IRS1的丝氨酸磷酸化，降低胰岛素刺激的酪氨酸磷酸化，从而调节胰岛素信号的正常传导（Hirosumi et al.，2002）。肠道菌群对于宿主新陈代谢的发展和调节至关重要。据推测，肠道菌群可能是不均衡饮食与2型糖尿病之间机制性联系的一部分。以肠道菌群为靶点治疗代谢紊乱是很有希望的。高通量测序技术在微生物结构研究中具有更为明显的优势，其应用有助于更全面地研究肠道菌群的组成。

海洋大型藻类的天然产物通过干扰碳水化合物代谢，对药理实验系统显示出非常显著的抗糖尿病潜力（Zhao et al.，2017）。浒苔作为保健食品在东亚已有几千年的历史。对绿藻浒苔理化和功能特性的研究主要集中在硫酸多糖上，该多糖能够改善葡萄糖代谢，并具有抗流感、抗病毒和抗凝血活性。浒苔的其他生物活性化合物，如脱镁叶绿酸a和叶绿素a也显示出抗氧化性与抗炎性。然而，在大多数情况下，关于绿藻浒苔水-乙醇提取物对糖尿病和肠道菌群的影响的研究很少被清楚地阐明。因此，本节研究旨在探讨浒苔水-乙醇提取物（EPW）对链脲佐菌素/高脂饮食诱导的2型糖尿病小鼠潜在的葡萄糖代谢相关机制和肠道菌群的调节作用。

一、浒苔黄酮EPW提取与鉴定

从青岛某海滩（N36°03′，E120°20′）采集到大量的绿藻浒苔。在超声波浴（200W、45kHz）中，加入4 000mL的去离子水，在60℃下萃取60min，获得100g干净且干燥的绿藻浒苔粉末。然后将4倍体积的95%乙醇与提取物混合，于4℃下保存8h。之后，以5000r/min的转速离心10min，获取上清液，并在60℃下旋转蒸发浓缩。收集EPW沉淀物并进行真空干燥。此外，EPW在蒸馏水中复溶，并通过3kDa截留分子量超滤离心管进行过滤以获得小分子混合物（EPW3）。对EPW3进行液相色谱-质谱（LC-MS）分析，液相色谱-质谱分析采用配备光电二极管阵列检测器的超高效液相色谱-四极杆飞行时间串联质谱（UPLC-QTOF-MS/MS）分析仪。化合物在电喷雾电离（ESI）中电离，并以正模式工作。ACQUITY UPLC HSS T3 柱（2.1mm×100mm×1.8μm）在 45℃下使用，溶剂 A[含有 0.1%甲酸（*V/V*）的水溶液]和溶剂 B[含有 0.1%甲酸（*V/V*）的乙腈溶液]作为流动相。UPLC 洗脱条件优化为：99%溶剂 A（0～0.25min）、99%溶剂 A（0.25～16.25min）、1%溶剂 A（16.25～17.00min）、1%溶剂 A（17.00～17.01min）、99%溶剂 A（17.01～20.00min）的流速为 0.45mL/min，进样量为 1.0μL。使用双电喷雾离子源模型对 *m/z* 范围 50～1200Da 进行扫描。电喷雾电离的条件如下：毛细管电压 3 000V，锥孔电压 45V，锥孔补偿电压 80V，碰撞能量范围 10～40eV，离子源温度 120℃，脱溶剂气温 800℃，脱溶剂气体流速 800L/h，进样锥的锥孔气体流速 50L/h，雾化器压力 6.5bar。使用 masslynx4.1 软件收集和获取数据。使用超高效液相色谱-四极杆飞行时间串联质谱在 EPW3 中总共检测到 6 种化合物（图 2-63）。化合物描述、保留时间、分子式、特征离子碎片总结见表 2-16。在 0.90～5.00min 的不同保留时间下观察到主要色谱峰，并在四极杆飞行时间串联质谱上对这些成分进行鉴定（图 2-64）。MS/MS 分析表明了黄酮类化合物的存在。

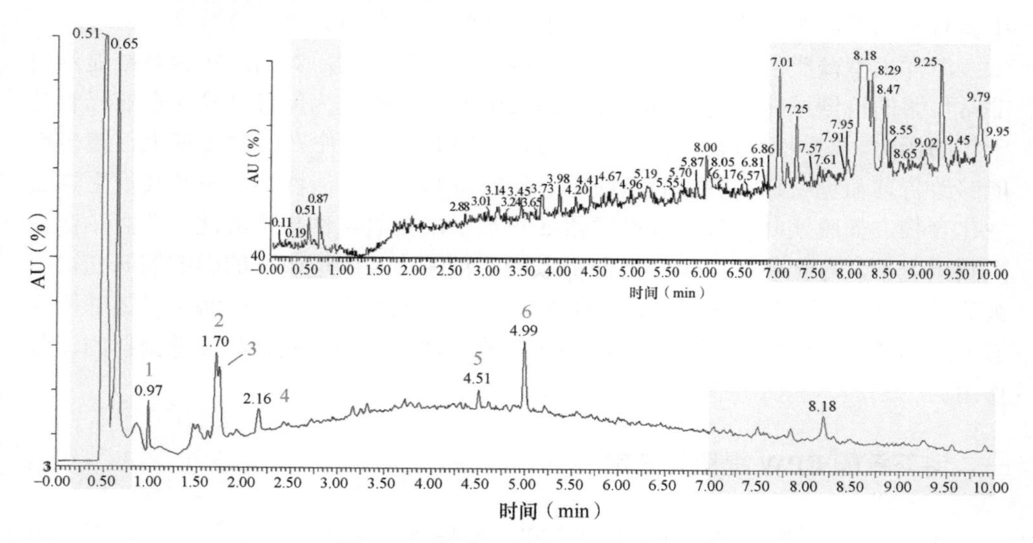

图 2-63 UPLC 中 EPW3 的色谱峰

右上方的图形显示的是空白区域的频谱

表 2-16 UPLC-QTOF-MS/MS 对 EPW3 主要代谢产物的鉴定

序号	保留时间（min）	拟定化合物	$[M]^+$（*m/z*）	分子式	主要 MS^2 离子碎片（*m/z*）	参考文献
1	0.96	圣草酚-*O*-葡糖苷酸	463	$C_{21}H_{20}O_{12}$	348，226，152，136，113	Zeng et al.，2017

续表

序号	保留时间（min）	拟定化合物	$[M]^+$（*m/z*）	分子式	主要 MS^2 离子碎片（*m/z*）	参考文献
2	1.70	山柰酚	286	$C_{15}H_{10}O_6$	262，216，136，91	Rajauria et al.，2016
3	1.74	未知	152	$C_9H_{11}O_2$	152，135，110	—
4	2.16	邻葡糖苷酸衍生物	208	$C_{15}H_{12}O$	325，208，148，136，119，85	Zeng et al.，2017
5	4.51	未知	406	$C_{17}H_{24}O_{11}$	406，388，236	—
6	4.99	獐牙菜苷	359	$C_{16}H_{23}O_9$	197，179，133，105	Vaidya et al.，2013

注：$[M]^+$表示质子化的分子离子峰；MS^2 表示二级质谱；“—”表示无相关内容

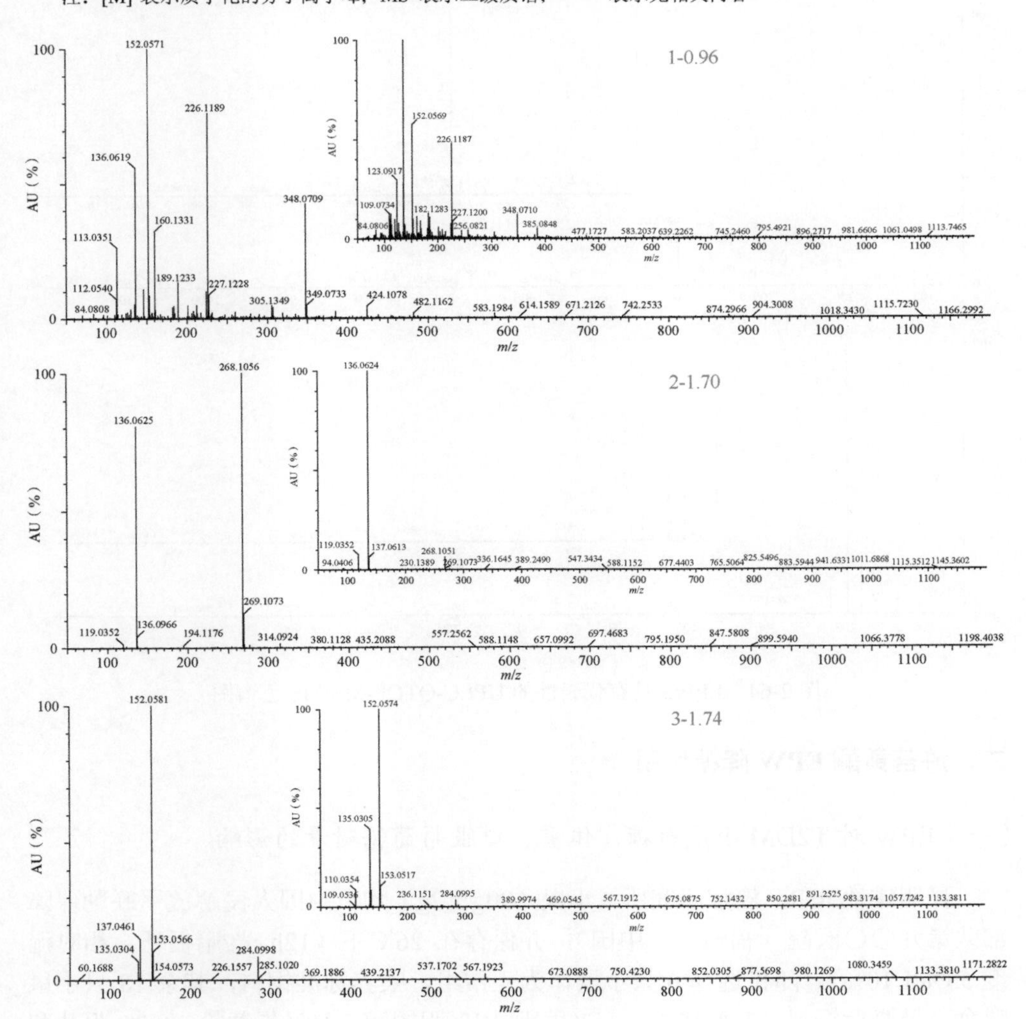

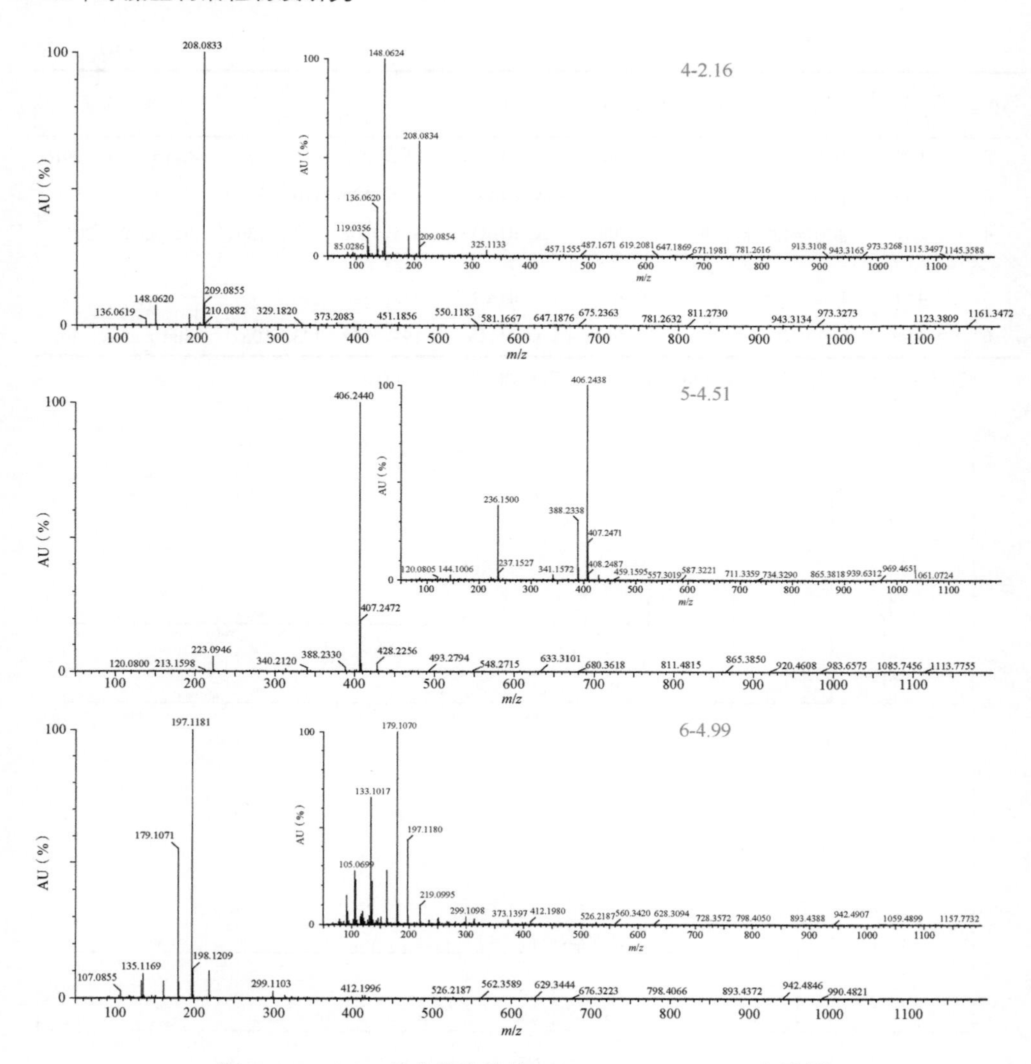

图 2-64 EPW3 具有代表性的 UPLC-QTOF-MS/MS 色谱图

二、浒苔黄酮 EPW 降糖作用

（一）EPW 对 T2DM 小鼠血糖、体重、口服葡萄糖耐量的影响

昆明雄性 ICR（癌症研究所）小鼠（20g±2g）购自中国人民解放军联勤保障部队第九〇〇医院（福州市，中国），并保存在 26℃下（12h 光/暗循环，相对湿度 55%±10%）。随机选择 6 只小鼠作为正常组，喂养标准饲料，其余 18 只小鼠喂食高糖高脂饲料（15%猪油、15%蔗糖、1%胆固醇、10%蛋黄粉、0.2%胆盐和 58.8%标准饲料）5 周。接下来，连续 3d 在 0.1mol/L 柠檬酸盐缓冲液（pH 为 4.5）

中以45mg/kg体重的剂量注射新鲜制备的链脲佐菌素溶液，建立T2DM小鼠模型，而正常组的小鼠则注射柠檬酸盐缓冲液。注射后72h使用OMRON血糖仪（日本京都，欧姆龙，HEA-214）检测血糖水平。血糖水平高于11.1mmol/L的小鼠视为发育完全的糖尿病小鼠，并随机分为三组：模型组、EPW给药组和EPW3给药组。EPW给药组或EPW3给药组分别灌胃150mg/kg体重的EPW或EPW3。正常组和模型组的小鼠每天灌胃相应剂量的水。分别于试验第0、2、4周观察小鼠的体重和血糖水平。在试验期结束时禁食12h后进行口服葡萄糖耐量测试。给小鼠口服20%葡萄糖（2g/kg体重）。从小鼠尾部采集血样，然后分别在葡萄糖给药后0min、30min和120min用血糖仪检测口服葡萄糖耐量（Niklasson et al.，2006；Chhabra et al.，2016），并计算曲线下面积（AUC）。

在灌胃期间的第1天、第14天和第28天分别称量小鼠的体重，记录其变化。与正常组相比，EPW给药组体重减轻。但是，在使用EPW/EPW3给药60d后，与正常组相比，没有观察到明显的体重减轻（图2-65a）。模型组空腹血糖显著升高（图2-65b），这意味着2型糖尿病小鼠模型建立成功。EPW和EPW3均能显著降低糖尿病小鼠的血糖水平。值得注意的是，经EPW3给药2周后，糖尿病小鼠的高血糖状态明显改善（$P<0.01$）。EPW和EPW3对糖尿病小鼠口服葡萄糖耐量的影响如图2-65c所示，模型组小鼠存在明显的高糖耐量，其中0min时的空腹血

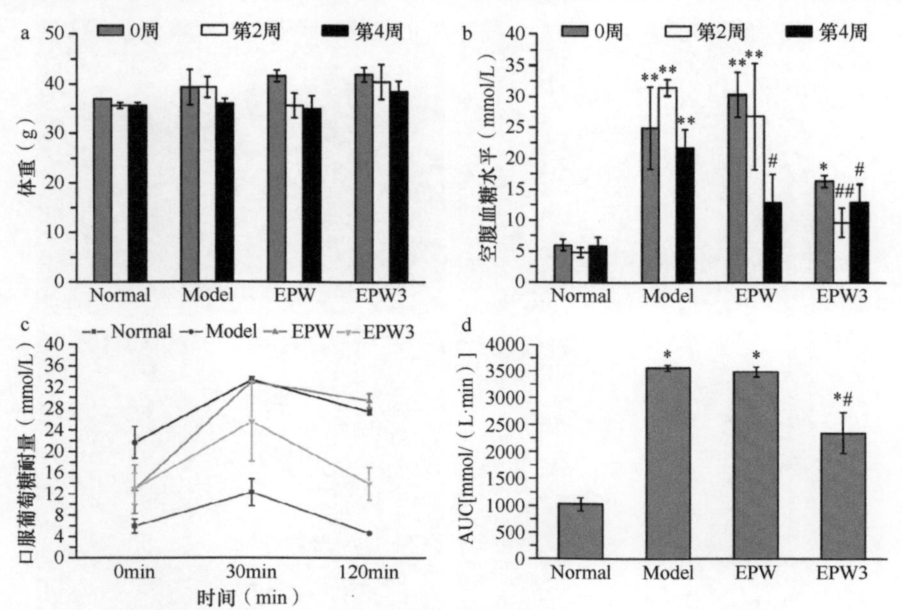

图2-65　EPW和EPW3对2型糖尿病小鼠的生理指标的影响

a. 体重；b. 空腹血糖水平；c. 口服葡萄糖耐量；d. 口服葡萄糖耐量曲线下面积

所有数据均以平均值±SEM（平均数的抽样误差）表示，n=6。与正常组比较，*$P<0.05$，**$P<0.01$；与模型组比较，#$P<0.05$，##$P<0.01$

糖水平高于其他各组，120min 后仍有明显升高，EPW 组的 AUC 与模型组相似，这表明 EPW 对糖尿病小鼠糖耐量异常没有明显的缓解作用。相反，与糖尿病小鼠相比，EPW3 给药的小鼠的 AUC 显著降低（$P<0.05$），这表明 EPW3 具有调节血糖水平的潜在能力（图 2-65c、d）。

（二）EPW 对 T2DM 小鼠肝、组织病理学的影响

通过颈椎脱臼处死小鼠后，取出其肝脏和肾脏，用预冷的 0.9%生理盐水洗净，于 10%福尔马林中保存。将切片切成 4μm，用苏木精-伊红（H&E）染色后，在光学显微镜下（日本东京，尼康，TS100-F）以 400 倍的放大倍数观察。

使用 H&E 染色的肝脏组织病理学检测结果如图 2-66 所示。正常小鼠肝细胞核大而圆。双核仁具有良好的生理功能，如再生能力。正常组小鼠的肝细胞以中央静脉为中心呈单列排列，健康肝细胞呈网状排列（图 2-66a）。相比之下，糖尿病小鼠肝脏出现了严重的变化，如出现坏死区域、局部坏死和充血以及中央静脉扩张（图 2-66b）。切片的组织病理学颜色较正常小鼠深。然而，EPW 和 EPW3 给药明显减轻了这些组织病理学变化。其肝组织结构与正常肝组织结构密切相关。部分双核细胞表现出强化和有益肝细胞的功能。扩张和充血的中央静脉也明显得到缓解（图 2-66c、d）。

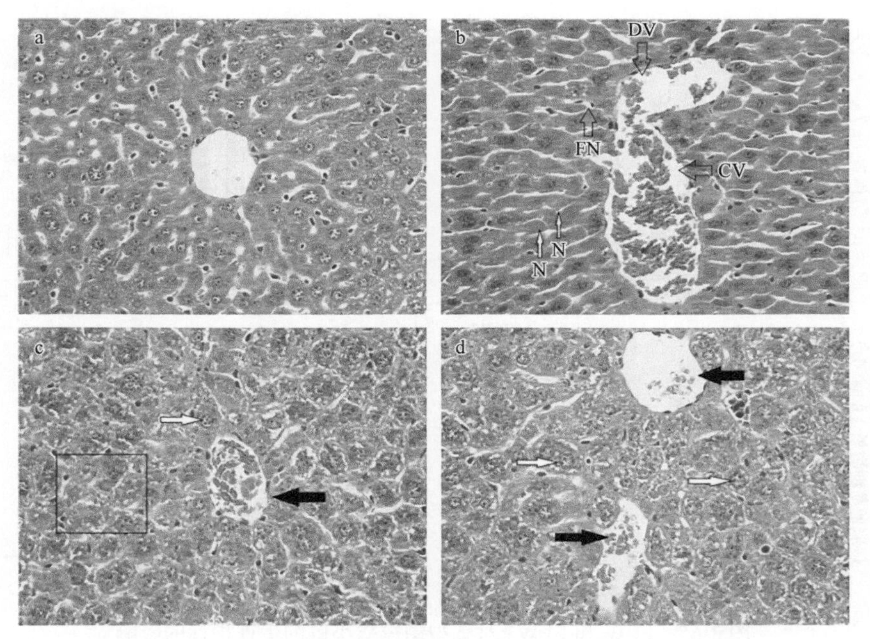

图 2-66 EPW 和 EPW3 给药对 2 型糖尿病小鼠肝脏的影响（H&E 染色，400×）

a. 正常组；b. 模型组；c. EPW 给药组；d. EPW3 给药组。N. 坏死；CV. 中央静脉充血；DV. 中央静脉扩张；FN. 局部坏死

肾组织病理学显示，正常小鼠肾实质内有正常的肾小管和肾小球（图 2-67a）。但 2 型糖尿病小鼠肾实质组织结构遭到破坏。肾小球系膜基质明显增厚，出现系膜增生。还观察到糖尿病小鼠出现炎症细胞灶（通常是淋巴细胞和嗜中性白细胞）、肾小管细胞质空泡化、肾小球疾病，以及肾小球簇增大（图 2-67）等现象。与模型组相比，EPW 和 EPW3 给药均能有效保护肾脏免受组织病理变化的影响，尤其是 EPW3 给药组（图 2-67），发现肾实质组织结构几乎没有损伤，系膜增生和炎性细胞灶明显减少；但 EPW 给药组的小鼠肾小球基膜增厚（严新，2019）。

（三）EPW 对胰岛素信号转导途径中基因 mRNA 表达的影响

肝组织经液氮冷冻后进行研磨。用 Trizol 试剂（美国加利福尼亚州，赛默飞世尔，15596026）提取总 RNA，用 gDNA 橡皮擦商用试剂盒（日本京都，宝生物，3071）给药以消除基因组 DNA 污染，并用 cDNA 合成试剂盒（日本京都，宝生物，D6110A）反转录成 1 级 cDNA。用 SYBRR 预混试剂盒（日本京都，宝生物，RR820A）对 *GAPDH*、*IRS1*、*JNK1/2*、*PI3K* 和 *AKT* 进行实时 PCR（RT-PCR）。各样本中靶基因的相对 mRNA 表达水平均通过 *GAPDH* 基因水平标准化。具体的引物列于表 2-17 中。在 AB7300 实时 PCR 系统上进行以下热循环条件下的扩增：95℃，30s；95℃，5s，40 次循环；60℃，30s。

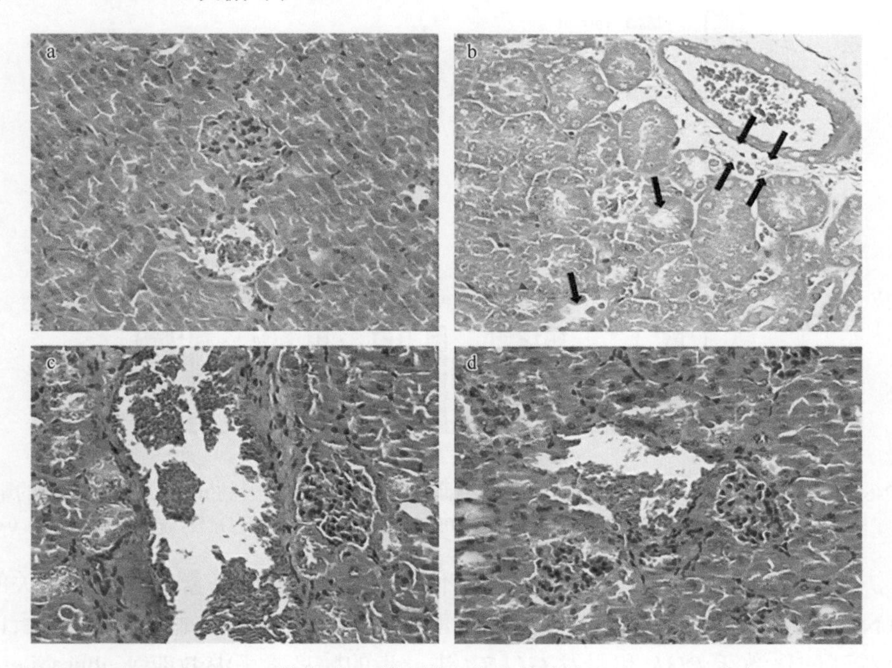

图 2-67　EPW 和 EPW3 给药对 2 型糖尿病小鼠肾脏的影响（H&E 染色，400×）

a. 正常组；b. 模型组；c. EPW 给药组；d. EPW3 给药组

表 2-17 引物序列

基因名称	上游引物（5′-3′）	下游引物（5′-3′）
GAPDH	TGAAGCAGGCATCTGAGGG	CGAAGGTGGAAGAGTGGGAG
PI3K	CCAAATGAAAAGAACGGATA	GCGACTTCAGCTTATCATGG
JNK1	CAGAAGCAAACGTGACAAC	AAGAATGGCATCATAAGCTG
JNK2	ATCACAAAGCACCCCATCTC	AGGAGGCACCATTCAATGAC
IRS1	AAGGAGGTCTGGCAGGTTATC	ATGGTCTTGCTGGTCAGGC
AKT	CCCTTCTACAACCAGGACCA	ATACACATCCTGCCACACGA

qPCR 分析胰岛素信号转导相关基因 *IRS1*、*PI3K*、*JNK1/2* 和 *AKT* 的表达水平的结果如图 2-68 所示。糖尿病小鼠 *IRS1* 表达水平显著低于正常组小鼠（$P<0.05$）。EPW 和 EPW3 对 *IRS1* 表达水平均无明显影响，但 EPW 给药组的 *IRS1* 表达水平略有升高。EPW3 给药组 *PI3K* 和 *AKT* 的表达水平明显升高，尤其是 *PI3K* 的表达水平也明显高于正常组（$P<0.01$）。相应地，EPW 和 EPW3 给药增加了肝脏中 PI3K 和 AKT 的蛋白表达水平（图 2-68）。糖尿病小鼠 *JNK1/2* 的 mRNA 表达水平较高，EPW 和 EPW3 给药降低了 *JNK1/2* 基因的表达水平（$P<0.01$）。此外，EPW 和 EPW3 给药也能显著调节糖尿病小鼠 *AKT* 的 mRNA 表达水平（严新，2019）。

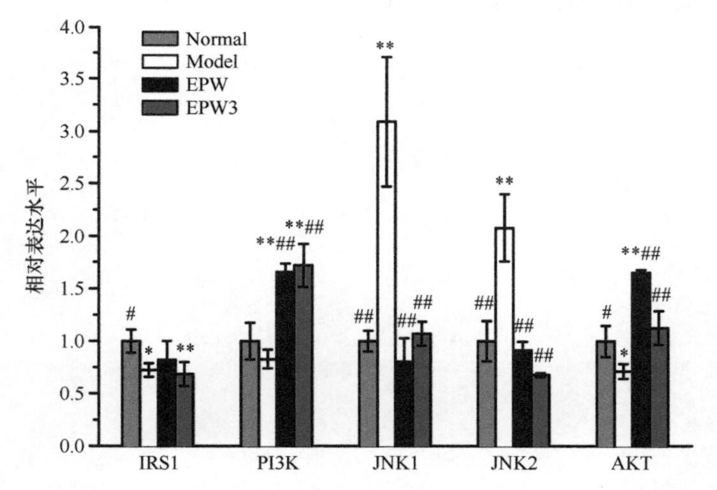

图 2-68 EPW 和 EPW3 给药对 2 型糖尿病小鼠肝脏中代表性基因的 mRNA 表达水平的影响

以平均值±SEM 表示，n=6。与正常组比较，*$P<0.05$，**$P<0.01$；与模型组比较，#$P<0.05$，##$P<0.01$

JNK 的过度激活会导致胰岛素合成不足，从而诱发胰岛素合成不足相关的问题（Nolan et al.，2011）。*IRS1* 在胰岛素信号转导途径中起关键作用。IRS 蛋白的酪氨酸磷酸化激活 *PI3K* 和引发 *GLUT4* 进一步的胰岛素下游效应（Kaburagi et al.，1999）。先前的研究表明，小鼠缺乏 *IRS1* 会导致胰岛素分泌轻度受损和胰岛素抵

抗（Tamemoto et al.，1994）。PI3K-AKT 途径是胰岛素信号转导中的关键途径（Leibiger et al.，2010）。该途径的活性显然是胰岛素刺激葡萄糖摄取所必需的。大量证据表明，在 2 型糖尿病患者体内，胰岛素受体激酶本身的减少也伴随着 IRS 蛋白酪氨酸磷酸化和 *PI3K* 激活的减少（Ma et al.，2015）。实际上，激活的 *PI3K* 负责 *AKT* 的激活，*AKT* 的激活对糖异生过程中葡萄糖的释放和胰岛素的协调功能至关重要（Xiao et al.，2015）。与损害胰岛素诱导的 *IRS1* 酪氨酸磷酸化相比，*JNK* 的激活在 Ser-307 位点上使 IRS1 磷酸化，这进一步影响了 PI3K/AKT 的下游分子。PI3K/AKT 的部分激活导致葡萄糖摄取和脂质合成减弱，胰岛素敏感性降低，最终发展为胰岛素抵抗和高血糖（Zhao et al.，2019b）。浒苔多糖提取物的降血糖作用可通过激活 PI3K/AKT 和抑制 JNK 信号通路而促进肝脏葡萄糖摄取（严新，2019）。

（四）EPW 对 T2DM 小鼠肠道菌群结构的影响

使用 E.Z.N.A.®粪便 DNA 试剂盒（美国佐治亚州，欧米茄，M4016-00）提取每个样本的粪便细菌 DNA。在 1%琼脂糖凝胶上检测 DNA 浓度和纯度。使用通用引物 515F/806R 扩增 16S rRNA 基因的 V3～V4 高变区域，所有 PCR 反应均用 Phusonr 高保真 PCR Master Mix（新英格兰生物实验室）进行。选择具有 400～450bp 的明亮条带的样品用于进一步的试验，利用凝胶提取试剂盒纯化 PCR 产物。按照说明书的建议，使用 TruSeq DNA 无 PCR 样品制备试剂盒建立测序文库。该文库在 Illumina HiSeq2500 平台上测序，并生成长度为 250bp 的配对末端。序列分析由 uParse 软件（uParse v7.0.1001，http://drive5.com/uparse/）完成。具有 97%以上相似性的序列被分配给相同的操作分类单元（OTU）。对每个具有代表性的序列，均使用基于 RDP3 分类器（2.2 版，http://sourceforge.net/projects/rdp-classifier/）（Wang et al.，2009）的算法来注释分类信息的 GreenGene 数据库。为了研究不同操作分类单元的系统发育关系和优势物种的组成，使用 MUSCLE 软件（3.8.31 版，https://www.drive5.com/muscle/）进行了多序列比对分析。通过与序列最少的样本对应的序列号标准对 OTU 丰度信息进行归一化。

在门水平上，Bacteroideae、Firmicutes 和 Proteus 是在所有小鼠肠道内检测到的优势菌（图 2-69）。通过比较模型小鼠和正常小鼠肠道菌群的组成，发现糖尿病小鼠肠道 Bacteroidetes 和 Actinobacteria 数量显著减少，Firmicutes 和 Verrucomicrobia 数量显著增加。EPW 和 EPW3 给药都显著增加了 *Bacteroides* 的数量，尤其是 EPW 给药组。与模型组相比，EPW 和 EPW3 给药组 Firmicutes 丰度减少。EPW3 给药后 Actinomycetes 和 Proteobacteria 丰度增加。

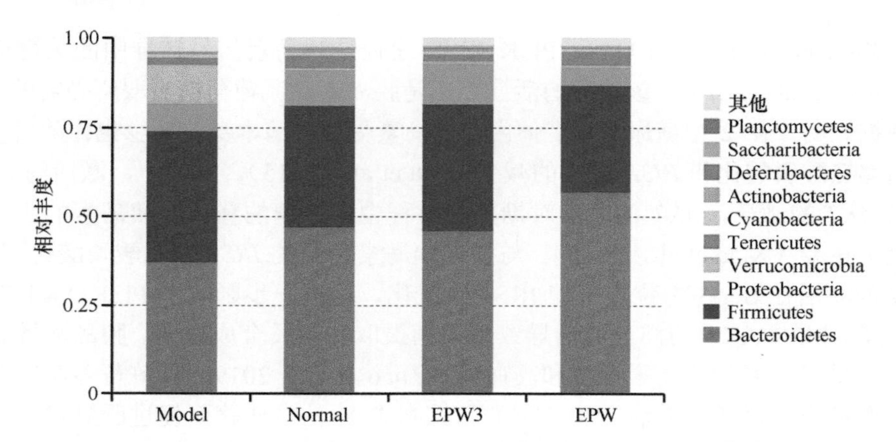

图 2-69　EPW 和 EPW3 给药在门水平上对 2 型糖尿病小鼠肠道菌群相对丰度的影响

对2型糖尿病小鼠在属水平上含量最高的前30种肠道菌群的组成进行了分析（图2-70a）。*Akkermansia*、*Ruminiclostridium*、*Odoribacter*、Lachnospiraceae_ NK4A136_ group 和 *Alistipes* 这几类细菌具有很大差异（图 2-70b）。与正常组相比，模型组 *Akkermansia*、*Ruminiclostridium* 和 *Odoribacter* 细菌属的相对丰度减少，而 *Ruminiclostridium*_5 和 *Akkermansia* 细菌属增加。EPW3 给药组使 Lachnospiraceae_ NK4A136 和 *Odoribacter* 细菌属的相对丰度显著增加。且 EPW 和 EPW3 给药组中 *Ruminiclostridium*_5 与 *Akkermansia* 细菌属的相对丰度均低于模型组。对 2 型糖尿病小鼠肠道菌群结构的分析表明，含有丰富黄酮类化合物的浒苔水提取物可调节其肠道菌群的平衡。

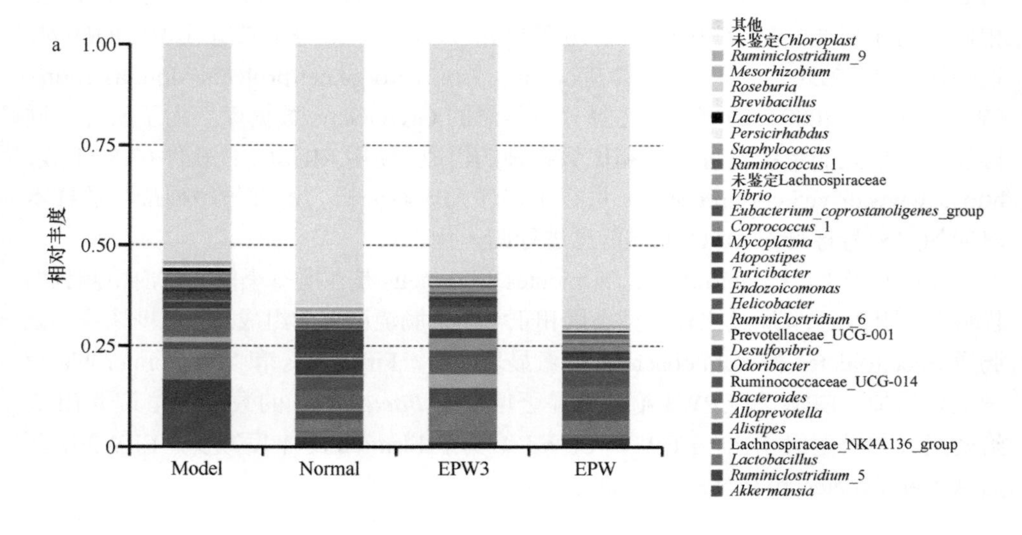

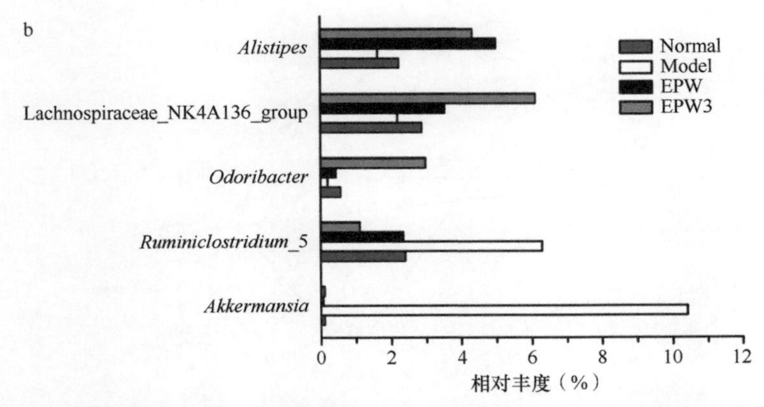

图 2-70　EPW 和 EPW3 给药在属水平对 2 型糖尿病小鼠肠道菌群相对丰度的影响

a. 属水平的肠道菌群的分布情况；b. 各组中肠道菌群变化大的属的相对丰度

EPW 的摄入诱导肠道菌群相互作用，宿主抗糖尿病作用呈现出多米诺效应。细菌种类和基因调控构建的网络可以更好地解释它们的因果关系（图 2-71）。EPW 的摄入促进了 *Bacteroides* 和 *Alistipes* 的生长，从而刺激宿主的降糖作用，并伴随着肝脏 *IRS1*、*PI3K* 和 *JNK1/2* 基因表达的改变。

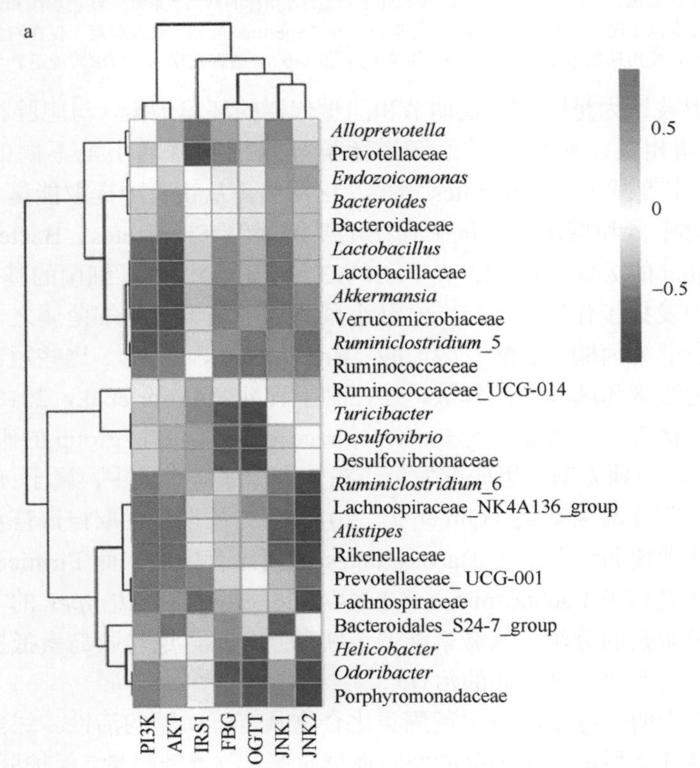

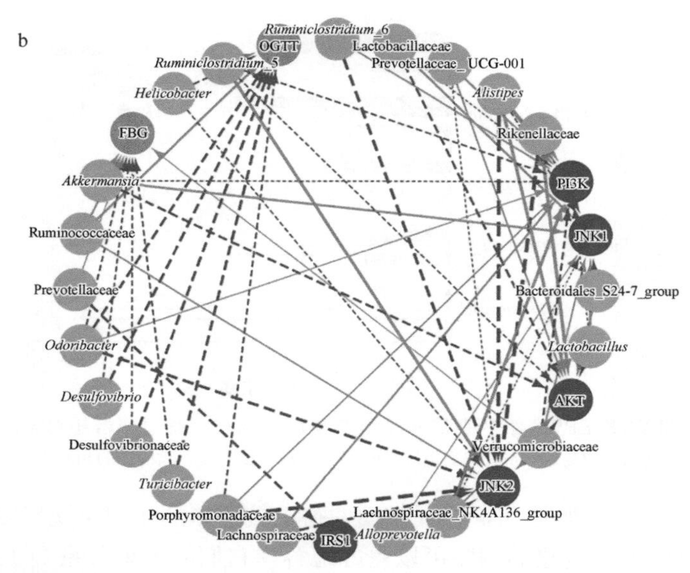

图 2-71　小鼠肠道优势菌、空腹血糖、口服葡萄糖耐量和肝脏基因 mRNA 表达水平的斯皮尔曼等级相关系数

a. 以上各指标的矩阵热图，颜色越深代表关联度越高；b. 以上各指标的网络关联图，红色实线和蓝色虚线分别表示正、负相关，线宽越宽代表关联程度越高。进行斯皮尔曼（Spearman）相关性检验后，仅在网络关联图中绘制显著性边缘线，使用斯皮尔曼（Spearman）相关系数 [$|r|>0.5$，错误发现率（FDR）校正 $P<0.01$]分析

肠道菌群被认为是影响体重调节和能量代谢的环境因素，与肥胖和 T2DM 等代谢疾病密切相关。肥胖小鼠的肠道菌群显示出与普通小鼠不同的表现是，Bacteroidetes 丰度减少，Firmicutes 增多，这两类菌从饮食中提取能量。在目前的研究中，正常小鼠和糖尿病小鼠中存在主要细菌门 Firmicutes、Bacteroidetes 和 Verrucomicrobia 的大量变化。EPW 和 EPW3 给药已经改变了细菌的基本结构，并在抗糖尿病中发挥了作用。*Alistipes* 是小鼠肠道中最丰富的细菌属之一，可将葡萄糖和乳酸发酵为丙酸、乙酸及琥珀酸（Brown et al.，2011）。这些短链脂肪酸不仅调节了肠道激素和胰岛素的释放，还控制了食欲（Akour et al.，2018）。在先前的研究中，饮食治疗组增加了对 Lachnospiraceae_NK4A136_group 的研究（Shang et al.，2016a）。一项宏基因组研究发现，在 2 型糖尿病患者中，属于 *Akkermansia muciniphila* 的部分基因富集（Qin et al.，2012）。结果发现，取自浒苔水提醇沉上清液的给药处理使肠道菌群中 Bacteroidetes 比例显著增加，而 Firmicutes 的含量相对减少；并提高了 Lachnospiraceae_NK4A136_group 和 *Alistipes* 的丰度，这可能会影响肠道激素的分泌，该激素能调节胰岛素分泌，逆转胰岛素抵抗，进而可能通过这种机制实现对糖尿病的治疗。

本节研究表明，绿藻浒苔中黄酮类化合物具有降血糖的活性。绿藻浒苔中黄酮类物质能降低 2 型糖尿病小鼠的空腹血糖水平，改善糖耐量，保护肝脏和肾脏。

其潜在机制可能有助于信号通路 PI3K/AKT 的激活和 JNK 的抑制，从而促进葡萄糖消耗或胰岛素敏感性。总的来说，EPW 和 EPW3 都表现出显著的降血糖作用，但 EPW3 更为明显。更重要的是，EPW3 通过增加 *Alistipes*、Lachnospiraceae_NK4A136_group 和 *Odoribacter* 的数量来调节细菌结构。值得注意的是，含有更多小分子植物化学物质的 EPW3 的抗糖尿病活性比 EPW 强。以上结果表明，EPW 和 EPW3 有望成为 2 型糖尿病治疗的候选策略。

参考文献

卞振华, 金舒, 周春刚, 等. 2018. 五味子对耐甲氧西林金黄色葡萄球菌体外抑菌活性部位的筛选和 UP-LC-QTOF-MS/MS 分析活性组分化学成分. 中国医院药学杂志, 38(19): 2008-2012.

陈永旻. 2015. 乌龙茶多糖的提取及其对小鼠急性酒精肝损伤的保护作用研究. 福州: 福建农林大学硕士学位论文.

范锦琳. 2015. 菌草灵芝醇提物与鱿鱼牛磺酸对酒精肝互相保护作用研究. 福州: 福建农林大学硕士学位论文.

方卫纲, 黄晓明, 王玉, 等. 2006. 高尿酸血症在北京地区 1997 人中的患病情况及相关因素分析. 中华医学杂志, 25: 1764-1768.

吕婧, 高燕, 赵渤年. 2020. 基于 LC-QTOF-MS/MS 的西洋参皂苷类成分表征及其增强免疫力作用谱效关系研究. 中华中医药杂志, 35(5): 2298-2304.

邱雯曦, 周礼仕, 钟辉云, 等. 2007. 香菇多糖中单糖组成分析技术的研究进展. 山东化工, 391(21): 76-78.

严新. 2019. 浒苔提取物降血糖及调节肠道菌群作用研究. 福州: 福建农林大学硕士学位论文.

Abate N, Chandalia M. 2001. Ethnicity and type 2 diabetes: focus on Asian Indians. Journal of Diabetes and its Complications, 15(6): 320-327.

Abeles A M. 2015. Hyperuricemia, gout, and cardiovascular disease: an update. Current Rheumatology Reports, 17(3): 1-5.

Abu-Farha M, Cherian P, Al-Khairi I, et al. 2015. DNAJB3/HSP-40 cochaperone improves insulin signaling and enhances glucose uptake *in vitro* through JNK repression. Scientific Reports, 5: 14448.

Aikawa R, Nawano M, Gu Y, et al. 2000. Insulin prevents cardiomyocytes from oxidative stress-induced apoptosis through activation of PI3 kinase/AKT. Circulation, 102(23): 2873-2879.

Akour A, Kasabri V, Bulatova N, et al. 2018. Association of oxytocin with glucose intolerance and inflammation biomarkers in metabolic syndrome patients with and without prediabetes. The Review of Diabetic Studies, 14(4): 364-371.

Ayyadevara S, Bharill P, Dandapat A, et al. 2013. Aspirin inhibits oxidant stress, reduces age-associated functional declines, and extends lifespan of *Caenorhabditis elegans*. Antioxidants & Redox Signaling, 18(5): 481-490.

Baek S Y, Li F Y, Kim D H, et al. 2020. *Enteromorpha prolifera* extract improves memory in scopolamine-treated mice via downregulating amyloid-β expression and upregulating BDNF/TrkB pathway. Antioxidants, 9(7): 620.

Balestracci A, Meni Battaglia L, Martin S M, et al. 2020. Rasburicase in hemolytic uremic syndrome related to Shiga toxin-producing *Escherichia coli*: a report of nine cases. Pediatric Nephrology,

35(6): 1133-1137.

Bektas A, Schurman S H, Sen R, et al. 2018. Aging, inflammation and the environment. Experimental Gerontology, 105: 10-18.

Bergogne-Bérézin E, Towner K J. 1996. *Acinetobacter* spp. as nosocomial pathogens: microbiological, clinical, and epidemiological features. Clinical Microbiology Reviews, 9(2): 148-165.

Bian M, Wang J, Wang Y, et al. 2020. Chicory ameliorates hyperuricemia via modulating gut microbiota and alleviating LPS/TLR4 axis in quail. Biomedicine & Pharmacotherapy, 131: 110719.

Bobulescu I A, Moe O W. 2012. Renal transport of uric acid: evolving concepts and uncertainties. Advances in Chronic Kidney Disease, 19(6): 358-371.

Braidy N, Berg J, Clement J, et al. 2019. Role of nicotinamide adenine dinucleotide and related precursors as therapeutic targets for age-related degenerative diseases: rationale, biochemistry, pharmacokinetics, and outcomes. Antioxidants & Redox Signaling, 30(2): 251-294.

Brenner J L, Kemp B J, Abbott A L. 2012. The mir-51 family of microRNAs functions in diverse regulatory pathways in *Caenorhabditis elegans*. PloS One, 7(5): e37185.

Brown C T, Davis-Richardson A G, Giongo A, et al. 2011. Gut microbiome metagenomics analysis suggests a functional model for the development of autoimmunity for type 1 diabetes. PloS One, 6(10): e25792.

Cao J J, Lv Q Q, Zhang B, et al. 2019. Structural characterization and hepatoprotective activities of polysaccharides from the leaves of *Toona sinensis* (A. Juss) Roem. Carbohydrate Polymers, 212: 89-101.

Chávez V, Mohri-Shiomi A, Maadani A, et al. 2007. Oxidative stress enzymes are required for DAF-16-mediated immunity due to generation of reactive oxygen species by *Caenorhabditis elegans*. Genetics, 176(3): 1567-1577.

Chen T, Zhang T, Li J, et al. 2016. Structural characterization and hypoglycemic activity of *Trichosanthes* peel polysaccharide. LWT-Food Science and Technology, 70: 55-62.

Chen Y, Liu X, Wu L, et al. 2018. Physicochemical characterization of polysaccharides from *Chlorella pyrenoidosa* and its anti-ageing effects in *Drosophila melanogaster*. Carbohydrate Polymers, 185: 120-126.

Chen Y, Liu Y, Sarker M, et al. 2018. Structural characterization and antidiabetic potential of a novel heteropolysaccharide from *Grifola frondosa* via IRS1/PI3K-JNK signaling pathways. Carbohydrate Polymers, 198: 452-461.

Chen Y, Wan X, Wu D, et al. 2020. Characterization of the structure and analysis of the anti-oxidant effect of microalga *Spirulina platensis* polysaccharide on *Caenorhabditis elegans* mediated by modulating microRNAs and gut microbiota. International Journal of Biological Macromolecules, 163: 2295-2305.

Cheng H, Huang G, Huang H. 2020. The antioxidant activities of garlic polysaccharide and its derivatives. International Journal of Biological Macromolecules, 145: 819-826.

Chhabra K H, Adams J M, Fagel B, et al. 2016. Hypothalamic POMC deficiency improves glucose tolerance despite insulin resistance by increasing glycosuria. Diabetes, 65(3): 660-672.

Clark A, Mach N. 2016. Exercise-induced stress behavior, gut-microbiota-brain axis and diet: a systematic review for athletes. Journal of The International Society of Sports Nutrition, 13: 43.

Cordero-Herrera I, Martín M A, Bravo L, et al. 2013. Cocoa flavonoids improve insulin signalling and modulate glucose production via AKT and AMPK in HepG2 cells. Molecular Nutrition & Food Research, 57(6): 974-985.

Costa M., Costa L S, Cordeiro S L, et al. 2012. Evaluating the possible anticoagulant and antioxidant effects of sulfated polysaccharides from the tropical green alga *Caulerpa cupressoides* var.

flabellata. Journal of Applied Phycology, 24(5): 1159-1167.

Crawford K. 2017. Review of 2017 diabetes standards of care. The Nursing Clinics of North America, 52(4): 621-663.

Cui D, Liu S, Tang M, et al. 2020. Phloretin ameliorates hyperuricemia-induced chronic renal dysfunction through inhibiting NLRP3 inflammasome and uric acid reabsorption. Phytomedicine: International Journal of Phytotherapy and Phytopharmacology, 66: 153111.

Cui J F, Ye H, Zhu Y J, et al. 2019. Characterization and hypoglycemic activity of a rhamnan-type sulfated polysaccharide derivative. Marine Drugs, 17(1): 21.

D'Amora D R, Hu Q, Pizzardi M, et al. 2018. BRAP-2 promotes DNA damage induced germline apoptosis in *C. elegans* through the regulation of SKN-1 and AKT-1. Cell Death and Differentiation, 25(7): 1276-1288.

De Cabo R, Carmona-Gutierrez D, Bernier M, et al. 2014. The search for antiaging interventions: from elixirs to fasting regimens. Cell, 157(7): 1515-1526.

Dias M F, Reis M P, Acurcio L B, et al. 2018. Changes in mouse gut bacterial community in response to different types of drinking water. Water Research, 132: 79-89.

Douglas G M, Beiko R G, Langille M. 2018. Predicting the functional potential of the microbiome from marker genes using PICRUSt. Methods in Molecular Biology, 1849: 169-177.

Dron J S, Hegele R A. 2017. Genetics of triglycerides and the risk of atherosclerosis. Current Atherosclerosis Reports, 19(7): 31.

Drucker D J. 2018. Mechanisms of action and therapeutic application of glucagon-like peptide-1. Cell Metabolism, 27(4): 740-756.

Du L Y, Zhao M, Xu J, et al. 2014. Analysis of the metabolites of isorhamnetin 3-*O*-glucoside produced by human intestinal flora *in vitro* by applying ultra performance liquid chromatography/quadrupole time-of-flight mass spectrometry. Journal of Agricultural and Food Chemistry, 62(12): 2489-2495.

Eraly S A, Vallon V, Rieg T, et al. 2008. Multiple organic anion transporters contribute to net renal excretion of uric acid. Physiological Genomics, 33(2): 180-192.

Esaiassen E, Hjerde E, Cavanagh J P, et al. 2017. *Bifidobacterium* bacteremia: clinical characteristics and a genomic approach to assess pathogenicity. Journal of Clinical Microbiology, 55(7): 2234-2248.

Finkel T, Holbrook N J. 2000. Oxidants, oxidative stress and the biology of ageing. Nature, 408(6809): 239-247.

Friedman R C, Farh K K, Burge C B, et al. 2009. Most mammalian mRNAs are conserved targets of microRNAs. Genome Research, 19(1): 92-105.

Gao J R, Qin X J, Fang Z H, et al. 2019. To explore the pathogenesis of vascular lesion of type 2 diabetes mellitus based on the PI3K/AKT signaling pathway. Journal of Diabetes Research, 2019: 4650906.

Gao X, Qu H, Shan S, et al. 2020. A novel polysaccharide isolated from *Ulva pertusa*: structure and physicochemical property. Carbohydrate Polymers, 233: 115849.

García-Solache M, Rice L B. 2019. The enterococcus: a model of adaptability to its environment. Clinical Microbiology Reviews, 32(2): e00058-18.

Garg M, Royce S G, Tikellis C, et al. 2019. The intestinal vitamin D receptor in inflammatory bowel disease: inverse correlation with inflammation but no relationship with circulating vitamin D status. Therapeutic Advances in Gastroenterology, 12: 1756284818822566.

Gaster M, Staehr P, Beck-Nielsen H, et al. 2001. GLUT4 is reduced in slow muscle fibers of type 2 diabetic patients: is insulin resistancein type 2 diabetes a slow, type 1 fiber disease? Diabetes, 50(6):

1324-1329.
Gibson T. 2012. Hyperuricemia, gout and the kidney. Current Opinion in Rheumatology, 24(2): 127-131.
Grasset E, Puel A, Charpentier J, et al. 2017. A specific gut microbiota dysbiosis of type 2 diabetic mice induces GLP-1 resistance through an enteric no-dependent and gut-brain axis mechanism. Cell Metabolism, 26(1): 278.
Gujral U P, Pradeepa R, Weber M B, et al. 2013. Type 2 diabetes in South Asians: similarities and differences with white Caucasian and other populations. Annals of the New York Academy of Sciences, 1281(1): 51-63.
Guo Q, Cui S W, Qi W, et al. 2011. Extraction, fractionation and physicochemical characterization of water-soluble polysaccharides from *Artemisia sphaerocephala* Krasch seed. Carbohydrate Polymers, 86(2): 831-836.
Han F, Wang Y, Han Y, et al. 2018. Effects of whole-grain rice and wheat on composition of gut microbiota and short-chain fatty acids in rats. Journal of Agricultural and Food Chemistry, 66(25): 6326-6335.
Hao H, Han Y, Yang L, et al. 2019. Structural characterization and immunostimulatory activity of a novel polysaccharide from green alga *Caulerpa racemosa* var. *peltata*. International Journal of Biological Macromolecules, 134: 891-900.
Harman D. 1956. Aging: a theory based on free radical and radiation chemistry. Journal of Gerontology, 11(3): 298-300.
He D, Wu H, Xiang J, et al. 2020. Gut stem cell aging is driven by mTORC1 via a p38 MAPK-p53 pathway. Nature Communications, 11(1): 37.
He P, Zhang A, Zhang F, et al. 2016a. Structure and bioactivity of a polysaccharide containing uronic acid from *Polyporus umbellatus* sclerotia. Carbohydrate Polymers, 152: 222-230.
He S, Wang X, Zhang Y, et al. 2016b. Isolation and prebiotic activity of water-soluble polysaccharides fractions from the bamboo shoots (*Phyllostachys praecox*). Carbohydrate Polymers, 151: 295-304.
Hirosumi J, Tuncman G, Chang L, et al. 2002. A central role for JNK in obesity and insulin resistance. Nature, 420(6913): 333-336.
Hong Q, Qi K, Feng Z, et al. 2012. Hyperuricemia induces endothelial dysfunction via mitochondrial Na^+/Ca^{2+} exchanger-mediated mitochondrial calcium overload. Cell calcium, 51(5): 402-410.
Hou C W, Lee Y C, Hung H F, et al. 2012. Longan seed extract reduces hyperuricemia via modulating urate transporters and suppressing xanthine oxidase activity. The American Journal of Chinese Medicine, 40(5): 979-991.
Hu F B. 2011. Globalization of diabetes: the role of diet, lifestyle, and genes. Diabetes Care, 34(6): 1249-1257.
Huang T H, Chen C C, Liu H M, et al. 2017. Resveratrol pretreatment attenuates concanavalin a-induced hepatitis through reverse of aberration in the immune response and regenerative capacity in aged mice. Scientific Reports, 7(1): 2705.
Huang Y, Zhou J, Wang S, et al. 2020. Indoxyl sulfate induces intestinal barrier injury through IRF1-DRP1 axis-mediated mitophagy impairment. Theranostics, 10(16): 7384-7400.
International Diabetes Federation. 2015. Diabetes Atlas. 7th edition. Brussels, Belgium: International Diabetes Federation.
Jan C H. Friedman R C, Ruby J G, et al. 2011. Formation, regulation and evolution of *Caenorhabditis elegans* 3'UTRs. Nature, 469(7328): 97-101.
Jattujan P, Chalorak P, Siangcham T, et al. 2018. Holothuria scabra extracts possess anti-oxidant activity and promote stress resistance and lifespan extension in *Caenorhabditis elegans*.

Experimental Gerontology, 110: 158-171.

Jin W, He X, Long L, et al. 2020. Structural characterization and anti-lung cancer activity of a sulfated glucurono-xylo-rhamnan from *Enteromorpha prolifera*. Carbohydrate Polymers, 237: 116143.

Kaburagi Y, Yamauchi T, Yamamoto-Honda R, et al. 1999. The mechanism of insulin-induced signal transduction mediated by the insulin receptor substrate family. Endocrine Journal, 46(S2): S25-S34.

Kamoun P P, Zingraff J J, Turlin G, et al. 1981. Ascorbate-cyanide test on red blood cells in uremia: effect of guanidinopropionic acid. Nephron, 28(1): 26-29.

Kane S, Sano H, Liu S C, et al. 2002. A method to identify serine kinase substrates. AKT phosphorylates a novel adipocyte protein with a Rab GTPase-activating protein (GAP) domain. The Journal of Biological Chemistry, 277(25): 22115-22118.

Kavitake D, Devi P B, Shetty P H. 2020. Overview of exopolysaccharides produced by *Weissella* genus - a review. International Journal of Biological Macromolecules, 164: 2964-2973.

Kelly K O, Dernburg A F, Stanfield G M, et al. 2000. *Caenorhabditis elegans* msh-5 is required for both normal and radiation-induced meiotic crossing over but not for completion of meiosis. Genetics, 156(2): 617-630.

Kim J K, Cho M L, Karnjanapratum S, et al. 2011. *In vitro* and *in vivo* immunomodulatory activity of sulfated polysaccharides from *Enteromorpha prolifera*. International Journal of Biological Macromolecules, 49(5): 1051-1058.

Kong A P, Xu G, Brown N, et al. 2013. Diabetes and its comorbidities-where east meets west. Nature reviews. Endocrinology, 9(9): 537-547.

Kops G J, Dansen T B, Polderman P E, et al. 2002. Forkhead transcription factor FOXO3a protects quiescent cells from oxidative stress. Nature, 419(6904): 316-321.

Krajewska-Włodarczyk M, Owczarczyk-Saczonek A, Placek W, et al. 2018. Articular cartilage aging-potential regenerative capacities of cell manipulation and stem cell therapy. International Journal of Molecular Sciences, 19(2): 623.

Kumar A, Yegla B, Foster T C. 2018. Redox signaling in neurotransmission and cognition during aging. Antioxidants & Redox Signaling, 28(18): 1724-1745.

Lê Cao K A, Boitard S, Besse P. 2011. Sparse PLS discriminant analysis: biologically relevant feature selection and graphical displays for multiclass problems. BMC Bioinformatics, 12: 253.

Lee K S, Iijima-Ando K, Iijima K, et al. 2009. JNK/FOXO-mediated neuronal expression of fly homologue of peroxiredoxin II reduces oxidative stress and extends life span. The Journal of Biological Chemistry, 284(43): 29454-29461.

Lehto M, Groop P H. 2018. The gut-kidney axis: putative interconnections between gastrointestinal and renal disorders. Frontiers in Endocrinology, 9: 553.

Leibiger B, Moede T, Uhles S, et al. 2010. Insulin-feedback via PI3K-C2alpha activated PKBalpha/AKT1 is required for glucose-stimulated insulin secretion. FASEB Journal: Official Publication of The Federation of American Societies for Experimental Biology, 24(6): 1824-1837.

Leone S, Molinaro A, Dubery A, et al. 2007. The O-specific polysaccharide structure from the lipopolysaccharide of the Gram-negative bacterium *Raoultella terrigena*. Carbohydrate Research, 342(11): 1514-1518.

Leto D, Saltiel A R. 2012. Regulation of glucose transport by insulin: traffic control of GLUT4. Nature Reviews. Molecular Cell Biology, 13(6): 383-396.

Lewis B P, Burge C B, Bartel D P. 2005. Conserved seed pairing, often flanked by adenosines, indicates that thousands of human genes are microRNA targets. Cell, 120(1): 15-20.

Li F, Wang M, Wang J, et al. 2019. Alterations to the gut microbiota and their correlation with inflammatory factors in chronic kidney disease. Frontiers in Cellular and Infection Microbiology, 9: 206.

Li F, Yuan Q, Rashid F. 2009. Isolation, purification and immunobiological activity of a new water-soluble bee pollen polysaccharide from *Crataegus pinnatifida* Bge. Carbohydrate Polymers, 78: 80-88.

Li J, Chi Z, Yu L, et al. 2017. Sulfated modification, characterization, and antioxidant and moisture absorption/retention activities of a soluble neutral polysaccharide from *Enteromorpha prolifera*. International Journal of Biological Macromolecules, 105(Pt 2): 1544-1553.

Li J, Jiang F, Chi Z, et al. 2018. Development of *Enteromorpha prolifera* polysaccharide-based nanoparticles for delivery of curcumin to cancer cells. International Journal of Biological Macromolecules, 112: 413-421.

Li L, Zhang Z F, Holscher C, et al. 2012. (Val^8)glucagon-like peptide-1 prevents tau hyperphosphorylation, impairment of spatial learning and ultra-structural cellular damage induced by streptozotocin in rat brains. European Journal of Pharmacology, 674(2-3): 280-286.

Li Q, Wang W, Zhu Y, et al. 2017b. Structural elucidation and antioxidant activity a novel Se-polysaccharide from Se-enriched *Grifola frondosa*. Carbohydrate Polymers, 161: 42-52.

Liang Z, Yuan Z, Guo J, et al. 2019. *Ganoderma lucidum* polysaccharides prevent palmitic acid-evoked apoptosis and autophagy in intestinal porcine epithelial cell line via restoration of mitochondrial function and regulation of MAPK and AMPK/AKT/mTOR signaling pathway. International Journal of Molecular Sciences, 20(3): 478.

Lim M A, Lee J, Park J S, et al. 2014. Increased Th17 differentiation in aged mice is significantly associated with high IL-1β level and low IL-2 expression. Experimental Gerontology, 49: 55-62.

Lin G P, Wu D S, Xiao X W, et al. 2020. Structural characterization and antioxidant effect of green alga *Enteromorpha prolifera* polysaccharide in *Caenorhabditis elegans* via modulation of microRNAs. International Journal of Biological Macromolecules, 150: 1084-1092.

Lipkowitz M S. 2012. Regulation of uric acid excretion by the kidney. Current Rheumatology Reports, 14(2): 179-188.

Liu S, Yuan Y, Zhou Y, et al. 2017. Phloretin attenuates hyperuricemia-induced endothelial dysfunction through co-inhibiting inflammation and GLUT9-mediated uric acid uptake. Journal of Cellular and Molecular Medicine, 21(10): 2553-2562.

Liu X, Liu D, Chen Y, et al. 2020. Physicochemical characterization of a polysaccharide from *Agrocybe aegirita* and its anti-ageing activity. Carbohydrate Polymers, 236: 116056.

Liu X Y, Liu D, Lin G P, et al. 2019. Anti-ageing and antioxidant effects of sulfate oligosaccharides from green algae *Ulva lactuca* and *Enteromorpha prolifera* in SAMP8 mice. International Journal of Biological Macromolecules, 139: 342-351.

Lu Y, Xu L, Cong Y, et al. 2019. Structural characteristics and anticancer/antioxidant activities of a novel polysaccharide from *Trichoderma kanganensis*. Carbohydrate Polymers, 205: 63-71.

Lv Q, Xu D, Zhang X, et al. 2020. Association of hyperuricemia with immune disorders and intestinal barrier dysfunction. Frontiers in Physiology, 11: 524236.

Ma D K, Stolte C, Krycer J R, et al. 2015. Snapshot: insulin/IGF1 signaling. Cell, 161(4): 948.

Maffei V J, Kim S, Blanchard E, et al. 2017. Biological aging and the human gut microbiota. The Journals of Gerontology, 72(11): 1474-1482.

Malek T R. 2003. The main function of IL-2 is to promote the development of T regulatory cells. Journal of Leukocyte Biology, 74(6): 961-965.

Mardinoglu A, Boren J, Smith U. 2016. Confounding effects of metformin on the human gut microbiome in type 2 diabetes. Cell Metabolism, 23(1): 10-12.

Matilla M A. Krell T. 2018. The effect of bacterial chemotaxis on host infection and pathogenicity. FEMS microbiology reviews, 42(1). doi: 10.1093/femsre/fux052.

Mitsuyama K, Suzuki A, Tomiyasu N, et al. 2006. Pro-inflammatory signaling by Jun-N-terminal kinase in inflammatory bowel disease. International Journal of Molecular Medicine, 17(3): 449-455.

Mulloy B. 2005. The specificity of interactions between proteins and sulfated polysaccharides. Anais da Academia Brasileira de Ciencias, 77(4): 651-664.

Nakagawa T, Mazzali M, Kang D H, et al. 2003. Hyperuricemia causes glomerular hypertrophy in the rat. American Journal of Nephrology, 23(1): 2-7.

Niccoli T, Partridge L. 2012. Ageing as a risk factor for disease. Current Biology: CB, 22(17): 741-752.

Niklasson B, Samsioe A, Blixt M, et al. 2006. Prenatal viral exposure followed by adult stress produces glucose intolerance in a mouse model. Diabetologia, 49(9): 2192-2199.

Ning F, Pang Z C, Dong Y H, et al. 2009. Risk factors associated with the dramatic increase in the prevalence of diabetes in the adult Chinese population in Qingdao, China. Diabetic Medicine: A Journal of the British Diabetic Association, 26(9): 855-863.

Nolan C J, Damm P, Prentki M. 2011. Type 2 diabetes across generations: from pathophysiology to prevention and management. Lancet, 378(9786): 169-181.

Okudan N, Belviranli M. 2016. Effects of exercise training on hepatic oxidative stress and antioxidant status in aged rats. Archives of Physiology and Biochemistry, 122(4): 180-185.

Oudman I, Clark J F, Brewster L M. 2013. The effect of the creatine analogue beta-guanidinopropionic acid on energy metabolism: a systematic review. PloS One, 8(1): 52879.

Parker B J, Wearsch P A, VelooA, et al. 2020. The genus *Alistipes*: gut bacteria with emerging implications to inflammation, cancer, and mental health. Frontiers in Immunology, 11: 906.

Patterson S L. 2015. Immune dysregulation and cognitive vulnerability in the aging brain: interactions of microglia, IL-1β, BDNF and synaptic plasticity. Neuropharmacology, 96: 11-18.

Péterszegi G, Isnard N, Robert A M, et al. 2003. Studies on skin aging preparation and properties of fucose-rich oligo- and polysaccharides. Effect on fibroblast proliferation and survival. Biomedicine & Pharmacotherapy, 57(5-6): 187-194.

Preitner F, Bonny O, Laverrière A, et al. 2009. Glut9 is a major regulator of urate homeostasis and its genetic inactivation induces hyperuricosuria and urate nephropathy. Proceedings of the National Academy of Sciences of the United States of America, 106(36): 15501-15506.

Qiao Q, Hu G, Tuomilehto J, et al. 2003. Age- and sex-specific prevalence of diabetes and impaired glucose regulation in 11 Asian cohorts. Diabetes Care, 26(6): 1770-1780.

Qin J, Li Y, Cai Z, et al. 2012. A metagenome-wide association study of gut microbiota in type 2 diabetes. Nature, 490(7418): 55-60.

Rajauria G, Foley B, Abu-Ghannam N. 2016. Identification and characterization of phenolic antioxidant compounds from brown Irish seaweed Himanthalia elongata using LCDAD-ESI-MS/MS. Innovative Food Science & Emerging Technologies, 37: 261-268.

Ramachandran A, Mary S, Yamuna A, et al. 2008. High prevalence of diabetes and cardiovascular risk factors associated with urbanization in India. Diabetes Care, 31(5): 893-898.

Roush S, Slack F J. 2008. The let-7 family of microRNAs. Trends in Cell Biology, 18(10): 505-516.

Rowan S, Bejarano E, Taylor A. 2018. Mechanistic targeting of advanced glycation end-products in age-related diseases. Biochimica et biophysica acta. Molecular Basis of Disease, 1864(12): 3631-3643.

Sacks D A. Hadden D R, Maresh M, et al. 2012. Frequency of gestational diabetes mellitus at collaborating centers based on IADPSG consensus panel-recommended criteria: the hyperglycemia and adverse pregnancy outcome (HAPO) study. Diabetes Care, 35(3): 526-528.

Sahin E, Depinho R A. 2010. Linking functional decline of telomeres, mitochondria and stem cells during ageing. Nature, 464(7288): 520-528.

Saltiel A R, Kahn C R. 2001. Insulin signalling and the regulation of glucose and lipid metabolism. Nature, 414(6865): 799-806.

Sambandan S, Akbalik G, Kochen L, et al. 2017. Activity-dependent spatially localized miRNA maturation in neuronal dendrites. Science, 355(6325): 634-637.

Sánchez-Lozada L G, Soto V, Tapia E, et al. 2008. Role of oxidative stress in the renal abnormalities induced by experimental hyperuricemia. Renal Physiology, 295(4): F1134-F1141.

Schwarz P E, Lindström J, Kissimova-Scarbeck K, et al. 2008. The European perspective of type 2 diabetes prevention: diabetes in Europe — prevention using lifestyle, physical activity and nutritional intervention (DE-PLAN) project. Experimental and Clinical Endocrinology & Diabetes, 116(3): 167-172.

Semba R D, Nicklett E J, Ferrucci L. 2010. Does accumulation of advanced glycation end products contribute to the aging phenotype? The Journals of Gerontology. Series A, Biological Sciences and Medical Sciences, 65(9): 963-975.

Shakhmatov E G, Belyy V A, Makarova E N. 2018. Structure of acid-extractable polysaccharides of tree greenery of *Picea abies*. Carbohydrate Polymers, 199: 320-330.

Shang Q, Li Q, Zhang M, et al. 2016a. Dietary keratan sulfate from shark cartilage modulates gut microbiota and increases the abundance of *Lactobacillus* spp. Marine Drugs, 14(12): 224.

Shang Q, Shi J, Song G, et al. 2016b. Structural modulation of gut microbiota by chondroitin sulfate and its oligosaccharide. International Journal of Biological Macromolecules, 89: 489-498.

Sharma B R, Karki R, Lee E, et al. 2019. Innate immune adaptor MyD88 deficiency prevents skin inflammation in SHARPIN-deficient mice. Cell Death and Differentiation, 26(4): 741-750.

Shaw W R, Armisen J, Lehrbach N J, et al. 2010. The conserved miR-51 microRNA family is redundantly required for embryonic development and pharynx attachment in *Caenorhabditis elegans*. Genetics, 185(3): 897-905.

Shu Z, Yang Y, Ding Z, et al. 2020. Structural characterization and cardioprotective activity of a novel polysaccharide from *Fructus aurantii*. International Journal of Biological Macromolecules, 144: 847-856.

So A, Thorens B. 2010. Uric acid transport and disease. The Journal of Clinical Investigation, 120(6): 1791-1799.

Song M, Fan S, Pang C, et al. 2014. Genetic analysis of the antioxidant enzymes, methane dicarboxylic aldehyde (MDA) and chlorophyll content in leaves of the short season cotton (*Gossypium hirsutum* L.). Euphytica, 198(1): 153-162.

Sorensen L B, Levinson D J. 1975. Origin and extrarenal elimination of uric acid in man. Nephron, 14(1): 7-20.

Sykiotis G P, Bohmann D. 2010. Stress-activated cap'n'collar transcription factors in aging and human disease. Science Signaling, 3(112): re3.

Tamemoto H, Kadowaki T, Tobe K, et al. 1994. Insulin resistance and growth retardation in mice lacking insulin receptor substrate-1. Nature, 372(6502): 182-186.

Tan P K, Liu S, Gunic E, et al. 2017. Discovery and characterization of verinurad, a potent and specific inhibitor of URAT1 for the treatment of hyperuricemia and gout. Scientific Reports, 7(1): 665.

Tullet J M, Hertweck M, An J H, et al. 2008. Direct inhibition of the longevity-promoting factor SKN-1 by insulin-like signaling in *C. elegans*. Cell, 132(6): 1025-1038.

Urquia M, Glazier R H, Berger H, et al. 2011. Gestational diabetes among immigrant women. Epidemiology, 22(6): 879-880.

Vacca M, Celano G, Calabrese F M, et al. 2020. The controversial role of human gut Lachnospiraceae. Microorganisms, 8(4): 573.

Vaidya H, Goyal R K, Cheema S K. 2013. Anti-diabetic activity of swertiamarin is due to an active metabolite, gentianine, that upregulates PPAR-g gene expression in 3T3-L1 cells. Phytotherapy Research, 27: 624-627.

van Bloemendaal L, Ten Kulve J S, la Fleur S E, et al. 2014. Effects of glucagon-like peptide 1 on appetite and body weight: focus on the CNS. The Journal of Endocrinology, 221(1): T1-T16.

Van der Lugt B, Rusli F, Lute C, et al. 2018. Integrative analysis of gut microbiota composition, host colonic gene expression and intraluminal metabolites in aging C57BL/6J mice. Aging, 10(5): 930-950.

Vaziri N D, Wong J, Pahl M, et al. 2013. Chronic kidney disease alters intestinal microbial flora. Kidney International, 83(2): 308-315.

Vitart V, Rudan I, Hayward C, et al. 2008. SLC2A9 is a newly identified urate transporter influencing serum urate concentration, urate excretion and gout. Nature Genetics, 40(4): 437-442.

Wang F, Huang X, Chen Y, et al. 2020a. Study on the effect of capsaicin on the intestinal flora through high-throughput sequencing. ACS Omega, 5(2): 1246-1253.

Wang H X, Zhao J, Li D M, et al. 2015. Structural investigation of a uronic acid-containing polysaccharide from abalone by graded acid hydrolysis followed by PMP-HPLC-MS and NMR analysis. Carbohydrate Research, 402: 95-101.

Wang J, Guo H, Ji Z, et al. 2010a. Sulfated modification, characterization and structure–antioxidant relationships of *Artemisia sphaerocephala* polysaccharides. Carbohydrate Polymers, 81(4): 897-905.

Wang J, Wang Y, Xu L, et al. 2018. Synthesis and structural features of phosphorylated *Artemisia sphaerocephala* polysaccharide. Carbohydrate Polymers, 181: 19-26.

Wang L M, Wang P, Teka T, et al. 2020b. 1H NMR and UHPLC/Q-Orbitrap-MS-based metabolomics combined with 16S rRNA gut microbiota analysis revealed the potential regulation mechanism of nuciferine in hyperuricemia rats. Journal of Agricultural and Food Chemistry, 68(47): 14059-14070.

Wang M C, Bohmann D, Jasper H. 2005. JNK extends life span and limits growth by antagonizing cellular and organism-wide responses to insulin signaling. Cell, 121(1): 115-125.

Wang X, Wang C P, Hu Q H, et al. 2010b. The dual actions of Sanmiao wan as a hypouricemic agent: down-regulation of hepatic XOD and renal mURAT1 in hyperuricemic mice. Journal of Ethnopharmacology, 128(1): 107-115.

Wang Y, Nishina P M., Naggert J K. 2009. Degradation of IRS1 leads to impaired glucose uptake in adipose tissue of the type 2 diabetes mouse model TALLYHO/Jng. The Journal of Endocrinology, 203(1): 65-74.

Wang Z, Zhang Z, Zhao J, et al. 2019. Polysaccharides from *Enteromorpha prolifera* ameliorate acute myocardial infarction *in vitro* and *in vivo* via up-regulating HIF-1α. International Heart Journal, 60(4): 964-973.

Watts S C, Ritchie S C, Inouye M, et al. 2019. FastSpar: rapid and scalable correlation estimation for compositional data. Bioinformatics, 35(6): 1064-1066.

Woodward O M, Köttgen A, Coresh J, et al. 2009. Identification of a urate transporter, ABCG2, with a common functional polymorphism causing gout. Proceedings of the National Academy of Sciences of the United States of America, 106(25): 10338-10342.

Wu D S, Chen Y H, Wan X Z, et al. 2020. Structural characterization and hypoglycemic effect of green alga *Ulva lactuca* oligosaccharide by regulating microRNAs in *Caenorhabditis elegans*. Algal Research, 51: 102083.

Xiao C, Wu Q, Xie Y, et al. 2015. Hypoglycemic effects of *Grifola frondosa* (Maitake) polysaccharides F2 and F3 through improvement of insulin resistance in diabetic rats. Food & Function, 6(11): 3567-3575.

Xiao Y, Zhang C, Zeng X, et al. 2020. Microecological treatment of hyperuricemia using *Lactobacillus* from pickles. BMC Microbiology, 20(1): 195.

Xing Y, Yang D, Lu J, et al. 2015. Insulin prevents bone morphogenetic protein-4 induced cardiomyocyte apoptosis through activating AKT. Biochemical and Biophysical Research Communications, 456(2): 605-609.

Yaich H, Garna H, Besbes S, et al. 2013. Effect of extraction conditions on the yield and purity of ulvan extracted from *Ulva lactuca*. Food Hydrocolloids, 31: 375-382.

Yamaguchi O, Otsu K. 2012. Role of autophagy in aging. Journal of Cardiovascular Pharmacology, 60(3): 242-247.

Yan X, Yang C, Lin G, et al. 2019. Antidiabetic potential of green seaweed *Enteromorpha prolifera* flavonoids regulating insulin signaling pathway and gut microbiota in type 2 diabetic mice. Journal of Food Science, 84(1): 165-173.

Yang B, Vohra P K, Janardhanan R, et al. 2011. Expression of profibrotic genes in a murine remnant kidney model. Journal of Vascular and Interventional Radiology, 22(12): 1765-1772.e1.

Yang L, Yao D, Yang H, et al. 2016. Puerarin protects pancreatic β-cells in obese diabetic mice via activation of GLP-1R signaling. Molecular Endocrinology, 30(3): 361-371.

Ye H, Shen Z, Cui J, et al. 2019. Hypoglycemic activity and mechanism of the sulfated rhamnose polysaccharides chromium (III) complex in type 2 diabetic mice. Bioorganic Chemistry, 88: 102942.

Yi J, Luo J. 2010. SIRT1 and p53, effect on cancer, senescence and beyond. Biochimica et Biophysica Acta, 1804(8): 1684-1689.

Yuan X, Zheng J, Ren L, et al. 2019. *Enteromorpha prolifera* oligomers relieve pancreatic injury in streptozotocin (STZ)-induced diabetic mice. Carbohydrate Polymers, 206: 403-411.

Yuan Y, Wang Y B, Jiang Y, et al. 2016. Structure identification of a polysaccharide purified from *Lycium barbarium* fruit. International Journal of Biological Macromolecules, 82: 696-701.

Zhang H, Nie S, Cui S W, et al. 2017. Characterization of a bioactive polysaccharide from *Ganoderma atrum*: re-elucidation of the fine structure. Carbohydrate Polymers, 158: 58-67.

Zhang J, Lu L, Zhou L. 2015. Oleanolic acid activates DAF-16 to increase lifespan in *Caenorhabditis elegans*. Biochemical and Biophysical Research Communications, 468(4): 843-849.

Zhang W, Liu H T. 2002. MAPK signal pathways in the regulation of cell proliferation in mammalian cells. Cell Research, 12(1): 9-18.

Zhao C, Gao L, Wang C, et al. 2016a. Structural characterization and antiviral activity of a novel heteropolysaccharide isolated from *Grifola frondosa* against enterovirus 71. Carbohydrate Polymers, 144: 382-389.

Zhao C, Lai S, Wu D, et al. 2019a. miRNAs as regulators of antidiabetic effects of fucoidans. eFood, 1(1): 2-11.

Zhao C, Yang C, Chen M, et al. 2018. Regulatory efficacy of brown seaweed *Lessonia nigrescens* extract on the gene expression profile and intestinal microflora in type2 diabetic mice. Molecular Nutrition & Food Research, 62(4): 1700730.

Zhao C, Yang C, Liu B, et al. 2017. Bioactive compounds from marine macroalgae and their hypoglycemic benefits. Trends in Food Science & Technology, 72: 1-12.

Zhao C, Yang C, Wai S, et al. 2019b. Regulation of glucose metabolism by bioactive phytochemicals for the management of type 2 diabetes mellitus. Critical Reviews in Food Science & Nutrition, 59(6): 830-847.

Zhao S, He Y, Wang C, et al. 2020. Isolation, characterization and bioactive properties of alkali-extracted polysaccharides from *Enteromorpha prolifera*. Marine Drugs, 18(11): 552.

Zhao X, Jiang Z, Yang F, et al. 2016b. Sensitive and simplified detection of antibiotic influence on the dynamic and versatile changes of fecal short-chain fatty acids. PloS One, 11(12): e0167032.

Zhong R T, Wan X Z, Wang D Y, et al. 2020. Polysaccharides from marine *Enteromorpha*: structure and function. Trends in Food Science & Technology, 99: 11-20.

Zhou J, Boutros M. 2020. JNK-dependent intestinal barrier failure disrupts host-microbe homeostasis during tumorigenesis. Proceedings of The National Academy of Sciences of The United States of America, 117(17): 9401-9412.

Zhu B, Chen C, Moyzis RK, et al. 2018. The choline acetyltransferase (CHAT) gene is associated with parahippocampal and hippocampal structure and short-term memory span. Neuroscience, 369: 261-268.

Zhu G, Yin F, Wang L, et al. 2016. Modeling type 2 diabetes-like hyperglycemia in *C. elegans* on a microdevice. Integrative Biology: Quantitative Biosciences from Nano to Macro, 8(1): 30-38.

第三章　石莼生物活性成分研究

石莼主要分布在太平洋海洋领域，其由于具有多种成分和生物活性而受到广泛关注，其中石莼多糖更是研究的热点（Zhao et al.，2018）。石莼提取物具有多种生物活性，如从 *U. rigida* 中提取的脂肪酸具有预防微生物感染的潜力。此外，不饱和脂肪酸还通过 Nrf 2-ARE 途径保护细胞免受活性氧（ROS）的破坏。到目前为止，已报道了石莼多糖的多种生物学活性，如抗病毒（Chiu et al.，2012）、治疗糖尿病（BelHadj et al.，2013），以及对肠炎的缓解等作用（de Araújo et al.，2016）。但是，极少见到与石莼多糖抗癌活性相关的研究。先前的研究表明，石莼多糖（ULP）及其寡糖具有较好的抗肿瘤和免疫调节作用（Jiao et al.，2009；Liu et al.，2009）。癌症是造成全球人口死亡的主要原因之一，癌细胞可以通过促进与免疫平衡相关的免疫检查点抑制剂来逃避免疫系统，从而调节抗肿瘤免疫反应。目前，癌症免疫疗法的成功使其能够作为一种潜在有效的治疗手段（Sharma et al.，2015）。因此，通过调节机体的先天免疫稳态来寻找起抗癌作用的天然植物化学物质成为研究热点。

通过调节衰老相关基因促进癌细胞凋亡是治疗肿瘤的关键策略之一。B 细胞淋巴瘤-2（*BCL-2*）基因、BCL-2 相关 X 蛋白（BAX）、*p53* 基因、血管内皮生长因子（VEGF）和肿瘤坏死因子（TNF-α）均是与癌症相关的活性因子。BCL-2 能够调节细胞周期并修复 DNA，其包括促衰老和促凋亡蛋白 BAX（Khan et al.，2020a，2020b）。机体中 BAX 与 BCL-2 的比例越高，表明机体抗癌活性更强。众所周知，TNF-α 能够间接上调 BAX 和 BCL-2 的表达，其能够通过激活核因子 κB（NF-κB）在癌症和自身免疫性疾病中发挥重要作用。在细胞损伤时，*p53* 基因能够促进 BAX 的表达。此外，它可以抑制 VEGF，从而促进肿瘤血管再生。磷脂酰肌醇 3 激酶（PI3K）、蛋白激酶 B（Akt 激酶）、哺乳动物雷帕霉素靶蛋白（mTOR）、TNF 受体相关因子 2（TRAF2）、NF-κB 也在癌症和免疫调节中起关键作用（Zhang et al.，2009）。PI3K/AKT/mTOR 通路能够调节细胞的周期和存活率，可作为治疗肿瘤和调节宿主免疫系统的靶标。在癌症中，PI3K 可以募集 AKT 来抑制 mTOR，限制了肿瘤细胞的增殖和迁移。在免疫细胞中，抑制 AKT/PI3K/mTOR 通路可调节 T 细胞功能、CD_8^+记忆 T 细胞数量和免疫反应。此外，TRAF2 可以通过 TRAF4 介导的泛素化增加 AKT 的表达，并促进癌细胞的迁移和侵袭；还可以通过负调节 IκB 激酶（IKK）来抑制癌细胞的增殖。NF-κB 作为 IKK 调控的直接下游元件，可调节免疫反应、细胞分化和增殖相关的基因表达。本节研究的目的是验证绿藻石莼多糖的抗肿瘤和免疫调节活性，并且探究其在H22荷瘤小鼠以及环磷酰胺诱导的免疫抑制小鼠中发挥作用的分子机制。

第一节　石莼多糖ULP辅助抗肿瘤作用机制研究

一、石莼多糖ULP制备与纯化

通常情况下，在不同温度下用高浓度乙醇沉淀、粗提石莼多糖。为了提高多糖的收率，可使用超声波或微波作为辅助手段。分子量较低的多糖具有更好的生物活性这一事实已被广泛接受，利用酶除去蛋白质，再加入适量的抗坏血酸和H_2O_2在沸水中加热或者采用H_2SO_4酸解，可获得分子量较低的多糖，其中多糖降解程度与提取温度和pH有关。另外，以NaCl或NH_4HCO_3为流动相，通过电子显微镜、高效凝胶渗透色谱（HPGPC）、甲基化分析、傅里叶变换红外光谱（FT-IR）、高效液相色谱（HPLC）、气相色谱-质谱（GC-MS）、核磁共振（NMR）等方法测定多糖提取物经层析（纤维素柱和凝胶柱）纯化后的结构特性。石莼多糖的提取率主要集中在15%左右，分子质量主要集中在200kDa左右。硫酸盐基团在石莼中很常见，硫酸化多糖具有预防病毒和抗肿瘤的潜力。近年来，化学改性可用于提高多糖的抗氧化效率，包括硫酸化、磷酸化、乙酰化和苯甲酰化。本节研究将石莼粉置于超声波清洗机（昆山市超声仪器有限公司，KQ-500VDE）中，以45kHz的频率用60℃的超纯水（液料比1∶40g/mL）超声处理120min。以4800r/min离心10min获取上清，然后使用真空旋转蒸发仪（郑州，长城科工贸，R-3001）在60℃下蒸发浓缩。然后将收集的溶液与4倍体积的无水乙醇混合，并在4℃下孵育过夜。收集沉淀并将其溶解在超纯水中，并用1%中性蛋白酶（北京，索莱宝，Z8032）在40℃下处理120min以除去蛋白质。随后，使用超纯水通过8kDa分子质量透析袋（上海，源叶生物技术有限公司，SP131264）对溶液进行透析。然后使用DEAE Sephadex A-52和Sephadex G-100色谱柱（2.6cm×60cm）对样品进行层析，流速为0.42mL/min，并通过苯酚-硫酸法测定多糖含量（Liu et al.，2019；Mutaillifu et al.，2020）。将多糖收集冻干并命名为ULP以备进一步研究。

二、石莼多糖ULP结构解析

（一）ULP红外光谱分析

石莼多糖的结构采用Chen等在2019年所述的方法进行鉴定（Chen et al.，2019），FT-IR通过Perkin-Elmer光谱仪在GX FT-IR系统（美国加利福尼亚州，珀金埃尔默，Spectrum Two）上测定多糖的特征基团，范围为4000～400cm^{-1}，使用仪器软件EZOMNIC 6.0识别并分析石莼多糖的主要峰（强度和波数）。

由图3-1可知，石莼多糖在4000～400cm^{-1}区域有吸收峰。在3392.27cm^{-1}处观察到糖环有强烈的O—H拉伸振动。在2939.78cm^{-1}处为甲基或亚甲基的C—H伸缩振动带。在1436.08cm^{-1}和1380.16cm^{-1}处的两个峰表明了糖环中C—H的拉伸振动。此外，1253.64cm^{-1}附近的强吸收峰代表了乙酰基上的甲基（—CH_3）和1051.80cm^{-1}附近的强吸收峰表示了C—O—C乙醚环上的C—O拉伸振动。另外，硫酸基团的特征吸收峰出现在1253.64cm^{-1}和843.81cm^{-1}附近。843.81cm^{-1}和892.26cm^{-1}处的吸收峰表明石莼多糖分别为α构型和β构型，这就表明硫酸酯基处于垂直位置，即鼠李糖的C2或C3位置。

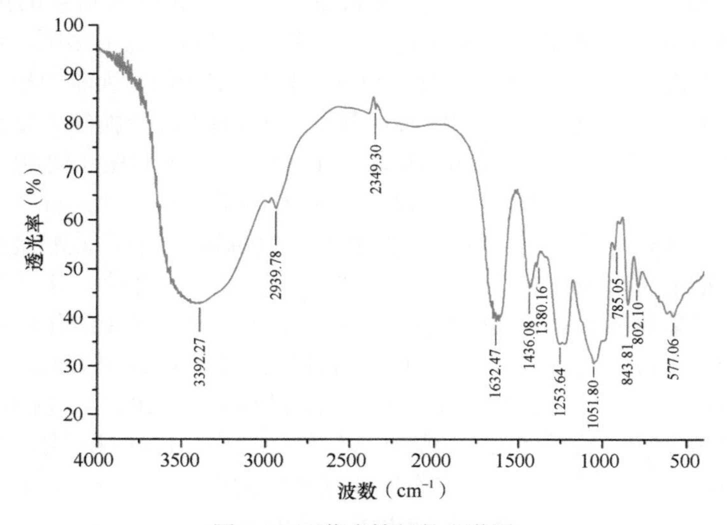

图3-1　石莼多糖红外光谱图

（二）ULP单糖组成及分子量鉴定

1. 单糖组分测定

将50mg石莼多糖用5mL的2mol/L H_2SO_4在100℃下水解3h。ULP和单糖标品（阿拉伯糖、半乳糖、葡萄糖、岩藻糖、甘露糖、半乳糖醛酸、葡萄糖醛酸、鼠李糖和木糖）依照HPLC衍生化的方法用1-苯基-3-甲基-5-吡唑啉酮进行衍生化。利用具有DAD检测器和C18色谱柱（250mm×4.6mm×5μm）的LC-20AT HPLC-QP仪器分析衍生物。

采用HPLC-PMP对石莼多糖的单糖组成进行鉴定，结果如图3-2所示，石莼多糖主要由D-甘露糖、L-鼠李糖、D-葡萄糖醛酸、D-半乳糖醛酸、D-葡萄糖和

D-半乳糖组成，其摩尔比为0.23∶73.64∶81.19∶4.10∶1.32∶34.90。

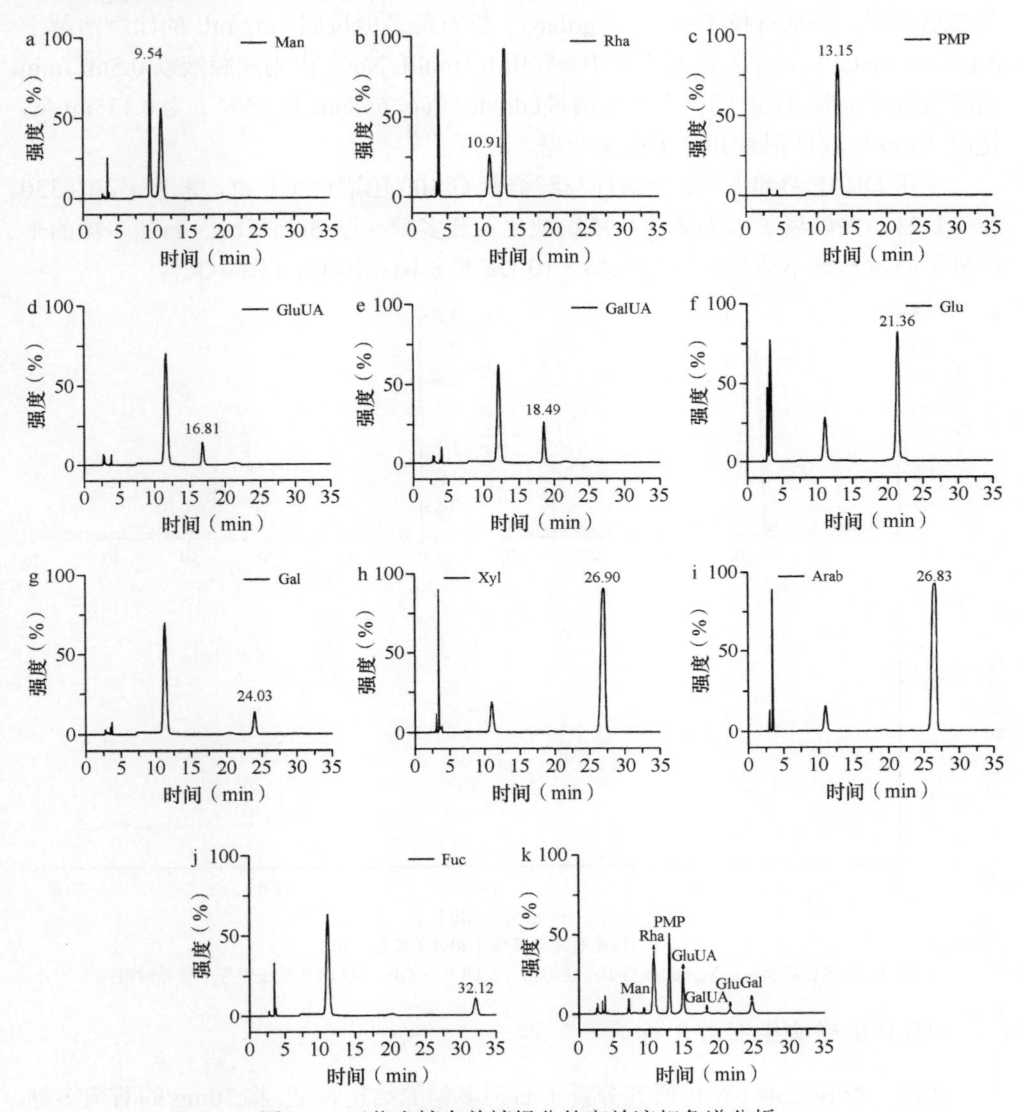

图3-2　石莼多糖中单糖组分的高效液相色谱分析

甘露糖（a）、鼠李糖（b）、1-苯基-3-甲基-5-吡唑啉酮（c）、葡萄糖醛酸（d）、半乳糖醛酸（e）、葡萄糖（f）、半乳糖（g）、木糖（h）、阿拉伯糖（i）、果糖（j）及石莼多糖（k）的保留时间

2. ULP分子量测定

石莼多糖的分子量由多角度激光散射系统（MALLS）（美国加利福尼亚州，怀雅特技术公司，DAWNEOS）进行测定，该系统配有凝胶渗透色谱（GPC）（美

国加利福尼亚州，安捷伦，1290 Infinity II）和用于分析的折射率检测器（美国加利福尼亚州，怀雅特技术公司，Optilab）。将石莼多糖按照 1mg/mL 的比例溶解于 0.1mol/L NaCl 后，注入检测仪器中，并用 0.1mol/L NaCl 作为洗脱液以 0.5mL/min 的流速进行洗脱。ULP 的折光指数增量（dn/dc）值在 658nm 和 25℃下为 0.135mL/g。使用 Astra V 软件记录并分析相关数据。

使用 DEAE 纤维素-52 色谱柱与纤维素 G-100 色谱柱（北京，索莱宝，C8350 和 S8171）并以离子水为流动相依次纯化石莼多糖（图 3-3a、b）。石莼多糖的平均分子质量和摩尔质量分别为 1.46×10^5Da 和 8.10×10^4Da（图 3-3c）。

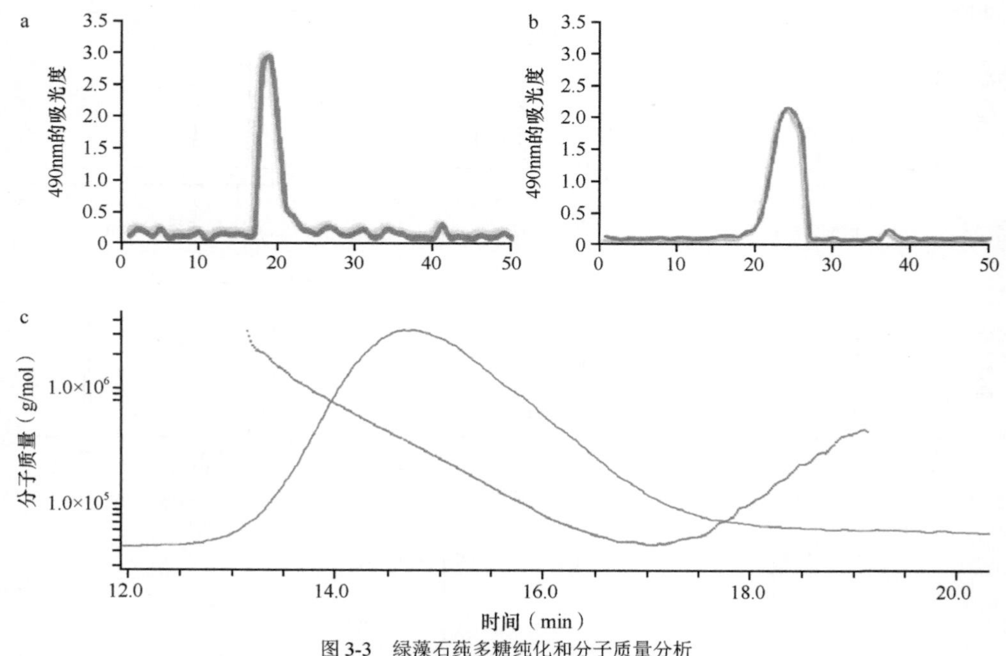

图 3-3 绿藻石莼多糖纯化和分子质量分析

a. DEAE 纤维柱层析；b. Sephadex G-100 柱层析；c. ULP 在 GPC-MALLS 系统中分子质量对数图

（三）ULP 核磁共振图谱分析

通过一维和二维 NMR 研究分析了石莼多糖的结构特征。将 70mg 的石莼多糖溶解在重水中并冻干，重复 3 次。石莼多糖的 ^{1}H-NMR 和 ^{13}C-NMR 光谱分别在 25℃下的 600MHz Bruker INNOVA 600 NB NMR 光谱仪与 500MHz Bruker NMR 光谱仪（德国，卡尔斯鲁厄，布鲁克）上进行检测。异核单量子相关谱（HSQC）、异核多键相关谱（HMBC）和同核化学位移相关谱（COSY）也用于在相敏模式对多糖结构进行鉴定。NMR 的化学位移通过 MestReNova 8.0 软件计算。

通过一维和二维 NMR 光谱阐明了石莼多糖残基的端基构型与精确结构。表 3-1 和表 3-2 列出了用糖残基标记的指定峰。在石莼多糖的 ^{1}H-NMR 谱图（图 3-4a）中，化学位移值 δ4.70 附近的强峰，表明 ULP 主要包含 β-糖苷键，而在化学位移值 δ5.01～5.52 处的微弱信号，表明石莼多糖由少量的 α-糖苷键组成。化学位移值 δH 1.17 附近的信号代表了鼠李糖残基中的甲基。在 ^{13}C-NMR 光谱中（图 3-4b），从化学位移值 δC 69.0 至 δC 82.0 代表了单糖残基中的 C2～C5 信号。化学位移值在 δC 67.0～70.0 处的信号显示了（1→6）糖苷键的存在，化学位移值 δC 17.09 附近的信号显示了鼠李糖残基中的—CH_3。另外，在化学位移值 δC 175.00～176.70 附近的低场信号说明有羧基碳的存在。^{13}C-NMR 谱图表明有吡喃糖残基的存在（δ100.01～105.70），此结果与 ULP 的 FT-IR 谱图一致。

表 3-1　石莼多糖 ^{1}H-NMR 和 ^{13}C-NMR 图谱归属

残基		化学位移（ppm）					
		1.00	2.00	3.00	4.00	5.00	6.00
A：α-D-Man*p*-(1→	H	5.16	4.02	3.95	3.67	3.78	3.91
	C	101.84	72.20	74.16	69.08	74.22	60.09
B：→2,4)-β-L-Rha*p*-(1→	H	4.96	3.37	3.77	3.44	3.78	1.17
	C	101.65	79.32	70.87	78.52	72.39	17.09
C：β-D-Glc*p*A-(1→	H	4.50	3.38	3.56	3.58	3.75	
	C	105.03	73.80	74.80	73.91	76.50	175.21
D：β-Gal*p*A-(1→	H	4.48	3.63	3.88	4.21	3.95	
	C	105.01	73.77	74.55	75.38	75.71	175.51
E：→2,4)-α-D-Glc*p*-(1→	H	5.08	3.44	3.74	3.62	3.74	3.83
	C	100.02	72.87	73.37	79.98	72.08	60.34
F：→6)-β-D-Gal*p*-(1→	H	4.52	3.78	3.86	4.13	3.71	3.61
	C	104.33	72.87	74.88	70.78	75.77	69.76

表 3-2　石莼多糖 NMR 图谱归属

残基	H1/C1	连接位点		
	δH/δC	δH/δC	残基	原子
A：α-D-Man*p*-(1→	5.16	78.52	***B***	C4
B：→2,4)-β-L-Rha*p*-(1→	4.96	69.76	***F***	C6
C：β-D-Glc*p*A-(1→	4.50	79.98	***E***	C4
D：β-Gal*p*A-(1→	4.48	79.32	***B***	C2
E：→2,4)-α-D-Glc*p*-(1→	5.08	69.76	***F***	C6
F：→6)-β-D-Gal*p*-(1→	104.33	3.44	***E***	H2

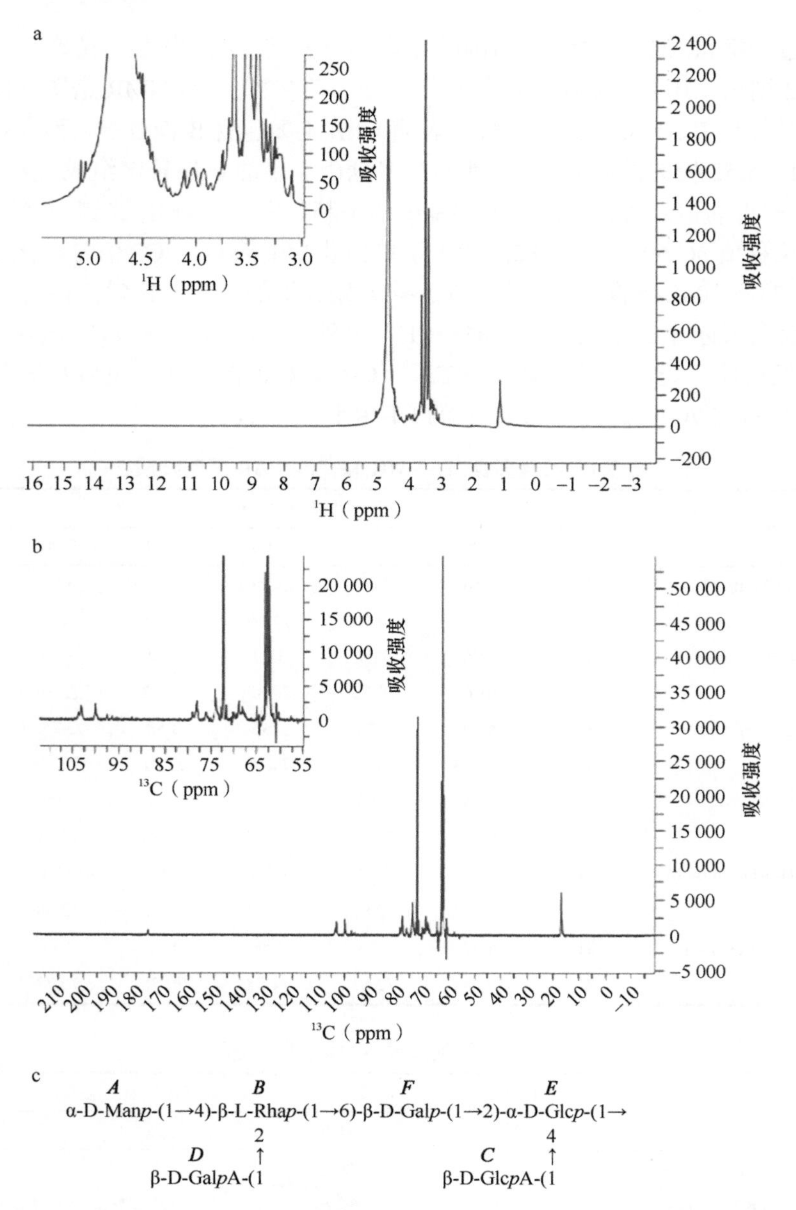

图 3-4 石莼多糖 H 谱（a）和 C 谱（b）以及石莼多糖部分可能结构（c）

在 ^{1}H-^{1}H COSY 光谱中（图 3-4a），在化学位移值 δ5.16、δ4.02、δ3.95、δ3.67、δ3.78 和 δ3.91 处发现了 H1～H6 残基 ***A*** 的质子信号。图谱中在化学位移值 δ5.16 和 δ101.84 处的异头碳信号存在关联。这两个信号说明残基 ***A*** 为 α-D-Man*p*-(1→。对于残基 ***B***，它的交叉 H1/C1 信号出现在化学位移值 δ4.96/101.65 处，并且残基

B 显示 C2（δ79.32）和 C4（δ78.52）出现了化学位移，可推断为→2,4)-β-L-Rha*p*-(1→。在 δ4.50 和 δ4.48 处异头质子的化学位移以及在 δ105.03 和 δ105.01 处的异头碳处的化学位移可以推断残基 ***C*** 与 ***D*** 的存在。结合一维光谱，鉴定出残基 ***C*** 为 β-D-Glc*p*A-(1→，残基 ***D*** 为 β-Gal*p*A-(1→。在化学位移值 δ5.08 处的异头质子与 D_2O 峰重叠，结合在化学位移值 δ100.02 处的碳信号就表明残基 ***E*** 为 α-构型。结合一维光谱与单糖组成 C2 和 C4 的相对低场化学移位表明存在 D-Glc*p* 组分，因此残基 ***E*** 为→2,4)-α-D-Glc*p*-(1→。在 HSQC 光谱中可以观察到，残基 ***F*** 的交叉峰分别位于化学位移值依次为 δ4.52/104.33、δ3.78/72.87、δ3.86/74.88、δ4.13/70.78、δ3.71/75.77 和 δ3.61/69.76 处（图 3-4b），表示残基 ***F*** 的 C6 下场偏移为 δ69.76。根据其他文献报道，残基 ***F*** 为→6)-β-D-Gal*p*-(1→。HMBC（图 3-4c）光谱显示了 $\boldsymbol{A}_{\mathrm{H1}}$（$\delta$5.16）和 $\boldsymbol{B}_{\mathrm{C4}}$（$\delta$78.52）之间的联系。HMBC 光谱中残基 ***B*** 的 H1 和残基 ***F*** 的 C4 之间存在明显的相关性，表明残基 ***B*** 和残基 ***F*** 之间存在连锁关系；HMBC 光谱显示 $\boldsymbol{F}_{\mathrm{C1}}$ 和 $\boldsymbol{E}_{\mathrm{H2}}$ 之间存在显著相关性，表明存在→6)-β-D-Gal*p*-(1→2,4)-α-D-Glc*p*-(1→这样的连接方式。类似地，根据石莼多糖的红外图谱、单糖组成和 NMR 谱图可以确定 $\boldsymbol{D}_{\mathrm{H1}}/\boldsymbol{B}_{\mathrm{C2}}$ 与 $\boldsymbol{C}_{\mathrm{H1}}/\boldsymbol{E}_{\mathrm{C4}}$ 存在关联。

三、石莼多糖 ULP 抗癌及免疫调节作用

（一）ULP 对 H22 荷瘤小鼠的抗肿瘤作用

1. H22 荷瘤小鼠造模

将小鼠腹水肝癌 H22 细胞置于洛斯维·帕克纪念研究所（RPMI）1640 培养基缓冲液中培养，其中包含 10%胎牛血清、80U/mL 青霉素和 0.08mg/mL 链霉素，于 37℃、5% CO_2 的细胞培养箱中培养。购买 6 周龄昆明小鼠（18～22g），并在 12h 光照和黑暗交换条件下饲养，在（24±1）℃下自由获取水和饲料。取 200μL H22 细胞（10^7/mL）用 RPMI 1640 培养基缓冲液稀释后，腹膜注射到小鼠体内以进行扩增传代培养。药物灌胃处理 7d 后，使小鼠脱颈致死，并用注射器收集腹水。将含有 H22 细胞的腹水以 1000r/min 离心 10min，然后重悬并用 PBS 稀释至 10^8/mL 继续移植。将 45 只小鼠随机分为 5 组：正常（Normal）组、模型（Model）组、环磷酰胺（CTX）对照（Control）组、石莼多糖低剂量（ULPL）组（0.3mL、150mg/kg）和石莼多糖高剂量（ULPH）（0.3mL、300mg/kg）组。将 200μL 处理后的 H22 细胞皮下注射到小鼠的左腋窝区域。24h 后至再往后的 12d 里，对照组每天通过腹膜注射 0.3mL CTX（20mg/kg）治疗，正常组和模型组均用 0.3mL 生理盐水替代。在试验过程中监测小鼠的变化，每 2d 对小鼠进行一次称重。

2. CTX 诱导免疫抑制小鼠造模

向 48 只小鼠皮下注射 35mg/kg 的 CTX，持续 8d。正常组的 12 只小鼠注射生理盐水。将 CTX 诱导的免疫抑制小鼠随机分为 4 组（n=12），分别为模型组、阳性对照组、低剂量石莼多糖组和高剂量石莼多糖组。正常组和模型组均用 10mL/kg 剂量的生理盐水灌胃处理 30d，而其余 3 组分别用 25mg/kg 盐酸左旋咪唑（LH）、100mg/kg 和 200mg/kg 石莼多糖灌胃处理。肝脏、脾脏和胸腺的器官指数计算为器官重量除以体重，每周测量小鼠的体重。

通过对肿瘤进行称重来评估石莼多糖的抗肿瘤活性（图 3-5a、b）。与模型组相比，对照组、石莼多糖高剂量组和石莼多糖低剂量组的肿瘤抑制率分别为 60.08%、56.82%和 44.41%（图 3-5c），这证实了石莼多糖以剂量依赖性方式表现出显著的抗肿瘤活性。高剂量石莼多糖对肿瘤的抑制作用与 CTX 相似，但 CTX 具有明显的副作用，如细胞毒性。

（二）ULP 对 H22 荷瘤小鼠迟发型超敏反应的影响

从不同组中随机选择 4 只小鼠进行迟发型超敏反应（DTH）测试，并腹腔注射 0.2mL 2%绵羊血红细胞（SBRC）。SBRC 处理 3d 后，测量左后掌的厚度，再皮下注射 20μL 20%绵羊血红细胞。24h 后，测量左后掌的厚度，精确到 0.01mm。在相同位置计算前后足底厚度的变化。计算肝脏、脾脏和胸腺的器官指数（图 3-5d），与正常组相比，模型组、CTX 组和 ULPH 组的胸腺重量明显减少，但是，肝脏和脾脏的重量在所有组中均没有显著变化，所以石莼多糖表现出能够修复肿瘤引起的免疫器官损伤的作用（图 3-5b）。在 DTH 测试中，石莼多糖处理组的脚掌厚度与膨胀厚度有所增加（图 3-5）。DTH 能够损害免疫系统功能并干扰抗肿瘤作用。CTX 对肿瘤具有直接抑制作用，但对免疫的增强作用很小，因此高剂量石莼多糖对免疫器官的修复作用在抗肿瘤活性中发挥了一定作用。

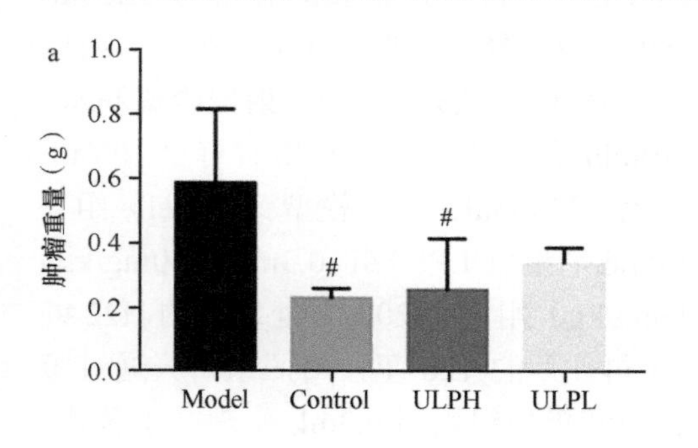

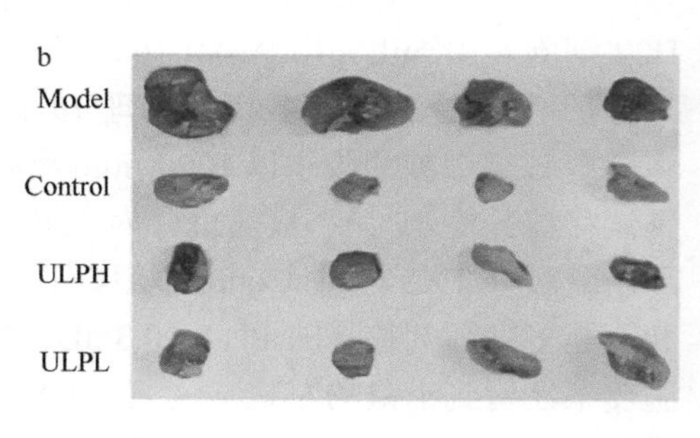

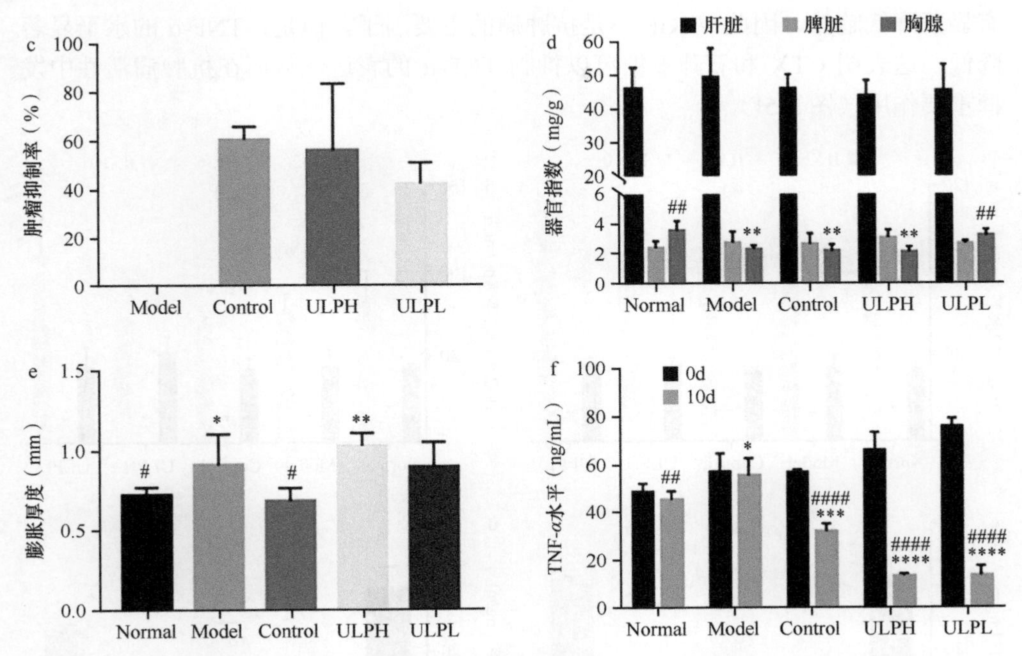

图 3-5　肿瘤重量（a）、肿瘤形态（b）、肿瘤抑制率（c）、器官指数（d）、DTH 反应（e）、血清 TNF-α 水平（f）

模型组肿瘤抑制率设为 0。与正常组比较，*$P<0.05$，**$P<0.01$，***$P<0.001$，****$P<0.0001$；与模型组比较，#$P<0.05$，##$P<0.01$，####$P<0.0001$

（三）ULP 对抗炎症以及肿瘤相关因子的影响

在第 1 天和第 12 天晚上禁食 12h 后，分别收集小鼠的血液样本。通过 ELISA 试剂盒测定血清 IL-2、IL-6、IL-10、TNF-α 和 VEGF 的水平（武汉，赛培，SP13761、SP13755、SP13770、SP13726、SP13719）。称重肿瘤、肝脏、胸腺和脾脏并收集，以进行进一步分析。

炎症细胞因子在机体免疫反应中起重要作用，IL-2 可以表现出针对肿瘤的免疫效应功能（Rosenberg，2014）。IL-6 作为一种抗炎细胞因子，是控制局部或全身急性炎性反应所必需的，并具有促炎和抗炎功能（Hunter and Jones，2015）。IL-10 可以抑制细胞因子的合成，并在与肿瘤相关的有缺陷的巨噬细胞中诱导 IL-12 产生和 NF-κB 活化（Sica et al.，2000）。TNF-α 是一种促进炎症产生和调节免疫的多功能细胞因子，对癌症患者有害（Sade-Feldman et al.，2013）。VEGF 是胚胎发生和骨骼生长过程中促进血管生成的关键调节因子，在肿瘤产生过程中其含量迅速增加（Ferrara et al.，2003）。试验动物血清以及肝脏中的 IL-2、IL-6 和 IL-10 水平没有明显变化（图 3-6），这表明小鼠均有全身性炎症。VEGF 水平有降低但没有显著降低趋势，因此 VEGF 不是抗肿瘤的主要因子。但是，TNF-α 的水平显著降低，这表明 CTX 和石莼多糖可以抑制 TNF-α 的表达，从而在抗肿瘤活性中发挥重要作用（图 3-5f）。

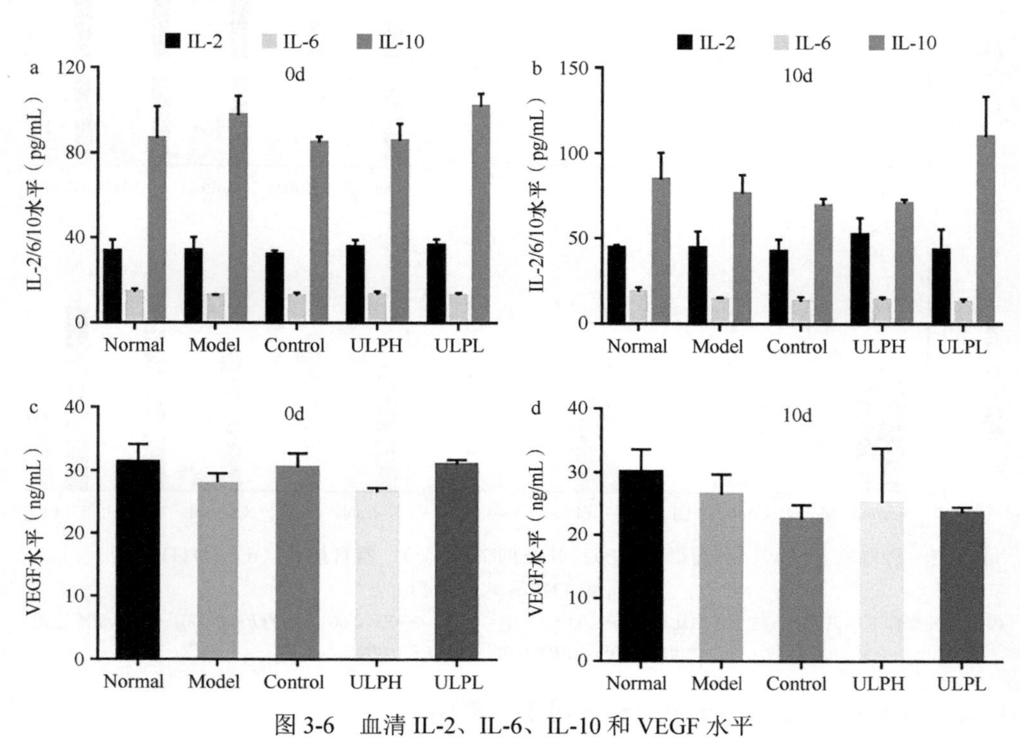

图 3-6　血清 IL-2、IL-6、IL-10 和 VEGF 水平

（四）ULP 对 H22 荷瘤小鼠肿瘤组织及肝组织病理变化的影响

1. 肿瘤及肝组织 H&E 染色分析

切除肿瘤和肝脏，并用 0.9%生理盐水洗涤后固定在 4%多聚甲醛中，然后对组织进行染色切片分析。

通过对肿瘤组织进行 H&E 染色（图 3-7a），结果发现，模型组和 CTX 对照组的肿瘤显示出轻微的脂肪变性，出现严重的细胞异常，并有少量的淋巴细胞和凋亡细胞。与模型组相比，CTX 对照组中细胞坏死更为明显。然而，经过石莼多糖治疗后，肿瘤组织没有发生脂肪变性，并且淋巴细胞浸润减少，异常细胞数量减少，凋亡细胞数量增加。石莼多糖高剂量组中细胞分化明显、坏死明显，而石莼多糖低剂量组中发生细胞分化的情况和坏死细胞数相对较少。因此，与高剂量石莼多糖相比，低剂量石莼多糖在病理组织中表现出更强的细胞异型性抑制作用和更好的修复效果。另外，CTX 治疗能够抑制细胞异型性，导致肿瘤细胞坏死，并对免疫的增强作用很小。结果表明，CTX通过直接杀死肿瘤细胞表现出抗肿瘤作用，而石莼多糖能够抑制细胞异型性，并促进肿瘤细胞凋亡和细胞坏死。在模型组中，除淋巴细胞外，肝组织染色区域较多，而未观察到包括变性、出血、炎症、细胞凋亡和坏死在内的明显变化（图3-7b）。因此，石莼多糖治疗组肿瘤和肝脏组织中细胞活性较高，且低剂量石莼多糖的效果要优于高剂量，但高剂量组并未引起恶性肿瘤的广泛增长。

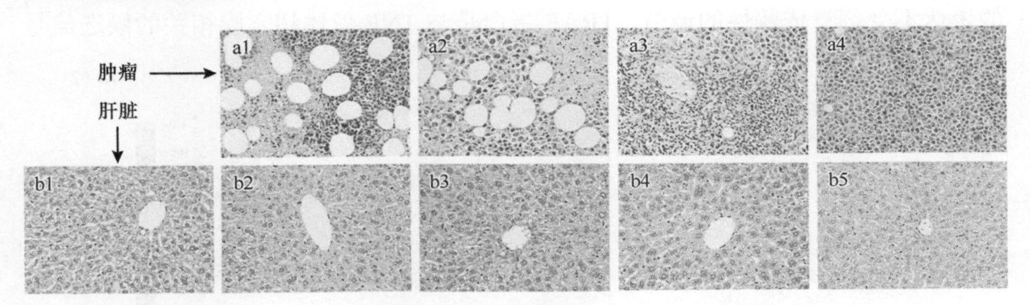

图3-7　肿瘤（a）及肝脏组织（b）H&E染色

a1～a4：模型组、CTX对照组、ULPH组以及ULPL组。b1～b5：正常组、模型组、CTX组、ULPH以及ULPL组

2. 肿瘤IHC染色分析

肿瘤中Ki-67/CD31和肝脏中p65/IKK/TRAF2的表达量通过免疫组织化学（IHC）方法进行分析，方法参考先前研究（Duraiyan et al.，2012），通过光学显微镜（奥伯科亨，蔡司，Axio Scope A1）原位分析相关蛋白的表达。将使用切片机切割组织的4μm切片，包埋在石蜡中，并用多重荧光染料对肿瘤和肝脏进行IHC分析，最终通过Image-Pro Plus软件进行定量分析。

IHC染色及蛋白表达情况如图3-8所示。Ki-67作为IHC中癌细胞的增殖标志物，可以标记细胞的增殖周期（Kontzoglou et al.，2013）。此标志物的表达水平越高，表明肿瘤的生长速度越快。CTX和ULP治疗显著抑制了肿瘤细胞的快速分裂。血小板内皮细胞黏附分子（CD31）是白细胞、血小板和内皮细胞中表达的免疫球蛋白基因超级家族的成员之一（Lutzky et al.，2010），其表达水平能够反映肿瘤细胞的增殖速度。与模型组相比，CTX对照组和石莼多糖治疗组中CD31的表达水平降低，表明癌细胞的血管增殖受到抑制，因此石莼多糖通过抑制肿瘤细胞分裂和血管生长从而直接抑制肿瘤的生长。同时，石莼多糖低剂量组的CD31表达水平低于石莼多糖高剂量组小鼠的表达水平。NF-κB活性的调节发生在几个水平上，如受控的细胞质-细胞核穿梭及其转录活性的调节。NF-κB的激活与细胞抗凋亡能力密切相关，可用来评估药物的抗肿瘤活性。p65负责NF-κB的强转录激活潜能，并且还可以抑制细胞凋亡（Schmitz et al.，1991；Madrid et al.，2000）， p65 表达增加不利于抑制肿瘤增殖。与模型组相比，石莼多糖组中 p65 的表达明显下调，由此可以看出石莼多糖能够抑制 p65 的增加，并使抗凋亡活性恢复到正常水平。IKK-α 是调节 NF-κB 的关键成分，它控制着 NF-κB 转录因子的激活。NF-κB 转录因子在炎症中起着关键作用（Bonizzi et al.，2004），其可通过加速 NF-κB 亚基 p65 的表达从而抑制 NF-κB 的活化（Lawrence et al.，2005）。此外，IKK-α 可以促进细胞凋亡并抑制肿瘤生长。在石莼多糖高、低剂量组中，IKK-α 的表达不受剂量依赖性的调节。TRAF 蛋白是与 TNF 受体超家族相关的候选信号

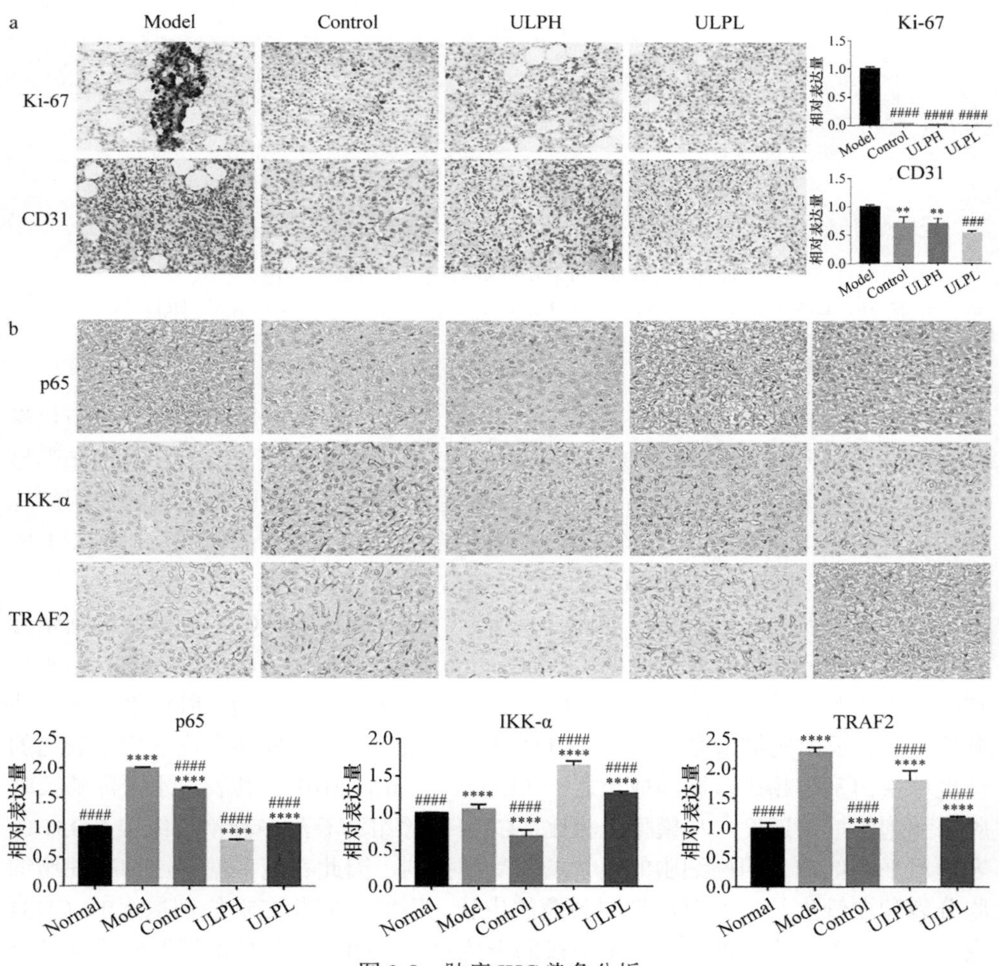

图 3-8 肿瘤 IHC 染色分析

肿瘤 Ki-67 和 CD31 免疫组化染色（400×）及相对表达量（a）；肝脏组织 p65、IKK-α 和 TRAF2 免疫组化染色（400×）及相对表达量（b）

与正常组比较，***P*＜0.01，*****P*＜0.0001；与模型组比较，###*P*＜0.001，####*P*＜0.0001

转导子，TRAF2 过表达诱导 NF-κB 活化（Rothe et al.，1995）。石莼多糖可以显著降低 TRAF2 的表达，并促进肿瘤细胞的凋亡。因此，石莼多糖可以抑制 NF-κB 通路的激活和降低肿瘤细胞的抗凋亡能力，从而起到抗肿瘤的效果。此外，TRAF2 的表达降低也抑制了肿瘤和肝组织中的 TNF-α 的表达水平，这与血清中 TNF-α 水平的降低一致。

（五）ULP 对肿瘤相关基因表达的影响

1. 荧光定量 PCR

使用超纯 RNA 试剂盒从肿瘤和肝组织中分离总 RNA。使用带有引物混合物的 HiFiScript 快速去基因组 cDNA 第一链合成试剂盒（上海，康为世纪，CW2582M）进行 RT-qPCR 扩增，引物序列见表 3-3。引物的扩增采用 UltraSYBR Mixture 试剂盒（上海，康为世纪，CW0957M）。反应条件：在 95℃条件下反应 10min，在 95℃下变性 15s，在 60℃退火 31s，并在 72℃延伸 30s，共 40 个循环。使用 $2^{-\Delta\Delta Ct}$ 方法确定目标 mRNA 的相对表达水平，并以 *β-actin* 基因作内参。

表 3-3　PCR 引物序列

基因名称	上游引物（5′-3′）	下游引物（5′-3′）
β-actin	TCTCCTATGTGCTGGCTTTG	GCCGGACTCATCGTACTCC
p53	CGACCTATCCTTACCATCATCAC	GCACAAACACGAACCTCAAA
BAX	GGAGATGAACTGGACAGCAATA	GAAGTTGCCATCAGCAAACAT
BCL-2	GTGGATGACTGAGTACCTGAAC	GAGACAGCCAGGAGAAATCAA
VEGF	AGGCTGCTGTAACGATGAAG	TCTCCTATGTGCTGGCTTTG
p65	ACCTGGAGCAAGCCATTAG	CGCACTGCATTCAAGTCATAG
AKT	CTGAGACTGACACCAGGTATTT	CTGGCTGAGTAGGAGAACTTG
p70s6k	GGTGGAGTTTGGGAGCATTA	TGAGGTAGGGAGGCAAATTAAG
PI3K	AAGGAGCTGGTGCTACATTATC	CGCCTCTGTTGTGCATATACT
mTOR	GGAGGCTGATGGACACAAATAC	GCTGGTTCTCCAAGTTCTACAC

2. 蛋白质免疫印迹

用碧云天生物技术研究所的裂解缓冲液提取组织的总蛋白质，并用碧云天的 BCA 蛋白测定试剂盒（上海，碧云天，P0012S）进行浓度测定。对蛋白质样品进行十二烷基硫酸钠-聚丙烯酰胺凝胶电泳，并将印迹转移至硝酸纤维素膜上。将该膜与碧云天的封闭缓冲液在室温下孵育 20min，然后与靶基因（*p53*、*p65*、*VEGF*、*BAX*、*BCL-2*、*PI3K*、*AKT*、*mTOR 和 p70S6K*）一抗在 4℃下过夜孵育。洗涤后，与辣根过氧化物酶二抗在 37℃下孵育 40min，再次洗涤，最后通过荧光成像系统对靶基因反应带进行可视化分析。β-actin 的表达作为背景对照。

p53 肿瘤抑制因子通过生长停滞和促凋亡来限制异常细胞的生长（Sablina et al.，2005）。它影响着癌症的发生率（Soragni et al.，2016）。BAX 作为 BCL-2 的异二聚体能够对抗 BCL-2 并促进细胞凋亡（Knudson et al.，1995），BCL-2 蛋白能够抑制许多凋亡性死亡程序（Adams and Cory，1998）。BAX/BCL-2 的值高预示着肿瘤细胞的凋亡（Li et al.，2013）。VEGF 是胚胎形成、骨骼生长和生殖功能形成过程中生理性血管新生的关键调节剂，可诱导内皮细胞迁移和肿瘤生长，其抑制作用是肿瘤治疗的重要靶点（Croci et al.，2014）。p65 的激活代表抗凋亡能力的增强，但其不利于抑制肿瘤的增殖。在肿瘤组织中，CTX 与石莼多糖低剂量组中 *p53* 和 *BAX* 上调，而所有治疗组中 *BCL-2*、*p65* 和 *VEGF* 均下调，并且在石莼多糖低剂量组中 BAX 和 BCL-2 表达水平显著增加（图 3-9）。

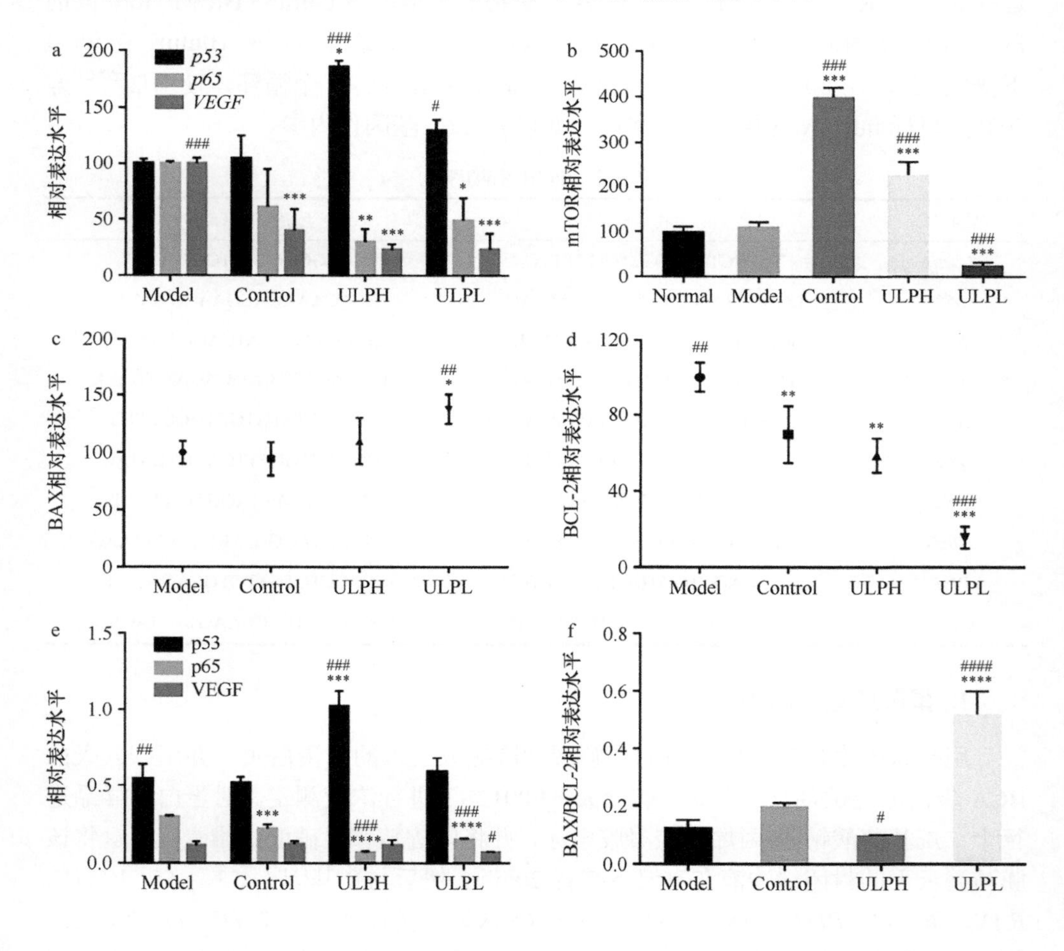

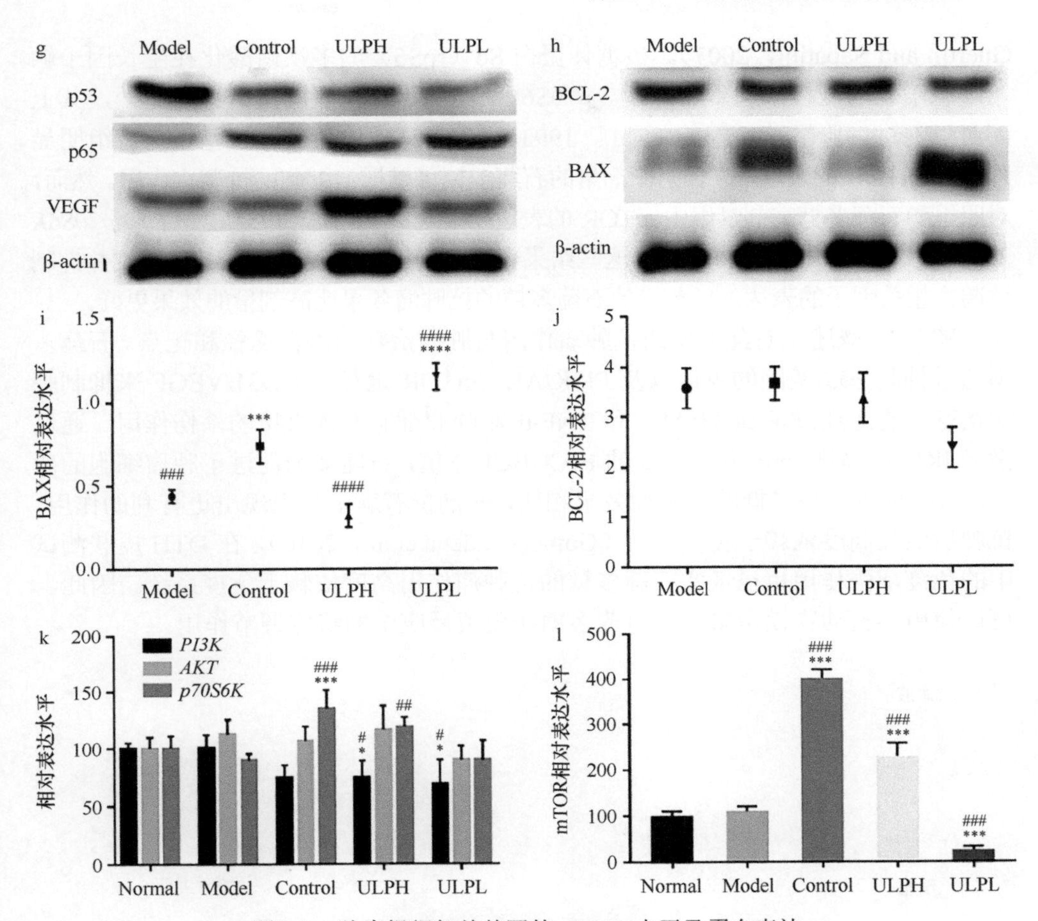

图 3-9　肿瘤组织相关基因的 mRNA 水平及蛋白表达

肿瘤组织 *p53*、*p65*、*VEGF*（a）与 *mTOR*（b）、*BAX*（c）和 *BCL-2*（d）mRNA 表达，以及肝脏 p53、p65、VEGF（e、g）和 BAX/BCL-2（f、h）、BAX（i）、BCL-2（j）蛋白表达。肝脏组织 *PI3K*、*AKT*、*p70S6k*（k）和 *mTOR*（l）mRNA 表达

与正常组比较，*P<0.05，**P<0.01，***P<0.001，****P<0.0001；与模型组比较，#P<0.05，##P<0.01，###P<0.001，####P<0.0001

在肝组织中，检测了 PI3K、AKT、mTOR 和 p70S6K 的相对表达水平（图 3-9k、l）。PI3K/AKT/mTOR 途径是一个关键的信号转导系统，可以将癌基因和多种受体类别与细胞基本细胞功能连接，包括 AKT 和 mTOR 作为主要节点（Liu et al.，2009）。该途径对于癌细胞的生长和存活至关重要，并且与其他癌症相关途径相比，这个关键途径更容易被激活（Vivanco and Sawyers，2002；Engelman et al.，2009）。在体内，AKT 和 PKB 的活性受到血清生长因子的调节，从而发挥其对细胞凋亡的保护作用（Brunet et al.，1999；Yuan and Cantley，2008）。*mTOR* 作为信号通路中的一个关键基因，可以在人类癌症中起到重要作用（Shaw and Cantley，2006；

Guertin and Sabatini，2007）。核糖体蛋白 S6（rpS6）的多次磷酸化在生长因子触发细胞增殖的过程中起重要作用。p70S6k 是 rpS6 最重要的蛋白激酶之一，其上调可以促进细胞增殖（Lane et al.，1993）。在本试验中，石莼多糖低剂量组明显降低了 mTOR 的表达，这表明低剂量的石莼多糖可以抵消细胞的抗凋亡作用。然而，对照组和石莼多糖高剂量组中 mTOR 的表达明显上调。此外，*PI3K*、*AKT* 和 *p70S6K* 的表达水平没有发生显著改变。这些结果表明，石莼多糖能够促进细胞凋亡并抑制抗凋亡相关因子的表达，低剂量的石莼多糖的抗肿瘤效果比高剂量的效果更好。

图 3-10 概述了石莼多糖的抗肿瘤作用与肿瘤治疗的潜在途径和靶点。石莼多糖通过抑制 *p53* 基因的表达以及 PI3K/AKT/mTOR 途径和 CD31/VEGF 来抑制肿瘤增殖。它还通过抑制 TRAF2 和 TNF-α 对肿瘤细胞发挥直接的杀伤作用。通过激活 IKK-α、抑制 p65 并降低高的 BAX/BCL-2 值，石莼多糖促进了肿瘤细胞的凋亡。与高剂量石莼多糖的抗肿瘤效果相比，低剂量石莼多糖表现出更有利的作用。抗肿瘤活性高度依赖于免疫系统（Gomez-Cadena et al.，2016），在 DTH 皮肤测试中的免疫增强作用也已证实石莼多糖的抗肿瘤作用高度依赖于免疫系统。因此，可以使用实验动物模型来验证石莼多糖在免疫反应中的特定调节作用。

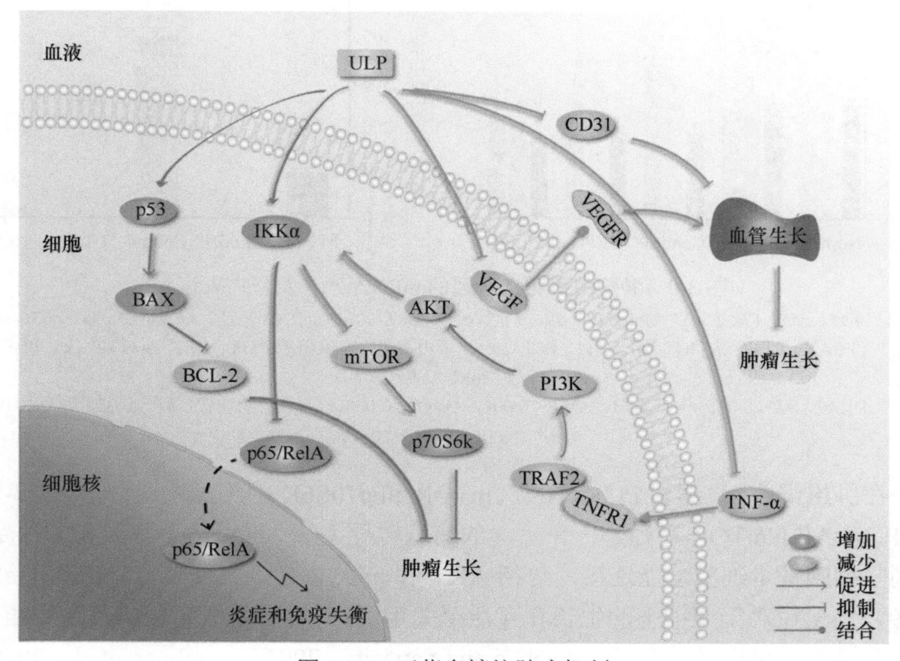

图 3-10　石莼多糖抗肿瘤机制

（六）ULP 对免疫抑制小鼠体重及脚掌肿胀的影响

在 CTX 诱导的免疫抑制小鼠中，肝脏、胸腺和脾脏的器官指数降低。与模型组相比，石莼多糖治疗可增加这些器官指数（$P<0.05$，图 3-11a）。据以前的报道可知，胸腺将活化的 T 细胞转运到血液循环中，并促进肥大细胞的发育（Li et al.，2015）；而脾脏可以合成免疫效应分子，并促进粒细胞的吞噬作用（Hassanpour et al.，2013）。增强的器官指数表明了石莼多糖对免疫调节功能的有益作用。在免疫抑制小鼠中，石莼多糖也显著改善了后爪肿胀（$P<0.05$，图 3-11b）。结果表明，DTH 的反应强度是由参与细胞免疫的 T 细胞介导的（Dai et al.，2014），石莼多糖的免疫调节活性与细胞免疫有关。

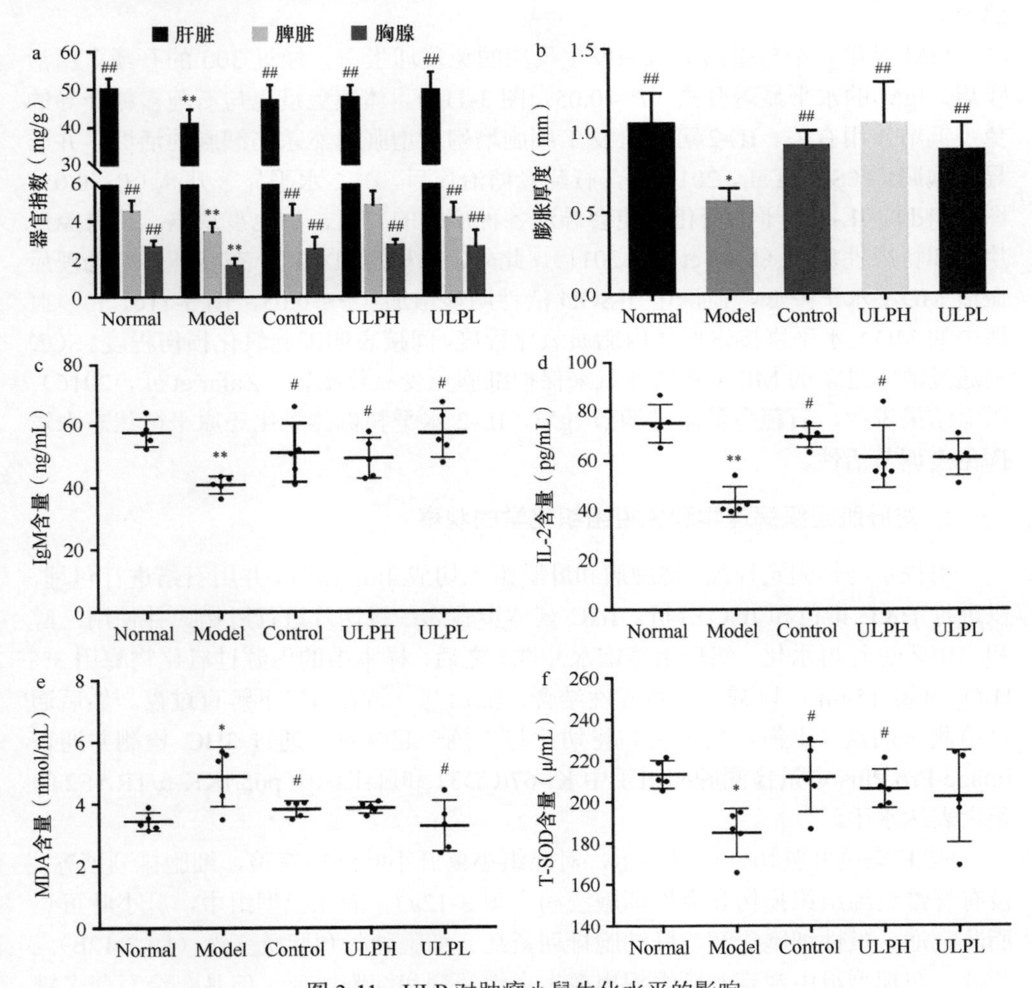

图 3-11　ULP 对肿瘤小鼠生化水平的影响

肝脏、脾脏及胸腺的器官指数（a）；后爪膨胀厚度（b）；小鼠血清免疫球蛋白 M（IgM）（c）、IL-2（d）、MDA（e）、T-SOD（f）含量

与正常组比较，*$P<0.05$，**$P<0.01$；与模型组比较，#$P<0.05$，##$P<0.01$

（七）ULP对免疫抑制小鼠免疫调节作用的影响

1. 对IgM、IL-2和氧化因子的调节作用

根据说明书来测量血清中丙二醛（MDA）和总超氧化物歧化酶（T-SOD）的水平（南京，建成生物工程研究所，A003-1-2和A001-1-2）。小鼠血清中的免疫球蛋白M（IgM）、IL-2、IL-6、IL-10、TNF-α和VEGF水平通过相应的ELISA试剂盒（武汉，赛培，SP14619、SP13761、SP13755、SP13770、SP13726、SP13719）测定。

IgM是第一个与暴露的抗原发生反应的免疫球蛋白。经过30d的石莼多糖治疗后，IgM的水平显著升高（$P<0.05$，图3-11c）。体液免疫也与石莼多糖介导的免疫调节作用有关。IL-2可以引发T细胞增殖，增强自然杀伤细胞的活性，并诱导细胞凋亡（Sun et al.，2011）。在石莼多糖治疗后，IL-2水平显著升高（$P<0.05$，图3-11d）。IL-2水平的变化可能会导致各种疾病的发生，如免疫缺陷、自身免疫疾病和特应性疾病（Liao et al.，2011）。此外，与模型组相比，在石莼多糖处理后血清MDA水平降低，血清中T-SOD活性明显增加（$P<0.05$，图3-11e、f）。血清中的MDA水平直接表明体内脂质氧化程度，间接表明细胞氧化损伤程度。SOD则通过清除过量的MDA和活性氧来保护细胞免受氧化损害（Zafar et al.，2016）。以上结果表明，石莼多糖通过调节IgM、IL-2水平和机体氧化还原平衡状态来发挥免疫调节活性。

2. 对肝脏组织病理学和免疫组织化学的观察

用福尔马林固定样品，将肿瘤和肝脏组织切成4μm薄片，并用石蜡进行包埋，以进行H&E染色和IHC分析。IHC具体步骤为：将切片进行脱蜡，并使用乙醇和二甲苯进行再水化，然后用蒸馏水冲洗。之后，样本中的内源过氧化物酶用3% H_2O_2封闭15min，以减少非特异性结合，然后与一抗在4℃下孵育过夜。然后通过检测试剂盒（上海，碧云天）将切片与二抗一起孵育。通过IHC检测并通过Image-Pro Plus定量检测肿瘤组织中Ki-67/CD31和肝组织中p65/IKK-α/TRAF2的蛋白表达水平。

H&E染色肝脏切片结果显示，对照组小鼠肝小叶结构完整，细胞排列整齐，没有纤维结缔组织损伤和炎性细胞浸润（图3-12a）。而在模型组中，肝小叶可见脂肪空泡、炎性细胞浸润、肝细胞排列紊乱、细胞肿胀和脂质变性（图3-12b）。此外，在模型组中观察到肝组织出血、炎性浸润和细胞坏死。但是，经石莼多糖给药后上述病理现象得到有效缓解。

TRAF2、IKK-α和p65在炎症的病理过程中起着核心作用，因此，对TRAF2、IKK和p65进行免疫组化分析（图3-13a）。用石莼多糖治疗后，肝脏中TRAF2

和 p65 的相对强度显著降低（图 3-13a、d）。此外，石莼多糖低剂量组和石莼多糖高剂量组的 IKK-α 的相对强度与正常组相比无显著差异（图 3-13c），这表明石莼多糖具有理想的免疫调节作用。

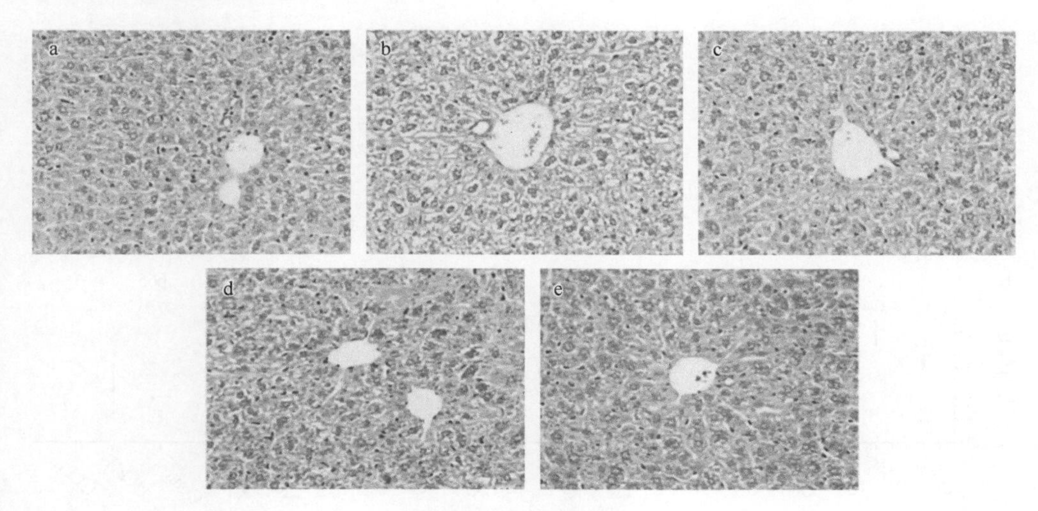

图 3-12　小鼠肝脏 H&E 染色（400×）

a. 正常组；b. 模型组，c. 对照组；d. 石莼多糖低剂量组；e. 石莼多糖高剂量组

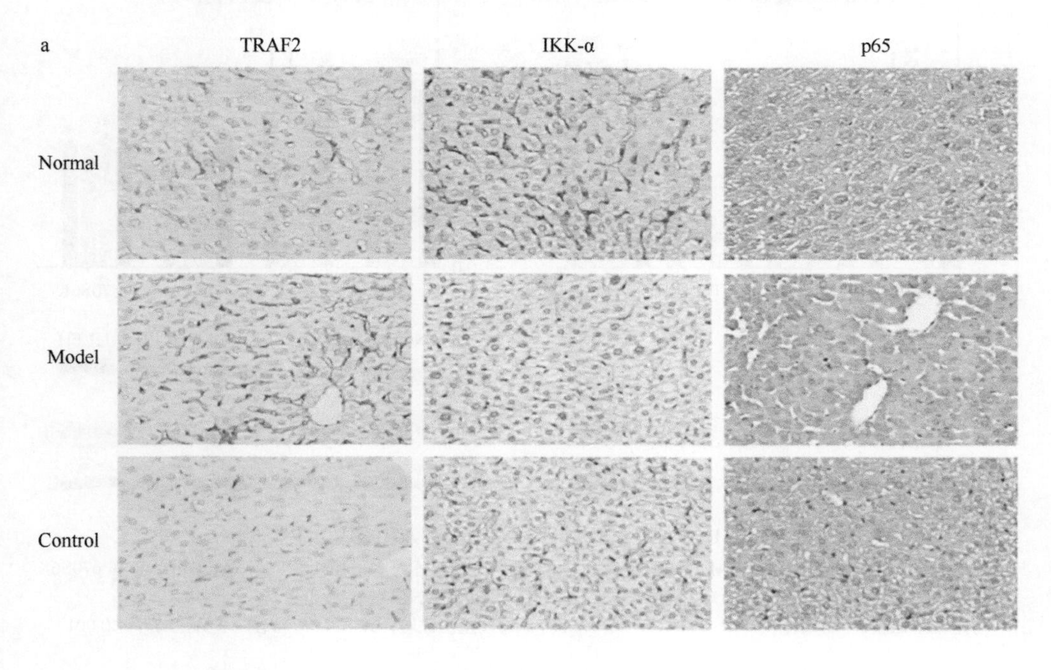

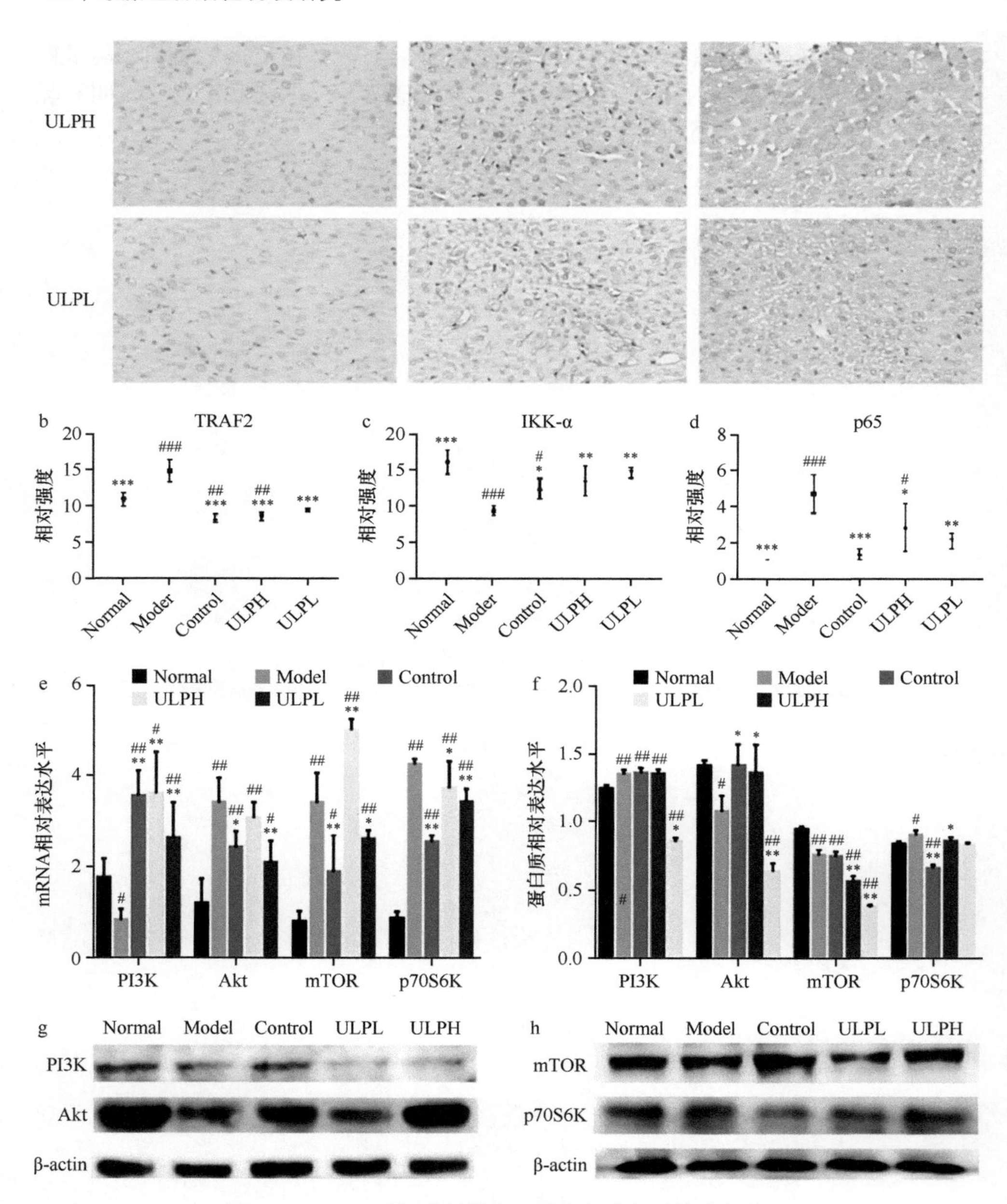

图 3-13　ULP 对肝脏组织病理学和免疫组织化学的影响

免疫组化分析（a），肝脏组织 TRAF2（b）、IKK-α（c）和 p65（d）水平；肝脏组织 PI3K/AKT/mTOR 和 p70S6K 相对表达水平（e、f）；蛋白质表达分析（g、h）

与正常组比较，*P<0.05，**P<0.01，***P<0.001；与模型组比较，#P<0.05，##P<0.01，###P<0.001

（八）ULP 对 PI3K/AKT/mTOR 和 p70S6k 通路的影响

抑制 PI3K/AKT/mTOR 途径会抑制肿瘤细胞的增殖、迁移和存活。可通过阻断免疫抑制途径来增强抗肿瘤免疫反应，并增强肿瘤免疫监测来延迟肿瘤生长进程（Xue et al. 2015）。PI3K 介导的磷酸化作用可生成磷脂酰肌醇磷酸酯来调节细胞存活、生长和增殖（Sarris et al.，2012）。PI3K/AKT/mTOR 途径的激活可能引起耐药性，以及抑制肿瘤细胞凋亡并促进肿瘤细胞增殖（LoRusso，2016）。在石莼多糖低剂量组中，PI3K/AKT/mTOR 和 p70S6K 的 mRNA 表达水平显著下调（$P<0.05$）。且石莼多糖低剂量组和正常组之间的 mRNA 表达水平存在显著差异(图 3-13e)。与模型组相比，石莼多糖剂量组中 PI3K/AKT/mTOR 和 p70S6k 的蛋白表达水平显著降低（$P<0.05$，图 3-13f）。这些结果与 mRNA 表达水平一致。因此石莼多糖能够通过调节 PI3K/AKT/mTOR 和 p70S6k 途径改善 CTX 诱导的免疫抑制作用。

四、石莼多糖的其他功效

石莼多糖降低了氧化应激大鼠体内丙二醛和氧化应激蛋白的含量，促进了 SOD、GSH-Px、糖皮质激素受体（GR）和 CAT 抗氧化酶的基因的表达，清除了自由基，从而防止脂质过氧化，减少 DNA 裂解（Sathivel et al.，2013；Shao et al.，2014；Abd-Ellatef et al.，2017；Kammoun et al.，2017；Zhao et al.，2020）。降解的石莼多糖通过激活 SIRT1 来抑制 FOXO1 的表达，抑制过氧化氢诱导的氧化应激。石莼多糖在调节炎症、肿瘤、肝脏和肠道功能紊乱中发挥重要作用。据报道，石莼多糖可抑制炎症状态下的 NO、TNF-α、IL-1β、IL-6、IL-10、IL-12 的表达，进而损伤细胞并使 DNA 碱基亚硝基化（Devaki et al.，2009；Gamal-Eldeen et al.，2009；Tabarsa et al.，2012；Abd-Ellatef et al.，2017）。此外，具有高稳定性和低副作用的石莼多糖铁复合物能够减少 1 型和 2 型辅助性 T 细胞产生的 IFN-γ 与 IL-4。*U. rigida* 的酸性硫酸多糖通过增加一氧化氮合酶 2（NOS-2）和环氧合酶 2（COX-2）的基因表达，促进巨噬细胞一氧化氮（NO）和前列腺素的产生。此外，它还促进了趋化因子配体 14、趋化因子配体 3 和趋化因子配体 10 的表达。石莼多糖可抑制肺癌和肝癌的发生，归因于其对癌细胞的抑制作用（Kim and Broxmeyer，1999）。在肝肿瘤模型中，石莼多糖可抑制增殖细胞核抗原（PCNA）的表达，而 PCNA 是 DNA 聚合酶的辅因子，也是判断肝癌是否发生的指标。富硒石莼多糖通过降低周期蛋白依赖性激酶 4（CDK4）和细胞周期蛋白 D1 的含量，使细胞周期处于亚 G_1 期，从而抑制肺癌细胞 A549 的生长（Luster，1998；Sun et al.，2017）。此外，它可以通过促进抗凋亡基因（*Bid* 和 *BAX*）的表达以及抑制促凋亡基因（*BCL-2* 和 *BCL-XL*）的表达，破坏线粒体外膜的完整性并降低线粒体膜电位（Luster，1998）。线粒体 BCL-2 家族蛋白包括 BCL-2、BCL-XL、BAX 和 Bid，在细胞死亡中起重要作用。促凋亡因子 BAX 可与 BCL-2 结合形成异二聚体复合物，抑制线粒体释放细胞色素 c，抑制 Rel 蛋白，从而抑制衰老过程（Malumbres and Barbacid，2009；Hussein et al.，2015）。SIRT1 作为衰老的重要调节因子，可以抑制 p53 的活性，激活 p21 和 BAX 的表达，诱导细胞凋亡（Castro et al.，2014）。石莼多糖可增加 *p53* 基因的表达，降低 BCL-2 的表达，从而预防乳腺癌的发生（Abd-Ellatef et al.，2017）。*U. lactuca* 多糖通过抑制 PI3K/AKT 途径中 TNF-α 的活性而抑制肝癌细胞的生长，通过促进 IKK 的表达抑制 p65、激活 p70S6k，诱导肿瘤细胞凋亡，减轻炎症反应（Chaudhary et al.，2012）。图 3-14 为石莼多糖调节免疫、抗肿瘤、保护肝脏和肠道的机制图。

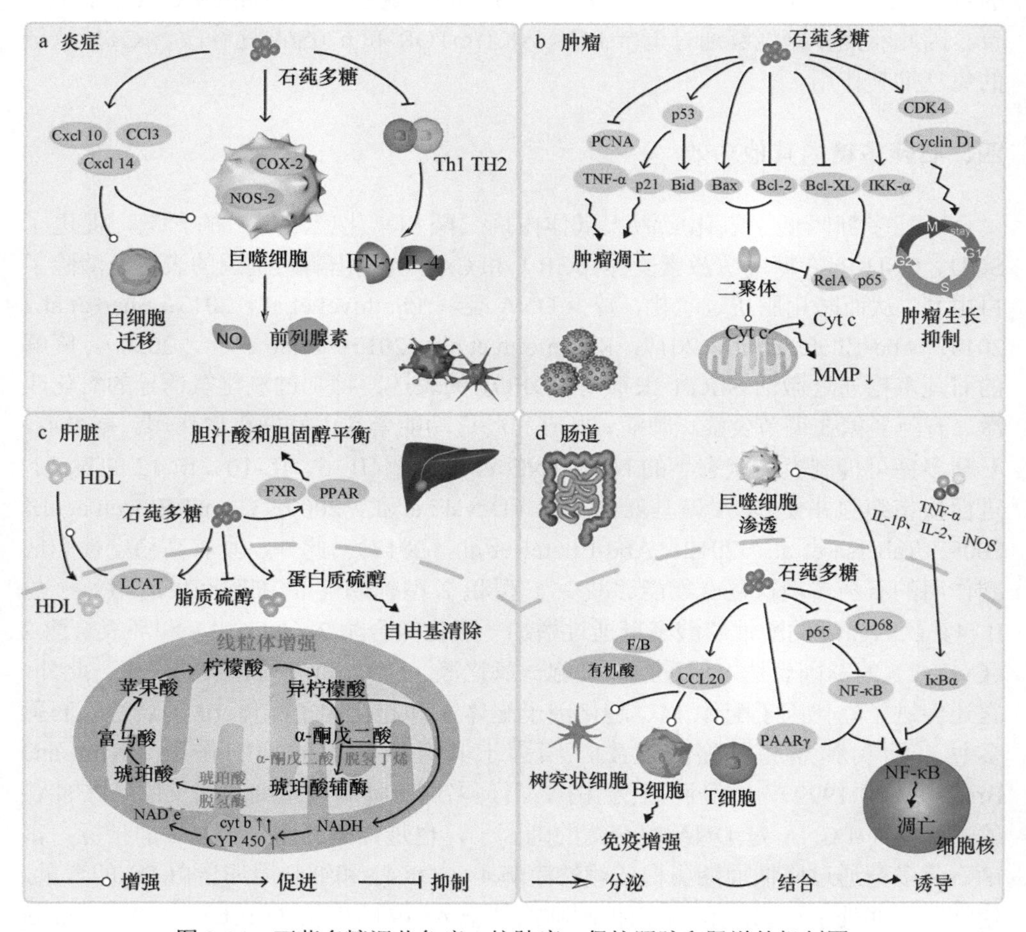

图 3-14　石莼多糖调节免疫、抗肿瘤、保护肝脏和肠道的机制图

磷酸化石莼多糖可降低小鼠的TG、LDL-C、极低密度脂蛋白胆固醇（VLDL-C）和总胆固醇水平，调节脂质代谢；硫酸化石莼多糖可抑制与肝脏损伤相关的ALT、AST、碱性磷酸酶（ALP）和TG水平（Hussein and Ahmed，2010；Hussein et al.，2015；Jiang et al.，2020）。石莼多糖可作为抗过氧化物成分，增加D-半乳糖胺治疗的大鼠肝脏中的蛋白质巯基（作为生理自由基清除剂）的含量，抑制脂滴的形成（Dianzani，1978；Sathivel et al.，2008）。石莼多糖通过参与调节三羧酸循环和电子传递链，能够有效改善肝功能并保护其免受氧化应激。血液中的卵磷脂胆固醇酰基转移酶（LCAT）负责高密度脂蛋白的酯化作用，并将高密度脂蛋白转移到肝脏以增强脂质代谢（Devaki et al.，2009）。高脂饮食大鼠经*U. lactuca*多糖处理后，LCAT含量升高，总脂质含量降低。此外，从*U. pertusa*中提取的硫酸化多糖还可以提高法尼醇X受体（FXR）和过氧化物酶体增殖物激活受体（PPARγ）的表达，维持胆汁酸和胆固醇的稳态，从而预防高脂血症的发生（Qi and Sheng，2015）。

石莼多糖可降低肠道中Firmicutes与Bacteroidetes的比例，增加Prevotellaceae UCG-001和Rikenellaceae RC9菌种的相对丰度，该两种菌分别与营养代谢和神经功能有关（Zhang et al.，2018；Zheng et al.，2019）。此外，研究发现，降解的石莼多糖可增加衰老小鼠粪便中有益有机酸（乳酸、乙酸、丙酸和丁酸）的含量，从而调节肠道微环境（Liu et al.，2019）。硒纳米粒表面修饰的*U. lactuca*多糖（ULP-SeNP）可降低结肠组织CD68含量，改善巨噬细胞浸润（Huang et al.，2013）。ULP-SeNP通过抑制p65的磷酸化与通过抑制人核因子κB抑制蛋白α（IκB-α）的磷酸化和刺激巨噬细胞，强烈抑制结肠炎结肠组织中NF-κB的水平。同时，4.40×10^3Da的低分子质量*U. armoricana*硫酸多糖（MSP）可上调CCL20的mRNA表达，通过诱导树突状细胞、B淋巴细胞和T淋巴细胞等免疫细胞发挥作用，增强肠道免疫功能。此外，它还可以改善PPARγ的表达，又因为PPARγ可以与NF-κB相互作用，进而可以抑制NF-κB与其他细胞因子结合以对抗炎症表型（Berri et al.，2016）。

老年人常出现血糖代谢紊乱症状，*U. lactuca*多糖可通过降低α-淀粉酶、麦芽糖酶和蔗糖酶活性，延缓小肠的葡萄糖吸收，降低血糖。它还可以恢复血浆肌酐、尿素和白蛋白的含量，以保护糖尿病大鼠的肾脏（BelHadj et al.，2013）。石莼多糖通过防止氧化应激下脂质过氧化引起的膜损伤和酶（GSH、GSH-Px、SOD）失活，使肾脏保持完整功能。研究报告称，137kDa的石莼多糖可以通过清除自由基和促进H_2O_2治疗下的成纤维细胞增殖来防止皮肤老化（Kammoun et al.，2019）。补充*U. lactuca*多糖可以通过降低动脉粥样硬化发病率、膜流动性、收缩压和舒张压来降低动脉粥样硬化的风险（Cai et al.，2016）。

第二节　石莼寡糖 ULO-2 降糖作用机制研究

微 RNA（microRNA，miRNA）是小型非编码 RNA，核苷酸长度为 22nt，对大多数与蛋白质编码转录相关的 mRNA 翻译阻断起到关键作用（Yaribeygi et al.，2018）。研究表明，T2DM 的病理生理表现受到 miRNA 的影响，许多天然产物可通过调节 miRNA 从而发挥降血糖活性（Zhao et al.，2017）。关于 T2DM 中的海藻寡糖的研究，尤其是关于石莼寡糖通过 miRNA 改善胰岛素抵抗的调节作用的相关报道很少（Fernandez-Valverde et al.，2011；Ha and Kim，2014）。寡糖具有治疗糖尿病、抗炎和抗衰老功能，并因分子量低于多糖的分子量，因而更容易被细胞吸收（Schweikert et al.，2002；Liu et al.，2019）。胰腺 β 细胞能够分泌胰岛素，促进酪氨酸激酶活性，将细胞内的各种底物磷酸化，包括胰岛素受体底物 1（IRS-1）和胰岛素受体底物 2（IRS-2），磷酸化后的 IRS-1 和 IRS-2 通过激活磷脂酰肌醇 3 激酶和蛋白激酶 B 的活性（PI3K-AKT）来触发胰岛素信号。由于此特性，因此会引发以下几种途径诱导胰岛素抵抗作用。第一个途径：过量的脂类物质会导致蛋白激酶 C-q（PKC-q）的易位，高浓度的氨基酸可激活哺乳动物雷帕霉素靶蛋白（mTOR）的活性，从而导致 IRS-1 的丝氨酸磷酸化，与此同时，TNF-α 通过鞘磷脂酶转移 IRS-1，最终改变胰岛素受体的信号通路。第二个途径：利用循环细胞因子和游离脂肪酸激活 c-Jun 氨基端激酶（JNK）的活性的方式也可以直接抑制 IRS-1 的磷酸化，从而抑制胰岛素抵抗的影响。第三个途径：众所周知，还原型烟酰胺腺嘌呤二核苷酸磷酸氧化酶（NADPH 氧化酶，Nox）和线粒体是活性氧的主要来源，它们与胰岛素抵抗有密切关系，并且会直接干扰胰岛素信号（图 3-15）。

miRNA 由 RNA 聚合酶 II 合成，并能够自我折叠转录形成 shRNA（即短发夹 RNA）。其形成的过程（图 3-16）为：①RNA 聚合酶 II 转录 miRNA 的前体（pre-miRNA）；②由核糖核酸酶III，如 Drosha 酶和 Dicer 酶，与具有 RNA 干扰效应的复合物结合，从而阻止 mRNA 转录和翻译；③最后通过与目标 RNA 的 3′端翻译区结合，实现转录后基因表达的负向调控。

自从在秀丽隐杆线虫（*C. elegans*）中发现 miRNA 以来，研究人员陆续在植物、动物和病毒中发现了超过 28 600 个 miRNA，其中大约有 1/3 的 miRNA 被发现能够嵌入到蛋白质基因编码的内含子中，它们能够与宿主基因共同转录，以相互协调的方式来调控 miRNA 和蛋白质的表达。通过研究肿瘤细胞中 miRNA 的功能，由此表明了 miRNA 与人类疾病的发生密切相关。相关数据显示，近 60%的人类健康问题和疾病中，蛋白质基因编码可能受到了 miRNA 的调控，且在疾病过程中涉及的 miRNA 机制非常复杂；有些疾病甚至与 20 多个 miRNA 有关。

目前，随着研究的发展，越来越多的研究人员关注到了糖尿病与 miRNA 之间的关系。毫无疑问，miRNA 会直接或间接地影响人类健康，研究人员在 2 型糖尿病患者的血浆、血清和全血中观察到了 miRNA 的异常表达。利用微阵列筛选和推断 miRNA 网络，降低靶点 miRNA 的表达水平，即 miR-15a、miR-20b、miR-21、miR-24、miR-126、miR-191、miR-197、miR-223、miR-320 和 miR-486 表达水平，发现 miR-486 表达水平在糖尿病患者血浆中通过 miR-28-3p 表达增加。在测定新诊断的 2 型糖尿病和糖尿病前期患者或易感个体的血清 miRNA 水平时，其测定结果为：在 2 型糖尿病患者中，miR-9、miR-29a、miR-30d、miR-34a、miR-124a、miR-146a 和 miR-375 表达水平明显高于易感人群。与糖尿病前期患者相比，2 型糖尿病患者的血清 miR-9、miR-29a、miR-34a、miR-146a 和 miR-375 表达水平明显上调。

除此之外，还有一些报道称，在代谢综合征人群的全血和外体中发现了 miRNA 的异常表达。在 2 型糖尿病患者中发现 miR-320a 和 miR-375 表达水平上调，并且 miR-27a 和 miR-320a 表达水平的升高与空腹血糖水平升高有关，此外，还发现肥胖也会影响糖尿病患者的 miRNA 的表达，研究人员在脂肪细胞中观察到了 miRNA 基因表达异常的现象。

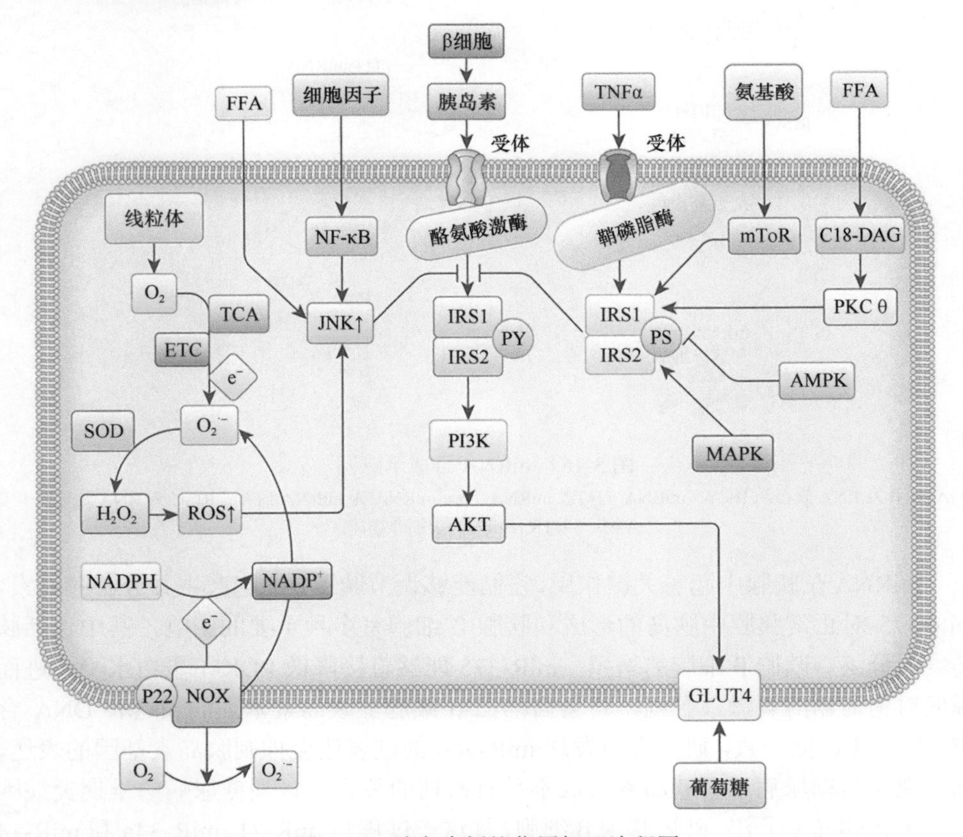

图 3-15　胰岛素抵抗作用机理流程图

Y. 酪氨酸；S. 丝氨酸；FFA. 游离脂肪酸；TCA. 三羧酸循环；ETC. 电子传递链；P22. 膜蛋白；NOX. 氮氧化物

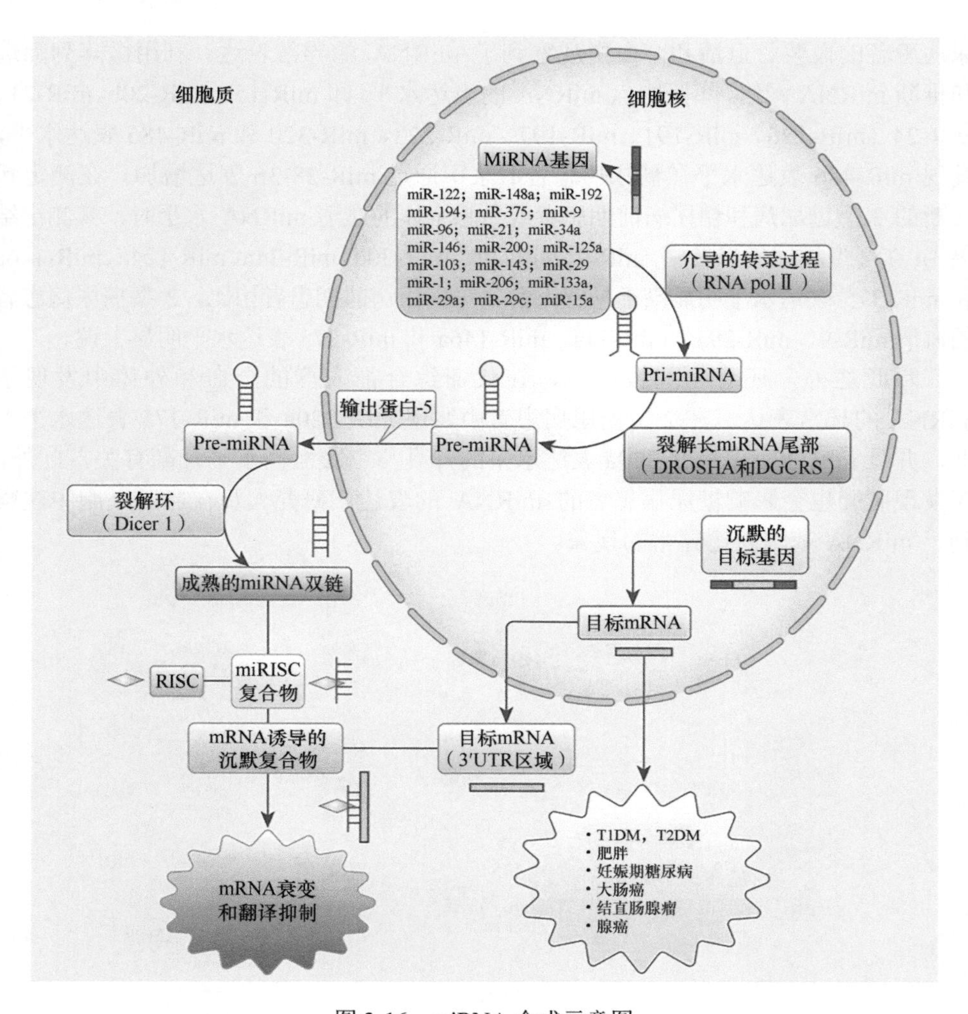

图 3-16 miRNA 合成示意图

RNA pol Ⅱ为 RNA 聚合酶 II；pri-miRNA 为初级 miRNA；pre-miRNA 为 miRNA 前体；RISC 为 RNA 诱导沉默复合物；3'UTR region 为 3'端非翻译区

miRNA 在胰腺中起着关键作用，它们能够调节胰腺β细胞产生并分泌胰岛素。miR-375 对正常胰腺中胰岛的形成和胰腺 β 细胞有多种重要的影响，其中包括胰岛素的分泌、胰腺 β 细胞的增殖。miR-375 能够直接降低 PDK-1 蛋白水平，进而降低对葡萄糖的刺激，否则，将会启动在 β 细胞上胰岛素基因的表达和 DNA 合成。与上述证据一致，研究人员发现 miR-30d 的过表达会抑制胰岛素基因的表达，这一现象与糖尿病患者胰岛素合成不足有密切的关系。1 型糖尿病的早期炎症因子会干扰胰岛素分泌、破坏胰腺 β 细胞，且这一过程与 miR-21、miR-34a 和 miR-14 的异常表达一致。同时，棕榈酸会诱导 p53 通路的激活，从而导致 miR-34a 和

miR-146 表达水平的上调，使胰腺 β 细胞凋亡和诱导胰岛素分泌。

Herrera 等（2010）证实了 miRNA 参与胰岛素靶组织形成的假设，他们将 283 个与 2 型糖尿病相关的 miRNA 及高血糖、中等血糖和正常血糖水平的大鼠进行微阵列分析，鉴定出在大鼠脂肪、肝脏和肌肉组织中有 29 个 miRNA 具有显著差异，其中脂肪组织有 9 个，肝脏组织有 18 个，肌肉组织有 2 个。研究发现，这些 miRNA 中有 5 个 miRNA 的表达模型与特定菌株的糖代谢表现模型相类似，miR-222、miR-27a 和 miR-195、miR-103 在脂肪组织与肝脏组织中表达上调，而 miR-10b 在肌肉组织中表达下调，miR-29 三个相关的基因在糖尿病大鼠的肌肉、脂肪和肝脏组织中表达上调，而在 3T3-L1 脂肪细胞中 miR-29 相关的基因过表达却降低了胰岛素刺激的葡萄糖摄取，与没有胰岛素刺激的情况相比，miR-29a 和 miR-29c 在胰岛素敏感组织中的表达中具有较高的刺激性。综上所述，这些研究都揭示了 miRNA 在 2 型糖尿病病因学中的关键作用。

秀丽隐杆线虫是一种结构简单且与人类基因在功能上具有高度保守性的模式生物，因为其特点鲜明，所以广泛应用于人类疾病的研究中，并在 2 型糖尿病的研究中备受关注。目前，2 型糖尿病的发病机制尚未完全明确，现有的治疗手段会给人体带来许多副作用。利用秀丽隐杆线虫建立 2 型糖尿病研究模型，与其他 2 型糖尿病细胞模型和动物模型相比，会带来不同的研究策略。秀丽隐杆线虫与哺乳动物具有高度的同源性，并在分子表征和基因组研究方面显示出优越性（Zhu et al.，2016）。胰岛素 IGF-1 信号转导途径在发育、生长、代谢和寿命研究中起关键作用（Murphy and Hu，2013）。胰岛素或类胰岛素信号激活的 DAF-2/IGFR 导致 PI3K 和 MAPK/mTOR 通路的激活。之后，AKT-1/2 被激活，并伴随着 DAF-16/FOXO 的磷酸化和 TORC1 的激活（Avruch et al.，2006）。DAF-16/FOXO 进入细胞核并调节多种转录因子，以促进寿命相关基因的表达（Boulias and Horvitz，2012）。AMP 活化蛋白激酶（AMPK）催化亚基同系物 AAK-2 通过激活 DAF-16/FOXO 调节寿命，并控制秀丽隐杆线虫的能量代谢平衡（Mair et al.，2011；Hardie et al.，2012）。mTOR 在 TORC1 复合物和 TORC2 复合物中起作用，参与营养代谢和能量平衡，复合物分别由 LET-363/mTOR 和 DAF-15/RAPTOR 组成（Hansen et al.，2007）。此外，据报道 TORC1 通过参与 DAF-15/Raptor 与 DAF-16/FOXO 的相互作用在代谢和长寿中起关键作用（Jia et al.，2004；Sheaffer et al.，2008）。此外，TORC1 的激活还伴随着 SEX-1/PPARγ 途径，该途径参与了胰岛素抵抗的调控（Barroso et al.，1999；Olefsky et al.，2000；Laplante and Sabatini，2009）。LET-363 参与的饮食限制介导途径可被营养素促进激活（Jia et al.，2004）。SOD-3 在 T2DM 中起抗氧化作用，可通过清除线粒体中的 ROS 来保护细胞免受氧化损伤（Flekac et al.，2008）。此外，miR-71、miR-67 和 miR-124 分别与 DAF-2、AKT-1 和 DAF-15 保守。Let-7 家族（Let-7/miR-48/miR-84/miR-271）与 DAF-16

和 SKN-1 转录因子保守。miR-51、miR-85 和 miR-1 分别与 SKN-1 转录因子、AAK-2/SOD-3 和 LET-363/SEX-1 保守。作为 T2DM 的潜在治疗靶标，Let-7 家族在许多生物中高度保守，并调节小鼠的葡萄糖代谢（Frost and Olson，2011）。miR-51 可通过 miRNA 调控的途径与 miR-48 相互作用（Brenner et al.，2012）。miR-71 参与热应激和氧化应激反应，并介导寿命变化（Elia et al.，2009；Boulias and Horvitz，2012；Lucanic et al.，2013）。miR-1 与胰岛素样生长因子-1（IGF-1）相互作用，调节 hsp60 的表达，参与糖尿病并发症的发生（Barroso et al.，1999；Shan et al.，2010）。miR-124 调节细胞凋亡和自噬，并影响帕金森病中的 AMPK/mTOR 途径的表达（Gong et al.，2016）。miR-85 可参与到 Let-7 和 LIN-28 的调控机制中（Lehrbach et al.，2009）。秀丽隐杆线虫中 miR-67 的作用机制尚不清楚，但其随着年龄的增长而趋于增加（Lucanic et al.，2013）。在本节研究中，对从石莼多糖中降解得到的一种新型寡糖的理化性质进行鉴定，并用在高浓度葡萄糖环境下诱导的胰岛素抵抗秀丽隐杆线虫中，评估了其抗衰老和降血糖的作用。同时，通过探索 miRNA 的变化，深入讨论了石莼寡糖潜在的抗氧化作用和胰岛素抵抗改善机制。

一、石莼寡糖 ULO-2 制备与纯化

称取 100g 干燥石莼粉末，按料液比 1∶40（*m*/*V*）的比例将石莼粉末与蒸馏水混合，充分搅拌均匀，然后在 45kHz、60℃水浴中以超声辅助提取 2h。待提取结束后，用纱布过滤掉石莼粉末，并以 5000r/min 离心 10min，取上清液，在 65℃下旋转蒸发浓缩至 500mL。加入 4 倍溶液体积的 95%乙醇，同时快速搅拌，以防出现结块现象。随后将液体置于 4℃层析柜中，过夜醇沉，次日，收集沉淀并烘干，所得烘干物即为石莼粗多糖。称取烘干后的粗多糖，按料液比 1∶100 的比例溶解于纯水中，在磁力搅拌器的辅助下加速粗多糖的溶解，待完全溶解后，加入中性蛋白酶，蛋白酶终浓度为 2%，在 55℃条件下水浴 2h，随后在 100℃高温下水浴 20min 灭酶活，以 5000r/min 离心 10min 取上清液。使用分子质量为 14 000Da 的透析袋对糖溶液进行流水透析，持续 48h。准确量取液体体积，加入 15mmol/L 的 30%过氧化氢和抗坏血酸组成芬顿体系以进行自由基降解，在 70℃水浴下持续反应 3h，随后将液体浓缩，加入 3 倍液体体积的 95%乙醇后，再次置于 4℃冰箱醇沉过夜。次日，取上清液浓缩冻干，并再次溶解于纯水中，使用分子质量为 3000Da 的透析袋对溶液进行透析分级，持续 24h。收集透析袋外的液体，冻干后即为分子质量小于 3000Da 的石莼寡糖。称取 200mg 的石莼寡糖，溶解于 10mL 超纯水中，通过 DEAE Sephadex A-52 纤维素柱和 Bio-Gel P-2 凝胶柱对溶液进行分离纯化，得到纯寡糖，在液体收集过程中使用苯酚-硫酸法对其跟踪监测，确保

只收集同一个吸收峰的产物。

石莼寡糖经 DEAE Sephadex A-52 阴离子交换柱纯化，如图 3-17a 所示，分别采用流动相为 0mol/L、0.1mol/L 和 0.3mol/L 的 NaCl 进行洗脱，图 3-17 中所示为 0.1mol/L NaCl 洗脱的主要成分。然后用大于 1000Da 分子质量的透析袋对溶液进行透析，除去盐分及单糖等，而后冻干，准备进行后续的纯化。

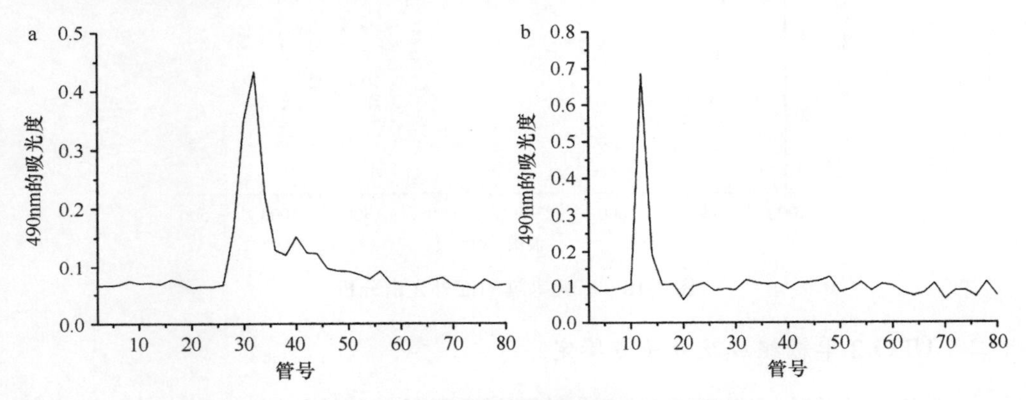

图 3-17　石莼寡糖的洗脱曲线及纯化结果

在收集完阴离子交换柱所纯化的寡糖后，取 100mg 寡糖溶解于 6mL 超纯水中，涡旋直至溶解完全，每次对 Bio-Gel P-2 凝胶柱（美国加利福尼亚州，伯乐，1504114）上样 1mL 石莼寡糖溶液。如图 3-17b 所示，所使用的是以超纯水为流动相所分离纯化得到的成分。收集图 3-17 中的最高峰处溶液，浓缩冻干，所得即为纯的石莼寡糖（ULO-2）。

二、石莼寡糖 ULO-2 结构解析

（一）ULO-2 红外光谱分析

准确称取 10mg 的石莼寡糖和 200mg 的 KBr，并置于研钵中研磨成粉末，压制成 1mm 厚的薄片，在波数范围 4000～400cm^{-1} 下检测石莼寡糖的官能团特征。

纯化后的石莼寡糖如图 3-18 所示。在 3412.97cm^{-1} 处出现的强吸收峰归因于 O—H 的伸缩振动，而在 2936.56cm^{-1} 处的吸收峰则是由 C—H 的伸缩振动引起的。在 1629～1748cm^{-1} 的强吸收峰是 C═O 伸缩振动引起的，这也表明石莼寡糖中存在糖醛酸。在 1236～1388cm^{-1}，存在尖锐的吸收峰，归因于 C—H 的伸缩振动。而在 1054.08cm^{-1} 处附近有吸收峰则表明存在 C═O═C 和 C═O═H 的伸缩振动。此外，在 846.73cm^{-1} 处观察到一个尖锐的峰，这表明 ULO-2 由形成 α-葡萄糖苷和 β-葡萄糖苷的吡喃糖环组成。

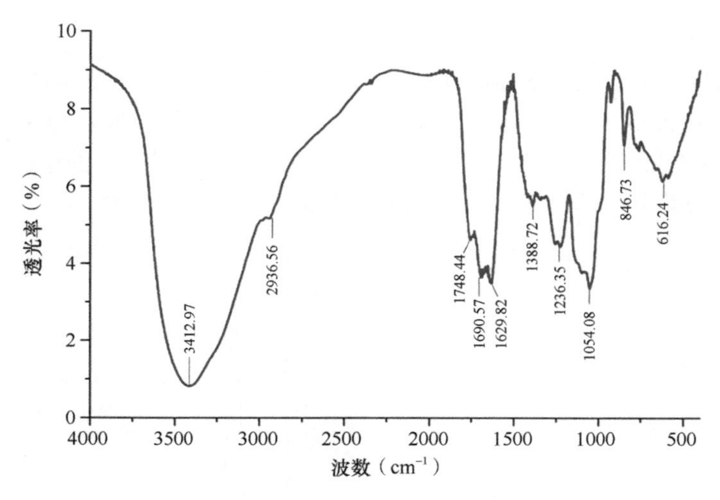

图 3-18 石莼寡糖的红外光谱分析

（二）ULO-2 单糖组成及分子量鉴定

准备 9 种单糖标准品（鼠李糖、岩藻糖、木糖、阿拉伯糖、甘露糖、葡萄糖、半乳糖、葡萄糖醛酸、半乳糖醛酸），各称取 10mg 分别溶解于 1mL 的超纯水中，随后各吸取 300μL 单糖样品于单独的 5mL 离心管中，加入 300μL 0.3mol/L 的 NaOH 和 0.5mol/L 的 1-苯基-3-甲基-5-吡唑啉酮（PMP），上下混匀 30s 后，置于 70℃下水浴 30min，取出冷却至室温，加入 300μL 的 0.3mol/L 的 HCl 进行中和，随即加入 600μL 超纯水混匀稀释液体。加入 2mL 的氯仿进行萃取，重复三次取水相层，并用水系聚醚砜滤头过滤，待上机检测。与标准品糖不同，石莼寡糖需事先进行酸解，即称取 50mg 样品溶解于 2mol/L 硫酸中，在 100℃下酸解 3h，调节至 pH=7，其余操作同标准品糖。准备 50mg 以上的纯石莼寡糖，用纯水溶解并超滤。开机校正后，将石莼寡糖样品加载到进样口，按设备操作说明进行检测，离子源使用 ESI。

单糖的组成分析主要通过 PMP 柱前衍生法，使用 HPLC 对石莼寡糖的单糖组成进行鉴定。从标准品糖（图 3-19a）与石莼寡糖的单糖组成比对中可以观察到，石莼寡糖中存在有 7 种不同的糖，分别是甘露糖、鼠李糖、葡萄糖醛酸、葡萄糖、半乳糖、阿拉伯糖以及木糖。其中鼠李糖的占比最高，其次是葡萄糖醛酸。根据图 3-20 分析，ULO-2 由甘露糖、鼠李糖、葡萄糖醛酸、葡萄糖、半乳糖、阿拉伯糖和木糖组成。这些糖的摩尔比分别为 0.22∶10.43∶3.89∶2.47∶0.35∶1.85∶0.44。

纯化后的石莼寡糖通过质谱图（图 3-20）分析可以观察到，其最终碎片出峰位置在 955.97，可知石莼寡糖的分子质量为 955.97Da。在 *m/z* 223.00 和 268.80 处均观察到一个很强的峰，这可能是—Rha—Rha—与 SO_3^-或—OH 的残留。可以注意到，在 *m/z* 268.80 处的强峰和在 *m/z* 294.81、384.71 和 444.67 处的双电荷碎片离子对应的是 B 型离子，这是由还原端的糖苷键断裂所致。

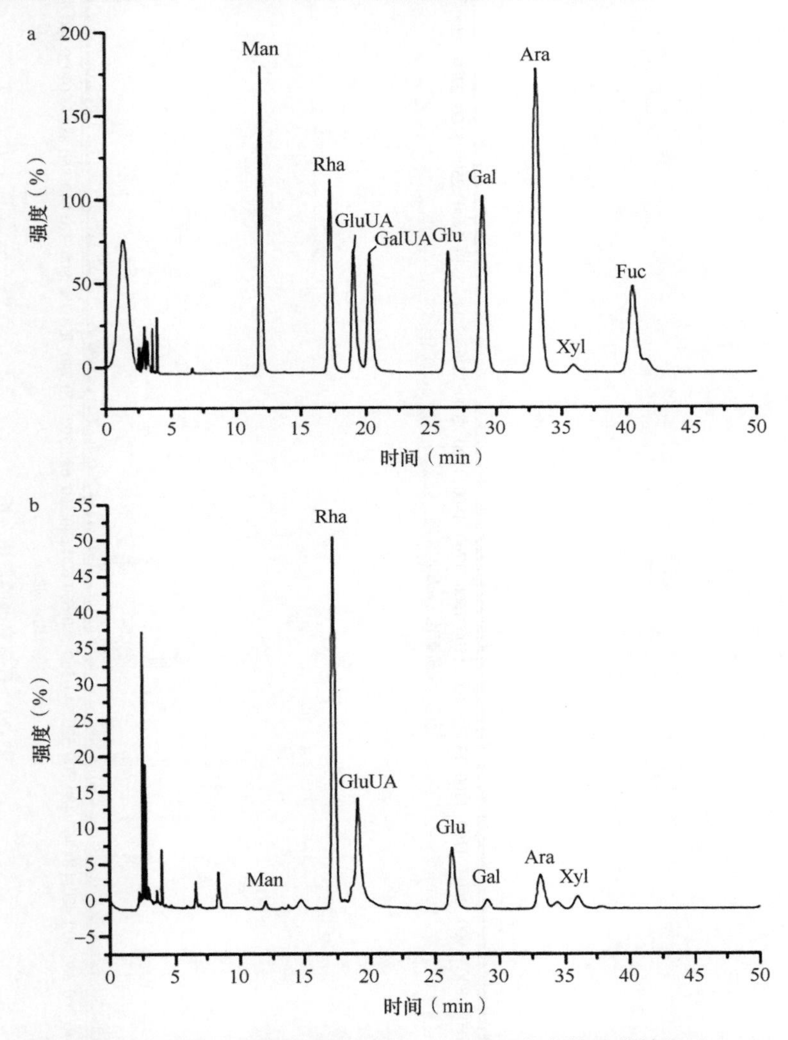

图 3-19　9 种标准品糖的混标色谱图（a）及石莼寡糖的单糖组成（b）

（三）ULO-2 核磁共振图谱分析

称取 60mg 的纯化石莼寡糖溶解于 500μL 重水中，重复冻干溶解三次，以代替活泼氢离子，然后在上机检测前将石莼寡糖事先装入核磁管，吸取 500μL 的重水于核磁管中，封闭管口并上下振荡溶解。随后置于 600MHz Bruker ADVANCE NEO 600 NMR，在室温下检测石莼寡糖的一维（^{1}H、^{13}C）和二维（^{1}H-^{1}H COSY、^{1}H-^{13}C HSQC 和 ^{1}H-^{13}C HMBC）谱图。

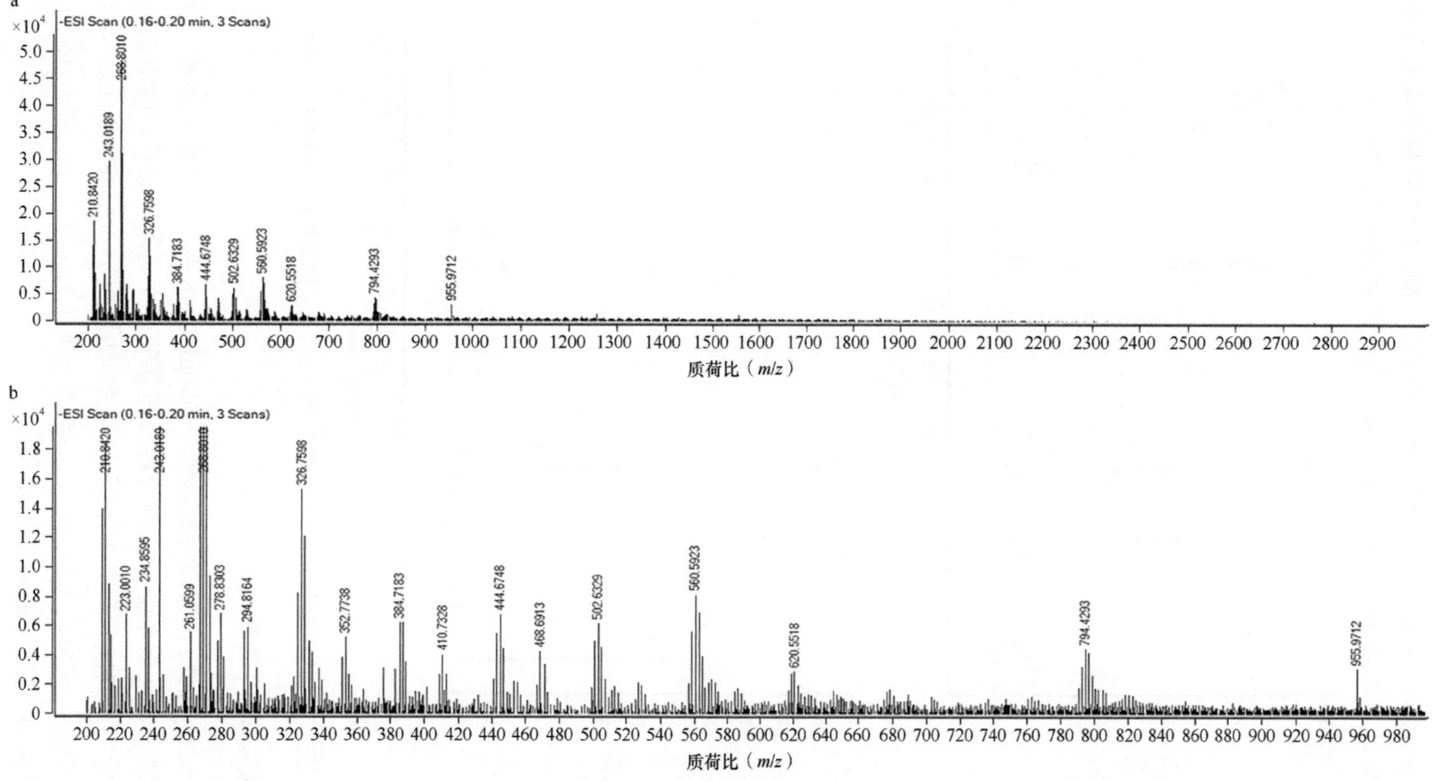

图3-20　石莼寡糖的质谱分析

经纯化后的石莼寡糖在溶于 D_2O 后进行 1D 和 2D 的核磁共振分析，如图 3-21 所示。在一维核磁共振图谱中，主要是通过 ^{1}H 和 ^{13}C 谱图对石莼寡糖的异头质子与异头碳的信号进行推断以确定石莼寡糖中可能存在的单糖的种类。由图 3-21a 可以看出，化学位移值在 δ4.4～5.5 处的异头质子信号区域内，存在有 18 个异头氢质子信号，值得注意的是在化学位移值 δ4.4～5.0 处，显示出了较为密集的信号分布，这表明石莼寡糖中糖类构型可能主要是由 β-糖苷键构成的，并且 α-糖苷键的信号化学位移值分别为 δ5.03、δ5.08、δ5.19、δ5.22 和 δ5.23。此外，化学位移值在 δ1.1～1.4 处可观察到明显的谱峰，而这意味着可归结于鼠李糖的 H6，也表明了鼠李糖的大量存在。由图 3-21b 中可以看出，异头碳的大致种类为 3 种，其主要分布在化学位移值 δ90～110 处。结合红外光谱和单糖组成的分析得知，石莼寡糖中存在糖醛酸，在 ^{13}C 中也观察到化学位移值 δ175.54 附近有谱峰出现，这与上述研究结果一致，而与氢谱相对应的鼠李糖的 H6 在碳谱中也可观察到 C6 的存在。

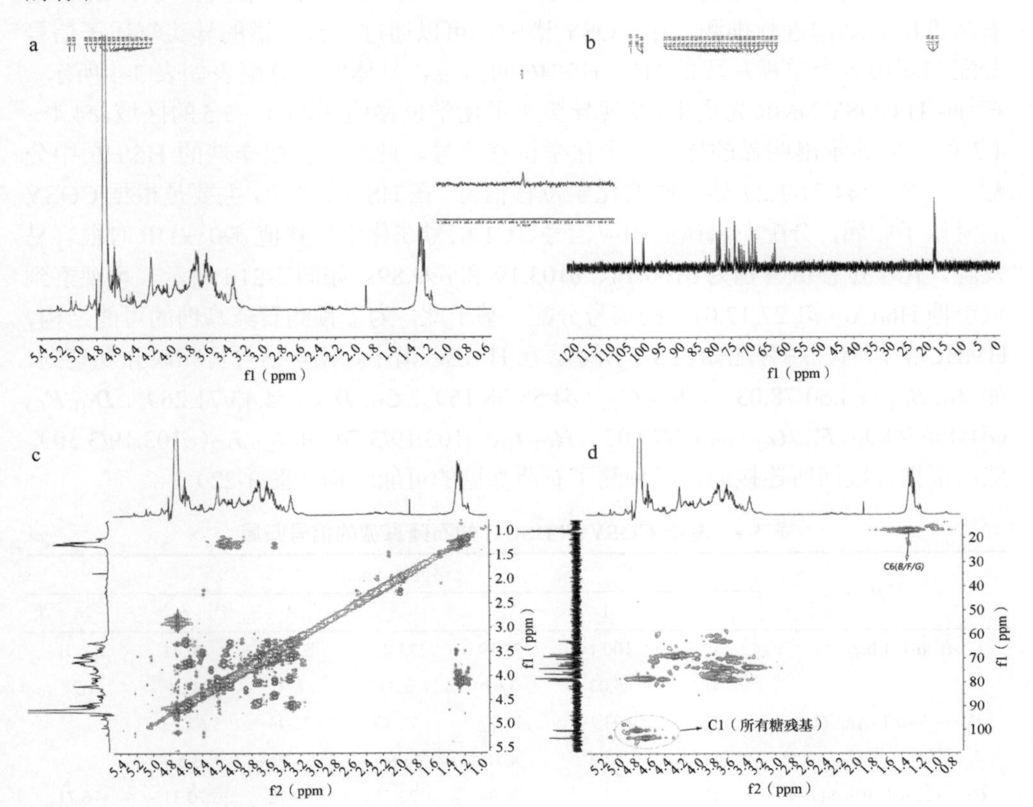

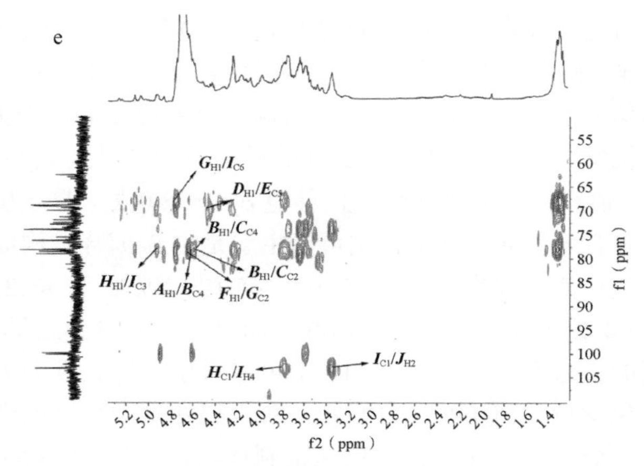

图 3-21　石莼寡糖的核磁共振分析

在二维谱图中，主要是通过 ^{1}H-^{1}H COSY、^{1}H-^{13}C HSQC 和 ^{1}H-^{13}C HMBC 对石莼寡糖的结构进行推测。在 COSY 谱中，可以通过一维氢谱的异头氢质子信号分配归属出各个单糖片段的 H1～H5/H6 的信号，具体归属分配表如表 3-4 所示。在 ^{1}H-^{1}H COSY NMR 光谱中，发现异头质子化学位移值在 δ4.4～5.5 的区域，δ4.4～4.7 的位置显示出明显的异头质子化学位移信号。此外，在鼠李糖的 H5/H6 中分配了一个在 δ4.21/1.27 处不同的化学位移信号。在 HSQC 谱中，主要是根据 COSY 的氢质子归属，分配归属碳的相应信号。C1 信号在化学位移值 δ90～110 时很容易发现，化学位移值分别为 δ100.14、δ103.19 和 δ99.89。如图 3-21d 所示，可观察到鼠李糖 H6/C6（δ1.27/17.01）的信号分配。基于此，为了预测石莼寡糖的可能结构，HMBC 的信号归属分配如表 3-5 所示。在 HMBC 谱中，化学信号可归属并观察到，如 $\boldsymbol{A}_{H1}/\boldsymbol{B}_{C4}$（$\delta$4.60/78.03）、$\boldsymbol{B}_{H1}/\boldsymbol{C}_{C2}$（$\delta$4.58/78.15）、$\boldsymbol{C}_{H1}/\boldsymbol{D}_{C6}$（$\delta$4.43/71.26）、$\boldsymbol{D}_{H1}/\boldsymbol{E}_{C5}$（$\delta$4.46/69.89）、$\boldsymbol{F}_{H1}/\boldsymbol{G}_{C2}$（$\delta$4.63/79.02）、$\boldsymbol{H}_{C1}/\boldsymbol{I}_{H4}$（$\delta$103.19/3.74）和 $\boldsymbol{I}_{C1}/\boldsymbol{J}_{H2}$（$\delta$103.19/3.30）。然后根据片段间所连接的信息预测了石莼寡糖的可能结构（图 3-22）。

表 3-4　基于 COSY 和 HSQC 的石莼寡糖的信号归属

残基		化学位移（ppm）					
		1	2	3	4	5	6
A：α-L-Rha*p*-(→	C	100.14	72.19	73.81	75.43	70.31	17.01
	H	5.03	3.61	3.31	4.60	4.21	1.27
B：→5)-α-L-Ara*f*-(1→	C	103.19	74.07	72.79	72.44	67.73	
	H	5.08	4.18	3.87	3.70	3.54	
C：→2)-α-L-Rha*p*-(1→	C		78.94	73.55	69.72	70.31	16.71
	H	5.19	3.59	3.32	4.26	4.05	1.28

续表

残基		化学位移（ppm）					
		1	2	3	4	5	6
D：→2)-α-L-Rha*p*-(1→	C		78.53	70.57	73.81	71.26	17.35
	H	5.22	4.35	3.52	3.73	4.21	1.27
E：α-L-Rha*p*-(1→	C		76.20	75.47	72.79	69.89	17.01
	H	5.23	4.39	3.32	3.59	4.13	1.26
F：α-L-Rha*p*-(1→	C	103.19	71.91	78.96	72.85	73.92	16.71
	H	4.67	3.74	3.53	3.30	4.08	1.25
G：β-D-Gla*p*-(1→	C	103.19	81.19	75.47	71.26	72.79	62.53
	H	4.63	3.72	3.54	4.21	3.87	3.68
H：→6)-β-D-Glc*p*-(1→	C	103.19	71.26	72.85	73.92	72.44	68.12
	H	4.60	3.70	3.31	4.04	3.75	3.54
I：→4)-α-L-Rha*p*-(1→	C	103.19	75.47	71.91	78.03	69.89	17.35
	H	4.58	3.74	3.52	3.86	4.13	1.17
J：→4)-β-D-Glc*p*A-(1→	C	103.19	72.79	71.26	78.53	72.85	175.54
	H	4.57	3.32	3.55	3.86	4.06	
K：β-D-Glc*p*A-(1→	C	103.19	73.81	73.55	73.92	75.47	175.54
	H	4.55	3.38	3.57	3.94	3.74	
L：→6)-β-D-Gal*p*-(1→	C	103.19	73.81	74.07	72.85	71.91	71.26
	H	4.46	3.53	3.65	3.95	3.91	3.90
M：→2)-β-D-Xyl*p*-(1→	C	100.14	79.02	71.93	73.23	62.53	
	H	4.70	3.30	3.52	3.72	3.78	
N：→6)-β-D-Man*p*-(1→	C	99.89	73.92	73.23	72.79	72.85	69.89
	H	4.88	3.85	3.60	4.15	4.04	3.74
O：→6)-β-D-Glc*p*-(1→	C	100.14	73.92	74.85	72.85	76.20	68.86
	H	4.82	3.29	3.55	4.03	3.72	3.52
P：→3,6)-β-D-Glc*p*-(1→	C	99.89	72.79	78.15	71.91	72.44	67.73
	H	4.80	3.32	3.60	3.90	4.13	3.46
Q：→2)-β-D-Glc*p*A-(1→	C	103.19	78.15	73.92	71.91	72.85	175.54
	H	4.43	3.52	3.33	3.70	3.83	
R：→4,6)-β-D-Glc*p*-(1→	C	103.19	73.92	75.47	81.19	72.79	69.00
	H	4.41	3.61	3.44	3.74	4.04	3.39

表 3-5　石莼寡糖片段连接

残基	H1/C1 δH/δC	连接位点		
		δH/δC	残基	原子
A：β-D-Glc*p*-(1→	4.60	78.03	***B***	C4
B：→4)-α-L-Rha*p*(2SO_3^-)-(1→	4.58	78.15	***C***	C2

续表

残基	H1/C1 δH/δC	连接位点		
		δH/δC	残基	原子
C：→2)-β-D-Glc*p*A-(1→	4.43	71.26	***D***	C6
D：→6)-β-D-Gal*p*-(1→	4.46	67.73	***E***	C5
E：→5)-α-L-Ara*p*-(1→	5.08	—	—	—
F：α-L-Rha*p*-(1→	4.63	79.02	***G***	C2
G：→2)-α-L-Rha*p*(3SO_3^-)-(1→	4.67	69.00	***I***	C6
H：β-D-Glc*p*A-(1→	103.19	3.74	***I***	H4
I：→4,6)-β-D-Glc*p*-(1→	103.19	3.30	***J***	H2
J：→2)-β-D-Xyl*p*-(1→	4.70	—	—	—

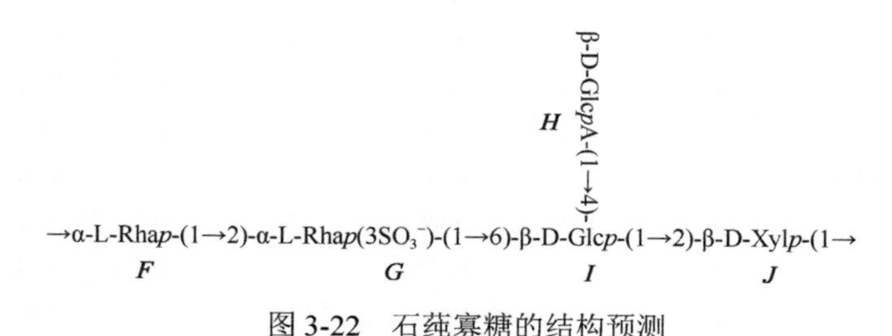

图 3-22　石莼寡糖的结构预测

三、石莼寡糖 ULO-2 改善胰岛素抵抗的作用

（一）线虫培养及高糖胰岛素抵抗模型的建立

秀丽隐杆线虫使用 NGM 培养基进行培养，将配制好的 NGM 培养基溶液在凝固之前倒入平板之中，将新制的 NGM 平板置于操作台紫外灭菌。制好的 NGM 培养基可于室温放置 2～3d 观察是否存在微生物污染。琼脂凝固后，即可添加尿嘧啶缺陷型大肠杆菌 OP50 至平板中。制作含糖培养基时，则在灭菌 NGM 培养基后准备倒平板之前把葡萄糖等加入培养基中，摇匀后再加入培养皿中凝固。喂食 OP50 前，调节菌液浓度至 1.5OD（光密度）。滴加 100μL 菌液至平板中央，均匀涂布，且 OP50 所占区域不超过平板半径的 70%。在非给药过程中，OP50 添加不进行灭活。在给药过程中，药物混合至菌液中，滴加至 NGM 培养基表面，凝固后立刻进行紫外灭菌，避免大肠杆菌消耗药物影响试验结果。线虫的转移主要通过挑虫器（picker）挑针法进行，应注意避免造成污染。N2 虫株主要于 20～25℃下进行扩增培养，DR1564 虫株主要于 16～20℃下进行扩增培养，培养箱为标准

生化培养箱且只用于秀丽隐杆线虫培养。

秀丽隐杆线虫在开始试验前需进行污染清理及同步化处理，一般使用次氯酸钠（NaClO）同步法进行第一阶段同步。首先配制足量 M9 缓冲液，准备线虫裂解液材料，即 1～5mol/L NaOH 溶液（根据污染程度选择）、4% NaClO 溶液，而后挑选具有许多在产卵期的雌雄同体线虫的平板，用 M9 缓冲液吹洗平板数次，使菌苔中附着的线虫和虫卵脱落。以灭菌的 1.5mL 离心管收集含线虫洗液，加水至 1.5mL 准备洗涤，3000r/min 离心 1min 弃上清，加 M9 缓冲液重悬，重复操作至液体澄清后弃上清。将 0.5mL NaOH 溶液与 1mL NaClO 溶液及 3.5mL M9 缓冲液混合，现用现配，加入含虫离心管中，轻摇离心管，在显微镜下观察虫体，直至大部分虫体断裂或溶解。将离心管于 6000r/min 离心 1min，弃上清，加 M9 缓冲液洗涤，重复 3～4 次，直至无次氯酸气味。将管底线虫卵转移到接种有 OP50 的清洁 NGM 平板边缘，并镜检。次日，虫卵孵化，幼虫会进入 OP50 菌苔中，将幼虫转移到新的接种有 OP50 的清洁 NGM 平板即可。若孵化率低，则检查是否为虫卵数量不足，若是，则检查是否产卵期成虫数量不足或操作失误导致虫卵丢失，若单纯孵化率低，则降低裂解强度。用次氯酸钠法处理后的幼虫可能仍携带有污染，需要在 NGM 培养基中观察数日以确保无携带杂菌污染。经次氯酸钠法同步的幼虫因承受环境胁迫，体内各项指标发生变化，不适合直接用于试验，因此正式试验中需以产卵同步法进行同步化。

在正式试验开始前，对已清理污染的试验用虫株进行产卵同步。根据试验用虫量需求，以挑虫器（picker）转移线虫至新的 NGM 培养基，每个培养皿建议 20～30 只成年线虫，于 20℃下放置培养基 3～5h，等待线虫产卵，而后去除所有成虫，只留虫卵。48h 后，线虫孵化并成长至 L4 阶段，即为试验用同步化线虫。DR1564 虫株因在一定温度下进入饥饿期（dauer 期），无法发育为成虫，因此饲养于 25℃下一段时间后去除成虫，将直接获得同步化 DR1564 虫株。

按配方流程制作 NGM 培养基，并在倒平板之前，于培养基溶液中加入 40mmol/L D-葡萄糖，摇匀后制作成高糖 NGM 培养基。将 DR1564 虫株同步化后，转移 dauer 期幼虫到铺有 OP50 的高糖培养基中，于 22℃下培养 36h，所得 DR1564 成虫即为高糖胰岛素抵抗模型秀丽隐杆线虫。

在高糖 NGM 培养基制作完成后，于给药前 24h 内配制药液。将所需药物与 OP50 菌液混合，配制成特定浓度的药物，而后滴加至培养基表面，等待菌液干燥后，用紫外交联仪进行灭菌 10min 以上，即可得含药平板。空白组则使用不混入任何药物的 OP50 菌液。所有含药菌液均现用现配，不提前混匀，避免大肠杆菌消耗药物。将高糖胰岛素抵抗模型秀丽隐杆线虫转移到含药平板上饲养，即可完成给药操作。除空白组使用无糖 NGM 培养基外，其余组使用高糖培养基。空白组和模型组以纯 OP50 菌液给药，其余给药组则以相应浓度的药物菌液混合液进行给药。

（二）ULO-2 对线虫寿命的影响

寿命试验使用 N2 虫株进行测试。同步化 N2 线虫后，对线虫进行分组，每组不少于 50 只，并设平行。每日用挑虫器（picker）转移存活成虫至新 NGM 培养基，并记录成活数量。用挑虫器（picker）碰触后没有反应的线虫视为死亡。试验持续到所有线虫全部死亡为止，而后制作寿命曲线图。

当线虫的糖代谢出现障碍时，将产生高糖诱导的氧化应激，从而影响其寿命，因此寿命试验可以直观评价药物的改善糖代谢或抗氧化的效果。正常（Normal）组（即空白组）、模型（Model）组、石莼寡糖低剂量（ULO-2L）组、石莼寡糖高剂量（ULO-2H）组、二甲双胍（Metformin）组、钒酸钠（Vanadate）组的平均寿命分别为 12d、8d、9d、10d、10d、9d。由图 3-23 及图 3-24 可知，空白组的寿命明显长于其他组，这是因为空白组没有高糖环境，所以其寿命未受到损害。模型组拥有最短的平均寿命，高糖环境诱导的短寿现象在模型组得到了显著的体现。各药物组的效果介于空白组和模型组之间，表明药物具有抗氧化或改善糖代谢的效果。其中，ULO-2H 组呈现最佳效果，相比模型组提高了约 25%，其次是二甲双胍组，然后是钒酸钠组和 ULO-2L 组。寿命试验的结果说明，ULO-2 具有良好的改善糖代谢或抗氧化的效果，并呈剂量依赖性。

（三）ULO-2 对胰岛素抵抗线虫的降糖作用

将 DR1564 线虫同步化后，分组给药 12h。给药结束后，用 M9 缓冲液清洗线虫后除去上清液，每 10 只线虫用 50μL 细胞裂解液对其进行裂解，裂解 30min 后，8000r/min 离心 10min，取上清，用肌/肝糖原试剂盒（上海，碧云天，PG357）分

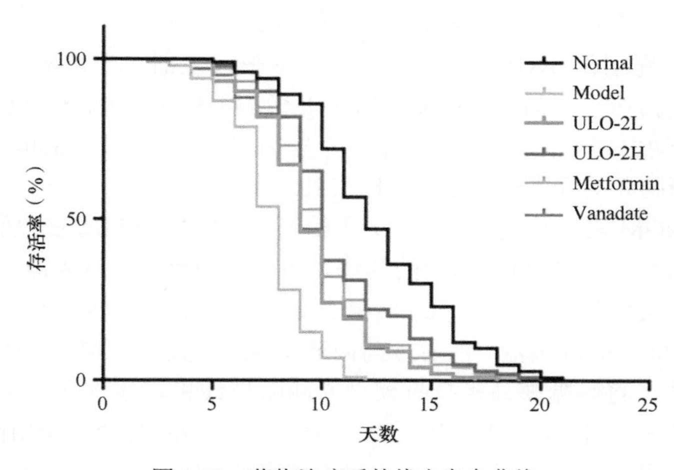

图 3-23　药物治疗后的线虫寿命曲线

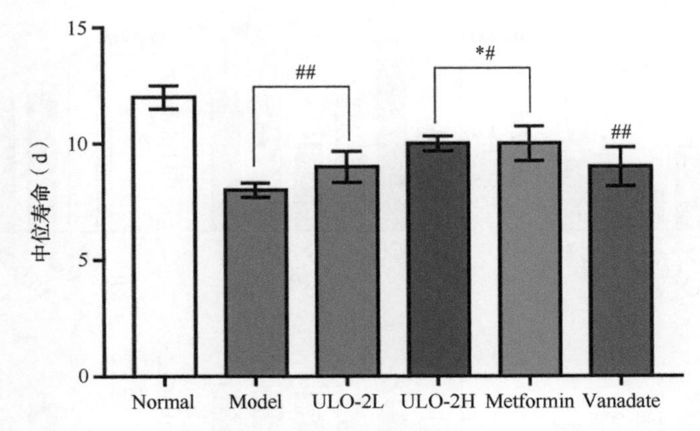

图 3-24　药物治疗后的线虫中位寿命

与模型组比较，$*P<0.05$，$**P<0.01$；与空白组比较，$\#P<0.05$，$\#\#P<0.01$

析其糖原含量，同时以 BCA 法检测裂解上清液中的蛋白质浓度，将糖含量相对于蛋白质浓度进行标准化后，进行组间对比计算。同时，另取一批给药线虫，用 M9 缓冲液洗涤后将线虫转移到新的空白 NGM 平板上，将平板倒扣在高纯度固体碘试剂瓶的瓶口，以碘蒸气熏蒸 1～2min，而后将线虫转移到 3%琼脂糖制成的薄片上，于荧光显微镜（奥伯科亨，蔡司，Axio Scope A1）下进行观察并拍照，通过检测照片中碘染色强度分析糖原分布。

高糖饮食会导致血糖上升，在秀丽隐杆线虫上体现为线虫体内糖含量的提升。正常组、模型组、ULO-2L 组、ULO-2H 组、二甲双胍组、钒酸钠组相对空白组（正常组）的葡萄糖含量的比值分别为 1.00、3.27、1.70、0.79、1.53、1.41。由图 3-25a 可知，相比于空白组，高糖饮食极大地提升了线虫体内的糖含量，在给药后，各组呈现不同的降糖效果。ULO-2L 组、二甲双胍组、钒酸钠组有明显的降糖效果，但未恢复到正常水平，而 ULO-2H 组的降糖效果极佳，相比模型组降低了 74.84%的糖含量，体内糖浓度接近正常组，说明 ULO-2 具有呈剂量依赖性的降糖效果。

高糖饮食会导致糖原积累量上升，而糖原积累量上升会导致线虫寿命的缩短。正常组、模型组、ULO-2L 组、ULO-2H 组、二甲双胍组、钒酸钠组相对空白组的糖原含量的比值分别为 1.00、1.74、1.34、0.88、1.37、1.35。由图 3-25b 可知，相比于空白组，高糖饮食极大地提升了线虫体内的糖原含量，在给药后，各组的糖原水平均有不同程度的下降效果。ULO-2L 组、二甲双胍组、钒酸钠组的糖原水平明显降低，但未恢复到正常水平，而 ULO-2H 组的效果极佳，相比模型组糖原含量降低了 49.43%，线虫体内糖原含量接近正常组，说明 ULO-2 具有呈剂量依赖性地改善糖代谢的效果，与寿命试验结果相呼应。

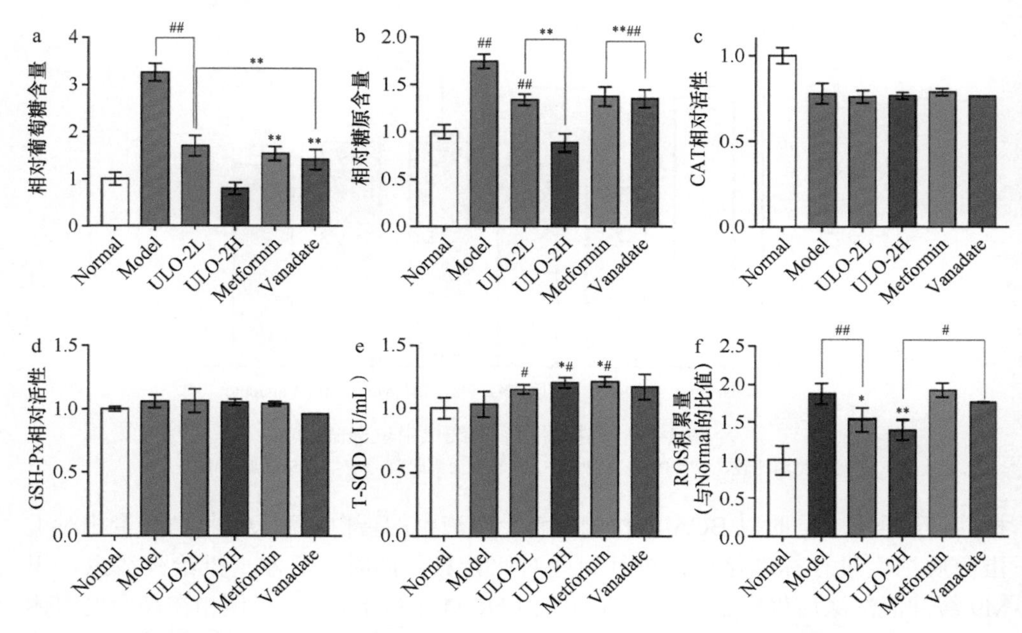

图 3-25　药物治疗后的线虫体内葡萄糖（a）、糖原（b）、CAT（c）、谷胱甘肽过氧化物酶（GSH-Px）（d）、T-SOD（e）、ROS（f）水平

与模型组比较，$*P<0.05$，$**P<0.01$；与空白组比较，$\#P<0.05$，$\#\#P<0.01$

（四）ULO-2 对秀丽隐杆线虫抗氧化能力的影响

将 DR1564 线虫同步化后，分组给药 120h。给药结束后，用 M9 缓冲液清洗线虫后去除上清液，将线虫转移到新的 96 孔板中，加入 180μL M9 缓冲液及 20μL 10%二氯荧光素二乙酸酯，室温避光孵育 30min，去除染液，将线虫转移到空白 NGM 培养基上，于荧光显微镜下观察其荧光情况，拍照并计算荧光强度，荧光激发波长 485nm，发射波长 530nm。

将 DR1564 线虫同步化后，分组给药 120h。给药结束后，用 M9 缓冲液清洗线虫后去除上清液，每 10 只线虫用 50μL 细胞裂解对其进行裂解，裂解时间为 30min，而后以 8000r/min 离心 10min，取上清液，用 T-SOD、CAT、GSH-Px 试剂盒（南京，建成生物工程研究所，A001-3-2、A007-1-1 和 A005-1-2）测定其糖含量，同时以 BCA 法检测裂解上清液中的蛋白质浓度，将糖含量相对于蛋白质浓度进行标准化后，进行组间比对分析。

高糖饮食会促使线虫产生高糖并诱导氧化应激反应，加速体内氧化产物积累，而与高糖氧化应激相关的代表性的氧化产物为 ROS，包括超氧阴离子（$\cdot O^{2-}$）、过氧化氢（H_2O_2）、羟自由基（$\cdot OH$）、臭氧（O_3）和单线态氧（$^1O_2$）等产物。虽然适当的活性氧有助于正常的生理活动，但活性氧的大量积累会对细胞结构造成严重损坏，加速细胞凋亡，也是高糖导致糖尿病并发症的重要诱因。正常组、模型组、ULO-2L组、ULO-2H组、二甲双胍组、钒酸钠组相对空白组的ROS比值分别为1.00、1.88、1.53、1.39、1.92、1.76。高糖饮食大幅度提升了ROS的积累，而ULO-2治疗显著降低了ROS水平，高剂量组相比模型组降低了26.06%，且ULO-2的治疗呈剂量依赖性（图3-26f）。钒酸钠组的ROS水平有一定程度下降，但不及ULO-2组，二甲双胍组的ROS水平无明显变化。

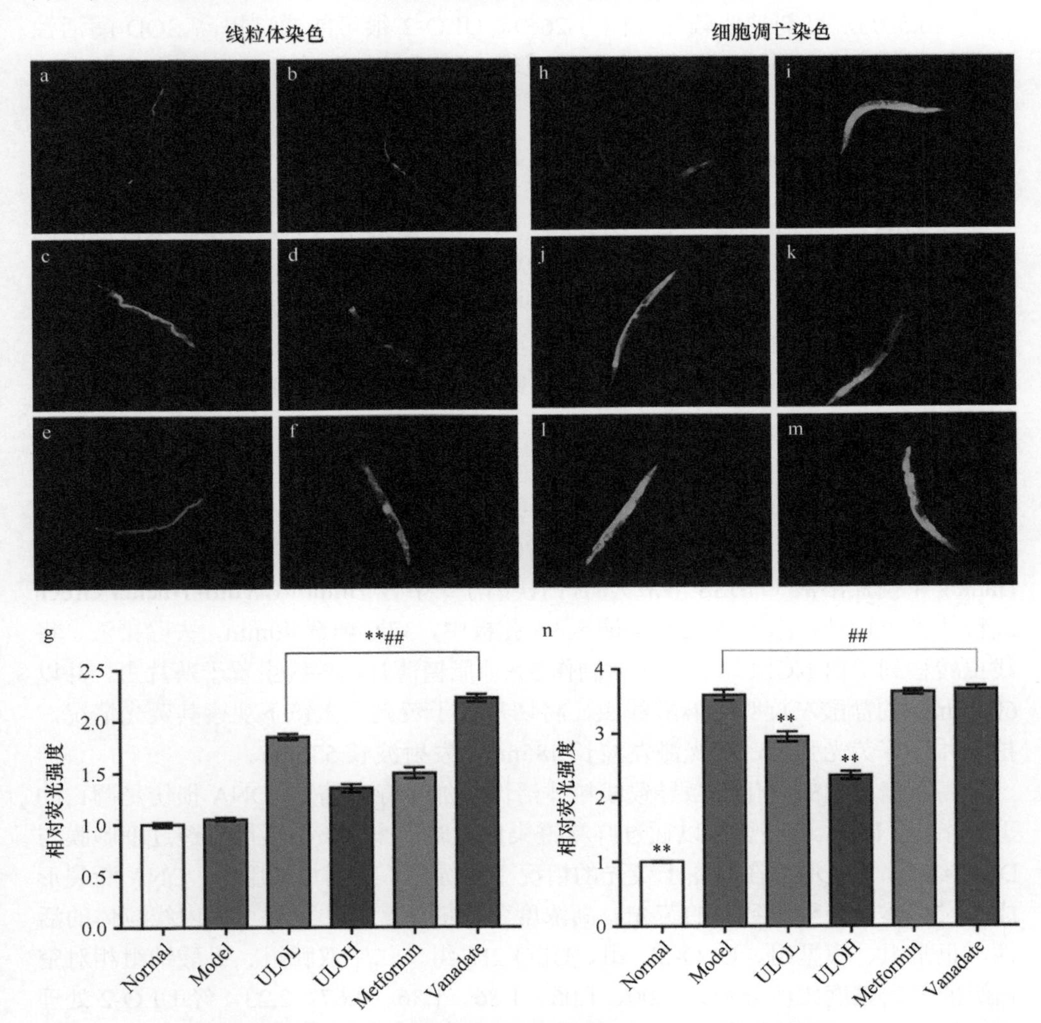

图3-26　线虫线粒体染色与细胞凋亡染色及其荧光强度定量

图中标示分别为空白组（a、h）、模型组（b、i）、ULO-2L组（c、j）、ULO-2H组（d、k）、二甲双胍组（e、l）、钒酸钠组（f、m）。与模型组比较，$**P<0.01$；与空白组比较，$##P<0.01$

高糖饮食会促使体内产生氧化应激，加速体内氧化产物积累，而氧化产物的清除在很大程度上依赖于各类抗氧化酶，如过氧化氢酶（CAT）、谷胱甘肽过氧化物酶（GSH-Px）、超氧化物歧化酶（SOD）等。过氧化氢酶及谷胱甘肽过氧化物酶在药物治疗后并没有明显变化（图 3-26c、d）。正常组、模型组、ULO-2L 组、ULO-2H 组、二甲双胍组、钒酸钠组相对空白组的 T-SOD 水平比值分别为 1.00、1.03、1.15、1.20、1.21、1.17，ULO-2 及二甲双胍均有效提高了总超氧化物歧化酶活性，其中，高剂量 ULO-2 相比低剂量 ULO-2 有更好的效果，相比模型组提高了 16.50%，呈剂量依赖性（图 3-26e）。ULO-2 很可能通过提高 SOD 酶活性来降低体内氧化产物积累，这有助于减轻高糖诱导氧化应激导致糖尿病并发症的风险。

（五）ULO-2 对高糖线虫细胞凋亡的影响

将 DR1564 线虫同步化后，分组给药 120h。给药结束后，用 M9 缓冲液清洗线虫后去除上清液，将线虫转移到新的 96 孔板中。配制线粒体荧光染液，以 M9 缓冲液溶解吖啶橙，配制成 25μg/mL 的吖啶橙染液，添加 200μL 染液至 96 孔板中，室温避光孵育 1h，去除染液，将线虫转移到空白 NGM 培养基上。制作 3% 琼脂糖薄片，将线虫置于薄片上，并以 60μg/mL 的盐酸左旋咪唑麻醉线虫，将切片置于荧光显微镜下观察其荧光情况，拍照并计算荧光强度，荧光激发波长 485nm，发射波长 535nm。

将 DR1564 线虫同步化后，分组给药 120h。给药结束后，用 M9 缓冲液清洗线虫后去除上清液，将线虫转移到新的 96 孔板中。配制线粒体荧光染液，每 1mL Hank's 平衡盐溶液（HBSS 溶液）（含钙镁离子）中含 1mmol/L Mito-Tracker Green 线粒体染色探针，添加 200μL 染液至 96 孔板中，37℃孵育 40min，去除染液，将线虫转移到空白 NGM 培养基上。制作 3%琼脂糖薄片，将线虫置于薄片上，并以 60μg/mL 的盐酸左旋咪唑麻醉线虫，将切片置于荧光显微镜下观察其荧光情况，拍照并计算荧光强度，荧光激发波长 485nm，发射波长 535nm。

高血糖引起的氧化应激导致线粒体活性增加和寿命缩短。DNA 损伤是凋亡的重要指标，DNA 的整合可以通过吖啶橙染色反映出来，该染料可以透过细胞膜与 DNA 结合，使 DNA 在暴露于荧光的情况下呈绿色，在凋亡细胞中，DNA 断裂形成凋亡小体，会染出致密的荧光。高浓度葡萄糖环境增加了线虫体内线粒体的活性，正常组、模型组、ULO-2L 组、ULO-2H 组、二甲双胍组、钒酸钠组相对空白组的荧光强度比值分别为 1.00、1.06、1.86、1.36、0.67、2.23，经 ULO-2 处理后荧光强度降低，并且高剂量的 ULO-2 效果更好（图 3-26）。ULO-2 组的线粒体活性增强主要集中在消化道上，而其他部位的活性增强则较弱，这表明 ULO-2 主要是吸收后在细胞中起作用，而非肠道。凋亡染色中，正常组、模型组、ULO-2L 组、ULO-2H 组、二甲双胍组、钒酸钠组相对空白组的荧光强度比值分别为 1.00、

1.53、1.94、1.42、1.54、1.57。在模型组中观察到亮绿色，表明高浓度葡萄糖极大地促进了细胞凋亡。ULO-2 组的荧光强度低，具有理想的抗氧化效果。高剂量 ULO-2 处理能够降低线虫线粒体活性和细胞凋亡，且作用优于低剂量组。同时，二甲双胍组和钒酸钠组均未显示出抗凋亡作用。

（六）ULO-2 降糖机制研究

通过 miRNA 分离试剂盒（美国佐治亚州，欧米茄，R6842-01）提取并纯化总 mRNA 和 miRNA。第一链 cDNA RT-PCR 分别使用 cDNA 合成试剂盒（日本京都，宝生物，6110A）和 miRNA 第一链 cDNA 合成试剂盒（加尾法）（上海，生工，B532451-0010）完成。之后，在 ABI 7300 PCR 系统（赛默飞世尔）上分别使用 UltraSYBR Mixture（上海，康为世纪，CW0957H）和 miRNA qPCR 试剂盒（上海，生工，B541010-0001）执行 PCR 程序。PCR 参数设置参照 qPCR 试剂盒中的操作手册。mRNA 和 miRNA 的相对定量分别通过核因子 κB 激活剂 1（ACT-1）和 5.8S rRNA 标准化，用 $2^{-\Delta\Delta Ct}$ 法计算结果。以 NCBI Primer Blast 设计 mRNA 和 5.8S rRNA 的引物序列，以 miRprimer2 软件设计 miRNA 的正向引物序列（表 3-6），并使用了加尾法的 miRNA 以 Universal PCR Primer R 作为反向引物（表 3-6）。

表 3-6　实时荧光定量聚合酶链式反应中所用引物序列

基因名称	上游引物（5′-3′）	下游引物（5′-3′）
ACT-1	TTGCCCCATCAACCATGAAGA	GCTGGTGGTGACGATGGTTT
DAF-2	TTGTCAGATGTCGGAGACGA	AGTCGAAGCCGTCTCATTGT
DAF-16	GAAATGTCCGAATCGCCAGAC	TGACGGATCGAGTTCTTCCAT
AKT-1	CACCGATGCGATATTGTCTACC	CATCAAGAACCTCTGGTGCAA
SKN-1	GTTCCCAACATCCAACTACG	TGGAGTCTGACCAGTGGATT
AAK-2	ATAGGAAGGAGGACGGTGGT	GGTCCTTGCGTTCCTTTCTTG
DAF-15	AACTGCATCTGTCGCCATCA	TCGAGTTTTTGATTTTGGTTGCC
LET-363	GGCGAGCAACTGAATCATCAA	TTTCCAAGCATCCGCGATA
SOD-3	TGGACACTATTAAGCGCGAC	GTAGTAGGCGTGCTCCCAAA
SEX-1	TGCGAAGGATGCAAGGGATT	AAAACGGAATCGGGGCTCTT
5.8S rRNA	TGCTGCGTTACTTACCACGA	CAGACGTACCAACTGGAGGC
miR-71-5p	GTGAAAGACATGGGTAGTGAG	通用 PCR 引物 R
miR-48-5p	AGTGAGGTAGGCTCAGTAGA	
miR-51-5p	ACCCGTAGCTCCTATCCA	
miR-67-3p	GTCACAACCTCCTAGAAAGAG	
miR-1-3p	CGCAGTGGAATGTAAAGAAGT	
miR-124-3p	AGGCACGCGGTGA	
miR-85-3p	CGCAGTACAAAGTATTTGAAAAGTC	

目标 miRNA 的 qPCR 结果如表 3-7 和图 3-27a、b 所示，所有数据均已相对于内参基因 5.8S rRNA 进行标准化定量。高糖环境诱导的 miRNA 水平变化可由模型组与空白组（正常组）的差异中得知。相对于空白组，模型组的 miR-71-5p、miR-51-5p 水平明显下调，而 miR-48-5p、miR-67-3p、miR-124-3p 的水平显著上升，但 miR-1-3p 与 miR-85-3p 的水平则无明显变化。相比于模型组，ULO-2H 给药显著降低了 miR-48-5p、miR-67-3p、miR-124-3p、miR-85-3p 等一系列 miRNA 的水平，并且呈剂量依赖性，但 miR-71-5p 与 miR-51-5p 的水平相对模型组无太大差异。二甲双胍相对于模型组上调了 miR-71-5p、miR-51-5p、miR-1-3p、miR-85-3p 的等一系列 miRNA 的水平，降低了 miR-67-3p、miR-124-3p 的水平，而 miR-48-5p 水平无显著变化。钒酸钠处理组相比模型组下调了 miR-48-5p、miR-67-3p、miR-124-3p 的水平，上调了 miR-1-3p 和 miR-85-3p 的水平，而 miR-71-5p 的水平相比模型组无明显变化。ULO-2、二甲双胍、钒酸钠处理的线虫 miRNA 调节机制存在明显的不同，这将导致其影响对应 mRNA 的表达，从而使三者的效果产生巨大差异。

表 3-7　实时荧光定量聚合酶链式反应结果

基因名称	表达量相对空白组的比值					
	Normal	Model	ULO-2L	ULO-2H	Metformin	Vanadate
DAF-2	1	1.54	1.56	2.44	4.19	7.08
DAF-16	1	0.38	0.83	1.89	2.34	2.66
AKT-1	1	0.55	1.40	3.75	1.92	2.73
SKN-1	1	0.99	1.47	3.71	2.58	6.11
AAK-2	1	0.83	1.34	1.81	1.91	1.15
DAF-15	1	1.38	1.50	2.84	2.75	7.05
LET-363	1	1.50	1.22	5.37	2.98	6.22
SOD-3	1	0.28	0.43	1.46	1.54	3.15
SEX-1	1	2.45	3.96	11.68	16.41	11.96
miR-71-5p	1	0.65	0.55	0.54	1.38	0.47
miR-48-5p	1	3.15	1.34	0.94	2.58	1.59
miR-51-5p	1	0.53	0.70	0.49	1.98	1.17
miR-67-3p	1	2.38	1.25	0.35	1.33	0.96
miR-1-3p	1	0.84	1.14	1.11	2.41	1.28
miR-124-3p	1	7.55	1.90	1.18	6.73	3.92
miR-85-3p	1	1.23	1.96	0.39	2.79	3.66

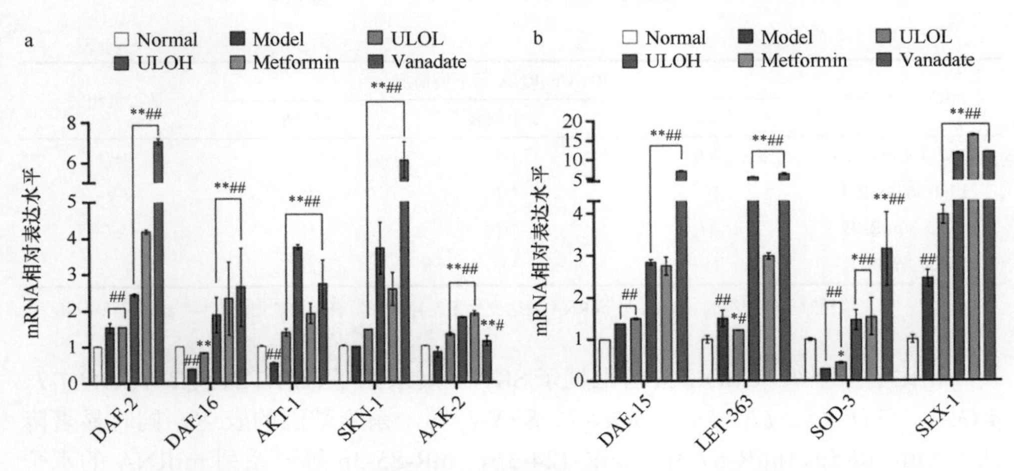

图 3-27　药物治疗后的线虫部分 mRNA 的相对表达水平

与模型组比较，$*P<0.05$，$**P<0.01$；与空白组比较，$\#P<0.05$，$\#\#P<0.01$

由于 miRNA 会在一定程度上抑制 mRNA 的表达，从而导致一系列的功能变化，因此当 miRNA 对 mRNA 的表达产生干涉时，其表达水平必然在一定程度上呈负相关，影响力越大，相关系数越大。当药物调节 mRNA 表达的主要方式是影响其对应的 miRNA 表达时，两者必然呈负相关。在基于 TargetScanWorm 的 miRNA 干涉目标预测中，miR-71、miR-67、miR-124 分别与 DAF-2、AKT-1、DAF-15 的表达相关，miR-48 与 DAF-16 及 SKN-1 转录因子的表达相关，miR-51 与 SKN-1 转录因子的表达相关，miR-85 与 AAK-2 及 SOD-3 的表达相关，miR-1 与 LET-363 及 SEX-1 的表达相关。各给药组的 mRNA 及 miRNA 基因表达配对分析已整理到表 3-8 中，当 mRNA 与 miRNA 的表达呈负相关时，说明该 mRNA 的上下调与对应的 miRNA 水平有重要联系，若不呈负相关，则说明该 mRNA 的变化与对应的 miRNA 水平关系较小，从而判断该 mRNA 的表达变化是否与药物对 miRNA 的调节有重要联系。

表 3-8　各给药组相对于模型组的 mRNA 与 miRNA 表达变化情况

mRNA/miRNA	mRNA/miRNA 上下调情况			是否负相关
	ULO-2	二甲双胍	钒酸钠	
DAF-2/miR-71	↑/—	↑/↑	↑/—	–/–/–
DAF-16/miR-48	↑/↓	↑/—	↑/↓	+/–/+
AKT-1/miR-67	↑/↓	↑/↓	↑/↓	+/+/+
SKN-1/miR-48	↑/↓	↑/—	↑/↓	+/–/+
SKN-1/miR-51	↑/—	↑/↑	↑/↑	–/–/–
AAK-2/miR-85	↑/↓	↑/↑	↑/↑	+/–/–

续表

mRNA/miRNA	mRNA/miRNA 上下调情况			是否负相关
	ULO-2	二甲双胍	钒酸钠	
DAF-15/miR-124	↑/↓	↑/↓	↑/↓	+/+/+
LET-363/miR-1	↑/—	↑/↑	↑/↑	–/–/–
SOD-3/miR-85	↑/↓	↑/↑	↑/↑	+/–/–
SEX-1/miR-1	↑/—	↑/↑	↑/↑	–/–/–

注:“—”表示相对于模型组的 mRNA 与 miRNA 表达变化无差异;“+”表示呈负相关;“–”表示不呈负相关

相比于模型组,ULO-2 显著上调了 SKN-1 转录因子、*DAF-2*、*DAF-16*、*AKT-1*、*AAK-2*、*DAF-15*、*LET-363*、*SOD-3*、*SEX-1* 等一系列基因的表达,同时显著降低了 miR-48-5p、miR-67-3p、miR-124-3p、miR-85-3p 等一系列 miRNA 的水平(图 3-28),这些调节均呈剂量依赖性,但 miR-71-5p 与 miR-51-5p 的水平相对模型组无太大差异。ULO-2 组的 SKN-1 转录因子、DAF-2、LET-363、SEX-1 等 mRNA 的表达与对应的 miR-71、miR-48、miR-1 等 miRNA 的表达未表现出负相关性,说明这些 mRNA 的表达变化并不以这些 miRNA 的影响为主,而 DAF-16、AKT-1、SKN-1 转录因子、AAK-2、DAF-15、SOD-3 等 mRNA 的表达与对应的 miR-48、miR-67、miR-85、miR-124 等 miRNA 呈负相关,说明 ULO-2 对这些 miRNA 表达的调节及 mRNA 水平的变化有重要影响。

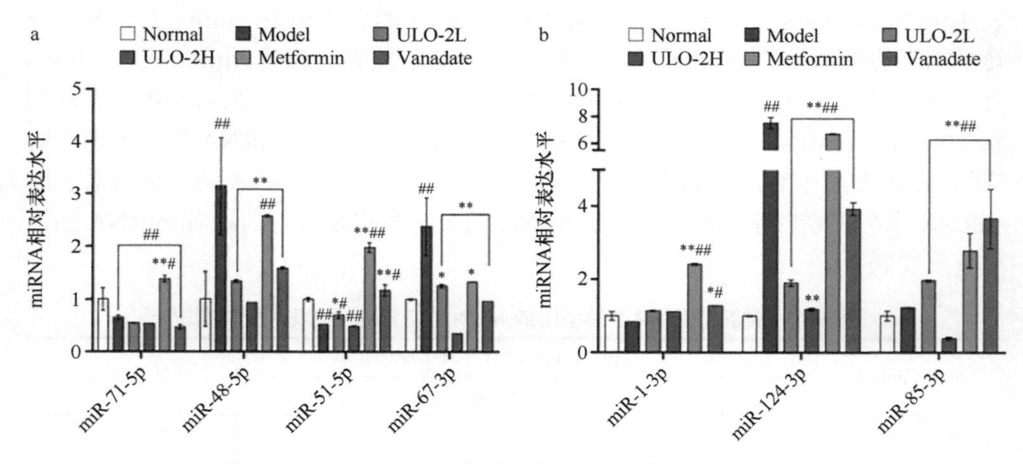

图 3-28 药物治疗后的线虫部分 mRNA 的相对表达水平

与模型组比较,$*P<0.05$,$**P<0.01$;与空白组比较,$\#P<0.05$,$\#\#P<0.01$

ULO-2 通过显著下调 miR-48、miR-67、miR-85、miR-124 等 miRNA 的表达来激活 SKN-1 转录因子、*DAF-16*、*AKT-1*、*AAK-2*、*DAF-15*、*SOD-3* 等基因,这几个基因均涉及寿命及能量代谢。SKN-1 转录因子的上调并不依赖于 miR-51,而

是更倾向于 miR-48 下调的帮助。而 *DAF-2*、*LET-363*、*SEX-1* 的表达虽然显著上调，却与预测的对应的 miRNA 没有太大关系，涉及未检测到的 miRNA 或其他调节机制。从 *DAF-2* 到 *DAF-16* 一系列基因的上调将促进胰岛素信号的强化，而 *DAF-16* 的上调又导致了抗氧化酶的活性增加和寿命的延长。*DAF-15*、*LET-363*、*SEX-1* 这一条基因通路的高度激活，表明 ULO-2 改善糖代谢的主要途径之一是促进葡萄糖转化为脂质。去除上下游基因之间的上下调影响，可以发现 ULO-2 对于 *DAF-15* 的上调并不依赖于对 *DAF-16* 的下调，而是通过另外的途径实现，其影响力随剂量的增加而快速增加，说明 ULO-2 可以直接作用于 mTOR 通路，这是一个值得深入研究的方向。

总而言之，ULO-2 通过激活 IRS/FOXO 通路和 AMPK/mTOR 通路，放大胰岛素信号，强化营养及能量代谢，增加抗氧化酶活性，从而改善胰岛素信号响应、促进糖代谢、增强抗氧化能力、延长线虫寿命，从而实现了对胰岛素抵抗的改善，其具体机制如图 3-29 所示。

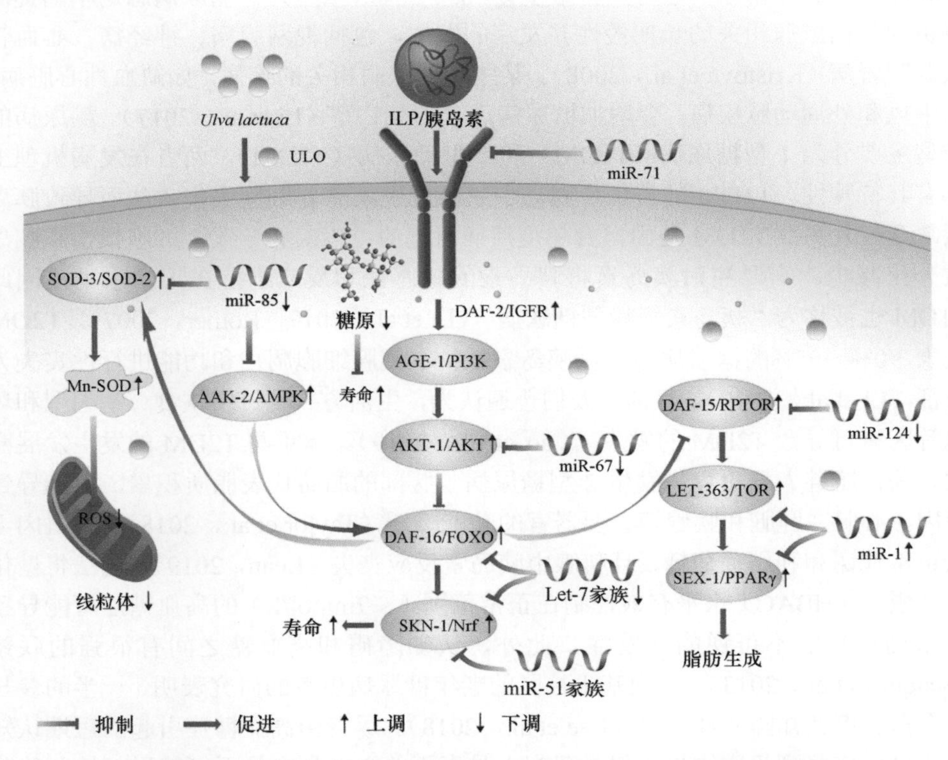

图 3-29　石莼寡糖（ULO-2）对 DAF-2/IGFR 通路的作用机制图

目标 mRNA 的 qPCR 结果如表 3-7 所示，所有数据均已相对于内参基因 *ACT-1*

进行了标准化定量。高糖环境产生的自体调节等基因信号变化可由模型组与空白组的差异得知。相比于空白组，模型组的 *DAF-2*、*DAF-15*、*LET-363*、*SEX-1* 基因均出现了上调，而 *DAF-16*、*AKT-1*、*SOD-3* 等基因则明显下调，SKN-1 转录因子与 *AAK-2* 则无明显变化。相比于模型组，ULO-2 给药显著上调了 *DAF-2*、*DAF-16*、*AKT-1*、*AAK-2*、*DAF-15*、*LET-363*、*SOD-3*、*SEX-1* 等一系列基因的表达，并且呈剂量依赖性。尽管二甲双胍及钒酸钠也相对于模型组全面上调了 *DAF-2*、*DAF-16*、*AKT-1*、*AAK-2*、*DAF-15*、*LET-363*、*SOD-3*、*SEX-1* 等一系列基因的表达，但其上调幅度与 ULO-2 存在明显不同，代表其核心调节机制在分子水平存在巨大差异。

第三节 石莼寡糖 ULO-3 降糖及抗衰老作用研究

在过去的几十年中，许多亚洲国家经济的快速发展促进了糖尿病的发生，中国和印度尼西亚糖尿病患者人数最多（Zhao et al.，2019）。糖尿病患病率的提高将诱导与糖尿病相关的长期慢性并发症的发生，包括视网膜病、神经病、心血管疾病和肾病（Kristová et al.，2008）。某些与糖尿病相关的疾病，如缺血性心脏病、脑中风和外周动脉疾病，会增加糖尿病患者的死亡率（Li et al.，2017）。糖尿病的类型主要分为 1 型糖尿病（T1DM）和 2 型糖尿病（T2DM），两者在发病机理上都有其特殊性。T1DM 的特征是胰岛中胰岛素生成的 β 细胞丢失，从而导致胰岛素缺乏。大多数 T1DM 是由自身免疫疾病引起的，该疾病导致 β 细胞损伤和胰岛素分泌减少。需要注射胰岛素将胰岛素的敏感性和反应维持在正常水平，因此 T1DM 也被称为“胰岛素依赖型糖尿病”（Li et al.，2017；Rother，2007）。T2DM 代表 90%～95%的糖尿病病例以胰岛素抵抗、胰腺细胞凋亡和功能进行性丧失为特征（Li et al.，2019）。目前，人们普遍认为，生活方式、日常饮食、基因型和环境等因素可导致 T2DM 的发生（Cao et al.，2019）。体重与 T2DM 的发生发展密切相关，肥胖人群更容易发生 2 型糖尿病。腰部的脂肪代表脂质积累，可能导致肌肉、心脏、肝脏和胰腺等重要器官的功能障碍（Taylor et al.，2018），如肌肉无法正常代谢和利用葡萄糖，且胰腺中胰岛素反应丧失（Lean，2019）。无法将糖化血红蛋白（HBAC）水平有效控制在正常范围（＜7mmol/L）的高血糖症可能导致一系列严重的不可逆的并发症。此外，认知障碍和高血糖之间有很强的联系（Seaquist et al.，2013）。一项基于社区的老年糖尿病患者的研究表明，一半的参与者存在轻度认知障碍和痴呆（Lee et al.，2018）。尽管由高血糖症引起的短期认知退化可以恢复到正常水平，但是研究人员真正关心的是它是否可能引起持久的脑损伤（Warren and Frier，2005）。通常，糖尿病不仅会导致血糖水平失控和不可逆的并发症，而且还会损害人体的组织和器官，严重破坏人体健康系统的维护。

研究表明，T2DM 的发病率随着年龄的增加而呈现递增趋势，尤其是在发达国家，绝大多数的 T2DM 患者年龄都超过了 64 岁（Wild et al.，2004）。因而，糖尿病患者更容易出现与年龄相关的综合征，如体质虚弱、轻度认知障碍、阿尔茨海默病、心血管疾病、骨质疏松、视力障碍和肾功能不全，这表明 T2DM 患者的机体可能处于一个衰老的状态（Kirkland，2013）。事实上，细胞衰老本身是一种细胞在程序性生长过程中必然导致的不可逆的生长停滞和凋亡，其特征是器官和身体功能逐渐下降，导致机体易受到环境威胁，同时相关疾病的死亡风险增加（Kirkwood，2005）。尽管衰老这一过程不可避免，但是最近的研究表明，衰老的速度可通过饮食和生活方式等多种因素而得到改善，如食用寡糖和动物蛋白含量低的植物性饮食可显著延长寿命（Brandhorst and Longo，2019）。当前，对 T2DM 患者的治疗主要是通过生活方式、饮食结构、药物治疗以及胃旁路术等（Mingrone et al.，2021）。不可否认的是，当前市面上诸多控制 T2DM 血糖的药物在治疗过程中存在一定的副作用，如腹泻、呕吐、酮症酸中毒和恶心等不良反应，这极大地限制了药物的临床使用。因此，寻找一种天然活性成分来代替药物以改善人体机能代谢和延缓衰老成为当前亟待解决的问题。

大脑作为一个高度血管化的器官，每个神经元都散布在血管周围 15μm 以内，正是这种邻近的关系使得营养物质和代谢废物透过血管进行交换传递，从而维持大脑的代谢活性（Tsai et al.，2009）。研究表明，大脑会通过自主神经系统和下丘脑-垂体-肾上腺轴发出信号进而影响胃肠道微环境，包括蠕动与转运、液体和黏液分泌、免疫激活、肠道通透性以及肠道微生物相对丰度（Mayer et al.，2008；Osadchiy et al.，2019）。而肠道微生物群落的结构和功能则会因受到肠腔环境的变化而发生改变，与此同时，肠道菌群可以通过数百种代谢物与大脑进行信息交换，通过肠道的神经信号传递至大脑以维持机体功能稳态（Gabanyi et al.，2022）。本节以绿藻石莼寡糖为研究核心，在衰老糖尿病背景下研究该寡糖的降糖及抗衰老分子机制，并通过非靶向代谢组学及 16S rRNA 等技术研究寡糖对衰老糖尿病小鼠的脑-肠-微生物轴的协同调控机制，为后续促进绿藻寡糖的开发和应用奠定理论与实践基础。

一、石莼寡糖 ULO-3 制备与纯化

称取 100g 的干燥脱脂石莼粉末，按料液比 1∶40（*m*/*V*）的比例将石莼粉与蒸馏水混合，充分搅拌均匀，然后在 45kHz、60℃水浴中超声辅助提取 2h。待提取结束后，用纱布过滤掉石莼粉末，并于 5000r/min 离心 10min，取上清液，在 65℃下蒸发浓缩至 500mL。加入 4 倍溶液体积的 95%乙醇，同时快速搅拌，以防出现结块现象。随后将液体置于 4℃层析柜中，过夜醇沉，次日，收集沉淀并烘

干。称取烘干后的粗多糖，按料液比 1∶100 的比例溶解于纯水中，在磁力搅拌器（上海，艾科，IT-09A5）的辅助下加速粗多糖的溶解，待完全溶解后，加入中性蛋白酶，其终浓度 2%，在 55℃条件下水浴 2h，随即在 100℃高温下水浴 20min 灭酶活，5000r/min 离心 10min 取上清液。使用分子质量为 14 000Da 的透析袋对糖溶液进行流水透析，持续 48h。准确量取液体体积，加入 15mmol/L 硫酸亚铁和抗坏血酸组成芬顿体系进行自由基降解，在 70℃水浴下持续反应 3h，随后将液体浓缩，加入 3 倍液体体积的 95%乙醇后，再次置于 4℃冰箱醇沉过夜。取上清液浓缩冻干，并再次溶解于纯水中，使用分子质量为 3000Da 的透析袋对溶液进行透析分级，持续 24h。收集透析袋外的液体，冻干后即为分子质量小于 3000Da 的石莼寡糖与部分杂质的混合物。将所得石莼寡糖再经 800Da 透析袋进行透析分级，去除 800Da 以下的其他杂质，即得到目标石莼寡糖（ULO-3）。

二、石莼寡糖 ULO-3 降糖及抗衰老作用

（一）ULO-3 对小鼠体重及血糖的影响

将购买的 ICR 小鼠置于无菌室用缓冲液适应性喂养一周，房间温度和湿度分别控制在 25℃和 55%。适应性喂养期间正常提供食物和水，每日同一时间正常明暗环境交替 12h。随后，随机选择 20 只小鼠作为正常组（Normal）喂正常的基础饲料，其余小鼠给予高糖高脂饲料：10 只模型组（Model）、10 只阳性对照组（Control，100mg/kg）、10 只石莼寡糖低剂量组（ULO-3L，150mg/kg）、10 只石莼寡糖高剂量组（ULO-3H，300mg/kg）。分组结束后，通过腹腔注射 D-半乳糖 [45mg/(kg·d)] 40d，30d 时开始同时腹腔注射 STZ（70mg/kg），隔 3d 注射一次，每次注射前一日禁食并测定空腹血糖。直至模型及给药组小鼠空腹血糖大于 11.1mmol/L。正式干预治疗试验周期为 30d，模型组和正常组小鼠每日给予生理盐水，其余组按上述剂量给药。

在分组完毕后记录一次体重，记为 0d，而后在第 2 周、第 4 周分别测量一次体重，观察体重变化。将小鼠饲料移除，断食 8h 以上后，抓取小鼠，在尾静脉取血。用酒精擦拭消毒尾部后，以一次性采血针刺穿尾静脉使之出血，使用血糖检测仪（天津，欧姆龙，HGM-114）检测血糖含量，即为空腹血糖值。空腹血糖的检测在试验开始前、第 2 周及第 4 周各检测一次。另外，对小鼠口服葡萄糖耐量进行测定，在给药 4 周后进行糖耐量检测。将小鼠饲料移除，断食 8h 以上后，对所有小鼠灌胃 100mg/kg 的葡萄糖，灌胃量 0.3mL。抓取小鼠，用酒精擦拭消毒尾部后，以一次性采血针刺穿尾静脉使之出血，使用血糖检测仪检测血滴内血糖含量。通过检测 0min、30min、60min、120min 时的小鼠血糖值，计算其口服葡萄糖耐量。

从 ULO-3 干预 0d 开始（图 3-30a），可以注意到给药组以及模型组与正常组之间存在有极显著差异（$P<0.01$），且都呈现体重下降的趋势，说明衰老 T2DM 会影响小鼠的正常体重。在 ULO-3 干预 30d 之后，除 ULO-3L 组与正常组小鼠体重之间无显著差异外，其余都呈现极显著差异（$P<0.01$）。FBG 的测定对于衡量 ULO-3 对衰老 T2DM 小鼠血糖的控制，是一个非常直观的考量。从图 3-30b 可以看出，造模成功后的衰老 T2DM 小鼠 FBG 水平之间无显著差异，与正常组之间呈现极显著差异变化（$P<0.01$），说明造模的结果比较合理。在 ULO-3 干预 2 周后，给药组（对照组、ULO-3L 组、ULO-3H 组）FBG 水平明显下降，且都呈现极显著差异。而值得注意的是，ULO-3L 和 ULO-3H 组相对于对照组干预后的 FBG 水平，都显现出更好的降糖趋势，特别是 ULO-3H 组的血糖水平近乎与正常组相近且无显著性差异。在 ULO-3 干预 4 周后，对照组的 FBG 水平相对恒定，较 2 周时无明显的波动；ULO-3L 组的血糖水平亦同对照组一样维持在相对恒定的水平；然而，ULO-3H 组呈现的降糖效果在 4 周时有明显的回升，但还是略低于对照组的 FBG 水平。

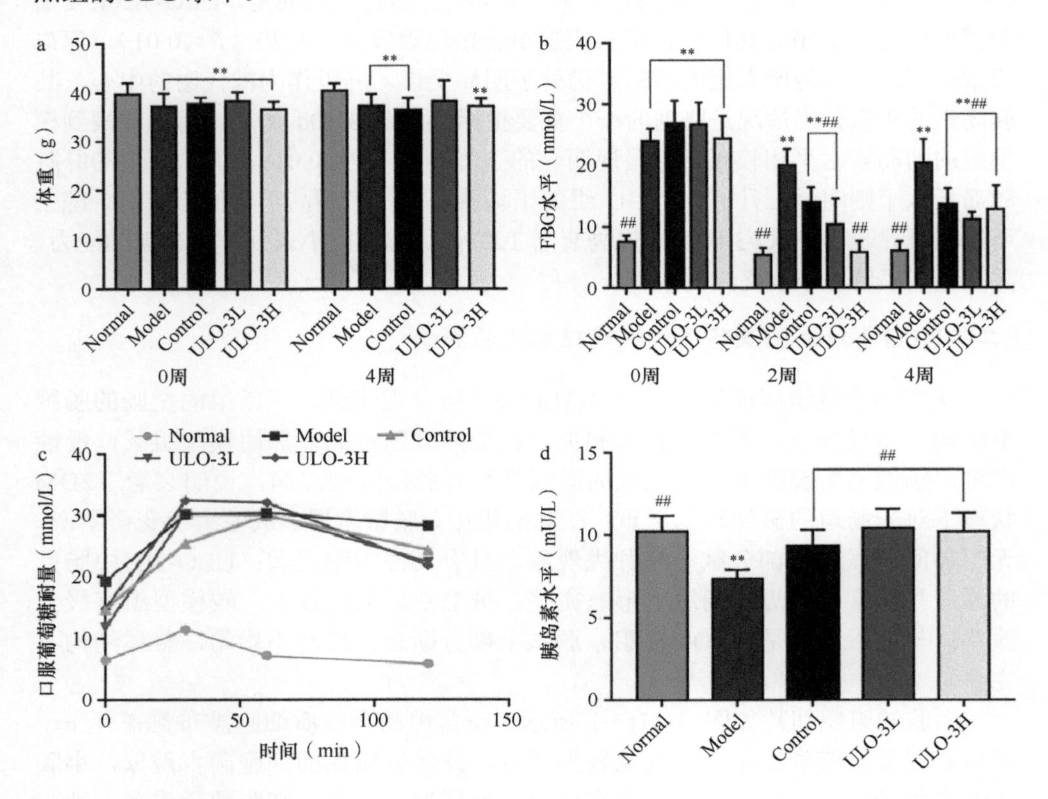

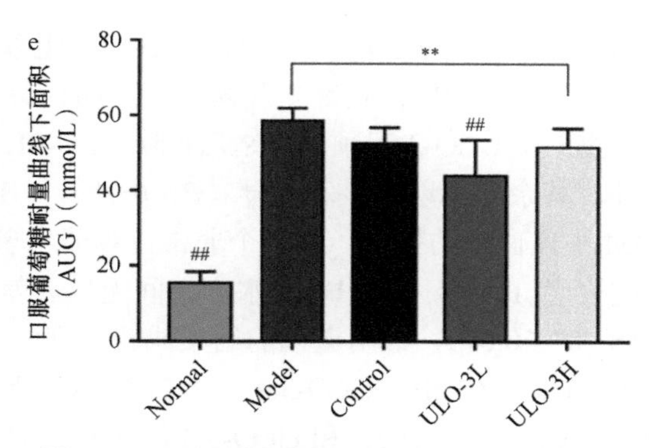

图 3-30　石莼寡糖对衰老 T2DM 小鼠的影响

石莼寡糖对体重的变化（a）、空腹血糖（FBG）水平（b）、口服葡萄糖耐量（c）、肝脏胰岛素水平（d）以及口服葡萄糖耐量曲线下面积（AUC）（e）的影响

与正常组比较，$**P<0.01$；与模型组比较，$\#\#P<0.01$

口服葡萄糖耐量作为衡量小鼠血液中葡萄糖处理能力的关键指标，从图 3-30c、e 可以看出，小鼠血液中葡萄糖水平呈下降趋势，值得注意的是，ULO-3L 组在葡萄糖处理能力上相对其他给药组与模型组有极显著改善的趋势（$P<0.01$）。但与正常组相比，其他所有组的糖耐量仍处于明显受损。肝脏作为糖代谢的中心，其胰岛素的正常分泌情况是降糖的一个重要指标，如图 3-30d 所示，可以观察到模型组的胰岛素水平相较正常组呈现明显的下降趋势（$P<0.01$），而给药组的肝脏胰岛素水平则明显上升，ULO-3L 组的平均胰岛素水平则高于其他给药组。综上所述，研究表明 ULO-3 确实能提高衰老 T2DM 状态下的小鼠处理葡萄糖的能力，并且提高了肝脏中胰岛素的水平。

（二）ULO-3 对大脑及肠道组织病理变化的影响

从空肠的组织病理切片（图 3-31a～e）可以观察到，正常组的空肠的肠绒毛结构完整且细长，无明显损失和炎症性免疫细胞浸润；然而模型组肠壁侵蚀严重，肠绒毛断裂严重，无完整的肠绒毛且有免疫细胞浸润，说明衰老 T2DM 状态下对于肠道的破坏较为严重；在对照组中，肠壁增厚，绒毛组织变得紧密，无明显间隙，末端部分绒毛有肿大现象，且有炎性细胞浸润；ULO-3L 中肠壁的厚度与正常组接近，肠绒毛形态完整，绒毛断裂情况较少，较模型组有极大改善；与之不同的是 ULO-3H 组，肠绒毛部分断裂，形态不均匀，整体结构不完整。

大脑的组织切片如图 3-31f～j 所示，正常组的小胶质细胞排布整齐有序，无血瘀现象；模型组中血瘀现象较为严重，并伴有明显的细胞凋亡现象，小胶质细胞数量减少；对照组中，存在局部血瘀现象，小胶质细胞数量增多，细胞间隙及细胞凋亡减少；ULO-3L 组及 ULO-3H 组中，小胶质细胞数量均明显增多，

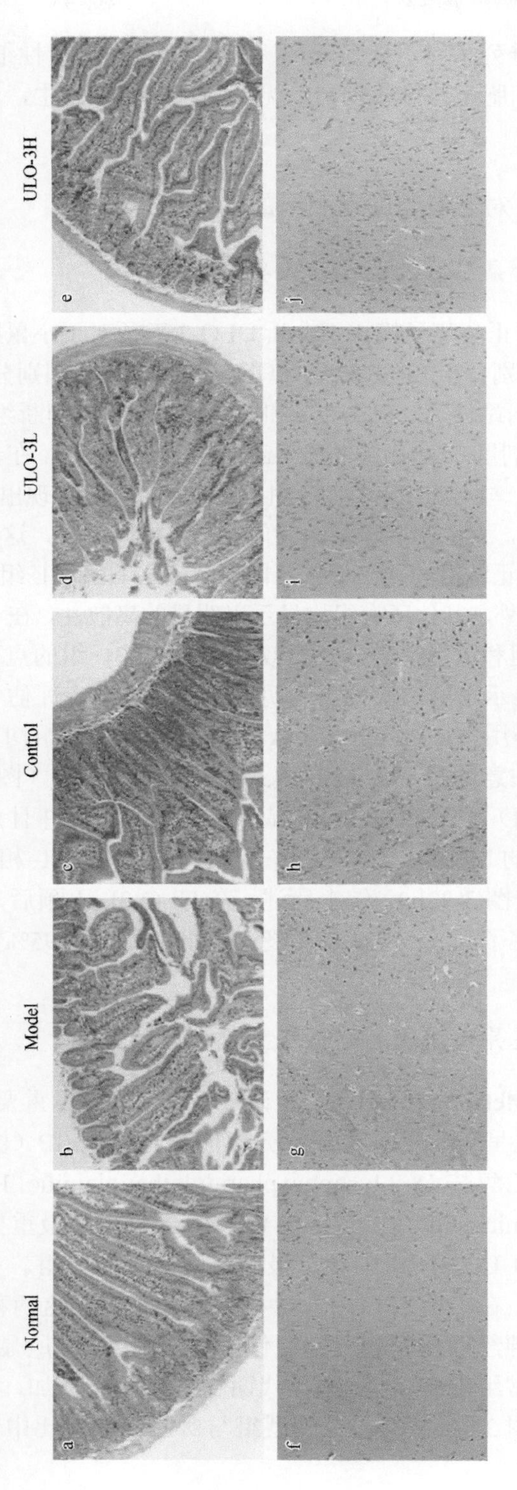

图3-31　衰老T2DM小鼠的脏器组织H&E染色（100×）

a~e. 空肠的组织病理切片，f~j. 大脑的组织病理切片

然而 ULO-3H 组细胞排列呈现不规则分布，存在局部血瘀及炎性细胞浸润的现象；ULO-3L 组的小胶质细胞整体排布均匀，无局部血瘀现象发生，趋于正常组的形态（图 3-31f～j）。

三、石莼寡糖 ULO-3 对衰老糖尿病小鼠的脑肠调节作用

（一）ULO-3 干预下小鼠脑代谢最小二乘判别分析

在 ESI 两种不同的正负离子模式下分析 ULO-3 干预对于小鼠脑代谢成分变化的影响。偏最小二乘判别分析（PLS-DA）和正交偏最小二乘判别分析（OPLS-DA）由 MetaboAnalyst 5.0 网站计算。PLS-DA 和 OPLS-DA 用于判断组间的成分差异，PLS-DA 结果表明，低剂量 ULO-3 能够显著改变脑部新陈代谢。在具有 ESI−模式的 PLS-DA 中（图 3-32a），与对照组和模型组相比，ULO-3L 组呈现出明显的向正坐标方向偏移的趋势。然而，对照组和模型组的偏移趋势方向相反，这与 ULO-3L 有明显的不同。有趣的是，正常组的 95%置信区间显示出与 ULO-3L 组相似的趋势，甚至发生重叠；除模型组外，其他所有组均显示出明显的离散性。在 ESI+离子模式下（图 3-32b），ULO-3L 组和正常组的分布相似，但 ULO-3L 组的点更为集中分布；而模型组在该模式下显示出的离散性更为明显。为了进一步评估 ULO-3L 组和对照组在脑代谢谱中的作用，通过 OPLS-DA 分析，所有治疗组均表现出显著差异（图 3-32c～h）。值得注意的是，在 ESI−模式下，ULO-3L 组（图 3-32g）比二甲双胍（metformin，Met）组（图 3-32e）显示出更远的距离并且点的分布更为集中。而处于 ESI+模式的 Met 组（图 3-32f）呈现的结果与 ESI−相反，但 ULO-3L 的总体分布较为集中（图 3-32h）。综上所述，在 ULO-3L 干预后，衰老 T2DM 小鼠大脑的代谢特征发生了明显改变，并且整体代谢物分布的 95%置信区间类似于正常组。

（二）ULO-3 干预下差异代谢物的分析及关键代谢物预测

通过 R studio 和 MetaboAnalyst 5.0 统计分析，使用变量重要性投影（VIP）及火山图来进行可视化呈现。在不同离子模式下呈现出的 VIP（图 3-33a、b）有所不同，溶血磷脂酰乙醇胺 18（lysophosphatidylethanolamine 18）和 β-胍基丙酸（β-guanidinopropionic acid）在 ESI−与 ESI+中各自呈现最重要的位置，并且从浓度来看，前者在 ULO-3L 组中含量最高，其次是对照组。另外，β-胍基丙酸在模型组含量最高，在 ULO-3L 组含量极低。结果提示这两种物质可能对于大脑的衰老和食欲的神经调控起到一定的作用。根据火山图所显示的结果表明，与模型组相比，在正常组中有 12 种差异代谢物含量明显增加，而 19 种差异代谢物含量急剧下降（图 3-33c、d）。在模型组与对照组的对比中（图 3-33e、f），

对照组中有 12 种差异代谢物明显增加，5 种差异代谢物明显减少；但在模型组与 ULO-3L 组的对比中（图 3-33g、h），共计有 9 种差异代谢物增加，而 17 种差异代谢物有明显的下降。有趣的是，在对照组与 ULO-3L 组的差异代谢物变化中，发现二者均出现了 18-HEPE 含量的增加。过去的研究表明（Hirakata et al., 2020），18-HEPE 可有效抑制脂多糖触发的小鼠巨噬细胞中 TNF-α 的形成，并具有潜在的抗癌作用。然而，关于 18-HEPE 的新兴研究表明，空腹和高糖高脂饮食的 C57BL/6J 小鼠补充 18-HEPE 后胰岛素水平没有变化（Berry et al., 2012）。同时，有研究指出，18-HEPE 的摄入可以改善 STZ 诱导下的 Muller 胶质细胞系中脑源性神经营养因子（BDNF）表达的下调，从而改善糖尿病中视网膜神经元细胞的功能障碍（Marasco et al., 2018）。此外，α-D-葡萄糖-1,6-二磷酸、溶血磷

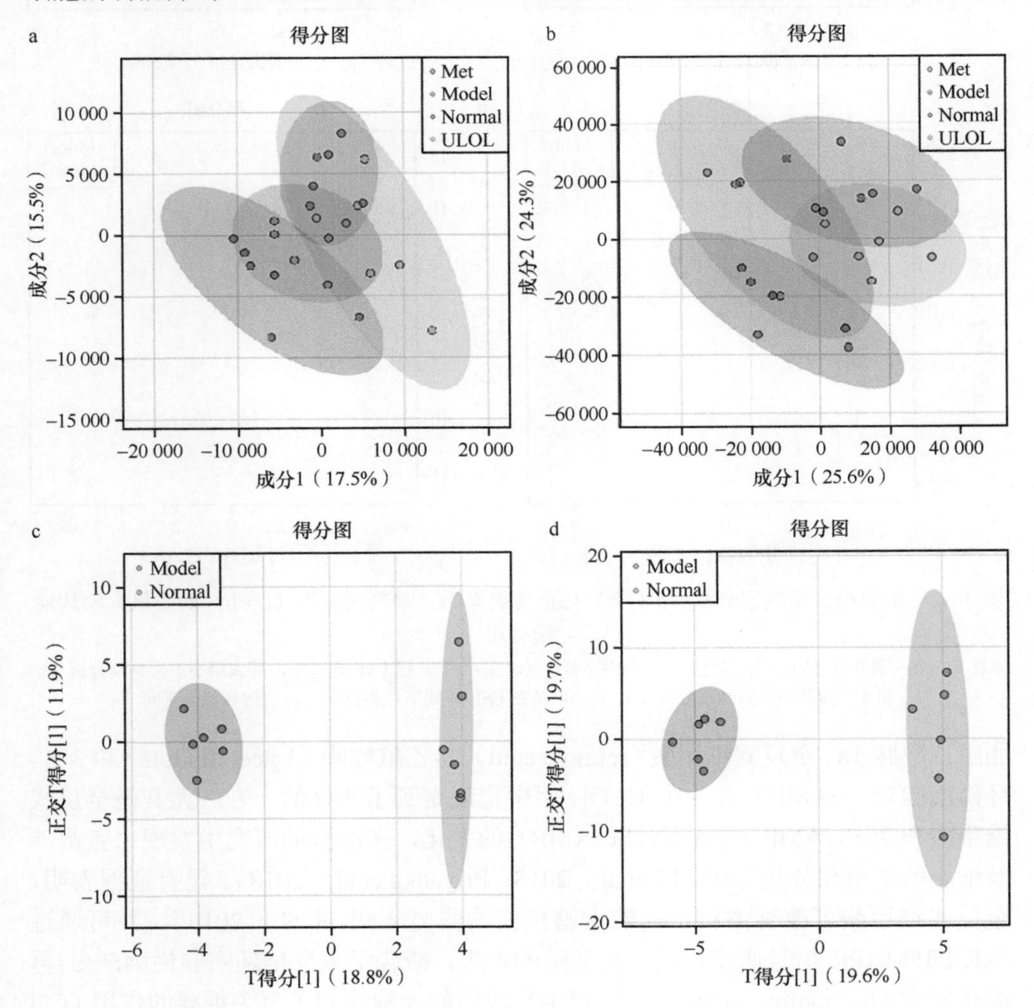

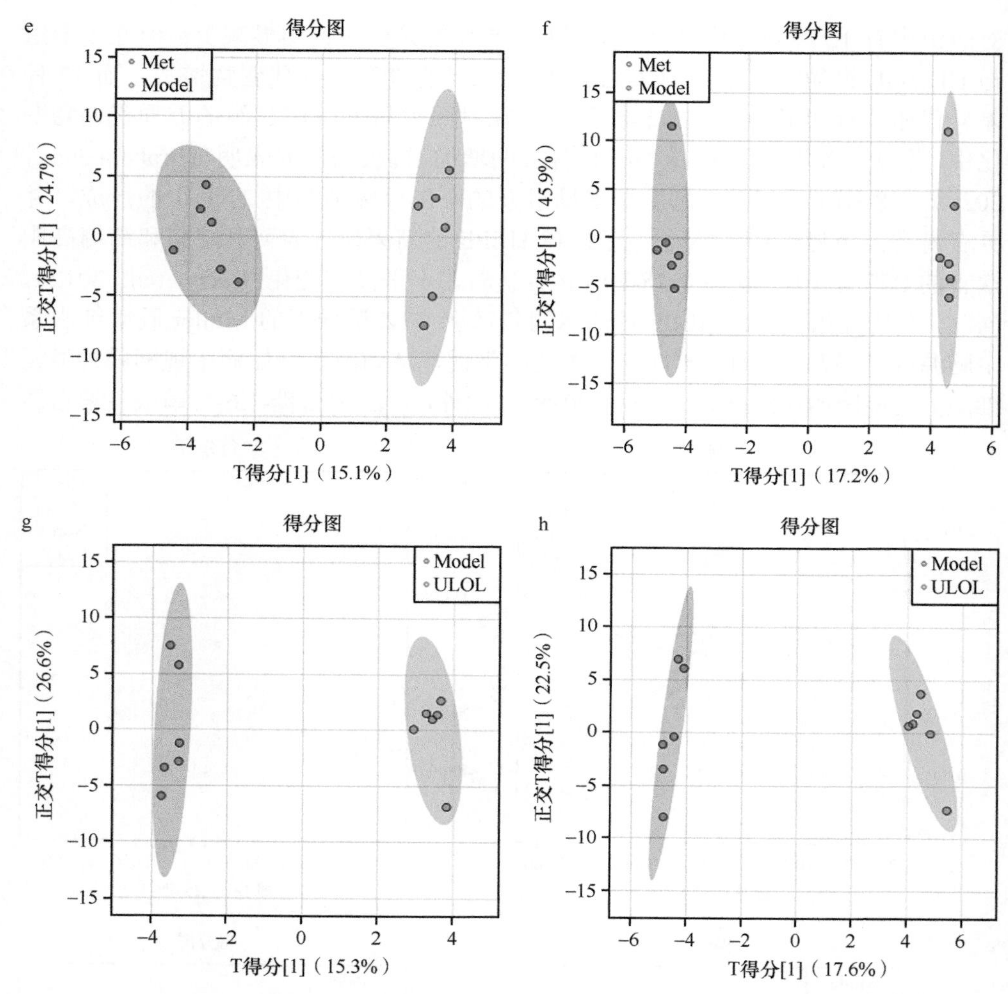

图 3-32 偏最小二乘判别分析（a 和 b）与正交偏最小二乘判别分析（c～h）的小鼠大脑代谢谱分析

偏最小二乘判别分析（a）和正交偏最小二乘判别分析（c、e、g）是在 ESI−模式下，而偏最小二乘判别分析（b）和正交偏最小二乘判别分析（d、f、h）是在 ESI+模式下。彩色圆圈表示 95%置信区间

脂酰乙醇胺 18、全反式维甲酸（retinoic acid）、3-乙酰吲哚（3-acetylindole）和 3′,5′-环磷酸腺苷（cAMP）含量在 ULOL 组中也观察到了明显的上升。尤其是全反式维甲酸和 3′,5′-cAMP（3′,5′-Cyclic AMP）的变化，在前人的研究中发现二者都涉及细胞的增殖和分化作用（Li et al.，2018；Priyanka et al.，2018）。已有证据表明，全反式维甲酸可改善酒精引起的大脑损伤的修复（Ni et al.，2019），并可通过 JNK/P38MAPK 信号通路抑制血脑屏障的丧失，减轻了大鼠早期实验性脑缺血-再灌注损伤（Bergantin，2019），对发育中和成熟的大脑起到了至关重要的作用（Cai et al.，2019）。另外，全反式维甲酸可以激活丝裂原激活蛋白激酶（MAPK）、磷酸肌醇 3-激酶、JAK 激酶/信号传感器与激活转录（JAK/Stat）、蛋白激酶 B（PKB）和蛋白激酶 A（PKA），基于不同类型的细胞和环境，通过维甲酸受体，发挥其有效性和促进其余转录因子磷酸化（Madeo et al.，2018）。而 3′,5′-cAMP 则通过调节 Ca^{2+}含量，刺激细胞增殖、分化，并通过凋亡恢复细胞稳态，参与 β 细胞的稳态调节（Schwarz et al.，2018）。值得注意的是，关于 3′,5′-cAMP 可以诱导 β 细胞分泌胰岛素已在前人的研究中被证实，特别是 Ca^{2+}与 3′,5′-cAMP 之间的信号相互作用已成为糖尿病治疗的重要靶点（Huang et al.，2020）。而全反式维甲酸和 3′,5′-cAMP 在通过下调炎症因子表达对保护神经免受损伤方面具有相似的效果（Madeo et al.，2019）。此外，3-乙酰吲哚、亚精胺（spermidine）和鸟苷 5′-单磷酸酯（guanosine 5′-monophosphate）在对照组与 ULOL 组中均有发现。有趣的是，Madeo 等（2019）发现亚精胺对维持健康状态和延长寿命具有特殊的作用，特别是在日常饮食中补充亚精胺时，其表现出抗炎和防止细胞衰老的特性（Bian et al.，2020）。此外，Schwarz 等（2018）表示亚精胺可作为一种自噬诱导剂，防止衰老模型动物的神经变性和认知功能下降，且安全及耐受性良好（Ding et al.，2020）。并且，在颅脑外伤的模型中，亚精胺的干预对于脑水肿、血脑屏障功能和细胞死亡都有明显的改善作用。此外，有研究发现，亚精胺含量随着年龄的递增呈递减趋势，降低亚精胺含量可导致年龄相关疾病恶化，如心血管疾病、癌症等（Ding et al.，2020）。这些结果表明，ULO-3L 可能与二甲双胍在衰老糖尿病中具有潜在的治疗作用。

（三）ULO-3 干预对小鼠肠道菌群的影响

为了进一步探究 ULO-3 干预对衰老 T2DM 小鼠肠道菌群结构的影响，通过个体及组间的优势菌变化判定结构变化。可以看出，个体在门水平上（图 3-34a），对照组的 Firmicutes 比例有明显的增加趋势；而对比对照组，ULO-3L 组的 Bacteroidota 比例有明显的上调。值得注意的是，在模型组中也观察到了 Model3 和 Model4 的 Bacteroidota 比例有明显的上调，甚至高于正常组。从门水平（图 3-34b）的组间比较来看，对照组的 Firmicutes 比例明显提升，Bacteroidota 比例明显下调；而在正常组中 Firmicutes 与 Bacteroidota 的比例略为均衡，但与 ULO-3L 组对比下，Bacteroidota 的比例略高。模型组的 Firmicutes 与 Bacteroidota 的比例与 ULO-3L 类似，二者无明显差别。通过线性判别分析（LDA）可以直观地看出各个层级微生物的变化情况（图 3-34c），对照组干预下的各层级微生物变化差异最明显，其中属水平下 g_*Lactobacillus*、g_*Weissella* 及 g_*Romboutsia* 水平呈上升趋势，而纲、目、科水平下 o_Lactobacillales、c_Bacilli、f_Lactobacillaceae 水平有明显上调。反观 ULO-3L 组，f_Lactobacillaceae 和 g_*Streptococcus* 水平有明显上调。通过 VIP

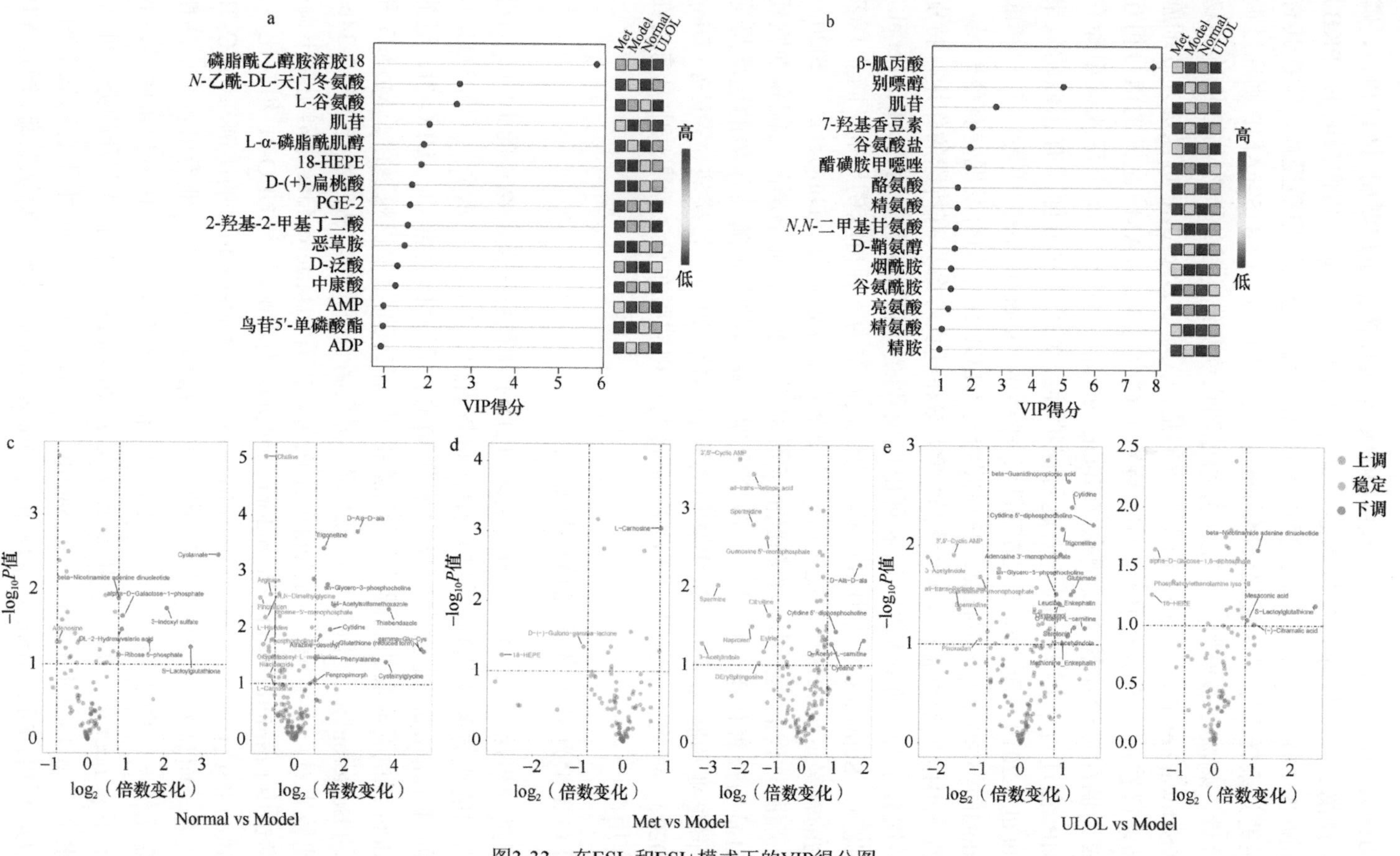

图3-33　在ESI-和ESI+模式下的VIP得分图

绿色填充表示Model组下调，而对比组上调；红色填充表示相反的结果；蓝色填充表示无差异。ESI-(c)和ESI+(d)中Normal组的火山图；ESI-和ESI+两种不同离子模式下的代谢物差异图，c. Normal vs Model，d. Met vs Model，e. ULOL vs Model

算法（图 3-34d）预测了属水平下优势菌属的排布，重要性越明显其 VIP 值越高，可以观察到 *Streptococcus* 排名第一，其 VIP 值超过 2；并且 Lachnospiraceae 的重要性也较强，紧随 *Streptococcus* 之后，这表明 ULO-3L 的干预对菌群功能的变化调节可能得益于这两类菌属的存在。

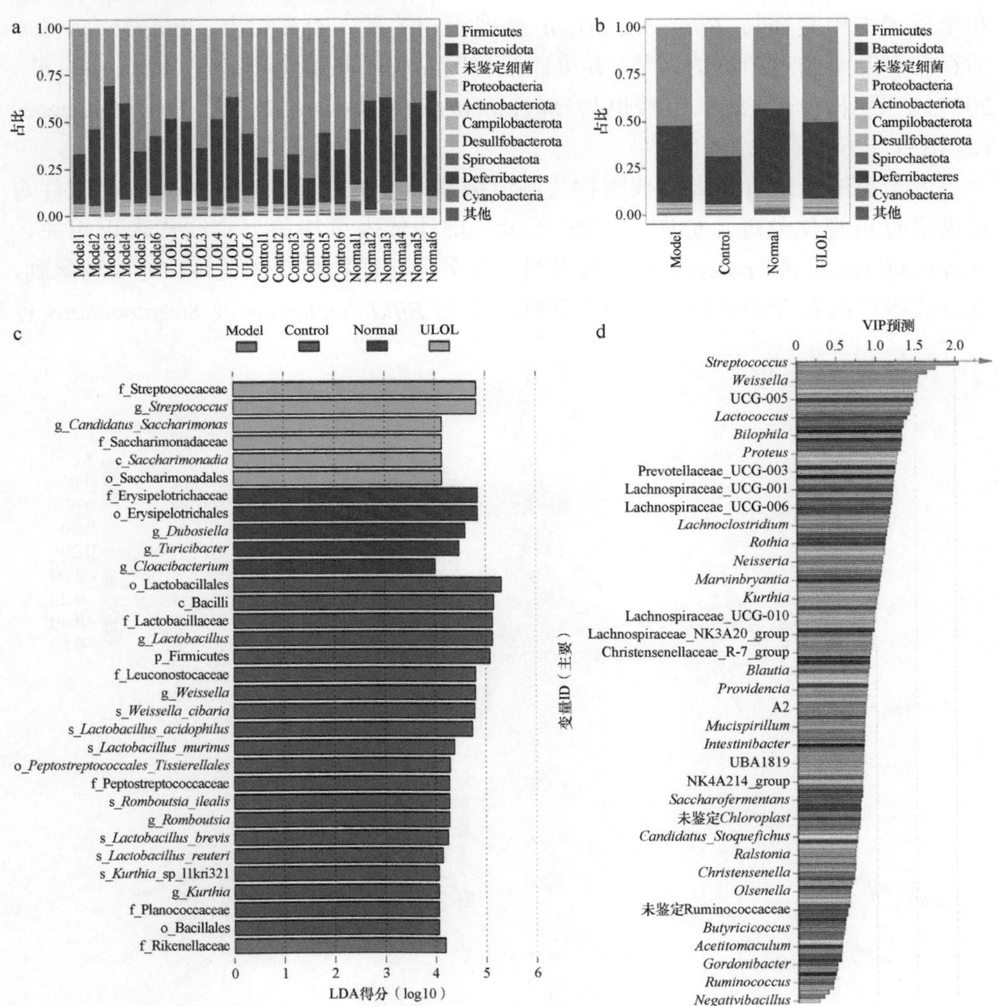

图 3-34　衰老 T2DM 小鼠菌群门水平分析（a、b）、线性判别分析（LDA）（c）及 VIP 预测（d）

（四）ULO-3 干预下菌群-大脑代谢物关联性分析

为了进一步研究大脑代谢物与肠道菌群对于机体衰老及糖代谢的潜在关联，通过皮尔逊相关系数评估了两者的关联性。如图 3-35a 所示，*Prevotella* 与众多代谢物都存在明显的正相关性。但 3′,5′-cAMP、亚精胺、全反式维甲酸与 *Prevotella*

存在负相关性。而前人的研究报道指出，*Prevotella* 的定植会促使肠道炎症的发生，并减少短链脂肪酸的生成（Péan et al.，2020），与此同时也会诱导小鼠患代谢性内毒素血症（Sun et al.，2020）。但 Péan 等（2020）发现，*Prevotella* 的丰度增加有助于 2 型糖尿病小鼠糖耐量的改善（Yan et al.，2019）。值得注意的是，3′,5′-cAMP 和全反式维甲酸都与 *Bifidobacterium* 呈现正相关性。研究指出，*Bifidobacterium* 的存在有助于肠道菌群的调节，并可以改善肠黏膜的肠道免疫病理（Fessard et al.，2017）。另外，全反式维甲酸也与 *Streptococcus*、*Bacteroides* 及 Prevotellaceae_NK3B31_group 存在正相关性。

为了更清楚地看到大脑代谢物与肠道菌群的相关性，通过 Cytoscape 软件对数据进行可视化处理。如图 3-35b 所示，虚线代表负相关，实线代表正相关，*Desulfovibrio* 及 *Streptococcus* 在网络图中与多种代谢物呈负相关性；可以注意到，全反式维甲酸存在的关联节点的特殊性，它与 *Bifidobacterium* 及 *Streptococcus* 存

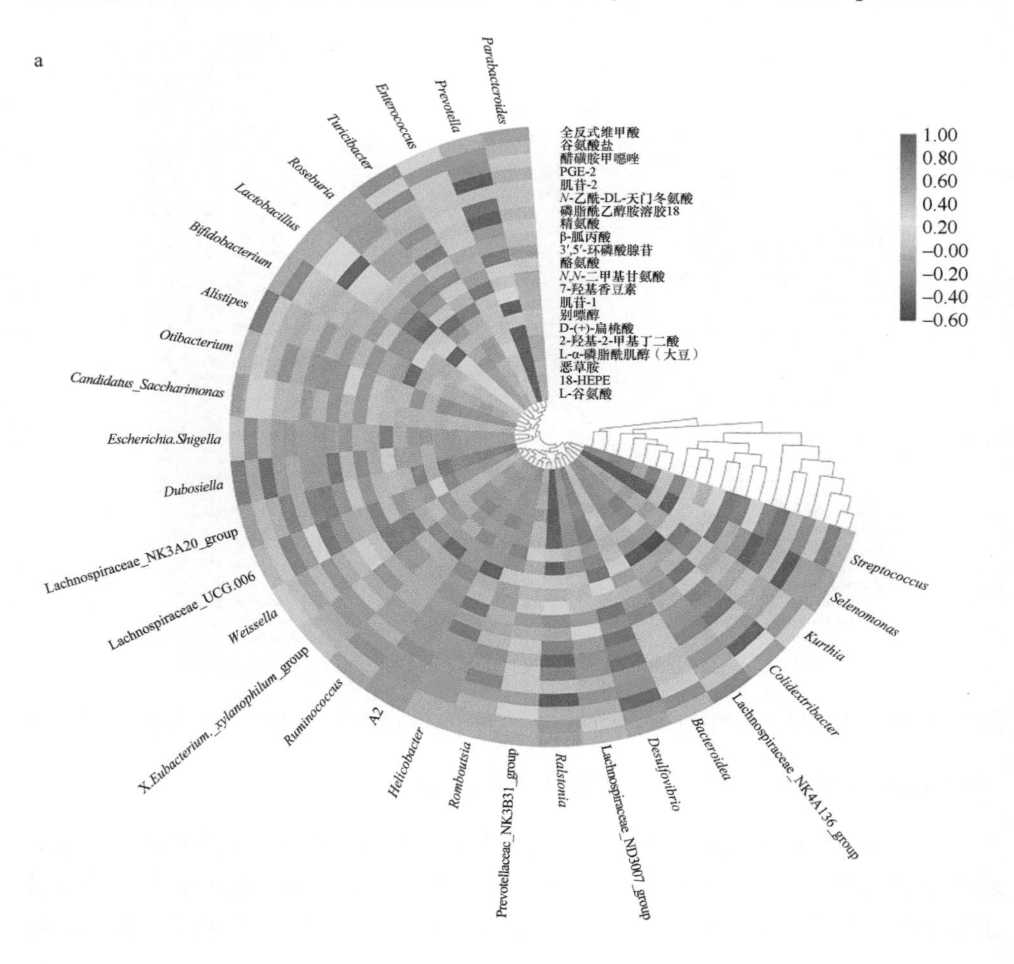

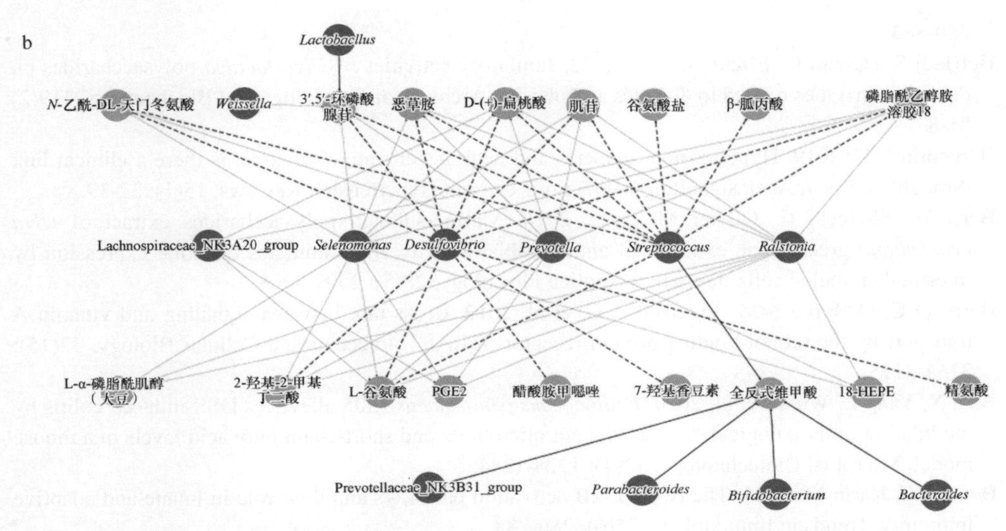

图 3-35　大脑代谢物与肠道菌群的关联分析热图（a）及网络关联图（b）

在正相关，提示该类代谢物在衰老 T2DM 中存在重要作用。除此之外，也观察到 3′,5′-cAMP 与 *Lactobacillus* 及 *Weissella* 存在正相关性。相关研究表明，*Lactobacillus* 具备调节葡萄糖代谢和脂质代谢以及改善氧化应激与炎症反应的能力，而 *Weissella* 则具备提升机体抗氧化能力的作用（Murphy et al.，2003）。综上，ULO-3L 的干预在改善糖代谢及衰老过程中可能是通过 3′,5′-cAMP 和全反式维甲酸等代谢物干预菌群结构而起到功效的。

石莼寡糖（ULO-3）在衰老糖尿病小鼠上得到了较为成功的应用。在给药 2 周后，ULO-3 有效降低了衰老糖尿病小鼠的空腹血糖值，展现了理想的降糖效果，但在给药 4 周后降糖效果并不明显。ULO-3 对于糖耐量的改善效果较小，未能展现出显著性。综上，石莼寡糖能够有效降低衰老糖尿病小鼠的糖代谢水平，并能够改善其脑代谢和肠道菌群的平衡，为石莼寡糖商业化应用提供了理论依据。

参考文献

Abd-Ellatef G F, Ahmed O M, Abdel-Reheim E S, et al. 2017. Polysaccharides prevent wistar rat breast carcinogenesis through the augmentation of apoptosis, enhancement of antioxidant defense system, and suppression of inflammation. Breast Cancer Targets and Therapy, 9: 67-83.

Adams J M, Cory S. 1998. The BCL-2 protein family: arbiters of cell survival. Science, 281(5381): 1322-1366.

Avruch J, Hara K, Lin Y, et al. 2006. Insulin and amino-acid regulation of mTOR signaling and kinase activity through the Rheb GTPase. Oncogene, 25(48): 6361-6372.

Barroso I, Gurnell M, Crowley V E, et al. 1999. Dominant negative mutations in human PPARgamma associated with severe insulin resistance, diabetes mellitus and hypertension. Nature, 402(6764):

880-883.

BelHadj S, Hentati O, Elfeki A, et al. 2013. Inhibitory activities of *Ulva lactuca* polysaccharides on digestive enzymes related to diabetes and obesity. Archives of Physiology and Biochemistry, 119(2): 81-87.

Bergantin L B. 2019. Hypertension, diabetes and neurodegenerative diseases: is there a clinical link through the Ca^{2+}/cAMP signalling interaction? Current Hypertension Reviews, 15(1): 32-39.

Berri M, Slugocki C, Olivier M, et al. 2016. Marine-sulfated polysaccharides extract of *Ulva armoricana* green algae exhibits an antimicrobial activity and stimulates cytokine expression by intestinal epithelial cells. Journal of Applied Phycology, 28(5): 2999-3008.

Berry D C, O'Byrne S M, Vreeland A C, et al. 2012. Cross talk between signaling and vitamin A transport by the retinol-binding protein receptor STRA6. Molecular and Cellular Biology, 32(15): 3164-3175.

Bian X, Yang L, Wu W, et al. 2020. *Pediococcus pentosaceus* LI05 alleviates DSS-induced colitis by modulating immunological profiles, the gut microbiota and short-chain fatty acid levels in a mouse model. Microbial Biotechnology, 13(4): 1228-1244.

Bonizzi G, Karin M. 2004. The two NF-κB activation pathways and their role in innate and adaptive immunity. Trends in Immunology, 25(6): 280-288.

Boulias K, Horvitz H R. 2012. The *C. elegans* microRNA mir-71 acts in neurons to promote germline-mediated longevity through regulation of DAF-16/FOXO. Cell Metabolism, 15(4): 439-450.

Brandhorst S, Longo V D. 2019. Protein quantity and source, fasting-mimicking diets, and longevity. Advances in Nutrition, 10(S4): S340-S350.

Brenner J L, Kemp B J, Abbott A L. 2012. The mir-51 family of microRNAs functions in diverse regulatory pathways in *Caenorhabditis elegans*. PloS One, 7(5): e37185.

Brunet A, Bonni A, Zigmond M J, et al. 1999. AKT Promotes cell survival by phosphorylating and inhibiting a forkhead transcription factor. Cell, 96(6): 857-868.

Cai C, Guo Z, Yang Y, et al. 2016. Inhibition of hydrogen peroxide induced injuring on human skin fibroblast by *Ulva prolifera* polysaccharide. International Journal of Biological Macromolecules, 91: 241-247.

Cai W, Wang J, Hu M, et al. 2019. All trans-retinoic acid protects against acute ischemic stroke by modulating neutrophil functions through STAT1 signaling. Journal of Neuroinflammation, 16(1): 175.

Cao H, Ou J, Chen L, et al. 2019. Dietary polyphenols and type 2 diabetes: human study and clinical trial. Critical Reviews in Food Science and Nutrition, 59(20): 3371-3379.

Castro M C, Francini F, Gagliardino J J, et al. 2014. Lipoic acid prevents fructose-induced changes in liver carbohydrate metabolism: role of oxidative stress. Biochimica et Biophysica Acta General Subjects, 1840(3): 1145-1151.

Chaudhary S C, Siddiqui M S, Athar M, et al. 2012. D-Limonene modulates inflammation, oxidative stress and Ras-ERK pathway to inhibit murine skin tumorigenesis. Human & Experimental Toxicology, 31(8): 798-811.

Chen Y, Liu D, Wang D, et al. 2019. Hypoglycemic activity and gut microbiota regulation of a novel polysaccharide from *Grifola frondosa* in type 2 diabetic mice. Food and Chemical Toxicology, 126: 295-302.

Chiu Y H, Chan Y L, Li, T L, et al. 2012. Inhibition of Japanese encephalitis virus infection by the sulfated polysaccharide extracts from *Ulva lactuca*. Marine Biotechnology, 14(4): 468-478.

Croci D O, Cerliani J P, Dalotto-Moreno T, et al. 2014. Glycosylationdependent lectin-receptor interactions preserve angiogenesis in anti-VEGF refractory tumours. Cell, 156(4): 744-758.

Dai M M, Wu H, Li H, et al. 2014. Effects and mechanisms of Geniposide on rats with adjuvant arthritis. International Immunopharmacology, 20(1): 46-53.

de Araújo I W, Rodrigues J A, Quinderé A L, et al. 2016. Analgesic and anti-inflammatory actions on bradykinin route of a polysulfated fraction from alga *Ulva lactuca*. International Journal of Biological Macromolecules, 92: 820-830.

Devaki T, Sathivel A, BalajiRaghavendran H R. 2009. Stabilization of mitochondrial and microsomal function by polysaccharide of *Ulva lactuca* on D-galactosamine induced hepatitis in rats. Chemico-Biological Interactions, 177(2): 83-88.

Dianzani M U. 1978. Biochemical aspects of fatty liver. *In*: Slatter T F. Biochemical Mechanisms of Liver Injury. Salt Lake City UT: Academic Press: 45-96.

Ding N, Zhang X, Zhang X D, et al. 2020. Impairment of spermatogenesis and sperm motility by the high-fat diet-induced dysbiosis of gut microbes. Gut, 69(9): 1608-1619.

Duraiyan J, Govindarajan R, Kaliyappan K, et al. 2012. Applications of immunohistochemistry. Journal of Pharmacy and Bioallied Sciences, 4(2): 307-309.

Elia L, Contu R, Quintavalle M, et al. 2009. Reciprocal regulation of microRNA-1 and insulin-like growth factor-1 signal transduction cascade in cardiac and skeletal muscle in physiological and pathological conditions. Circulation, 120(23): 2377-2385.

Engelman J A. 2009. Targeting PI3K signalling in cancer: opportunities, challenges and limitations. Nature Reviews Cancer, 9(9): 550-562.

Fernandez-Valverde S L, Taft R J, Mattick J S. 2011. MicroRNAs in β-cell biology, insulin resistance, diabetes and its complications. Diabetes, 60(7): 1825-1831.

Ferrara N, Gerber H P, LeCouter J. 2003. The biology of VEGF and its receptors. Nature Medicine, 9(6): 669-676.

Fessard A, Kapoor A, Patche J, et al. 2017. Lactic fermentation as an efficient tool to enhance the antioxidant activity of tropical fruit juices and teas. Microorganisms, 5(2): 23.

Flekac M, Skrha J, Hilgertova J, et al. 2008. Gene polymorphisms of superoxide dismutases and catalase in diabetes mellitus. BMC Medical Genetics, 9: 30.

Frost R J, Olson E N. 2011. Control of glucose homeostasis and insulin sensitivity by the Let-7 family of microRNAs. Proceedings of the National Academy of Sciences of the United States of America, 108(52): 21075-21080.

Gabanyi I, Lepousez G, Wheeler R, et al. 2022. Bacterial sensing via neuronal Nod2 regulates appetite and body temperature. Science, 376(6590): eabj3986.

Gamal-Eldeen A M, Ahmed E F, Abo-Zeid M A. 2009. *In vitro* cancer chemopreventive properties of polysaccharide extract from the brown alga, *Sargassum latifolium*. Food and Chemical Toxicology, 47(6): 1378-1384.

Gomez-Cadena A, Uruena C, Prieto K, et al. 2016. Immune-system-dependent anti-tumour activity of a plant-derived polyphenol rich fraction in a melanoma mouse model. Cell Death and Disease, 7(6): 2243.

Gong X, Wang H, Ye Y, et al. 2016. miR-124 regulates cell apoptosis and autophagy in dopaminergic neurons and protects them by regulating AMPK/mTOR pathway in Parkinson's disease. American Journal of Translational Research, 8(5): 2127-2137.

Guertin D A, Sabatini D M. 2007. Defining the role of mTOR in cancer. Cancer Cell, 12((1): 9-22.

Gupta A, Osadchiy V, Mayer E A. 2020. Brain-gut-microbiome interactions in obesity and food addiction. Nature Reviews: Gastroenterology & Hepatology, 17(11): 655-672.

Ha M, Kim V N. 2014. Regulation of microRNA biogenesis. Nature Reviews. Molecular Cell

Biology, 15(8): 509-524.

Hansen M, Taubert S, Crawford D, et al. 2007. Lifespan extension by conditions that inhibit translation in *Caenorhabditis elegans*. Aging Cell, 6(1): 95-110.

Hardie D G, Ross F A, Hawley S A. 2012. AMPK: a nutrient and energy sensor that maintains energy homeostasis. Nature Reviews. Molecular Cell Biology, 13(4): 251-262.

Hassanpour M, Joss J, Mohammad M G. 2013. Functional analyses of lymphocytes and granulocytes isolated from the thymus, spiral valve intestine, spleen, and kidney of juvenile Australian lungfish, *Neoceratodus forsteri*. Fish and Shellfish Immunology, 35(1): 107-114.

Herrera B M, Lockstone H E, Taylor J M. et al. 2010. Global microRNA expression profiles in insulin target tissues in a spontaneous rat model of type 2 diabetes. Diabetologia, 53: 1099-1109.

Hirakata T, Nonobe N, Kataoka K, et al. 2020. n-3 fatty acid and its metabolite 18-HEPE ameliorate retinal neuronal cell dysfunction by enhancing Müller BDNF in diabetic retinopathy. Diabetes, 69(4): 724-735.

Huang J, Zhang H, Zhang J, et al. 2020. Spermidine exhibits protective effects against traumatic brain injury. Cellular and Molecular Neurobiology, 40(6): 927-937.

Huang Z, Rose A H, Hoffmann F W, et al. 2013. Calpastatin prevents NF-κB-mediated hyperactivation of macrophages and attenuates colitis. The Journal of Immunology, 191(7): 3778-3788.

Hunter C A, Jones S A. 2015. IL-6 as a keystone cytokine in health and disease. Nature Immunology, 16(5): 448-457.

Hussein A M, Ahmed O M. 2010. Regioselective one-pot synthesis and anti-proliferative and apoptotic effects of some novel tetrazolo[1, 5-a]pyrimidine derivatives. Bioorganic and Medicinal Chemistry, 18(7): 2639-2644.

Hussein U K, Mahmoud H M, Farrag A G, et al. 2015. Chemoprevention of diethylnitrosamine-initiated and phenobarbital-promoted hepatocarcinogenesis in rats by sulfated polysaccharides and aqueous extract of *Ulva lactuca*. Integrative Cancer Therapies, 14(6): 525-545.

Jia K, Chen D, Riddle D L. 2004. The TOR pathway interacts with the insulin signaling pathway to regulate *C. elegans* larval development, metabolism and life span. Development, 131(16): 3897-3906.

Jiang N, Li B, Wang X, et al. 2020. The antioxidant and antihyperlipidemic activities of phosphorylated polysaccharide from *Ulva pertusa*. International Journal of Biological Macromolecules, 145: 1059-1065.

Jiao L, Li X, Li T, et al. 2009. Characterization and anti-tumour activity of alkali-extracted polysaccharide from *Enteromorpha intestinalis*. International Immunopharmacology, 9(3): 324-329.

Kammoun I, Bkhairia I, Ben Abdallah F, et al. 2017. Potential protective effects of polysaccharide extracted from *Ulva lactuca* against male reprotoxicity induced by thiacloprid. Archives of Physiology and Biochemistry, 123(5): 334-343.

Kammoun I, Sellem I, Ben S H, et al. 2019. Potential benefits of polysaccharides derived from marine alga *Ulva lactuca* against hepatotoxicity and nephrotoxicity induced by thiacloprid, an insecticide pollutant. Environmental Toxicology, 34(11): 1165-1176.

Khan H, Reale M, Ullah H, et al. 2020a. Anti-cancer effects of polyphenols via targeting p53 signaling pathway: updates and future directions. Biotechnology Advances, 38: 107385.

Khan H, Ullah H, Castilho P, et al. 2020b. Targeting NF-κB signaling pathway in cancer by dietary polyphenols. Critical Reviews in Food Science and Nutrition, 60(16): 2790-2800.

Kim C H, Broxmeyer H E. 1999. Chemokines: signal lamps for trafficking of T and B cells for development and effect or function. Journal of Leukocyte Biology, 65(1): 6-15.

Kirkland J L. 2013. Translating advances from the basic biology of aging into clinical application. Experimental Gerontology, 48(1): 1-5.

Kirkwood T B. 2005. Understanding the odd science of aging. Cell, 120(4): 437-447.

Knudson C M, Tung K S, Tourtellotte W G, et al. 1995. Bax-deficient mice with lymphoid hyperplasia and male germ cell death. Science, 270(5233): 96-99.

Kontzoglou K, Palla V, Karaolanis G, et al. 2013. Correlation between Ki67 and breast cancer prognosis. Oncology, 84(4): 219-225.

Kristová V, Líšková S, Sotníková R, et al. 2008. Sulodexide improves endothelial dysfunction in streptozotocin-induced diabetes in rats. Physiological Research, 57(3): 491-494.

Lane H A, Fernandez A, Lamb N J C, et al. 1993. p70s6k function is essential for G1 progression. Nature, 363(6425): 170-172.

Laplante M, Sabatini D M. 2009. An emerging role of mTOR in lipid biosynthesis. Current Biology: CB, 19(22): 1046-1052.

Lawrence T, Bebien M, Liu G Y, et al. 2005. IKKκ limits macrophage NF-κB activation and contributes to the resolution of inflammation. Nature, 434(7037): 1138-1143.

Lean, M. 2019. Low-calorie diets in the management of type 2 diabetes mellitus. Nature Reviews Endocrinology, 15(5): 251-252.

Lee A K, Rawlings A M, Lee C J, et al. 2018. Severe hypoglycaemia, mild cognitive impairment, dementia and brain volumes in older adults with type 2 diabetes: the Atherosclerosis Risk in Communities (ARIC) cohort study. Diabetologia, 61(9): 1956-1965.

Lehrbach N J, Armisen J, Lightfoot H L, et al. 2009. LIN-28 and the poly(U)polymerase PUP-2 regulate let-7 microRNA processing in *Caenorhabditis elegans*. Nature Structural and Molecular Biology, 16(10): 1016-1020.

Li L, Krznar P, Erban A, et al. 2019. Metabolomics identifies a biomarker revealing *in vivo* loss of functional β-cell mass before diabetes onset. Diabetes, 68(12): 2272-2286.

Li L, Wu W J, Huang W J, et al. 2013. NF-kappa B RNAi decreases the Bax/BCL-2 ratio and inhibits TNF-α-induced apoptosis in human alveolar epithelial cells. Inflammation Research, 62(4): 387-397.

Li M, Tian X, An R, et al. 2018. All-trans retinoic acid ameliorates the early experimental cerebral ischemia-reperfusion injury in rats by inhibiting the loss of the blood-brain barrier via the JNK/P38MAPK signaling pathway. Neurochemical Research, 43(6): 1283-1296.

Li N, Ji P Y, Song L G, et al. 2015. The expression of molecule CD28 and CD38 on CD^{4+}/CD^{8+} T lymphocytes in thymus and spleen elicited by *Schistosoma japonicum* infection in mice model. Parasitology Research, 114(8): 3047-3058.

Li W, Huang E, Gao S. 2017. Type 1 diabetes mellitus and cognitive impairments: a systematic review. Journal of Alzheimer's Disease: JAD, 57(1): 29-36.

Liao W, Lin J X, Leonard W J. 2011. IL-2family cytokines: new insights into the complex roles of IL-2 as a broad regulator of T helper cell differentiation. Current Opinion in Immunology, 23(5): 598-604.

Liu P, Cheng H, Roberts T M, et al. 2009. Targeting the phosphoinositide 3-kinase(PI3K)pathway in cancer. Nature Reviews Drug Discovery, 8(8): 627-644.

Liu X Y, Liu D, Lin G P, et al. 2019. Anti-ageing and antioxidant effects of sulfate oligosaccharides from green algae *Ulva lactuca* and *Enteromorpha prolifera* in SAMP8 mice. International Journal of Biological Macromolecules, 139: 342-351.

LoRusso P M. 2016. Inhibition of the PI3K/AKT/mTOR pathway in solid tumours. Journal of

Clinical Oncology, 34(31): 3803-3815.

Lucanic M, Graham J, Scott G, et al. 2013. Age-related micro-RNA abundance in individual *C. elegans*. Aging, 5(6): 394-411.

Luster A D. 1998. Chemokines-chemotactic cytokines that mediate inflammation. Mechanism of Disease, 338(7): 436-445.

Lutzky V P, Carnevale R P, Alvarez M J, et al. 2010. Platelet-endothelial cell adhesion molecule-1 (CD31) recycles and induces cell growth inhibition on human tumour cell lines. Journal of Cellular Biochemistry, 98(5): 1334-1350.

Madeo F, Bauer M A, Carmona-Gutierrez D, et al. 2019. Spermidine: a physiological autophagy inducer acting as an anti-aging vitamin in humans? Autophagy, 15(1): 165-168.

Madeo F, Eisenberg T, Pietrocola F, et al. 2018. Spermidine in health and disease. Science, 359(6374): eaan2788.

Madrid L V, Wang C Y, Guttridge D C, et al. 2000. AKT suppresses apoptosis by stimulating the transactivation potential of the RelA/p65 subunit of NF-kappaB. Molecular and Cellular Biology, 20(5): 1626-1638.

Mair W, Morantte I, Rodrigues A P, et al. 2011. Lifespan extension induced by AMPK and calcineurin is mediated by CRTC-1 and CREB. Nature, 470(7334): 404-408.

Malumbres M, Barbacid M. 2009. Cell cycle, CDKs and cancer: a changing paradigm. Nature Reviews Cancer, 9(3): 153-166.

Marasco M R, Conteh A M, Reissaus C A, et al. 2018. Interleukin-6 reduces β-Cell oxidative stress by linking autophagy with the antioxidant response. Diabetes, 67(8): 1576-1588.

Mayer E A, Bradesi S, Chang L, et al. 2008. Functional GI disorders: from animal models to drug development. Gut, 57(3): 384-404.

Mingrone G, Panunzi S, De Gaetano A, et al. 2021. Metabolic surgery versus conventional medical therapy in patients with type 2 diabetes: 10-year follow-up of an open-label, single-centre, randomised controlled trial. Lancet, 397(10271): 293-304.

Murphy C T, Hu P J. 2013. Insulin/insulin-like growth factor signaling in *C. elegans*. WormBook: the Online Review of C. elegans Biology, 1-43. doi: 10.1895/wormbook.1.164.1.

Murphy C T, McCarroll S A, Bargmann C I, et al. 2003. Genes that act downstream of DAF-16 to influence the lifespan of *Caenorhabditis elegans*. Nature, 424(6946): 277-283.

Mutaillifu P, Bobakulov K, Abuduwaili A, et al. 2020. Structural characterization and antioxidant activities of a water soluble polysaccharide isolated from *Glycyrrhiza glabra*. International Journal of Biological Macromolecules, 144: 751-759.

Ni X, Hu G, Cai X. 2019. The success and the challenge of all-trans retinoic acid in the treatment of cancer. Critical Reviews in Food Science and Nutrition, 59(1): 71-80.

Olefsky J M, Saltiel A R. 2000. PPARγ and the treatment of insulin resistance. Trends in Endocrinology and Metabolism, 11: 362-368.

Osadchiy V, Martin C R, Mayer E A. 2019. The gut-brain axis and the microbiome: mechanisms and clinical implications. Clinical Gastroenterology and Hepatology, 17(2): 322-332.

Péan N, Le Lay A, Brial F, et al. 2020. Dominant gut *Prevotella copri* in gastrectomised non-obese diabetic Goto-Kakizaki rats improves glucose homeostasis through enhanced FXR signalling. Diabetologia, 63(6): 1223-1235.

Priyanka S H, Syam Das S, Thushara A J, et al. 2018. All trans retinoic acid attenuates markers of neuroinflammation in rat brain by modulation of SIRT1 and NFκB. Neurochemical Research, 43(9): 1791-1801.

Qi H, Sheng J. 2015. The antihyperlipidemic mechanism of high sulfate content ulvan in rats. Marine

Drugs, 13(6): 3407-3421.

Rosenberg S A. 2014. IL-2: The first effective immunotherapy for human cancer. Journal of Immunology, 192(12): 5451-5458.

Rothe M, Sarma V, Dixit V M, et al. 1995. TRAF2-mediated activation of NF-kappa B by TNF receptor 2 and CD40. Science, 269(5229): 1424-1427.

Rother K I. 2007. Diabetes treatment-bridging the divide. The New England Journal of Medicine, 356(15): 1499-1501.

Sablina A A, Budanov A V, Ilyinskaya G V, et al. 2005. The antioxidant function of the p53 tumour suppressor. Nature Medicine, 11(12): 1306-1313.

Sade-Feldman M, Kanterman J, Ish-Shalom E, et al. 2013. Tumour necrosis factor-α blocks differentiation and enhances suppressive activity of immature myeloid cells during chronic inflammation. Immunity, 38(3): 541-554.

Sarris E G, Saif M W, Syrigos K N. 2012. The biological role of PI3K pathway in lung cancer. Pharmaceuticals, 5(11): 1236-1264.

Sathivel A, Balavinayagamani, Hanumantha Rao B R, et al. 2013. Sulfated polysaccharide isolated from *Ulva lactuca* attenuates d-galactosamine induced DNA fragmentation and necrosis during liver damage in rats. Pharmaceutical Biology, 52(4): 498-505.

Sathivel A, Raghavendran H R, Srinivasan P, et al. 2008. Anti-peroxidative and anti-hyperlipidemic nature of *Ulva lactuca* crude polysaccharide on D-Galactosamine induced hepatitis in rats. Food and Chemical Toxicology, 46(10): 3262-3267.

Schmitz M L, Baeuerle P A. 1991. The p65 subunit is responsible for the strong transcription activating potential of NF-κB. The EMBO Journal, 10(12): 3805-3817.

Schwarz C, Stekovic S, Wirth M, et al. 2018. Safety and tolerability of spermidine supplementation in mice and older adults with subjective cognitive decline. Aging, 10(1): 19-33.

Schweikert C, Liszkay A, Schopfer P. 2002. Polysaccharide degradation by Fenton reaction—or peroxidase-generated hydroxyl radicals in isolated plant cell walls. Phytochemistry, 61(1): 31-35.

Seaquist E R, Anderson J, Childs B, et al. 2013. Hypoglycemia and diabetes: a report of a workgroup of the American Diabetes association and the endocrine society. The Journal of Clinical Endocrinology and Metabolism, 98(5): 1845-1859.

Shan Z X, Lin Q X, Deng C Y, et al. 2010. miR-1/miR-206 regulate Hsp60 expression contributing to glucose-mediated apoptosis in cardiomyocytes. FEBS Letters, 584(16): 3592-3600.

Shao P, Pei Y, Fang Z, et al. 2014. Effects of partial desulfation on antioxidant and inhibition of DLD cancer cell of *Ulva fasciata* polysaccharide. International Journal of Biological Macromolecules, 65: 307-313.

Sharma P, Allison J P. 2015. Immune checkpoint targeting in cancer therapy: toward combination strategies with curative potential. Cell, 161(2): 205-214.

Shaw R J, Cantley L C. 2006. Ras, PI3K and mTOR signalling controls tumour cell growth. Nature, 441(7092): 424-430.

Sheaffer K L, Updike D L, Mango S E. 2008. The target of Rapamycin pathway antagonizes pha-4/FoxA to control development and aging. Current Biology: CB, 18(18): 1355-1364.

Sica A, Saccani A, Bottazzi B, et al. 2000. Autocrine production of IL-10 mediates defective IL-12 production and NF-kappa B activation in tumour-associated macrophages. Journal of Immunology, 164(2): 762-767.

Soragni A, Janzen D M, Johnson L M, et al. 2016. A designed inhibitor of p53 aggregation rescues p53 tumour-suppression in ovarian carcinomas. Cancer cell, 29(1): 90-103.

Sun S, Luo L, Liang W, et al. 2020. *Bifidobacterium* alters the gut microbiota and modulates the functional metabolism of T regulatory cells in the context of immune checkpoint blockade. Proceedings of the National Academy of Sciences of the United States of America, 117(44): 27509-27515.

Sun X, Zhong Y, Luo H, et al. 2017. Selenium-containing polysaccharide-protein complex in Se-enriched *Ulva fasciata* induces mitochondria-mediated apoptosis in A549 human lung cancer cells. Marine Drugs, 15(7): 215.

Sun Y, Asmal M, Lane S, et al. 2011. Antibody-dependent cell-mediated cytotoxicity in simian immunodeficiency virus-infected rhesus monkeys. Journal of Virology, 85(14): 6906-6912.

Tabarsa M, Han J H, Kim C Y, et al. 2012. Molecular characteristics and immunomodulatory activities of water-soluble sulfated polysaccharides from *Ulva pertusa*. Journal of Medicinal Food, 15(2): 135-144.

Taylor R, Al-Mrabeh A, Zhyzhneuskaya S, et al. 2018. Remission of human type 2 diabetes requires decrease in liver and pancreas fat content but is dependent upon capacity for β cell recovery. Cell Metabolism, 28(4): 547-556.

Tsai P S, Kaufhold J P, Blinder P, et al. 2009. Correlations of neuronal and microvascular densities in murine cortex revealed by direct counting and colocalization of nuclei and vessels. The Journal of Neuroscience: the Official Journal of the Society for Neuroscience, 29(46): 14553-14570.

Vivanco I, Sawyers C L. 2002. The phosphatidylinositol 3-kinase AKT pathway in human cancer. Nature Reviews Cancer, 2(7): 489-501.

Warren R E, Frier B M. 2005. Hypoglycaemia and cognitive function. Diabetes, Obesity & Metabolism, 7(5): 493-503.

Wild S, Roglic G, Green A, et al. 2004. Global prevalence of diabetes: estimates for the year 2000 and projections for 2030. Diabetes Care, 27(5): 1047-1053.

Xue G, Zippelius A, Wicki A, et al. 2015. Integrated AKT/PKB signaling in immunomodulation and its potential role in cancer immunotherapy. Journal of the National Cancer Institute, 107(7): 171.

Yan F, Li N, Shi J, et al. 2019. *Lactobacillus acidophilus* alleviates type 2 diabetes by regulating hepatic glucose, lipid metabolism and gut microbiota in mice. Food and Function, 10(9): 5804-5815.

Yaribeygi H, Katsiki N, Behnam B, et al. 2018. MicroRNAs and type 2 diabetes mellitus: molecular mechanisms and the effect of antidiabetic drug treatment. Metabolism: Clinical and Experimental, 87: 48-55.

Yuan T L, Cantley, L C. 2008. PI3K pathway alterations in cancer: variations on a theme. Oncogene, 27(41): 5497-5510.

Zafar A, Singh S, Naseem I. 2016. Cu(II)-coumestrol interaction leads to ROS-mediated DNA damage and cell death: a putative mechanism for anticancer activity. The Journal of Nutritional Biochemistry, 33: 15-27.

Zhang L, Blackwell K, Thomas G S, et al. 2009. TRAF2 suppresses basal IKK activity in resting cells and TNF-α can activate IKK in TRAF2 and TRAF5 double knockout cells. Journal of Molecular Biology, 389(3): 495-510.

Zhang Z S, Wang X M, Han S W, et al. 2018. Effect of two seaweed polysaccharides on intestinal microbiota in mice evaluated by Illumina PE250 sequencing. International Journal of Biological Macromolecules Structure Function and Interactions, 112: 796-802.

Zhao C, Lin G P. Wu D S, et al. 2020. The algal polysaccharide ulvan suppresses growth of hepatoma cells. Food Frontiers, 1(1): 83-101.

Zhao C, Wu Y, Liu X, et al. 2017. Functional properties, structural studies and chemo-enzymatic synthesis of oligosaccharides. Trends in Food Science and Technology, 66: 135-145.

Zhao C, Yang C F, Liu B, et al. 2018. Bioactive compounds from marine macroalgae and their hypoglycemic benefits. Trends in Food Science and Technology, 72: 1-12.

Zhao C, Yang C, Wai S, et al. 2019. Regulation of glucose metabolism by bioactive phytochemicals for the management of type 2 diabetes mellitus. Critical Reviews in Food Science and Nutrition, 59(6): 830-847.

Zheng P, Zeng B H, Liu M L, et al. 2019. The gut microbiome from patients with schizophrenia modulates the glutamate-glutamine-GABA cycle and schizophrenia-relevant behaviors in mice. Science Advances, 5(2): 8317.

Zhu G, Yin F, Wang L, et al. 2016. Modeling type 2 diabetes-like hyperglycemia in *C. elegans* on a microdevice. Integrative Biology: Quantitative Biosciences from Nano to Macro, 8(1): 30-38.

第四章　小球藻生物活性成分研究

小球藻是一种可食用的单细胞绿色微藻，直径为2～10μm，20世纪作为潜在的食物和能源引起了越来越多的关注（Yamamoto et al.，2004；Safi et al.，2015）。由于小球藻生长迅速，营养组分含量高，且能应对恶劣多变的生长条件，现已成为最广泛栽培的微藻之一（Zhao et al.，2015）。近年来，研究表明小球藻在愈合伤口、解毒、抗肿瘤活性、刺激生长和增强免疫方面有潜在的效果（Hagino and Ichimura，1975；Queiroz et al.，2008；Shim et al.，2008；Kotrbáček et al.，2015）。许多生物活性主要与小球藻中多糖和蛋白质复合物有关（Kralovec et al.，2007）。小球藻有着重要的生物活性，如抑制 IL-5 生成和对肥大细胞的免疫刺激性（Kralovec et al.，2005），被联合国粮食及农业组织命名为“绿色健康食品”（Kotrbáček et al.，2015）。

活性氧包括超氧自由基、羟自由基等，其过量产生会损伤各种大分子，导致众多疾病的发生（Wang，2015）。内源性抗氧化酶，如超氧化物歧化酶（SOD）、谷胱甘肽过氧化物酶（GSH-Px/GPx）和过氧化氢酶（CAT），是保护机体免受活性氧和衰老过程伤害的防御分子，但有时内源性抗氧化系统不足以防止氧化损伤（Silva et al.，2013），因此，需要在膳食中补充抗氧化剂。研究表明，食用抗坏血酸、维生素 A、植物类黄酮、多糖等抗氧化剂能清除细胞内的活性氧（Peng et al.，2009）。

自然来源的多糖为无毒且有效的天然抗氧化剂，现已引起许多科学家的关注。大量研究表明，从自然资源中提取的多糖有清除自由基的能力，增强了衰老小鼠脑和血清中 SOD、GPx、CAT 及谷胱甘肽（GSH）的活性（Ding et al.，2016）。先前研究发现，从小球藻中提取的多糖被认为是一种潜在的免疫增强剂，可改善生物体的免疫刺激活性（Miyazawa et al.，1988）。然而，小球藻多糖的生物活性尤其是抗衰老活性的研究报道较为匮乏。果蝇寿命短、易培养，且与人类已知的 70%以上致病基因具有同源性，是研究衰老和年龄相关疾病最常用的模式生物之一（Minois，2006）。据报道，果蝇的寿命主要与氧化应激有关，可以通过改善饮食来延长寿命（Fleming et al.，1992；Pu et al.，2016）。因此，本文从小球藻中提取多糖，研究其自由基清除活性及对果蝇寿命和内源性抗氧化酶的影响。

第一节　小球藻多糖 CPP 抗衰老机制研究

一、小球藻多糖 CPP 制备与纯化

采用超声辅助提取法提取小球藻多糖，小球藻粉用蒸馏水（1∶30，*m/V*）溶解，60℃超声波水浴（300W）中浸提 240min，而后离心（4500r/min）15min。上清液真空浓缩至总体积的 1/5，与三氯乙酸（TCA）混合除去游离蛋白，用蒸馏水透析除去小分子，温度为 55℃。缓慢加入乙醇至终浓度为 40%（*V/V*），4℃静置过夜，离心并冷冻干燥后制得部分纯化小球藻多糖，其被命名为 CPP。

二、小球藻多糖 CPP 结构解析

（一）CPP 理化分析

以 D-葡萄糖、血清白蛋白、没食子酸为对照品，分别用苯酚-硫酸法、考马斯亮蓝法、福林-乔卡尔特马（Folin-Ciocalteu）比色法测定 CPP 的总糖、蛋白质和多酚含量（Bradford，1976；Dubois et al.，2002；Khokhar and Magnusdottir，2002）。

采用超声辅助提取、乙醇沉淀、TCA 纯化和透析收集 CPP。由 CPP 理化特性表（表 4-1）可知，CPP 主要含多糖（83.5%）和少量的蛋白质（4.7%）及总酚（0.07%）。然而，在小球藻多糖的纯化中用 TCA 法除去了 CPP 中的游离蛋白，因此检测出的蛋白质被认为是通过 *O*-糖苷键或 *N*-糖苷键与多糖分子进行结合的（Zhang et al.，2007，2016）。用气相色谱法测定了 CPP 的单糖组成，并通过其保留时间与标准品的保留时间进行比较来鉴定（表 4-1，图 4-1）。7 种单糖按 L-鼠李糖、D-阿拉伯糖、D-木糖、D-葡萄糖、D-半乳糖、D-甘露糖和 D-果糖的顺序快速分离。在 CPP 中已鉴定出 6 种单糖，包括 L-鼠李糖、D-阿拉伯糖、D-木糖、D-葡萄糖、D-半乳糖和 D-甘露糖（图 4-1b），摩尔比为 0.4∶3.8∶1.0∶25.3∶5.0∶7.2，表明 CPP 中主要由 D-葡萄糖、D-甘露糖和 D-半乳糖三种单糖组成。有研究表明，从小球藻中提取的 CPPS Ia 多糖中，半乳糖为最主要的单糖，而 CPPS IIa 主要由鼠李糖组成（Sheng et al.，2007）。通过保留时间内的分子质量的标准曲线计算 CPP 的分子质量，CPP 的分子质量为 9950Da。乙醇沉淀法可以获得水溶性多糖，多糖的分子质量随乙醇浓度的增加而降低。然而本研究中未观察到此现象，且低于先前报道的在 80%乙醇馏分中提取的 CPP 的分子质量 81 877Da（Shi et al.，2007）。

表 4-1　小球藻多糖的理化性质

总糖含量（%）	蛋白质含量（%）	总酚含量（%）	分子质量（Da）	单糖组分						
				L-Rha	D-Ara	D-Xyl	D-Glu	D-Gal	D-Man	D-Fru
83.5	4.7	0.07	9950	0.4	3.8	1.0	25.3	5.0	7.2	—

注：单糖值以摩尔比表示；“—”表示未检测到数据

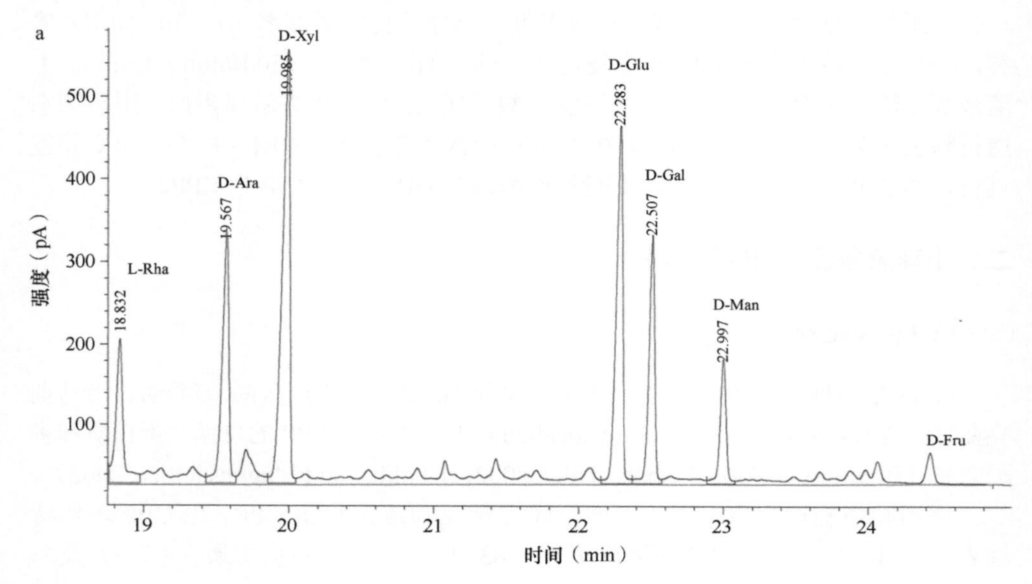

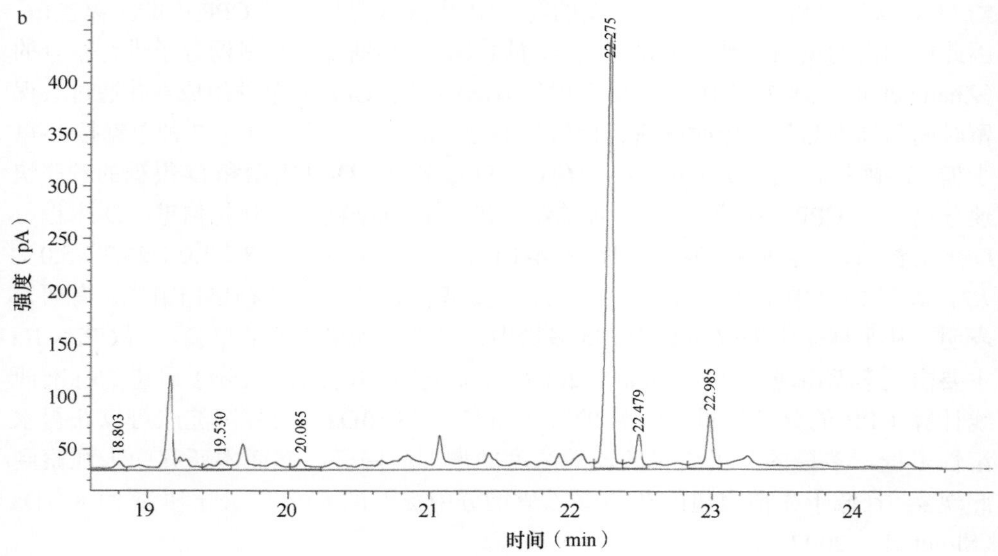

图 4-1　CPP 单糖组成的气相色谱图

a. 混合标准气体；b. CPP

（二）CPP 单糖组成及分子量鉴定

采用 Agilent 7890A 气相色谱仪法（美国加利福尼亚州，安捷伦）分析单糖组成，L-鼠李糖、D-阿拉伯糖、D-木糖、D-甘露糖、D-葡萄糖、D-半乳糖和 D-果糖作为参照。在密闭管中于 110℃下用 2mL 2mol/L 的三氟乙酸（TFA）水解样品 4h。除去 TFA，加入 10mg 盐酸羟胺和 0.5mL 吡啶，90℃下培养 30min。加入 0.5mL 乙酸酐，在 90℃下继续反应 30min，收集糖腈衍生物。参照 Gómezordóñez 等（2012）的试验方法，在装有折射率检测器和 TSK-GEL G-4000PWXL 色谱柱（7.8mm×300mm×10μm）的 Waters1515 HPLC 系统中进行多糖分子量测定。流动相：0.05% NaN_3；流速：0.8mL/min。所有样品溶液稀释至 1mg/mL 后通过 0.45μm 滤膜过滤。每个样品注入 10uL 进行分析，并记录保存时间。不同分子量（Mw）的葡聚糖标准[T-2000（葡聚糖 T-2000 的分子量为 200 万）、T-500、T-70、T-40、T-10]分别作为计算各样品的 Mw 的参考标准。

三、小球藻多糖 CPP 抗衰老作用

（一）CPP 对果蝇寿命的影响

果蝇饲喂的基础培养基的成分为：蔗糖 130g、玉米粉 17g、酵母 1.5g、琼脂 1.5g 和蒸馏水 160mL，加入丙酸防止霉菌生长；在温度为 25℃，相对湿度为 55%～66%的瓶中饲养，12h 光照、12h 黑暗交替进行。将 CPP 粉末加入基础培养基中充分搅拌、溶解至终浓度分别为 0.25%、0.5%和 1.0%（*m/V*），制得 CPP 组分培养基，各取 5mL 制备好的培养基倒入每个瓶中。将果蝇按性别分选，雌雄各分为 4 组，每组 50 只。4 组分为对照（Control）组、低剂量（CPPL）组、中剂量（CPPM）组和高剂量（CPPH）组。对照组果蝇饲喂基础培养基，而 CPPL、CPPM、CPPH 组分别给予剂量为 0.25%、0.5%、1.0%（*m/V*）的 CPP 组分培养基，每 3～4d 更换至含相同的新培养基的瓶内。所有实验组生长环境相同，每天统计果蝇死亡数。

用三种不同剂量的CPP组分培养基研究了CPP对雄性和雌性果蝇寿命的影响，由表 4-2 和图 4-2 可知，CPP 饲喂的果蝇的存活时间比对照组更长。与对照组相比，CPP 组的雄性果蝇存活时间更长长，最高寿命显著延长（约 12%）（$P<0.05$）。CPPM 组的平均寿命（28.3d）比对照组（平均寿命 25.4d）长 11.4%，但无显著性差异（$P>0.05$）。CPPM 组 75%和 50%存活时间分别由 35.7d 延长至 44.8d，由 22.4d 延长至 28.3d。然而在雌性果蝇中，与对照组相比，CPPH 组的存活时间最长，最高寿命显著延长（约 10.5%）（$P<0.05$）。CPPH 组平均寿命为 24.0d，比对照组长 5.7%，但与雄性果蝇相比，差异无统计学意义（$P>0.05$）。与对照组相比，CPPH 组 75%和 50%存活时间分别由 27.5d 延长至 33.6d，由 20.2d 延长至 22.0d。

表 4-2　小球藻多糖对果蝇寿命的影响

	分组	最高寿命（d）	平均寿命（d）	75%存活时间（d）	50%存活时间（d）
雄性	Control	50.0±1.4	25.4±3.2	35.7±1.7	22.4±1.5
	CPPL	55.0±2.8	27.5±3.4	36.1±1.6	27.3±0.8
	CPPM	56.0±5.7	28.3±1.5	44.8±3.7*	28.3±1.3*
	CPPH	51.0±2.8	27.6±0.7	36.6±3.3	24.0±0.9
雌性	Control	47.5±0.7	22.7±1.0	27.5±1.7	20.2±0.7
	CPPL	52.0±1.4	23.0±2.9	29.3±1.1	20.6±0.06
	CPPM	49.5±5.0	23.0±1.4	30.2±1.3	22.3±1.0
	CPPH	52.5±2.1*	24.0±1.1	33.6±1.4*	22.0±1.1

注：与对照组比较，*$P<0.05$

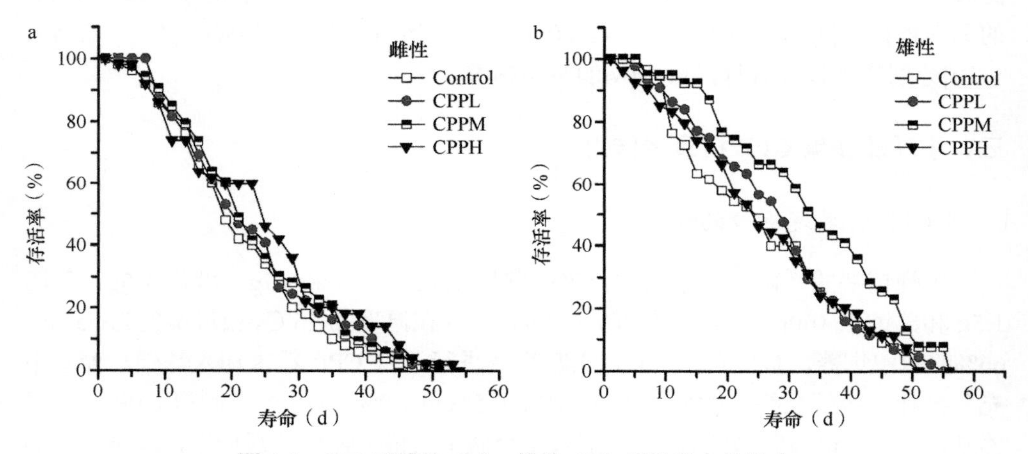

图 4-2　CPP 对雌性（a）、雄性（b）果蝇寿命的影响

CPPL. 0.25% CPP；CPPM. 0.5% CPP；CPPH. 1.0% CPP。与对照组相比，有极显著性差异

雄性果蝇的最高寿命、平均寿命及 75%存活时间长于雌性果蝇，但两组间无显著性差异（$P>0.05$）。但与雌性果蝇相比，摄入 CPP 显著增加了雄性果蝇 50%死亡率的寿命（$P<0.05$）。在许多不同的物种中（如果蝇和人类），通常能观察到性别相关的差异。寿命-性别相关性差异被认为与 Toll 样受体（TLR）、调节早期胚胎分割的蛋白质、神经组织发育、造血和免疫应答有关（Matjuskova et al., 2014）。由此可见，TLR 可能是 CPP 的主要靶点，具有重要研究意义。

（二）CPP 对果蝇抗氧化能力的影响

参照第（一）小节的方法进行另一项独立试验，每组 100 只果蝇，在第 7 天或第 20 天处死，以评估 SOD、CAT 和 GPx 在体内的抗氧化活性。在培养 7d 和 20d 时，取出果蝇将其饥饿处理 2h，在离心管内称重收集，于−80℃下冷冻处死。

将果蝇在 9 倍的冷盐水缓冲液中匀浆，4℃下以 10 000r/min 离心 10min。取上清液倒入干净试管，冰浴保存。将上清液稀释至抗氧化活力测定所需的浓度。抗氧化酶（SOD、CAT 和 GPx）活性与匀浆液总蛋白质含量按试剂盒（南京，建成生物工程研究所，A001-3-2、A007-1-1 和 A005-1-2）说明书方法测定。

过多的活性氧（ROS）导致氧化应激反应，可能造成细胞和组织的严重损伤，这些病变与癌症、心脏病等许多疾病有关（Waris and Ahsan，2006）。抗氧化酶为抗氧化系统的一部分，食用富含抗氧化物质的食品可以增强机体的抗氧化能力（Aliahmat et al.，2012）。本文为研究 CPP 对抗氧化酶的影响，使用了不同浓度的 CPP 组分培养基（0.25%、0.5%和 1.0%；*m/V*）对果蝇进行饲喂，于第 7 天和第 20 天测定抗氧化酶活性。由图 4-3A/a 和图 4-3C/c 可知，雄性和雌性果蝇的总 SOD 与 CAT 活性均随年龄的增长而显著下降（$P<0.01$），而 GPx 活性无明显变化（$P>0.05$）。与对照组相比，饲喂 CPP 组分培养基显著提高了幼龄和老龄果蝇的总 SOD 活性（$P<0.01$）。在雄性果蝇中，CPPM 组幼龄果蝇的 SOD 活性增强幅度最大，而 CPPH 组 SOD 活性增幅最大的为老龄果蝇。然而，在雌性果蝇中，饲喂三种不同剂量浓度的 CPP 组分培养基均可显著增加幼龄和老龄果蝇的 SOD 活性（$P<0.01$），其中高剂量浓度的 CPP 效果更显著。CPP 对 GPx 活性的影响与

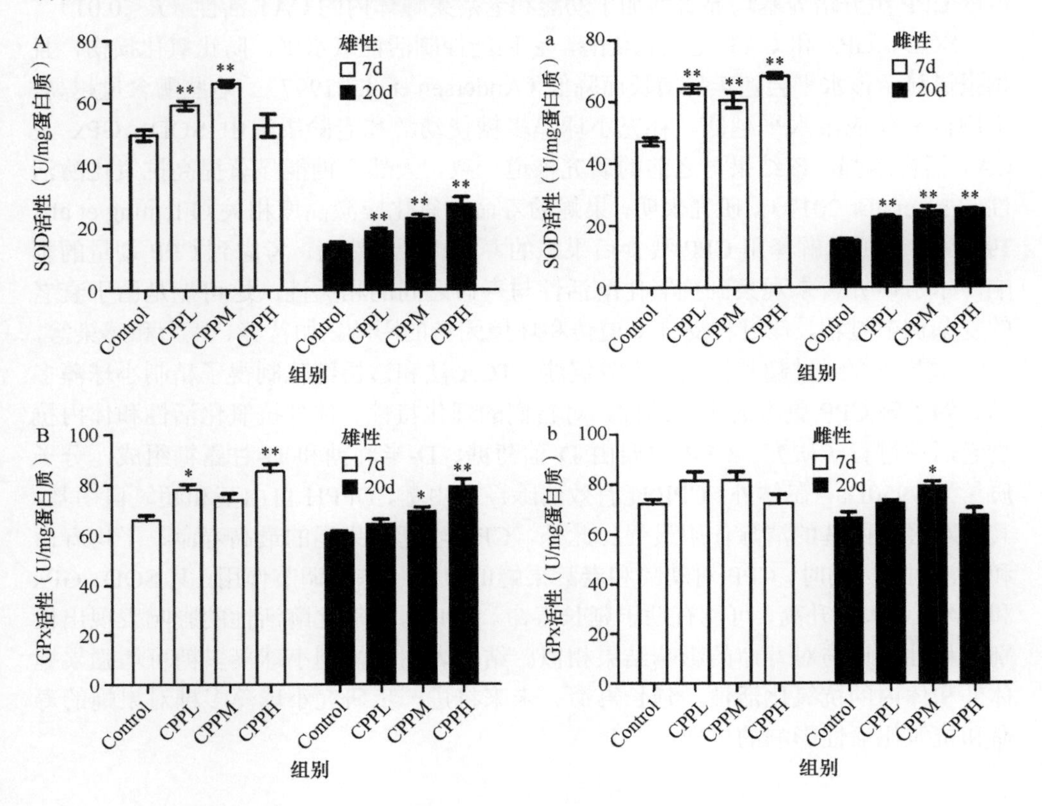

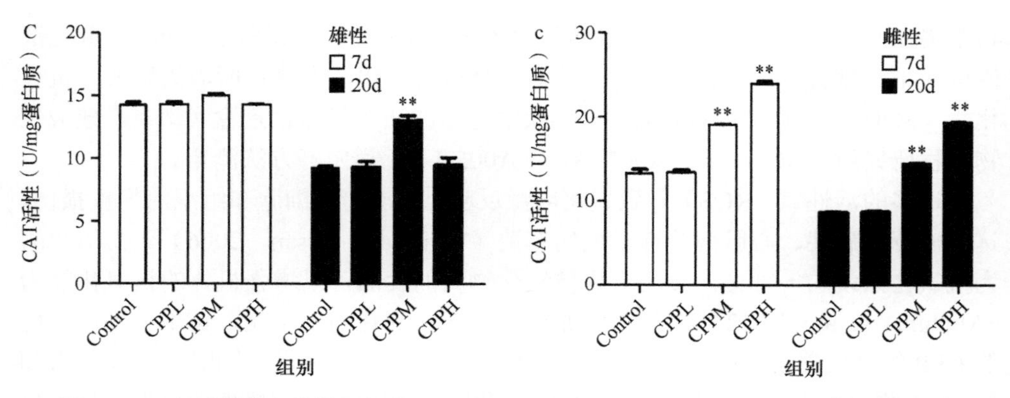

图 4-3 CPP 对雄性和雌性果蝇总 SOD（A/a）、GPx（B/b）及 CAT（C/c）活性的影响

与对照组比较，$*P<0.05$，$**P<0.01$

SOD 不同。喂食高剂量浓度的 CPP 组分培养基使幼龄和老龄雄性果蝇中的 GPx 活性显著增加（$P<0.01$），但对雌性果蝇而言，只在 CPPM 组的老龄果蝇中观察到显著性变化（$P<0.05$）。此外，饲喂中剂量浓度的 CPP 组分培养基可显著提高老龄雄性果蝇的 CAT 活性（$P<0.01$）。在雌性果蝇群体中，喂食中剂量或高剂量浓度的 CPP 组分培养基均显著增加了幼龄和老龄果蝇体内的 CAT 活性（$P<0.01$）。

SOD、GPx 和 CAT 是抗氧化酶，它们能控制活性氧水平，防止氧化损伤，且据报道显示该水平会随年龄增长而降低（Andersen et al.，1997）。这些酶含量越高，细胞内氧化应激水平越低。补充小球藻多糖使幼龄和老龄果蝇中 SOD、GPx 及 CAT 活性增强。该结果与之前的研究报道一致，天然多糖能显著提高抗氧化酶活性（Fan et al.，2017）。研究表明，果蝇的寿命与氧化应激高度相关（Fleming et al.，1992），这可以解释用 CPP 喂食后果蝇的寿命更长。然而，考虑到 CPP 剂量的影响，本节研究暂未观察到抗氧化酶活性与寿命之间的相关性。这可能是由于衰老的复杂调节过程，该过程受许多遗传和环境因素的影响，如营养、压力和感染等。

本节研究通过超声辅助、乙醇沉淀、TCA 法和透析纯化制得了精制小球藻多糖。为了解 CPP 更多的生物活性，对它们的理化特性、体外抗氧化活性和体内抗衰老活性进行了研究。CPP 主要由 D-葡萄糖、D-半乳糖和 D-甘露糖组成，分子质量为 9950Da。在体外，CPP 能有效清除羟自由基、DPPH 自由基和超氧自由基，其中对羟自由基的清除作用最强。此外，CPP 可延长果蝇的最高寿命、平均寿命和存活时间。同时，CPP 对幼龄和老龄果蝇的氧化状态有调节作用，其 SOD、GPx 和 CAT 总水平升高，可能有助于延长寿命。CPP 对抗氧化酶活性的影响表现出性别依赖性，这与对寿命的影响结果相似。结果表明，精制小球藻多糖可增强果蝇体外和体内的抗氧化活性，延长寿命。未来将进一步研究小球藻多糖对果蝇的寿命和抗氧化活性影响的机理。

第二节　小球藻多糖 CPP-1 抗氧化作用研究

衰老是一个非常复杂的生理过程，会影响生物体的自我更新和自我修复能力（Lin et al.，2020）。它显示了体内分子和细胞损伤的积累，并最终导致正常的生理功能下降（Lin et al.，2019a）。衰老过程通常伴随着与年龄有关的疾病的风险增加，如高血压、糖尿病、动脉粥样硬化和心血管疾病（Halter et al.，2014）。研究表明，饮食可以延长模式生物的寿命，如果蝇和秀丽隐杆线虫（Taormina and Mirisola，2014）。另外，饮食的营养结构也会影响人体的寿命和抗衰老活动。延缓生长、减少体内脂肪和降低氧化水平并降低代谢率可以延长生物寿命（Fanson and Taylor，2012）。氧气是维持生命的最基本物质，进入生物体后可以转化为活性氧（ROS）和氧自由基。ROS 水平高通常会导致细胞损伤，过多的自由基也会引起氧化损伤累积，这都是衰老的主要原因（Dickinson and Chang，2011；Nita and Grzybowski，2016）。小球藻是一种有前途的可持续的生物活性物质（Matos et al.，2017）。多项研究结果表明，小球藻多糖可用于改善高脂血症、炎症、癌症、心血管疾病（Kubatka et al.，2015；Wan et al.，2019a；Zhang et al.，2019），并且还具有抗氧化和抗衰老活性。此外，根据先前的研究（Chen et al.，2016，2018a），小球藻多糖延长了黑腹果蝇的寿命。然而，小球藻多糖通过 miRNA 和肠道菌群调控的抗氧化机制仍有待研究。

DAF-16 是秀丽隐杆线虫中 FOXO 家族的同源基因，与抗逆性和衰老调节以及细胞周期停滞、凋亡与代谢有关（Wan et al.，2020a）。它通过抑制上游基因 *Daf-2* 从而激活 AKT1/2（Ayuda-Durán et al.，2019）。SKN-1 作为 Nrf 2 的同源转录因子，也能够通过调节靶向的 Nrf/CNC 蛋白来影响线虫的寿命（Blackwell et al.，2015）。此外，miRNA 是真核生物中长度为 21～23 个核苷酸的内源性单链非编码 RNA，它通过与其靶点 mRNA 的 3′-UTR 结合来抑制 mRNA 的翻译。miR-51 是动物 miRNA 的最古老家族成员，可能会降低 *SKN-1* 和 *DAF-16* 基因的水平。Let-7 miRNA 家族的 miR-48 也显示出抑制 DAF-16 的能力（Farina et al.，2017；Tullet et al.，2017）。此外，肠道菌群含有数百万亿个细菌，并与多种人类疾病有关，包括糖尿病、炎症和神经系统疾病（Zhao et al.，2019a）。它在衰老中起着至关重要的作用。硬毛菌是婴儿肠道中的主要细菌，而拟杆菌是老年人肠道中的主要细菌（Duan et al.，2019）。肠道生理的变化，包括肠道神经系统的退化和胃肠道疾病，可以通过年龄来调节，这可能会影响肠道菌群的结构、功能和组成（Konturek et al.，2015）。此外，肠道营养不良通常是由肠道上皮细胞中 ROS 的过量产生引起的。

秀丽隐杆线虫由于其生命周期短而被越来越多地用于衰老过程的研究，它可以快速模拟自然衰老并缩短试验周期（Roselli et al.，2019）。此外，它是第一个对整个基因组进行测序的多细胞生物，线虫中80%以上的蛋白质都可以进入人类同源基因的行列，因此秀丽隐杆线虫可以用作分子机制和基因组检查的重要模型（Zhu et al.，2016）。在这项研究中，测定了小球藻多糖的理化特性及其抗氧化活性，在秀丽隐杆线虫中深入研究了小球藻的分子调节机制和肠道菌群组成的有益作用。

一、小球藻多糖 CPP-1 制备与纯化

将干燥的小球藻粉加到超纯水（25mg/L）中，以45kHz的超声处理2h。然后将混合物以5000r/min离心10min，并将上清液在4℃下用乙醇沉淀过夜。之后，通过离心收集粗制的小球藻多糖，并使用中性蛋白酶除去蛋白质。将其置入8～14kDa透析袋中用超纯水透析2d。透析后，将脂质在加有0.05mol/L的硫酸的沸水中水解1.5h，然后使用0.05mol/L NaOH调整pH到7.0。接下来，向上清液中加入等体积的乙醇。24h后，以5000r/min离心10min。用3000Da透析袋收集高分子的小球藻多糖，之后用DEAE-52纤维素（2.6cm×60cm）（北京，索莱宝，C8350）色谱柱和Bio-Gel P-2（2.6cm×60cm）（美国加利福尼亚州，伯乐，1504114）色谱柱进一步分离。流动相为纯水，流速设置为1mL/min。收集纯化后的样品（CPP-1）冷冻干燥以待进一步研究。

二、小球藻多糖 CPP-1 结构解析

（一）CPP-1 红外光谱分析

将2mg干燥的小球藻多糖与200mg溴化钾混合，然后压成1mm的切片用于红外分析，范围为4000～400cm^{-1}。

（二）CPP-1 单糖组成分析

采用高效液相色谱分析小球藻多糖的单糖组分，取50mg样品用硫酸水解3h，然后用1-苯基-3-甲基-5-吡唑啉酮（PMP）衍生化。使用具有C18柱（250mm×4.6mm×5μm）的HPLC-DAD（上海，岛津，LC-20AT）设备测定小球藻多糖的单糖组成，流速为1.0mL/min。通过DEAE-52色谱柱和Bio-Gel P-2色谱柱成功分离与纯化了小球藻多糖（图4-4，图4-5a、b），并且使用波长分别为4000cm^{-1}和400cm^{-1}的红外光谱分析小球藻的官能团特性（图4-5c）。在3402.68cm^{-1}处可观察到明显的强峰，表明羟基振动。2925.95cm^{-1}处较窄的吸收峰表明可能存在糖环中的C—H的拉伸振动。1649.16cm^{-1}处的吸收带表明小球藻多糖存有葡聚糖-水的氢键之间的强相互作用。在1409.93cm^{-1}和1249.84cm^{-1}处的弱峰和窄峰分别是由于C—H变形振动与C—O—C基团拉伸振动。此外，在1134.11cm^{-1}处观察到的吸

收峰表明小球藻多糖的糖残基以吡喃糖环形式存在。在 918.09cm^{-1} 附近的吸收带表明存在 α 型和 β 型糖苷键（Zhang et al.，2020）。另外，通过 HPLC 测定了小球藻多糖的单糖组成，与标准糖光谱相比，CPP-1 含有 9 个峰（不包括溶剂峰），其中鼠李糖含量最高（图 4-4，图 4-5d）。最后可以得出小球藻多糖由甘露糖、鼠李糖、葡萄糖醛酸、半乳糖醛酸、葡萄糖、半乳糖、阿拉伯糖、岩藻糖组成，摩尔比为 12.92：37.36：2.46：0.71：9.47：28.12：16.67：2.19。

（三）CPP-1 核磁共振图谱分析

通过 OPUS 系统记录有机官能团。按照先前的方法（Wan et al.，2020b），将 60mg 小球藻多糖溶于重水中，使用 850MHz Bruker AVANCE Ⅲ HD NMR 光谱仪进行 NMR 分析。一维和二维 NMR 数据由 MestReNova 11.0.4（Mestrelab Research S.L.）分析。在 ^{1}H-NMR 和 ^{13}C-NMR 谱图中，多糖的残基可通过主要的异头质子和异

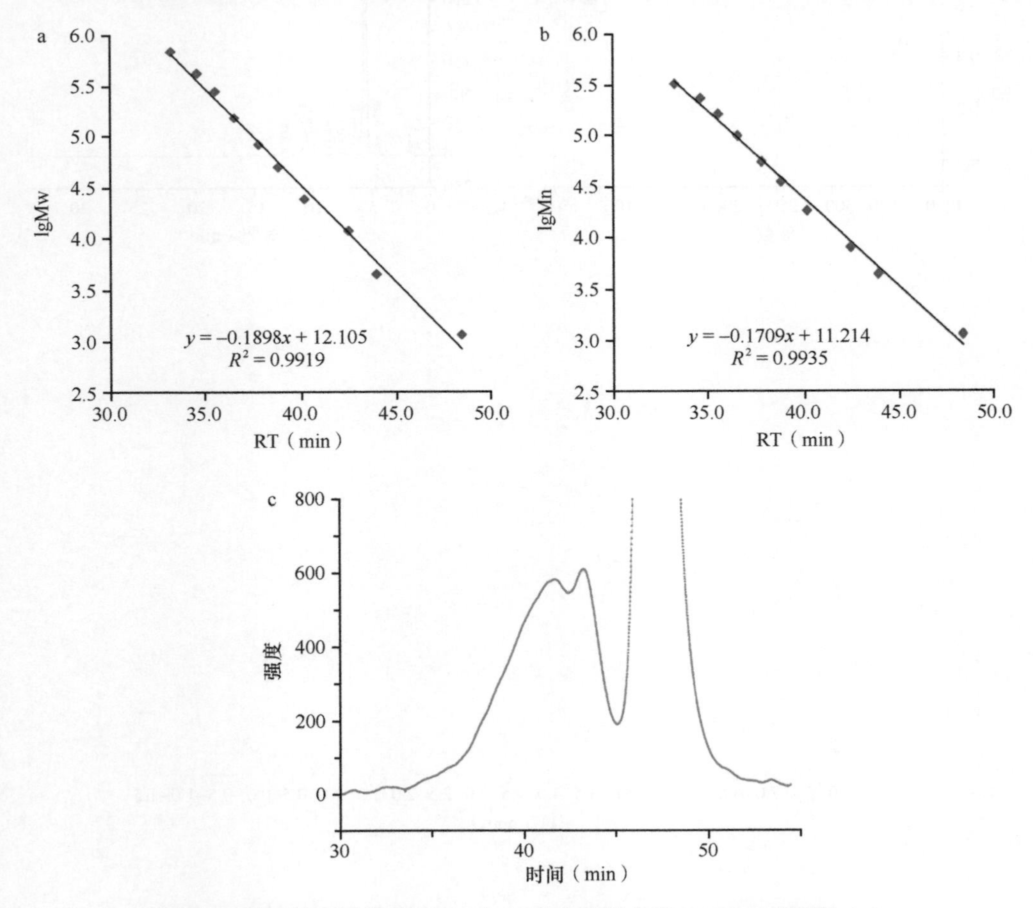

图 4-4　葡聚糖标准曲线（a、b）以及小球藻多糖 HPGPC 色谱图（c）

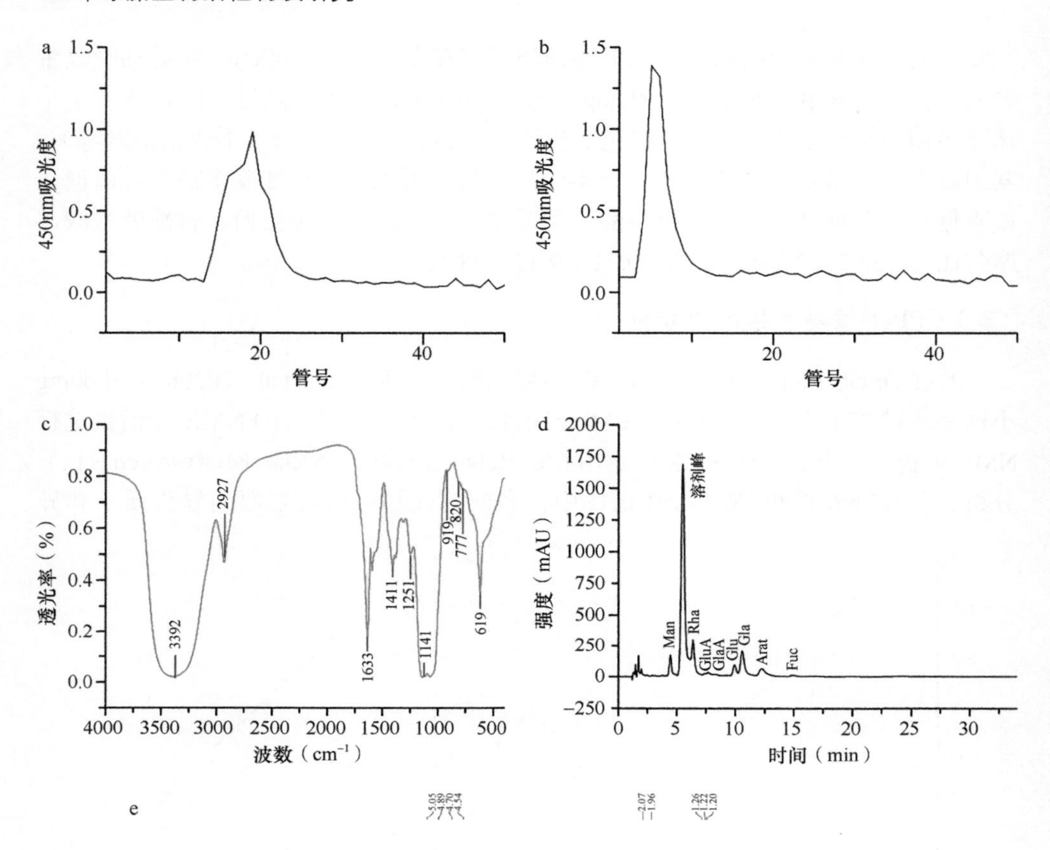
a
1.5
1.0
0.5
0.0
450nm吸光度
20
40
管号
b
1.5
1.0
0.5
0.0
450nm吸光度
20
40
管号
c
1.0
0.8
0.6
0.4
0.2
0.0
透光率（%）
2927
3392
1633
1411
1251
1141
919
820
777
619
4000 3500 3000 2500 2000 1500 1000 500
波数（cm⁻¹）
d
2000
1750
1500
1250
1000
750
500
250
0
−250
强度（mAU）
溶剂峰
Man
Rha
GluA
GlaA
Glu
Gla
Arat
Fuc
0 5 10 15 20 25 30
时间（min）

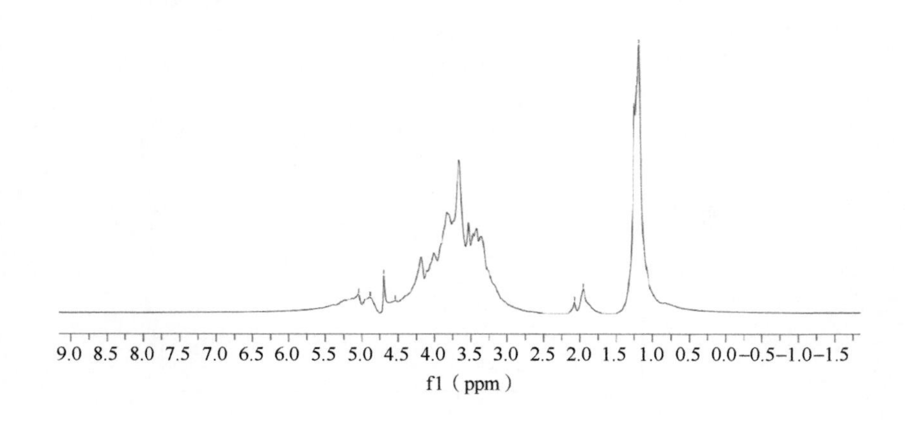
e
5.05
4.89
4.70
4.54
2.07
1.96
1.26
1.22
1.20
9.0 8.5 8.0 7.5 7.0 6.5 6.0 5.5 5.0 4.5 4.0 3.5 3.0 2.5 2.0 1.5 1.0 0.5 0.0 −0.5 −1.0 −1.5
f1（ppm）

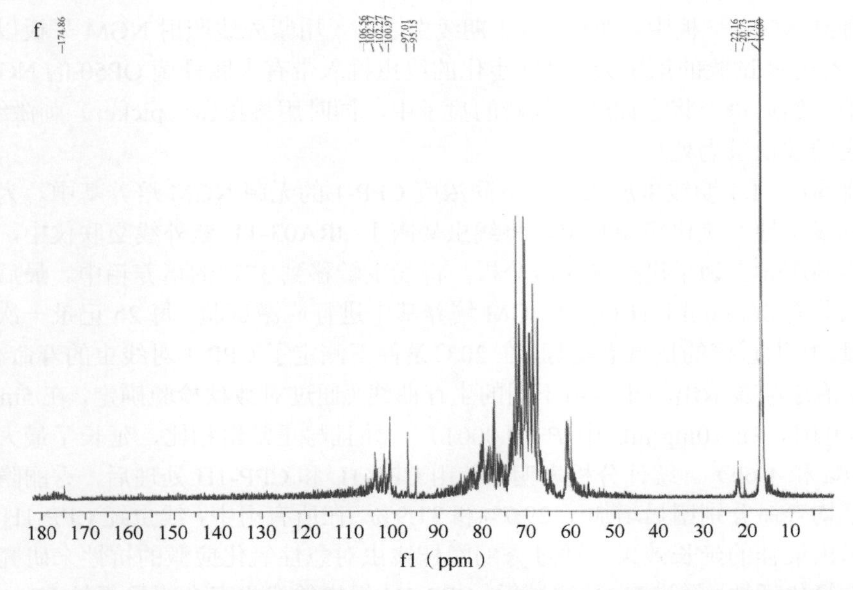

图 4-5　小球藻多糖的纯化、红外光谱、单糖组成与核磁共振氢谱和碳谱图

采用 DEAE-52 纤维柱（a）和 Bio-Gel P-2 柱（b）纯化的结果；多糖红外光谱图（c）；单糖组分高效液相色谱分析（d）；氢谱图（e）和碳谱图（f）

头碳信号来确定。在化学位移值 δ4.4～5.1 观察到 4 个异头质子信号（图 4-5e），其中 δ5.0 以上的化学位移信号归因于 α-糖苷键，而 δ5.0 以下的信号被分配给 β-异头质子（Hajji et al.，2019；Yan et al.，2019）。α-糖苷键和 β-异头质子的数量相似，这就意味着它们的糖残基可以均分。小球藻多糖主要由 α-糖苷键组成，与 FT-IR 分析相符；并且化学位移值在 δ90～103 附近检测到几个异头碳信号，这意味着可能存在对应的糖残基（图 4-5f）。而化学位移值 δ16.60 和 δ17.11 处的信号代表鼠李糖或岩藻糖的 C6，并且推测出鼠李糖的含量可能比其他糖残基的含量丰富。此外，化学位移值 δ68～70 处的信号说明了糖残基的 C6 的存在（Xu et al.，2016），在化学位移值 δ170 区域中检测到的信号代表小球藻多糖中存在糖醛酸。

三、小球藻多糖 CPP-1 抗氧化作用

（一）CPP-1 对线虫寿命的影响

秀丽隐杆线虫购买自福建上源生物科学技术有限公司，将其置于加有大肠杆菌 OP50 菌株的线虫生长培养基（NGM）平板上，在 20℃下培养。然后使用次氯酸钠裂解法获得同步线虫。将小球藻粉末与大肠杆菌 OP50 混合，使终浓度分别为 0mg/mL［正常对照组（NC）］、5mg/mL（CPP-1L）和 10mg/mL（CPP-1H），

并接种到 NGM 平板中。在培养 L4 期线虫之前，用紫外线照射 NGM 平板以防止污染。在寿命试验的第 1 天，将同步化的线虫挑入带有大肠杆菌 OP50 的 NGM 培养基中。然后每天将它们转移到新的盘子中，同时用挑虫器（picker）刺激线虫，无反应的被记录为死亡。

将 50 只 L4 期线虫放入具有不同浓度 CPP-1 的无菌 NGM 培养基中。为了进行紫外线诱导的氧化应激测定，将线虫暴露于 JRA03-11 紫外线交联仪中，辐射剂量为 60J/m^2。为了进行热应激分析，将线虫转移到 37℃的培养箱中。最后将线虫放入装有 30mmol/L H_2O_2 的 NGM 培养基中进行应激试验。每 2h 记录一次活线虫数量。作为直接的抗衰老指标，在 20℃条件下测定了 CPP-1 对线虫的寿命影响。CPP-1 治疗组显示出与正常组不同的生存曲线（通过对数秩检验确定，在 5mg/mL 中 $P<0.01$，在 10mg/mL 中 $P<0.0001$），并且与正常组相比，延长了最大寿命（图 4-6a 和 4-6b）。统计分析表明，使用 CPP-1L 和 CPP-1H 处理后，秀丽隐杆线虫的平均寿命分别明显增加了 29.7%和 31.9%。在所有组中，线虫经 CPP-1H 处理后显示出最佳的延长效果。通过秀丽隐杆线虫对急性氧化应激的抗性来研究其潜在的抗氧化活性，经过 H_2O_2 诱导后，CPP-1H 组中的线虫寿命明显更长（$P<0.05$）（图 4-6c）。此外，与正常组相比，在紫外线照射后，CPP-1H 组处理的寿命也显著增加（$P<0.05$），而暴露于高温的线虫寿命无明显变化（图 4-6d、e）。因此，CPP-1 通过调节氧化应激可以有效延长线虫的寿命。

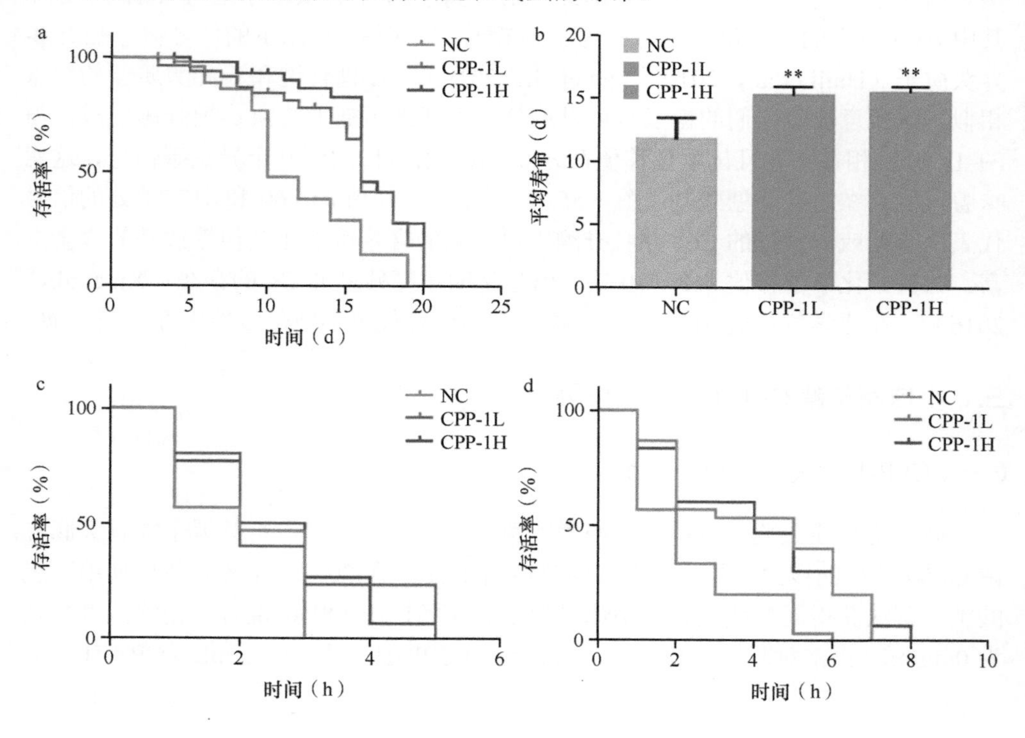

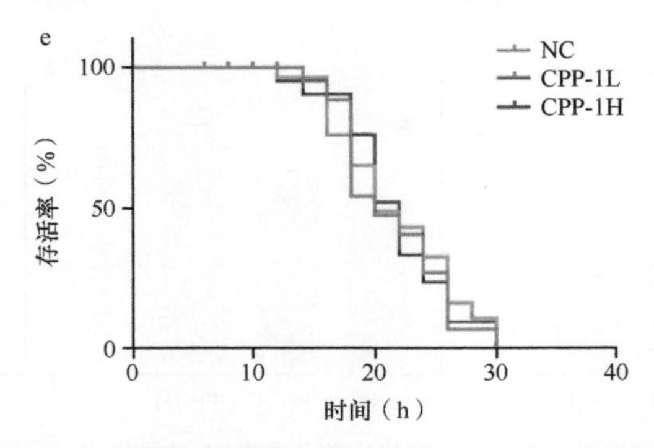

图 4-6　不同浓度小球藻多糖 CPP-1 对线虫寿命的影响

a. 线虫在 20℃下的生存曲线；b. 线虫的平均寿命；c. 线虫暴露于 30μmol/L 过氧化氢的生存曲线；d. 线虫暴露于紫外照射下的生存曲线；e. 线虫在 37℃下的生存曲线。与正常对照比较，$**P<0.01$

（二）CPP-1 对线虫抗氧化能力的影响

将 50 只同步化后的线虫用 CPP 处理 72h，用 M9 缓冲液（3g KH_2PO_4、6g Na_2HPO_4、5g NaCl 和 1mL 1mol/L $MgSO_4$ 加入 1L H_2O）冲洗三遍，然后与 2μL 2′,7′-二氯二氢荧光素在 37℃下孵育 30min。使用 SpectraMax i3x（美国加利福尼亚州，赛默飞世尔）在 485nm 激发波长和 535nm 发射波长下测定 ROS 的荧光强度。MDA 与 SOD 的测定：将同步的线虫接连给药小球藻多糖，处理 3d 后，将 50 只线虫用 M9 缓冲液洗涤 3 次，然后置于 200μL 细胞裂解缓冲液（上海，碧云天）中裂解。然后将混合物在 6000r/min 条件下离心 5min，并使用相关的化学分析试剂盒（南京，建成生物工程研究所，A003-1-2 和 A001-1-2）测量 MDA 与 T-SOD 水平。

活性氧通过破坏 DNA、氨基酸氧化和脂质过氧化作用，在细胞凋亡中起着至关重要的作用，从而导致机体衰老（Ge et al.，2017）。因此，ROS 含量通常用于评估线虫的衰老程度和抗氧化水平。如图 4-7a 所示，与正常组线虫相比，小球藻低剂量组和小球藻高剂量组的线虫体内的 ROS 水平分别降低了 36.2%和 62.5%（$P<0.05$）。此外，过量的 ROS 可能导致氧化应激，但可以通过细胞抗氧化防御系统（如抗氧化酶）恢复，这些酶在保持代谢环境健康方面发挥着关键作用（Wang et al.，2016a）。作为抗氧化剂，总超氧化物歧化酶（T-SOD）可以不断催化超氧阴离子自由基的歧化，从而生成 O_2 或 H_2O_2（Lewandowski et al.，2018）。经过 CPP-1L 和 CPP-1H 处理后，线虫体内的 SOD 含量分别增加了 9.8%和 27.5%。此外，在 CPP-1H 治疗 3d 后，线虫体内的代表脂质过氧化水平的 MDA 含量也显著降低了 46%（图 4-7c）。因此，研究认为 CPP-1 可通过增加 SOD 含量并降低 MDA 含量来提高秀丽隐杆线虫的抗氧化活性。

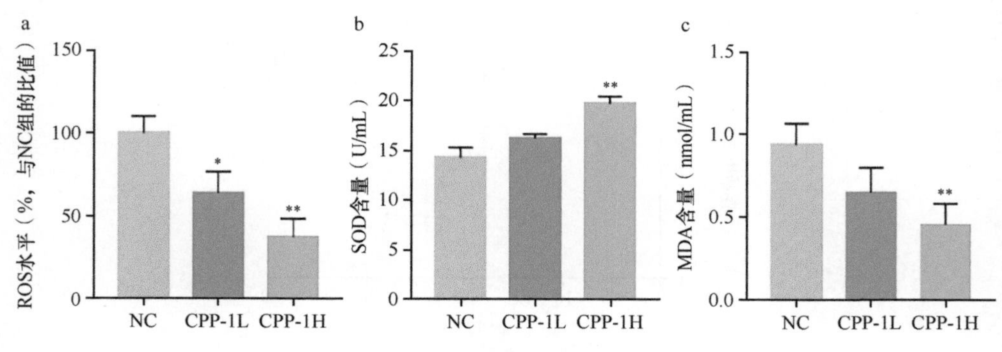

图 4-7　CPP 对线虫氧化损伤的保护作用。

不同浓度小球藻多糖处理线虫体内的 ROS 水平（a）及 SOD（b）、MDA（c）含量。与正常对照组比较，$*P<0.05$ 和$**P<0.01$

（三）CPP-1 对细胞凋亡的影响

收集 50 多只同步化的线虫，并用 100μL 25μg/mL 吖啶橙 DNA 染料孵育 1h。然后将线虫转移到新的固体琼脂平板中。10min 后将 20 只线虫放入含 20mmol/L 左旋咪唑的 3%琼脂糖中。通过 Fluoroskan Ascent FL 微孔板读数仪 Image Pro Plus 6.0（Media Cybernetics Inc.）进行拍照测定，荧光强度为激发波长 485nm 和发射波长 535nm 下的。

凋亡是消除生物体中衰老细胞的特定过程，也与 DNA 损伤密切相关。吖啶橙作为一种荧光素可以穿过正常细胞膜与死细胞结合，然后细胞会在荧光下发出绿色光（Mannarreddy et al.，2017）。因此，可以通过荧光强度反应显示秀丽隐杆线虫的细胞凋亡程度。与正常组相比（图 4-8h），CPP-1H 处理后，浅绿色区域显著减少（$P<0.01$）。此外，CPP-1L 组的线虫的死亡区域比 CPP-1H 组线虫的死亡区域略亮，此结果与通过软件 Image J 分析的数据相同。因此，CPP-1 可减轻细胞凋亡程度。

（四）CPP-1 对抗氧化相关基因表达的影响

1. 荧光定量 PCR

用 1mL Trizol 试剂裂解线虫，然后分别使用 RNeasy Mini Kit（上海，联硕，50）和 miRNA 分离试剂盒（美国佐治亚州，欧米茄，R6842-01）提取总 RNA 与 miRNA。使用 cDNA 合成试剂盒（上海，生工，B532451-0020）分别将 RNA 和 miRNA 反转录为 cDNA。再分别使用 SYBR Premix Ex *Taq* 试剂盒（北京，宝生物，RR820A）和 microRNA qPCR 试剂盒（美国马萨诸塞州，赛默飞世尔，ABI 7300）通过实时 PCR 测定 cDNA 的相对表达水平。mRNA 和 miRNA 的扩增按照先前的方法进行。*Gapdh-1* 和 5.8S rRNA 被认为是分别评估 mRNA 与 miRNA 相对水平的对照基因。通过 $2^{-\Delta\Delta Ct}$ 方法分析这些引物的含量。

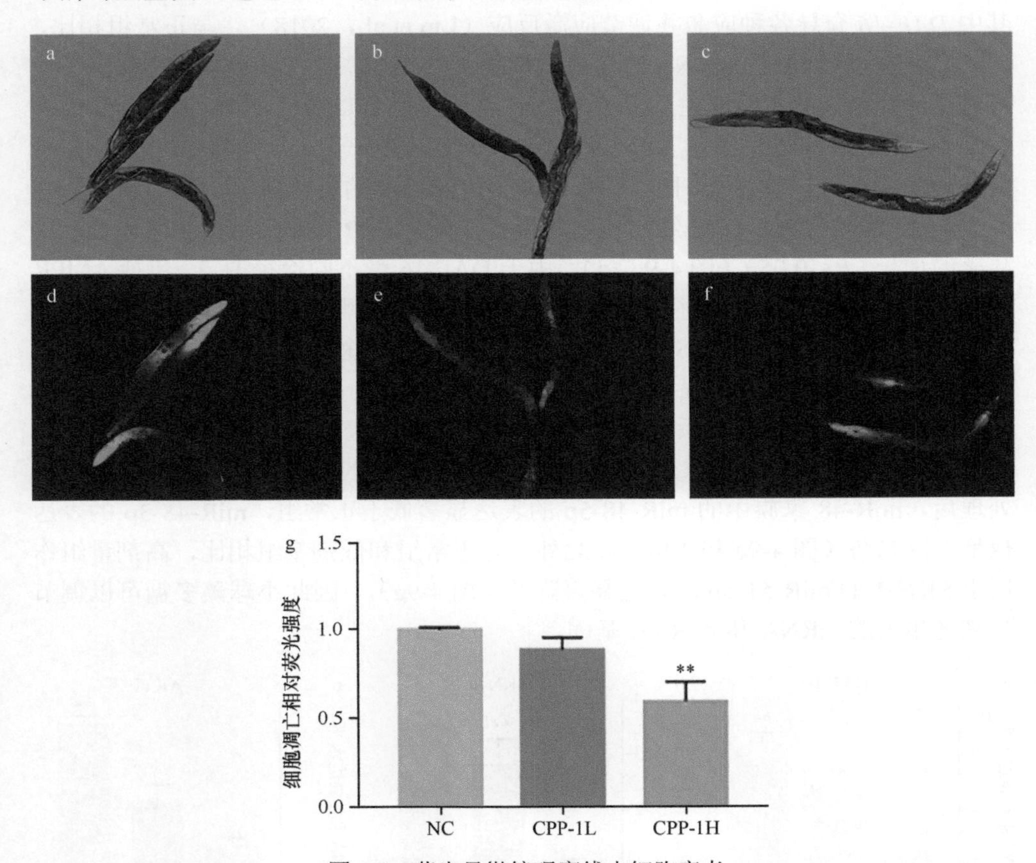

图 4-8　荧光显微镜观察线虫细胞衰老

正常光源下正常组（a）、CPP-1L 组（b）、CPP-1H 组（c）线虫的形态。吖啶橙染色后正常组（d）、CPP-1L 组（e）、CPP-1H 组（f）线虫的荧光强度。荧光强度通过 Image Pro Plus 6.0 获取。与正常对照组比较，$^{**}P<0.01$

2. DNA 测序

用 Mobio PowerSoil DNA 分离试剂盒提取微生物 DNA，细菌 16S rDNA V4 扩增引物为：5′-GTGCCAGCMGCCGCGGTAA-3′、5′-GGACTACHVGGGTWTCTAAT-3′。PCR 反应系统如下：在 94℃下预变性 5min；在室温下预变性 5min，在 94℃变性 30s，在 50℃退火 30s，在 72℃延伸 60s，32 个循环；并在 72℃延伸 17min。使用 Illumina Miseq PE 250 高通量测序平台对 DNA 样品进行测序。

为了揭示小球藻对寿命相关的基因的调控作用，检测了与秀丽隐杆线虫寿命相关的关键基因。胰岛素样生长因子信号转导途径与多种物种的生长和代谢有关，其中 *DAF-16* 介导各种应激并调节应激反应（Lin et al.，2018）。与正常组相比，CPP-1 组的 DAF-16 的 mRNA 表达显著增强（$P<0.01$）。在胰岛素样生长因子信号转导途径中，胰岛素样生长因子与 DAF-2 受体结合以激活 PI3K 途径，从而抑制细胞核中 DAF-16 的表达（Lin et al.，2019b）。为了进一步检测 CPP 治疗是否能延长寿命，测定了相关水平的激酶 AKT-1 和 AKT-2 的表达情况。*AKT-1* 和 *AKT-2* 的表达能够抑制 DAF-16 在细胞核中的积累，在经 CPP 处理后这两个基因显示出显著的增长（$P<0.05$）（图 4-9c、d）。由于 DAF-16 受不同途径调节，包括 AMPK 途径、TOR 途径和 JNK 途径（Lee et al.，2015），因此 DAF-16 的增加可能不受 AKT-1 和 AKT-2 的影响。SKN-1 在介导下游 MAPK 途径方面起着重要作用，可以保护细胞免受损害并增强抵抗压力环境的能力（Zhang et al.，2018）。与正常组相比，在经 CPP-1 处理后线虫中 SKN-1 的 mRNA 表达显著增加（图 4-9b）。此外，miR-48 和 miR-51 家族分别影响 DAF-16 与 SKN-1 的水平。在 CPP-1H 组处理后，miR-48 家族中的 miR-48-5p 的表达显著低于正常组，miR-48-3p 的表达也呈下降趋势（图 4-9e 和 4-9f）。此外，与正常组和低剂量组相比，高剂量组作用于 SKN-1 的 miR-51-5p 的表达显著降低（图 4-9g）。因此小球藻多糖可以调节与衰老相关的 mRNA 和 miRNA 基因。

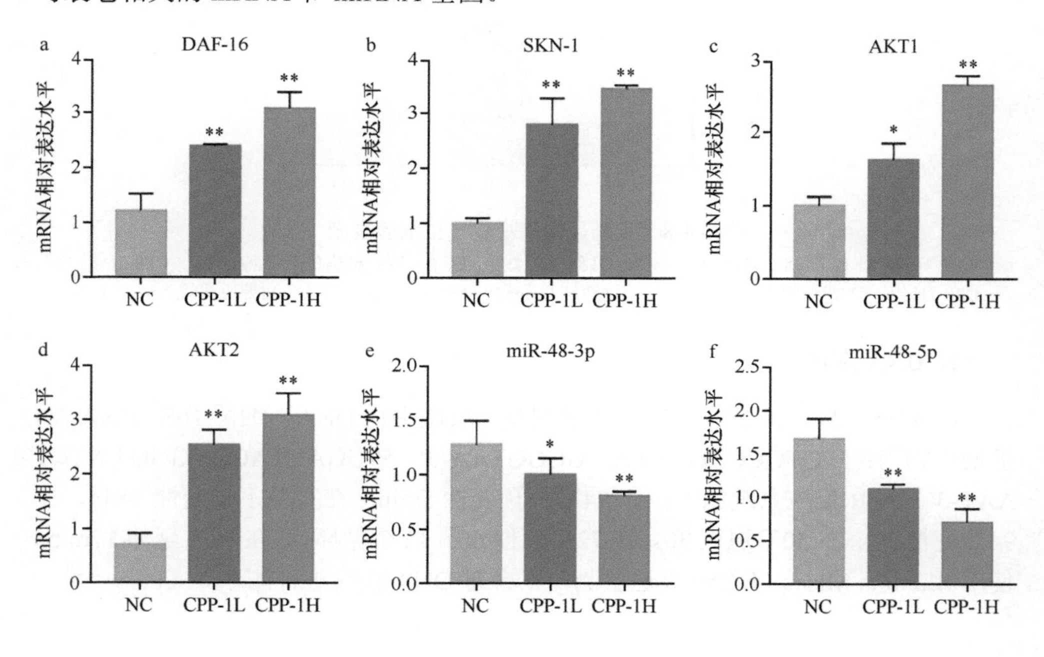

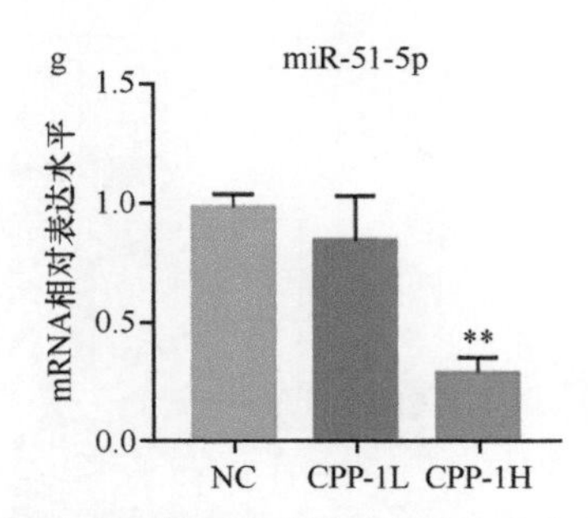

图 4-9　CPP-1 对线虫 DAF-16（a）、SKN-1（b）、AKT1（c）、AKT2（d）、miR-48-3p（e）、miR-48-5p（f）和 miR-51-5p（g）的调节

与正常对照组比较，$*P<0.05$，$**P<0.01$

（五）CPP-1 对肠道菌群的影响

香农-维纳多样性指数是反映样品中微生物多样性的指标（Luo et al.，2018）。当曲线逐渐趋于平坦时，它可以揭示出肠道菌群的几乎所有信息。通过 16S rRNA 测序检测线虫肠道细菌的丰度，发现 CPP-1 组的菌落香农-维纳多样性指数高于正常组（图 4-10a）。维恩图可以直观地显示不同组之间重叠且唯一的 OTU 数量（Cheng et al.，2016）。正常组和 CPP-1 治疗组中有的 OTU 分别为 118 个和 151 个，每个样本中的 OTU 总数分别为 271 个和 304 个。因此，这 4 个组通用 OTU 数为 153 个（图 4-10b）。主成分分析图表明，在 CPP-1 处理后，肠道菌群的组成发生了显著的改变（图 4-10c）。此外，选择所有样本中绝对丰度最高的 20 个 OTU 进行相关性分析，并在基因水平上进行注释。根据 *P* 值大于 0.05 或相关值|*r*|＜0.4 作了图 4-10d，该图将肠道菌群分为两个不同的组别，与正常组相比，CPP-1 组富含 *Achromobacter*、*Kurthia*、*Vibrio*、*Escherichia-Shigella*、*Ralstonia*、*Bradyrhizobium*、*Tissierella*、*Shewanella*、*Streptococcus*、*Gardnerella*、*Staphylococcus*、*Enhydrobacter*、*Haemophilus*、*Variibacter*、*Cellulomonas* 和 *Candidatus*_Koribacter，正常组 *Stenotrophomonas*、*Grateloupia_angusta* 和 *Sphingobacterium* 的丰度更高。在 CPP-1 处理后，秀丽隐杆线虫肠道内优势菌群的丰度显著增加。

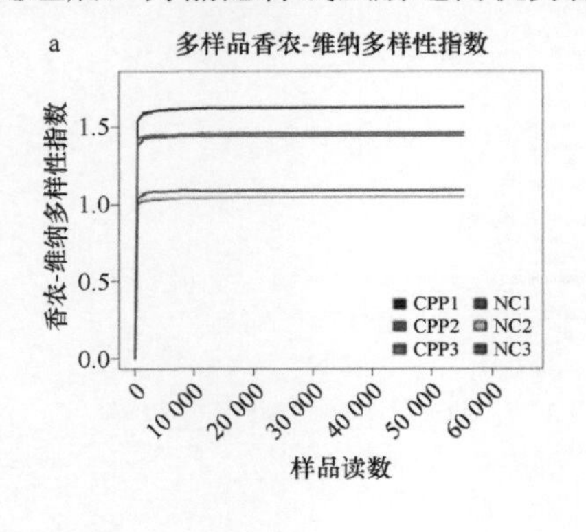

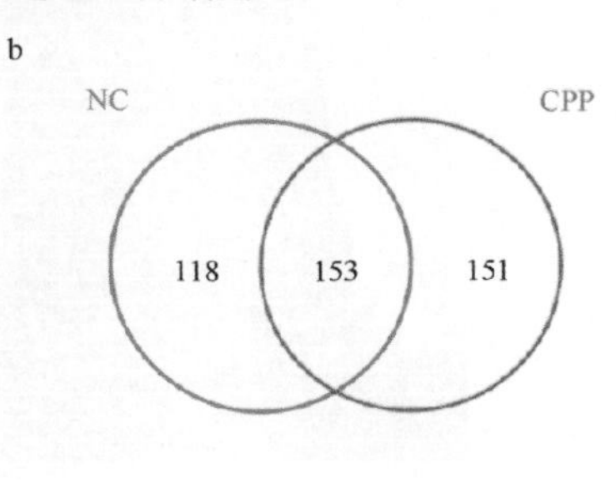

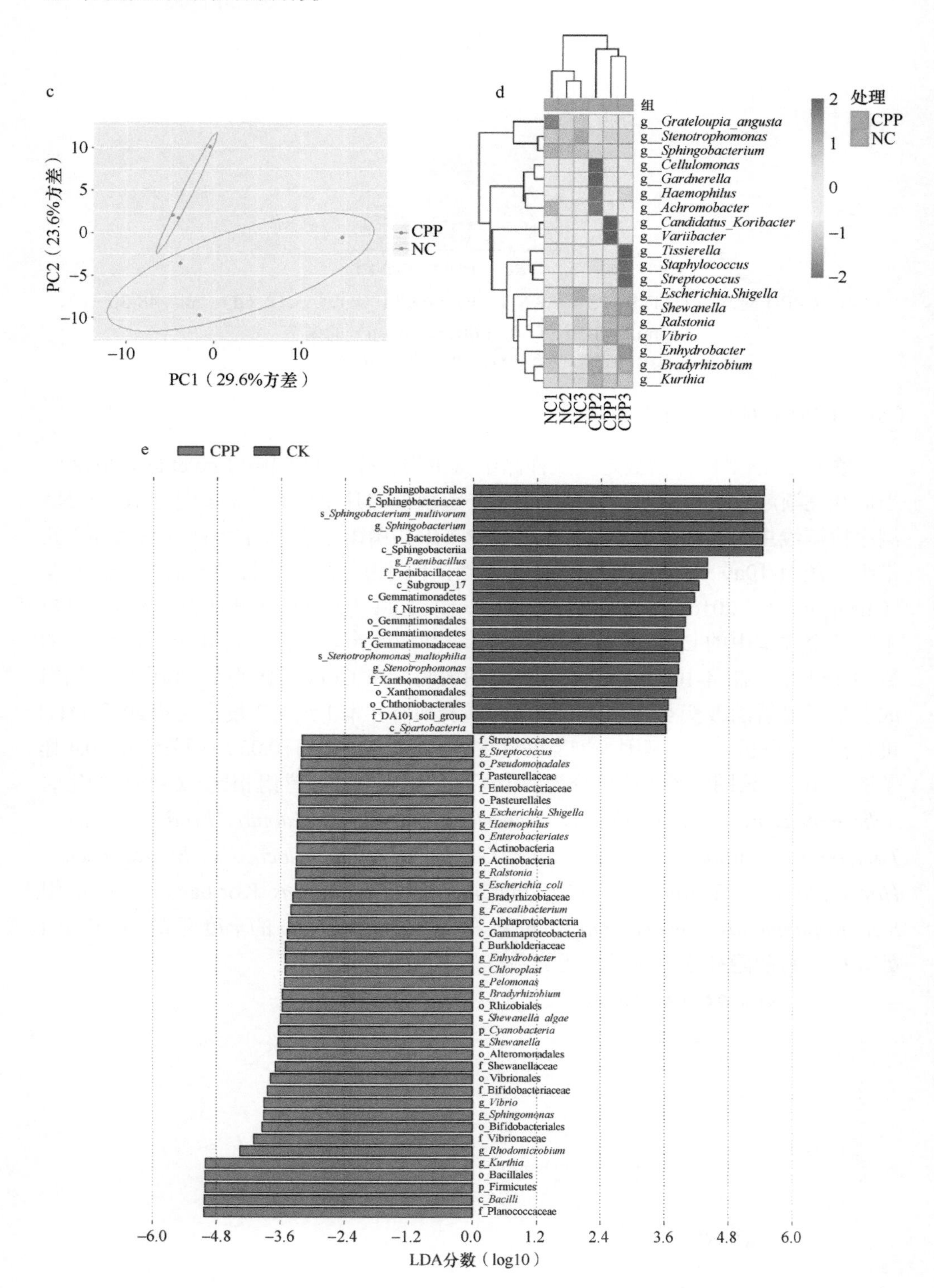
c
PC2（23.6%方差）
PC1（29.6%方差）
CPP
NC
d
组
处理
CPP
NC
g__Grateloupia_angusta
g__Stenotrophomonas
g__Sphingobacterium
g__Cellulomonas
g__Gardnerella
g__Haemophilus
g__Achromobacter
g__Candidatus_Koribacter
g__Variibacter
g__Tissierella
g__Staphylococcus
g__Streptococcus
g__Escherichia.Shigella
g__Shewanella
g__Ralstonia
g__Vibrio
g__Enhydrobacter
g__Bradyrhizobium
g__Kurthia
NC1 NC2 NC3 CPP2 CPP1 CPP3
e
CPP
CK
o_Sphingobacteriales
f_Sphingobacteriaceae
s_Sphingobacterium_multivorum
g_Sphingobacterium
p_Bacteroidetes
c_Sphingobacteriia
g_Paenibacillus
f_Paenibacillaceae
c_Subgroup_17
c_Gemmatimonadetes
f_Nitrospiraceae
o_Gemmatimonadales
p_Gemmatimonadetes
f_Gemmatimonadaceae
s_Stenotrophomonas_maltophilia
g_Stenotrophomonas
f_Xanthomonadaceae
o_Xanthomonadales
o_Chthoniobacterales
f_DA101_soil_group
c_Spartobacteria
f_Streptococcaceae
g_Streptococcus
o_Pseudomonadales
f_Pasteurellaceae
f_Enterobacteriaceae
o_Pasteurellales
g_Escherichia_Shigella
g_Haemophilus
o_Enterobacteriales
c_Actinobacteria
p_Actinobacteria
g_Ralstonia
s_Escherichia_coli
f_Bradyrhizobiaceae
g_Faecalibacterium
c_Alphaproteobacteria
c_Gammaproteobacteria
f_Burkholderiaceae
g_Enhydrobacter
c_Chloroplast
g_Pelomonas
g_Bradyrhizobium
o_Rhizobiales
s_Shewanella_algae
p_Cyanobacteria
g_Shewanella
o_Alteromonadales
f_Shewanellaceae
o_Vibrionales
f_Bifidobacteriaceae
g_Vibrio
g_Sphingomonas
o_Bifidobacteriales
f_Vibrionaceae
g_Rhodomicrobium
g_Kurthia
o_Bacillales
p_Firmicutes
c_Bacilli
f_Planococcaceae
LDA分数（log10）

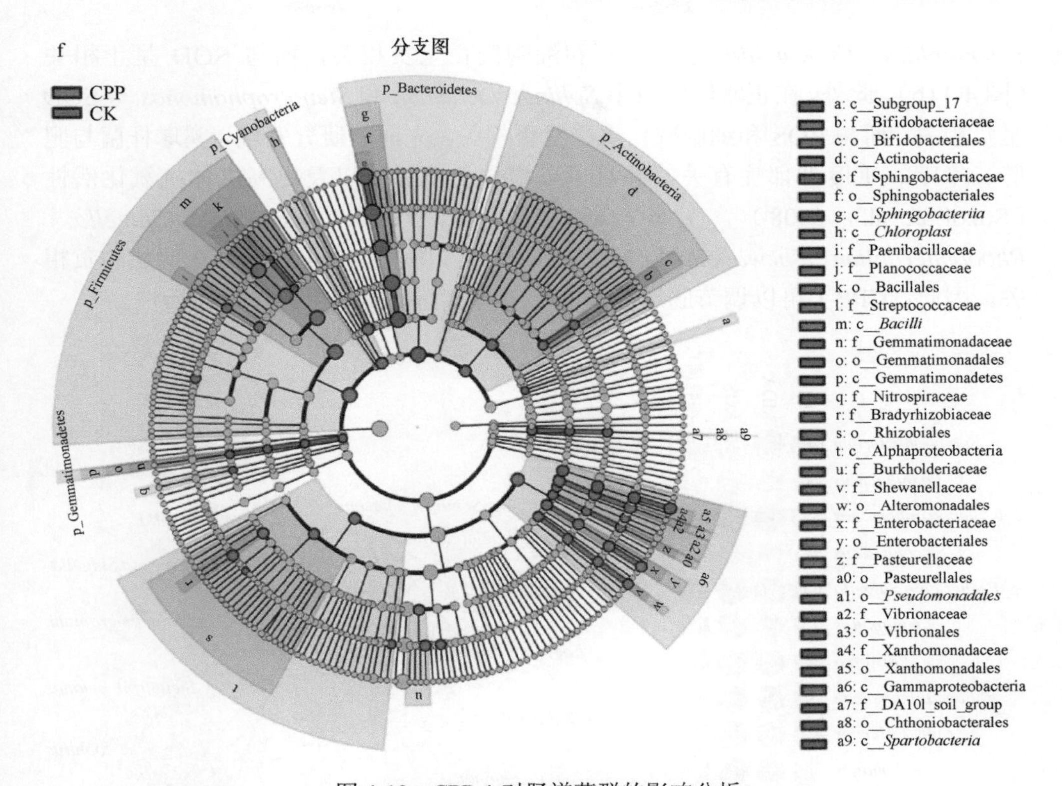

图 4-10　CPP-1 对肠道菌群的影响分析

不同组肠道菌群香农－维纳多样性指数曲线（a）和维恩图（b）；肠道菌群主成分分析图（c）和热图（d）；菌群 LEfSe 分析（e、f）

为了进一步研究肠道菌群的不同变化，使用 LDA 评分体系确定了各组之间相对丰度的差异（图 4-10e）。对比 CPP-1 组和正常组之间的菌群，*Streptococcus*、*Escherichia-Shigella*、*Haemophilus*、*Ralstonia*、*Faecalibacterium*、*Enhydrobacter*、*Pelomonas*、*Bradyrhizobium*、*Shewanella*、*Vibrio*、*Sphingomonas*、*Rhodomicrobium* 和 *Kurthia* 菌种丰度明显增加，而 *Sphingobacterium*，*Paenibacillus* 和 *Stenotrophomonas* 则明显减少，其中链球菌还可以使用外部同源 DNA 修复氧化应激下宿主的 DNA 损伤（Michod et al.，2008）。LEfSe 分析图显示，总共确定了 36 个种属，正常组和 CPP-1 组之间的种属都有明显差异，其中 CPP-1 组标记了 22 个种属（图 4-10f）。在 CPP-1 组中，秀丽隐杆线虫的肠道菌群存在显著差异，CPP-1 可以调节肠道菌群的组成并促进有益细菌的生长。

（六）CPP-1 干预下抗氧化活性与肠道菌群的相关性分析

利用斯皮尔曼（Spearman）方法，分析了与衰老代谢相关的生化指标与肠道菌群之间的相关性。在小球藻多糖治疗后线虫体内的 *Pelomonas*、*Faecalibacterium*、

Haemophilus 和 *Kurthia* 与 MDA 和细胞凋亡呈负相关，而与 SOD 呈正相关（图 4-11b）。此外，在正常组线虫中 *Sphingobacterium* 和 *Stenotrophomonas* 与 SOD 呈负相关，而与 ROS 和细胞凋亡水平呈正相关。先前的研究发现，粪球杆菌与肥胖、哮喘、重度抑郁症有关，并且可以增强免疫系统以及提高机体抗氧化活性（Sokol et al.，2008）。另外，研究还发现，*Vibrio*、*Escherichia-Shigella*、*Rhodomicrobium*、*Shewanella* 与 MDA、ROS、细胞凋亡水平之间存在明显的负相关。因此，CPP-1 可以调节肠道菌群的丰度，从而提高线虫的抗氧化活性。

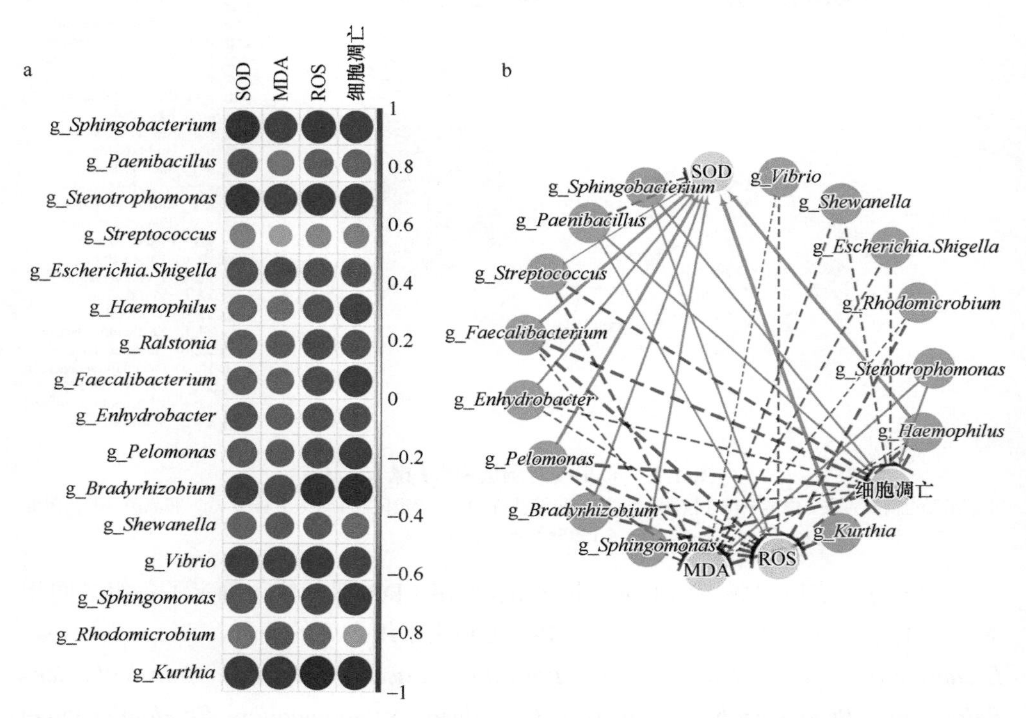

图 4-11　基于斯皮尔曼方法分析的菌群与生理指标关联热图（a）和可视化网络图（b）
a 图中红色代表负相关，蓝色代表正相关。b 图中红色实线代表正相关，蓝色虚线代表负相关，线粗细代表相关性大小

本节研究确定了小球藻多糖主要由甘露糖、鼠李糖、葡萄糖醛酸、半乳糖醛酸、葡萄糖、半乳糖、阿拉伯糖、岩藻糖组成。并且小球藻具有提高抗氧化酶活性，减轻 ROS 和 MDA 积累，减少线虫凋亡的作用。此外，小球藻多糖还延长了线虫在氧化应激条件下的最大寿命。在小球藻多糖处理后，与寿命相关的 DAF-16 和 SKN-1 表达显著增加，而同一 IIS 途径中 AKT1/2 的表达明显增加。因此小球藻多糖对秀丽隐杆线虫的影响不取决于 AKT1/2 途径。另外，小球藻多糖还增加了 *Faecalibacterium*、*Haemophilus*、*Vibrio* 和 *Shewanella* 菌落的丰度。总而言之，

小球藻多糖可作为潜在的抗氧化物质用于改善与年龄相关的疾病。

第三节　小球藻多糖 CPP-2 降血脂作用机制研究

高脂血症和肥胖症发病率的增加引起了公众的高度关注。一项令人担忧的预测显示，到 2030 年，肥胖人数将超过 10 亿（Kelly et al.，2018）。脂质代谢紊乱（LMD）是导致代谢并发症的重要因素，包括高脂血症、高血压、肝脂肪变性、心血管疾病和许多其他代谢综合征（Socha et al.，2007）。长期高脂血症会导致动脉粥样硬化和冠心病等严重疾病（Artinger et al.，2009）。高脂血症是指血脂异常，伴有甘油三酯（TG）、总胆固醇（TC）、低密度脂蛋白胆固醇（LDL-C）的升高，同时伴有高密度脂蛋白胆固醇（HDL-C）的降低（Huerta et al.，2009）。尽管治疗肥胖症的药物已被应用于临床治疗，但这些药物会引起肝炎、肾动脉硬化、胃肠紊乱和心力衰竭等副作用，限制了其在市场上的推广（Lacut et al.，2008）。因此，开发一种天然无毒低副作用的降血脂产品对抑制和治疗脂质代谢紊乱至关重要。

多糖因具有多种生物活性而备受关注（Schepetkin and Quinn，2006；Zhao et al.，2017）。海洋多糖由于结构特征和生物活性等理化性质，能够缓解脂质代谢紊乱（Wang et al.，2018）。蛋白核小球藻是一种极具营养价值的微藻，其生长速度快，具有良好的生物活性和抗逆能力，含有胡萝卜素、叶绿素、多糖和多不饱和脂肪酸（Mata et al.，2010；Zhao et al.，2015）。小球藻植物化学物质的药理作用表现为抗炎、抗肿瘤、抗氧化（Merchant and Andre，2001；Guzmán et al.，2003；Kang et al.，2013；Zhao et al.，2019b）。此外，蛋白核小球藻多糖被认为是一种有效的免疫增强剂和抗老化剂（Qi and Kim，2017；Chen et al.，2018a）。然而，关于蛋白核小球藻多糖降血脂活性的研究较少。

AMPK 信号通路可以调节糖脂代谢（Ren et al.，2017）。此外，AMPK 可以抑制脂肪生成和胆固醇合成，通过调节乙酰辅酶 A 羧化酶 1（ACC1）的表达或固醇调节元件结合蛋白-1c（SREBP-1c）激活线粒体中的 β 氧化（Moffat and Harper，2010）。除了机体自身的代谢调节，越来越多的证据表明肠道菌群与宿主的代谢密切相关（Kersten，2014）。肠道菌群通过调节胆汁酸、激素、氨基酸和短链脂肪酸（SCFA）等代谢产物来影响宿主的代谢（Sun et al.，2018）。口服多糖和海洋生物营养成分是解释人体肠道菌群变化的基本要素。虽然多糖分子量大，很难直接作用于人体细胞，但它们可以通过细菌的糖化发酵，使肠菌代谢产生短链脂肪酸，然后对机体肠道起到调节作用（Finley et al.，2007；Chambers et al.，2015；Koh et al.，2016；Shang et al.，2018）。多糖促进肠道益生菌的生长，改变肠道菌群的多样性（Fan et al.，2014）。在目前的研究工作中，从小球藻中分离出了一种新的多糖，并对其理化性质进行了测定。观察小球藻多糖对饮食诱导大鼠的降血脂作用，并对其潜在的降血脂机制及遗传途径与体内肠菌的关系进行了深入的研究和探讨。

一、小球藻多糖 CPP-2 制备与纯化

将小球藻（*C. pyrenoidosa*）粉浸泡在蒸馏水（1∶30，g/mL）中，60℃、50kHz 超声辅助提取 120min 后收集粗多糖。将水提液离心（4500r/min、15min、25℃），收集上清，然后在 4℃下与 4 倍体积的乙醇混合至少 8h。通过离心（4500r/min、15min、25℃）收集沉淀，然后用中性蛋白酶去除蛋白质，得到小球藻粗多糖 CPP。然后用 8～14kDa 分子质量的透析袋对粗多糖进行超纯水透析 48h，然后用 DEAE-52 柱进行过滤，固定流量为 0.42mL/min。最后对单组分多糖进行纯化和冻干，其被命名为 CPP-2，供进一步研究。

二、小球藻多糖 CPP-2 结构解析

（一）CPP-2 红外光谱分析

采用 KBr 压片技术，使用 OPUS 软件（Bremen）在 4000～400cm^{-1} 测定 CPP-2 的特征官能团。将混合物（1mg CPP-2 和 200mg KBr 混合）压入柱形模具中进行 FT-IR 分析。

使用 DEAE-52 柱和 G-100 柱色谱法以超纯水作为流动相可得到纯化的 CPP-2（图 4-12a 和 b）。在分子质量的对数图的 11.88～15.60min 有一个峰（图 4-12c）。CPP-2 的红外光谱如图 4-12d 所示。强的羟基拉伸振动集中在 3419.32cm^{-1} 处。C—H 在 2932.21cm^{-1} 处有一个小峰，而 1644.84cm^{-1} 处的宽峰反映了—COOH 的存在。1375.77cm^{-1} 和 1318.55cm^{-1} 处的两个峰可能是 CPP-2 中的 C—H 振动。1247.42cm^{-1} 处的弱吸收峰表明—CH_3 的存在，1081.18cm^{-1} 附近的典型吸收峰被认为是 C—O—C 或 C—O—H 变角振动。此外，在 895.61cm^{-1} 处的吸收峰表明了 α-D-吡喃葡萄糖的振动。

（二）CPP-2 单糖组成及分子量鉴定

采用 HPSEC-MALL 系统（美国加利福尼亚州，怀亚特）对 CPP-2 的微波功率进行检测。采用气相色谱-质谱联用仪（GC-MS）分析了 CPP-2 的单糖组成。将 50mg CPP-2 溶于 5mL 的 2mol/L 硫酸（100℃、3h）中，然后与盐酸羟胺（10mg）和 0.5mL 的吡啶（90℃、40min）及 1mL 的乙酸酐（90℃、15min）反应。将衍生物加入三氯甲烷中，用 GC-MS（上海，岛津，QP-2010）测定。采用间羟基联

苯比色法测定糖醛酸的含量。

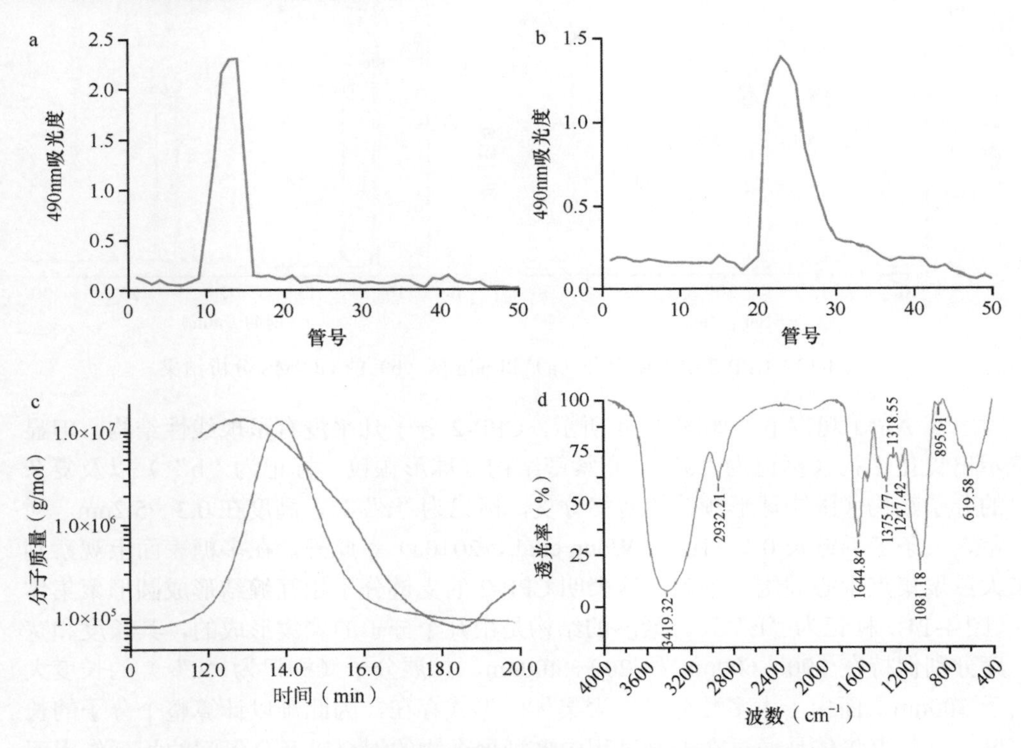

图 4-12 小球藻多糖（CPP-2）的纯化、分子质量和红外光谱图

采用 DEAE-52（a）和 G-100（b）柱纯化，利用高效凝胶过滤色谱（HPSEC）（c）测定分子量，在 4000～400cm^{-1} 进行 FT-IR 光谱分析（d）

CPP-2 的分子质量和摩尔质量分别为 5.63×10^6Da 和 3.57×10^6Da。使用 GC-MS 对 CPP-2 中的单糖进行测定和鉴定（图 4-13）。CPP-2 由甘露糖（Man）、鼠李糖（Rha）、葡萄糖（Glc）、岩藻糖（Fuc）、木糖（Xyl）和阿拉伯糖（Ara）组成，摩尔比为 14.95∶13.75∶11.42∶10.35∶4.95∶3.63，葡萄糖醛酸（GluUA）含量为 5.5%。

（三）CPP-2 原子力显微镜分析

如先前方法所述，通过原子力显微镜（AFM）（美国马萨诸塞州，布鲁克公司，Cypher VRS1250）分析观察 CPP-2 的分子特征（Guo et al.，2017）。简而言之，将 CPP-2 粉末添加到超纯水中，然后在剧烈搅拌下稀释至约 3μg/mL。将总计 2μL 的 CPP-2 溶液在 25℃下移到云母片上。通过 NanoScope Ⅳ系统（美国马萨诸塞州，布鲁克公司）显示二维（2D）和三维（3D）图像。

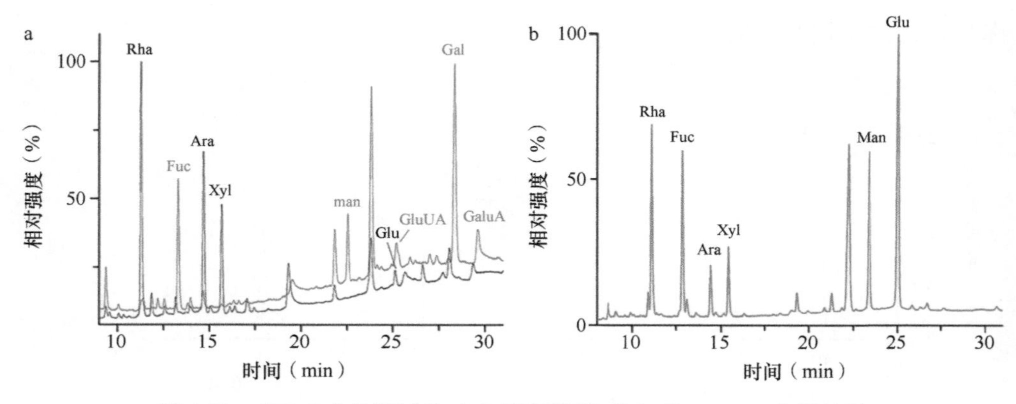

图 4-13　CPP-2 中单糖组分（a）和标准糖（b）的 GC-MS 分析结果

在 AFM 观察下，如图 4-14 所示，CPP-2 分子几乎没有呈现线性结构，但显示出支化结构（标记为“a”）和紧密结构（球形颗粒，标记为“b”）以及复杂的分子结构（围绕球形颗粒的密集分支，标记为“c”），高度在 0.3～5.2nm。通常，一条多糖链长 0.1～1nm（Wang et al.，2010a）。此外，在多糖表面上观察到大量聚集点中心周围的突起，这表明 CPP-2 的支链分子相互缠结形成圆形聚集体（图 4-14，标记为“b”）。紧凑的结构是由几个分子的聚集形成的，其长度和宽度分别保持在 200～600nm 和 200～400nm。扩展分子（标记为“a”）的长度大于 300nm，而由于大多数分子以聚集体的形式存在，因此难以计算整个分子的长度。这些聚集体是通过在干燥过程中多种聚合物的混合以及分子间的相互作用而形成的，CPP-2 分子中的羟基可能是分子内和分子间相互作用在云母片上形成聚集体的重要因素（Liu et al.，2016）。

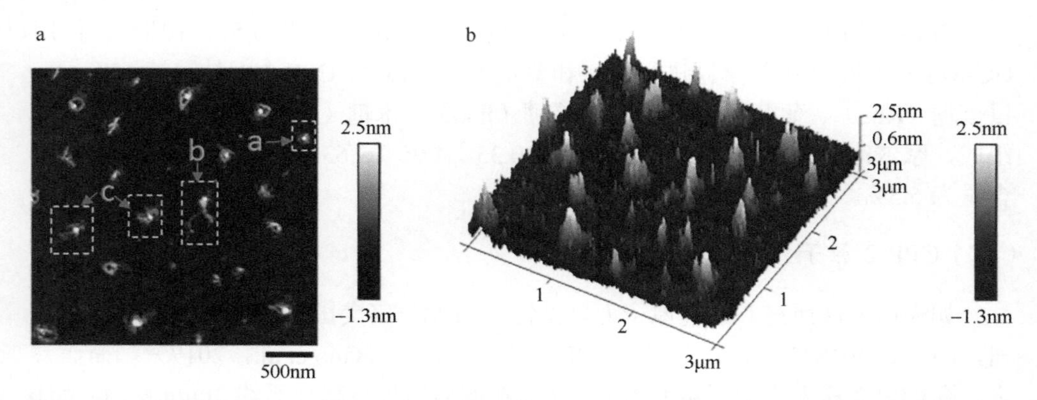

图 4-14　在轻敲模式下以 3μg/mL 获得 CPP-2 的 2D AFM 图像（a）和 CPP-2 的 3D 图像（b）

图中，a 为支链结构；b 为致密结构；c 为复合结构

（四）CPP-2 核磁共振图谱分析

将 CPP-2（60mg）溶于 D_2O 中 12h，冷冻干燥 3 次以交换氘。1D（^{1}H-NMR 和 ^{13}C-NMR）和 2D NMR 波谱（^{1}H-^{1}H-NMR、^{1}H-^{13}C HSQC、^{1}H-^{1}H NOESY、^{1}H-^{13}C HMBC）使用 AVANCE Ⅲ HD 850MHz NMR 光谱仪（汉堡，布鲁克公司，AVANCE Ⅲ HD 850）进行分析。核磁共振波谱由 MestReNova 11.0 软件进行处理。

^{1}H-NMR 和 ^{13}C-NMR 谱可以通过异头质子信号来确定多糖的残基。^{1}H 化学位移信号表明在 δ5.29 和 δ5.44 处有少量的 α-糖苷键（图 4-15a）。δ3.3～4.1 的化学位移信号表明，这些 CPP-2 的糖残基属于 β-葡聚糖（Liu et al.，2016）。在 ^{13}C-NMR 光谱中，在化学位移值 δ90～110 的信号区域中检测到 7 个不同的异头碳，分别依次为 δ103.34、δ103.31、δ103.26、δ102.30、δ102.15 和 δ96.12 处（图 4-15b），特别是在 δ96.12 处有重复信号，这些信号可归为两个不同的残基。在化学位移值 δ82～88 处也发现了信号，证实了糖残基的吡喃糖或呋喃糖形式（Tada et al.，2009）。化学位移值 δ16.79 处的信号表明存在 α-L-Fuc*p* 的 C6，δ16.61 附近的信号归因于 α-L-Rha*p*（Fan et al.，2006）。此外，在化学位移值 δ170～180 处有一个典型信号（^{13}C-NMR），这表明 CPP-2 中存在羧基。

2D NMR 光谱提供了详细的多糖结构信息，其中 COSY、HSQC、NOESY 和 HMBC 是确定多糖结构的重要技术。根据 2D NMR 谱图（图 4-15c～f），CPP-2 主要由 7 种残基组成：1,2-α-L-Fuc*p*、1,4-α-L-Rha*p*、1,4-β-L-Ara*f*、1-α-D-Glc*p*、1,3-β-D-Glc*p*、1,4-β-D-Xyl*p*、1,3,6-β-D-Man*p*（Bilan et al.，2010；Molaei and Jahanbin，2018；Zhang et al.，2017；Zha et al.，2015；Zhao et al.，2014）。COSY 光谱显示了 H1～H6 的细节，在化学位移值依次为 δ5.34、δ5.12、δ5.02、δ4.60、δ4.53 和 δ4.41 处发现了异头物信号。从 HSQC 光谱中获得了 C1～C6 的信息（表 4-3）。H/C 的异头物信号位于 δ5.12/96.12、δ5.02/102.30、δ4.41/103.31、δ5.34/96.12、δ4.60/102.15、δ4.53/103.34 和 δ4.53/103.26 的 COSY 与 HSQC 光谱中。NOESY 光谱用于进一步确认 CPP-2 糖残留的细节。交叉峰位于 δ5.34/3.69（$\boldsymbol{D}_{H1/H3}$）、δ5.34/3.83（$\boldsymbol{D}_{H1/H5}$）、δ5.02/1.25（$\boldsymbol{B}_{H1/H6}$）、δ5.12/1.29（$\boldsymbol{A}_{H1/H6}$）、δ4、δ60/3.62（$\boldsymbol{E}_{H1/H2}$）、δ4.41/3.47（$\boldsymbol{C}_{H1/H4}$）、δ4.53/3.61（$\boldsymbol{F}_{H1/H3}$）和 δ4.53/3.70（$\boldsymbol{G}_{H1/H3}$）。此外，HMBC 光谱确认了 CPP-2 残基的连接序列。交叉峰在化学位移值 δ5.34/75.04，表明了残基 $\boldsymbol{D}_{H1}$ 和残基 $\boldsymbol{E}_{C3}$ 的相关性。在化学位移值 δ4.41/69.29 和 δ102.30/3.48 处也有交叉峰，表明了 $\boldsymbol{C}_{H1}$ 和 $\boldsymbol{G}_{C6}$ 以及 $\boldsymbol{B}_{C1}$ 和 $\boldsymbol{A}_{H2}$ 的连接。以类似的方式，交叉峰分别位于 δ96.12/3.70（$\boldsymbol{A}_{C1}$/$\boldsymbol{G}_{H3}$）、δ103.26/3.84（$\boldsymbol{G}_{C1}$/$\boldsymbol{F}_{H4}$）、δ103.34/3.83（$\boldsymbol{F}_{C1}$/$\mathbf{B}_{H4}$）、δ102.15/3.47（$\boldsymbol{E}_{C1}$/$\boldsymbol{C}_{H4}$），显示残基 ***A*** 和 ***G***、***G*** 和 ***F***、***F*** 和 ***B*** 以及 ***E*** 和 ***C*** 连接在一起（表 4-4）。CPP-2 的糖残基序列推导如下。

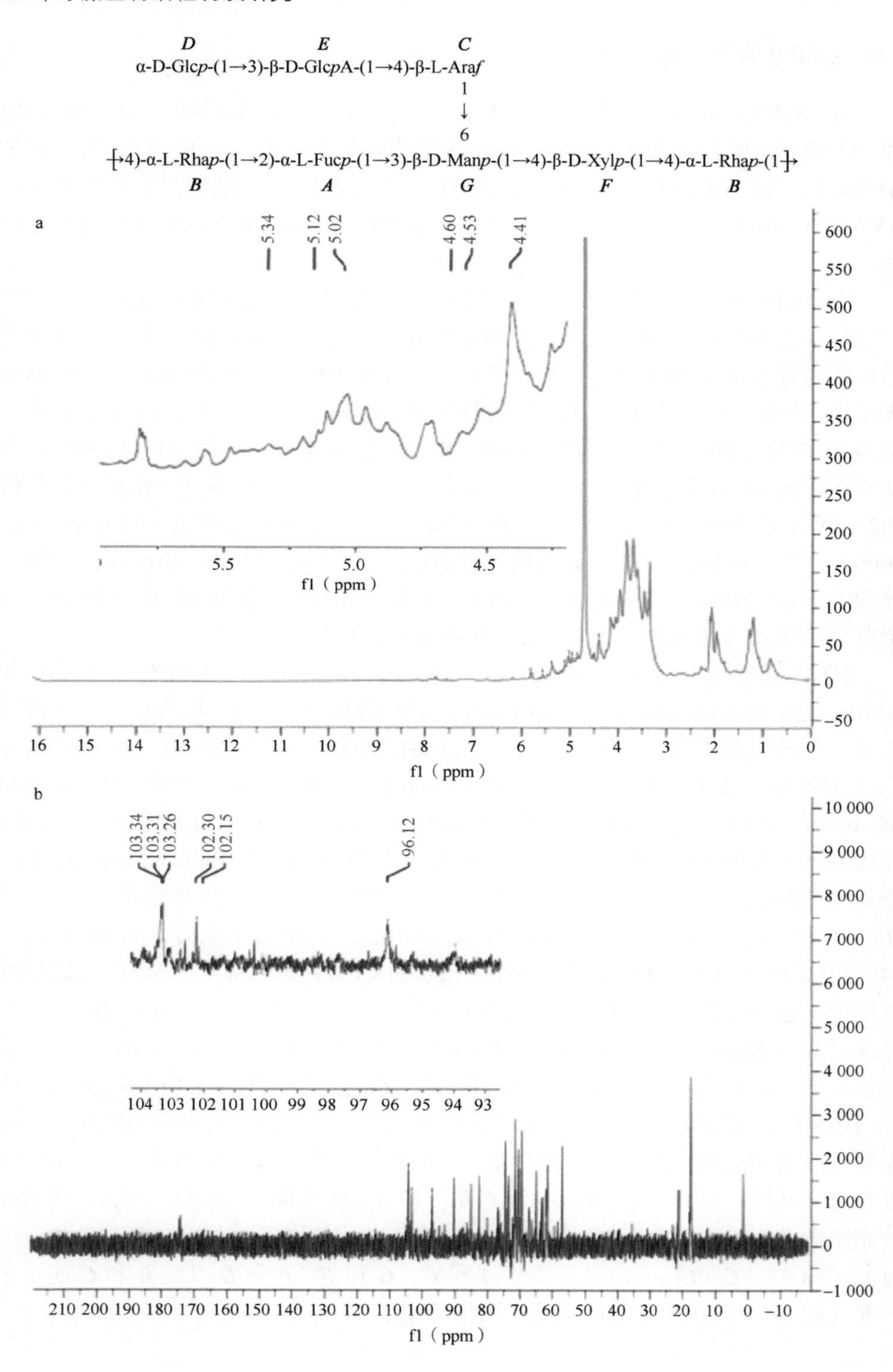
D E C
α-D-Glcp-(1→3)-β-D-GlcpA-(1→4)-β-L-Araf
1
↓
6
┼4)-α-L-Rhap-(1→2)-α-L-Fucp-(1→3)-β-D-Manp-(1→4)-β-D-Xylp-(1→4)-α-L-Rhap-(1┼
B A G F B
a
5.34
5.12
5.02
4.60
4.53
4.41
f1（ppm）
f1（ppm）
b
103.34
103.31
103.26
102.30
102.15
96.12
f1（ppm）

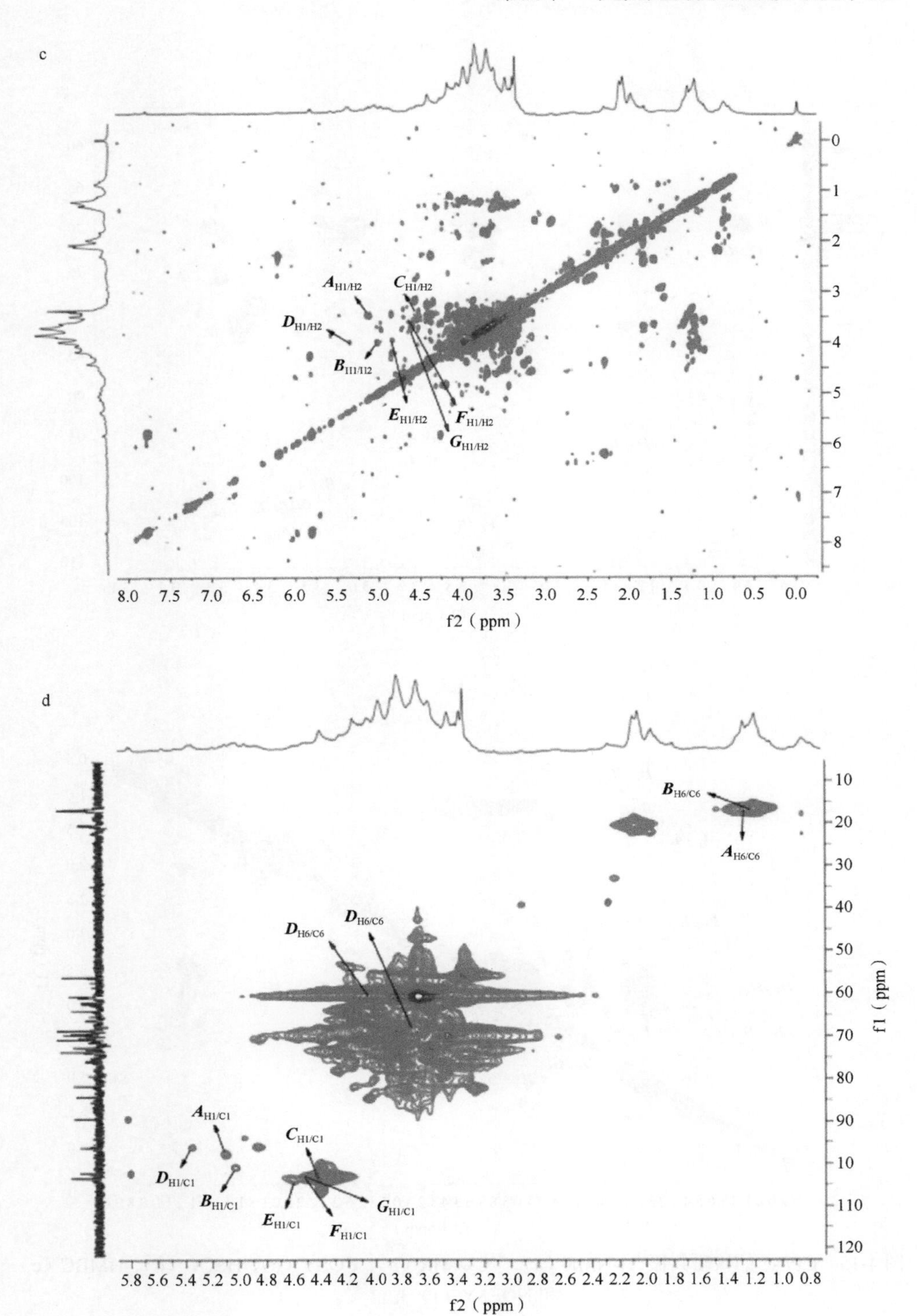

c
$A_{H1/H2}$
$C_{H1/H2}$
$D_{H1/H2}$
$B_{H1/H2}$
$E_{H1/H2}$
$F_{H1/H2}$
$G_{H1/H2}$
f2（ppm）
d
$B_{H6/C6}$
$A_{H6/C6}$
$D_{H6/C6}$
$D_{H6/C6}$
$A_{H1/C1}$
$C_{H1/C1}$
$D_{H1/C1}$
$B_{H1/C1}$
$E_{H1/C1}$
$F_{H1/C1}$
$G_{H1/C1}$
f1（ppm）
f2（ppm）

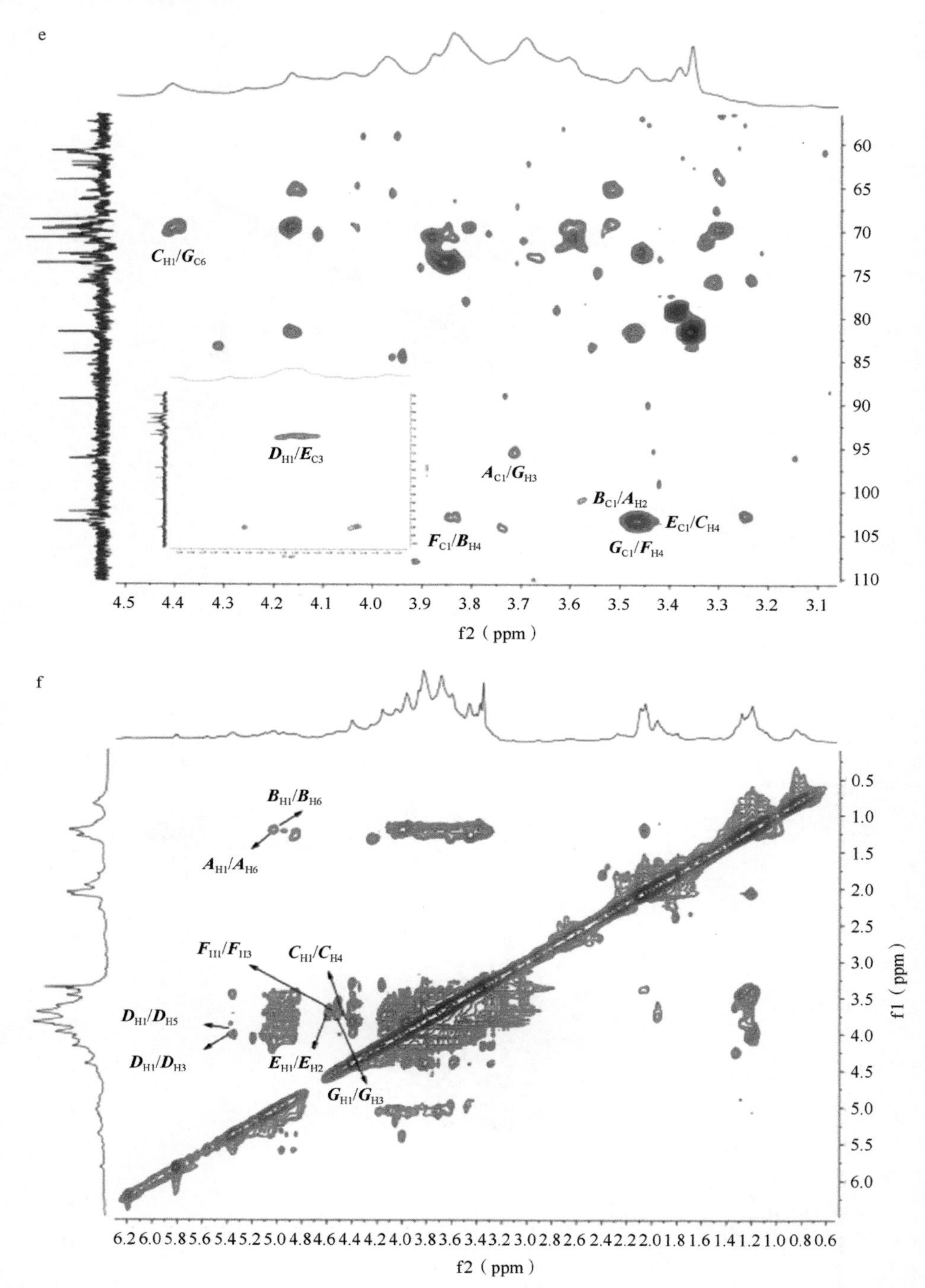

图 4-15　CPP-2 的核磁共振 ^{1}H-NMR（a）、^{13}C-NMR（b）、COSY（c）、HSQC（d）、HMBC（e）和 NOESY（f）光谱

表 4-3　小球藻多糖的 ^{1}H-NMR 和 ^{13}C-NMR 一维核磁的数据

残基		化学位移（ppm）					
		1	2	3	4	5	6
A：→2)-α-L-Fuc*p*-(1→	C	96.12	75.53	73.46	72.48	70.69	16.79
	H	5.12	3.48	3.35	4.16	3.46	1.29
B：→4)-α-L-Rha*p*-(1→	C	102.30	70.44	70.69	72.48	70.56	16.61
	H	5.02	4.09	3.35	3.83	3.96	1.25
C：→4)-β-L-Ara*f*-(1→	C	103.31	70.56	76.00	79.14	64.20	
	H	4.41	3.38	3.69	3.47	3.60	
D：α-D-Glc*p*-(1→	C	96.12	72.60	73.03	73.65	72.41	60.68
	H	5.34	3.99	3.69	3.61	3.83	3.96
E：→3)-β-D-Glc*p*A-(1→	C	102.15	73.46	75.04	76.06	75.69	173.27
	H	4.60	3.62	3.47	3.68	3.84	
F：→4)-β-D-Xyl*p*-(1→	C	103.34	75.04	75.69	76.61	63.96	
	H	4.53	3.46	3.61	3.84	3.49	
G：→3,6)-β-D-Man*p*-(1→	C	103.26	73.60	70.56	75.50	73.46	69.29
	H	4.53	3.60	3.70	3.97	3.60	3.69

表 4-4　利用 ^{1}H-^{13}C HMBC 数据探究小球藻多糖残基的连接

残基	H1/C1　δH/δC	连接位点		
		δH/δC	残基	原子
A：→2)-α-L-Fuc*p*-(1→	96.12	3.70	***G***	H3
B：→4)-α-L-Rha*p*-(1→	102.30	3.48	***A***	H2
C：→4)-β-L-Ara*f*-(1→	4.41	69.29	***G***	C6
D：α-D-Glc*p*-(1→	5.34	75.04	***E***	C3
E：→3)-β-D-Glc*p*A-(1→	102.15	3.47	***C***	H4
F：→4)-β-D-Xyl*p*-(1→	103.34	3.83	***B***	H4
G：→3,6)-β-D-Man*p*-(1→	103.26	3.84	***F***	H4

三、小球藻多糖 CPP-2 降脂作用

（一）CPP-2 对大鼠脂质代谢的影响

购买 40 只雄性 Wistar 大鼠（6 周龄，180g±20g），所有试验大鼠均生活在合适的环境中（12h 日光循环、55%湿度、25℃）饲养，饲料和水自由获取，所有动物实验过程均遵循实验动物福利标准。1 周后，大鼠随机分为 4 组。正常组大鼠

饲喂普通基础饲料（NFD），其余各组大鼠分别饲喂高脂食物（HFD）、150mg/(g·d) CPP-2（CPP-2L）和 300mg/kg CPP-2（CPP-2H）。CPP-2L 组和 CPP-2H 组灌胃剂量为 2mL，灌胃周期为 8 周，NFD 组和 HFD 组灌胃 0.9%生理盐水。试验结束后，麻醉大鼠，经心脏穿刺处死动物。每周测定大鼠体重，计算其生长速率。禁食 12h 后，分别于第 1 周和第 8 周在麻醉后收集血样。血样离心后（3500r/min、15min、4℃）获得血清。肝组织（100mg）经破碎后溶解于 0.9mL 生理盐水中并离心（14 000r/min、10min、4℃）。血清和肝脏 TG、TC、HDL-C 及 LDL-C 采用试剂盒进行测定。将肝脏称重，用苏木精-伊红（H&E）染色后进行组织学研究。描述得更详细一些就是将肝组织浸泡在 4%多聚甲醛中，并用石蜡包埋。将其切成 5μm 切片，并经 H&E 染色后，在高倍镜下进行观察。

CPP-2 对大鼠血清参数的影响如图 4-16 所示。在初始阶段，所有试验大鼠的血液基础指标均相似。治疗 8 周后，CPP-2 治疗组的血清 TG、TC 和 LDL-C 水平显著降低。CPP-2L 使血清 TC、TG 和 LDL-C 分别降低了 27.2%、31.4%和 21.2%，而 CPP-2H 组分别降低了 22.4%、38.8%和 23.8%。此外，CPP-2L 组和 CPP-2H 组的血清 HDL-C 水平分别显著增加了 80.1%和 71.1%。这些数据表明，CPP-2 给药可以抑制饮食引起的体重增加并改善血清基础指标。

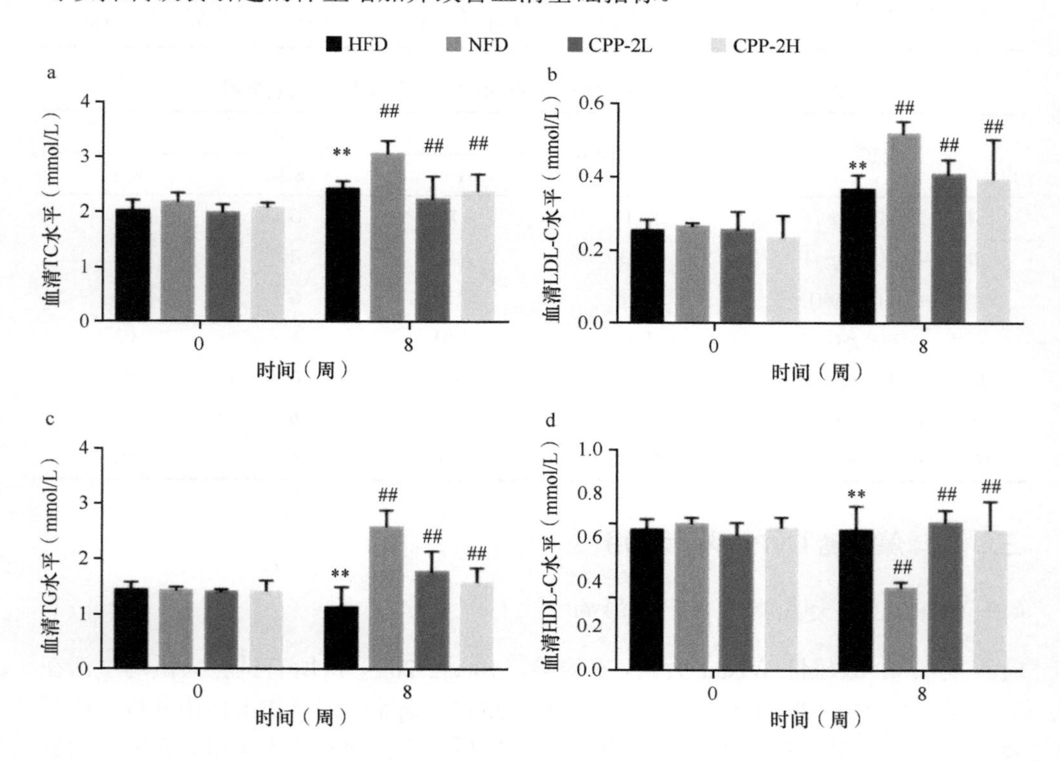

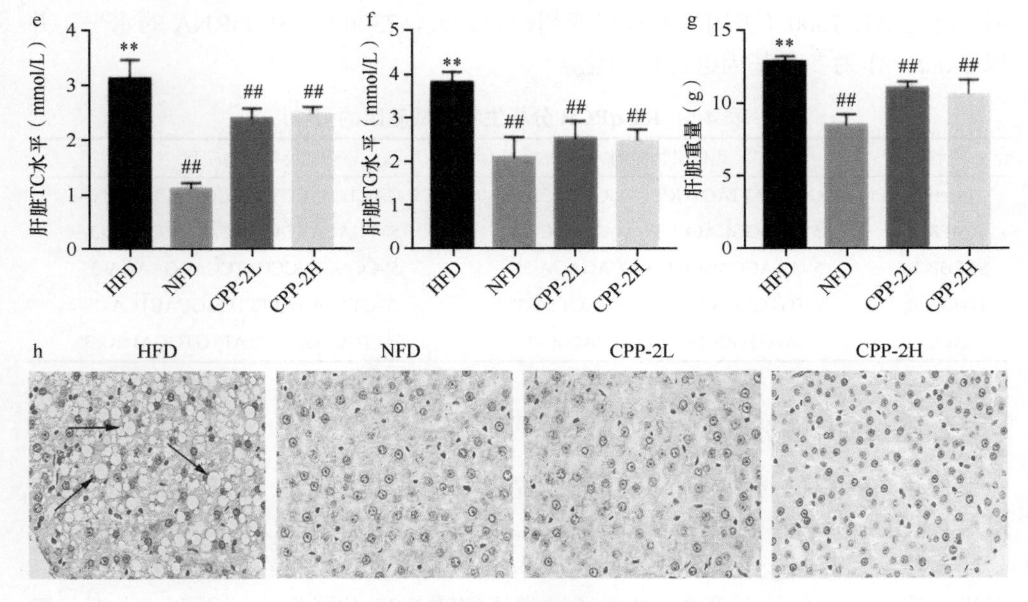

图 4-16　CPP-2 对大鼠脂质代谢的影响

血清中 TC（a）、TG（b）、LDL-C（c）、HDL（d）的水平，以及肝脏中 TC（d）、TG（e）的水平，CPP-2 在体内治疗 8 周后肝脏重量（g）和病理水平（h）的分析。箭头用于标记脂质滴。NFD：正常脂肪饮食；HFD：高脂饮食；CPP-2L：150mg/(kg·d) CPP-2；CPP-2H：300mg/(kg·d) CPP-2。

数值表示为平均值±SEM（n=10），与 NFD 组比较，**P＜0.01；与 HFD 组比较，##P＜0.01

经 8 周治疗后，高脂饮食诱导的肝脂质蓄积通过 CPP-2 的施用得到了显著改善（图 4-16h）。NFD 组肝组织切片显示，组织结构正常，肝细胞完整、无破裂、分布均匀。相反，在 HFD 组大鼠中，较大的脂质滴和细胞破裂很明显（图 4-16h）。CPP-2 的治疗改善了肝细胞损伤和炎症，从而减少了高脂血症大鼠中脂肪滴的产生。与 NFD 组相比，HFD 组具有较高的肝脏重量与肝脏 TC 和 TG 水平，这表明成功建立了大鼠脂肪肝模型。此外，脂质参数对肝脏 TC、TG 和肝脏重量的显著降低揭示了 CPP-2 的治疗效果（图 4-16e～g）（P＜0.01）。这些数据证明 CPP-2 可以有效抑制肝脏中的脂肪积累。

（二）CPP-2 对脂代谢相关基因表达的影响

1. RT-qPCR

超纯 RNA 试剂盒（美国马萨诸塞州，康为世纪，CW0581S）用于从肝脏提取总 RNA。将引物与 HiFiScript gDNA 去除 cDNA 合成试剂盒（美国马萨诸塞州，康为世纪，CW2582M）混合，用于 RT-qPCR，PCR 引物序列见表 4-5。然后将 UltraSYBR 试剂盒（美国马萨诸塞州，康为世纪，CW0957M）用于 qPCR。扩增后，通过ABI7300（美国加利福尼亚州，碧云天，7300）分析mRNA的水平，并以*β-actin*作为参考基因进行标准化。

表 4-5 RT-qPCR 分析生物合成基因的引物

引物	正向引物序列	反向引物序列
β-actin	5′-GGAGATTACTGCCCTGGCTCCTA-3′	5′-GACTCATCGTACTCCTGCTTGCTG-3′
AMPK-α	5′-TCAGGCACCCTCATATAATC-3′	5′-TGACAATAGTCCACACCAGA-3′
SREBP-1c	5′-AAACCAGCCTCCCCAGAGA-3′	5′-CCAGTCCCCATCCACGAAGA-3′
HMG-CR	5′-TGTGGGAACGGTGACACTTA-3′	5′-CTTCAAATTTTGGGCACTCA-3′
ACC	5′-ATGTGCCGAGGATTGATGG-3′	5′-TTGGTGCTTATATTGTGGATGG-3′

2. 蛋白质印迹分析

使用IP裂解缓冲液（碧云天）提取肝组织蛋白质。将蛋白质样品进行SDS-PAGE，并转移到硝酸纤维素膜上。接下来，将膜在4℃下加入QuickBlock封闭缓冲液（碧云天）封闭0.5h，然后与相应的单克隆抗体在冰箱中孵育过夜。洗涤三次后，与二抗孵育2～4h，通过带特超敏ECL化学发光试剂盒（上海，碧云天，P0018A）的荧光成像系统观察条带，参照条带以GAPDH作对照。

为了探索CPP-2调节脂质代谢的分子机制，进行了RT-qPCR和蛋白质印迹法分析。目前的研究表明，通过CPP-2处理，*AMPK-α*的肝脏基因mRNA表达水平显著增加（$P<0.01$）。同样，CPP-2显著抑制*ACC*、*HMG-CoA*和*SREBP-1c*基因的表达水平（$p<0.01$）（图4-17a）。与HFD组相比，CPP-2能够显著增加AMPK-α蛋白表达水平并降低HMG-CoA、ACC和SREBP-1c的表达水平（$P<0.01$）（图4-17b、c）。

（三）CPP-2对高脂饮食大鼠肠道的影响

1. 盲肠总胆汁酸和SCFA

盲肠组织中的总胆汁酸（TBA）水平通过MDA测定试剂盒测定。用等体积的冰冷草酸稀释冷冻的盲肠样品。然后，如前所述通过GC方法测定样品中的SCFA，包括乙酸、丁酸和丙酸。

2. DNA提取和测序

通过QIAamp Stool DNA粪便迷你试剂盒提取盲肠样品中的细菌DNA，并按照先前的方法进行分析。细菌16S rDNA V4扩增引物序列为F：5′-TGGAGCATGTGGTTTAATTCGA-3′和R：5′-TGCGGGACTTAACCCAACA-3′。而后对肠道菌群进行生物信息学分析。

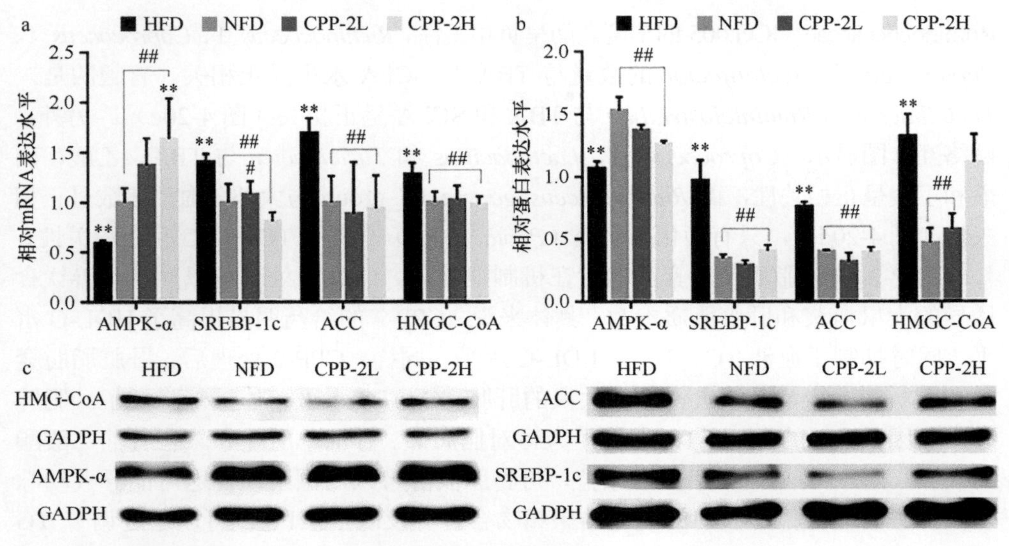

图 4-17 CPP-2 给药后各组别组织样品中相关基因的 mRNA（a）和蛋白（b、c）表达水平分析
与 NFD 组比较，$^{**}P<0.01$；与 HFD 组比较，$^{\#}P<0.05$，$^{\#\#}P<0.01$

正交偏最小二乘判别分析（OPLS-DA）图显示，在补充 CPP-2 的作用下，肠道菌群的结构发生了显著变化（图 4-18a），各治疗组肠道菌群均有明显区别。CPP-2 组显示出与 NFD 组相似的结构变化，而 NFD 组显示出不同的趋势。此外，树状图显示，CPP-2 处理组与 NFD 组存在密切关系（图 4-18b）。变量重要性投影（VIP）图显示，*Turicibacter* 和 *Coprococcus*_1 是最关键的肠道菌群，造成各组间肠道菌群的差异（图 4-18c）。基于分类单元的细菌在属水平上存在显著差异。与 NFD 组相比，HFD 组的特征微生物包括 *Lachnospira*、*Ruminococcus_ gauvreauii*_group 和 *Acetivibrio_ethanolgignens*_group 显著增加，而 *Alistipes*、*Bacteroides*、*Ruminococcus*_1 和 *Butyrivibrio* 的丰度较低。有人认为，高脂饮食干预会大大改变肠道微生物组的组成。相反，CPP-2 治疗显著降低了 *Lachnospira* 和 *Ruminococcus_gauvreauii*_group 的丰度，增强了 *Turicibacter*、*Lactobacillus* 和 *Ruminococcus*_1 的丰度（图 4-19）。上述结果表明 CPP-2 具有调节肠道菌群失调和维持有益菌的功能。

TBA 是胆固醇代谢途径的最终产物，可能与胆固醇的吸收和调节有关。CPP-2 组和 HFD 组显示的 TBA 水平高于 NFD 组（图 4-20a）。此外，口服 CPP-2 后 TBA 水平显著升高（$P<0.01$），表明 CPP-2 具有调节胆固醇分解代谢的能力。同时，与其他治疗组相比，CPP-2 的给药显著增加了 SCFA，特别是对于盲肠的乙酸和丁酸水平而言（图 4-20b）。

为了解高脂饮食诱导的大鼠经 CPP-2 处理后引起降血脂机理的细菌，分析了肠道微生物组变化与脂质参数之间的相关性。斯皮尔曼（Spearman）等级分析显示，血清 TG、TC、LDL-C 和肝脏 TC、TG 与 *Bacteroides*、*Butyrivibrio*、*Alistipes*、

Ruminococcaceae_UCG.005 的丰度之间呈负相关性。*Ruminococcus*_1、*Coprococcus*_1、*Peptococcus* 和 *Acetatifactor* 的数量与 TBA 和 SCFA 水平呈正相关。有趣的是，*Turicibacter* 和 *Ruminiclostridium* 与 TBA 和 SCFA 呈正相关（图 4-20c）。另外，网络互作图显示、*Coprococcus*_1、*Lactobacillus* 和 *Turicibacter* 与 TBA、乙酸、丙酸和丁酸呈正相关性，而 *Ruminococcus_gauvreauii*_group 与大部分血清参数呈正相关性（图 4-20d），只有消化球菌属（*Peptococcus*）与肝脏 TC 和 TG 呈负相关性。

CPP-2 改善脂质代谢紊乱的潜在机制很复杂。CPP-2 处理可以显著改善饮食诱导的大鼠血浆和肝脏脂质参数。具体来说，CPP-2 的给药明显提高了 HDL-C 水平，同时抑制了血清 TC、TG 和 LDL-C 水平。同样，CPP-2 处理后，肝脏脂肪变性和脂质滴减少，而饮食诱导的大鼠的肝脏 TG、TC 水平和体重却降低了。肥胖通常归因于 TG 的分解，TG 促进了人体对脂肪酸、甘油单酸酯和某些甘油二酸酯的吸收。LDL-C 是一种脂蛋白颗粒，可将胆固醇带入周围组织，这可能导致动脉硬化。本研究结果与先前的研究结果相吻合，并反映了 CPP-2 可以通过调节 TG 和 LDL-C 代谢来改善 LMD（Durstine et al.，2002；Carey et al.，2010）。探讨 CPP-2 对经饮食诱导的大鼠的降血脂活性，以及肝脏 mRNA 和蛋白水平的调节。此外，确定涉及 AMPK 途径的基因，AMPK 作为细胞能量调节剂，在调节糖脂代谢中起关键作用。活化的 AMPK 通过阻止限速酶 3-羟基-3-甲基戊二酰辅酶 A（HMG-CoA）的磷酸化并控制 SREBP-1c 与其下游基因 *ACC* 的结合来调节胆固醇

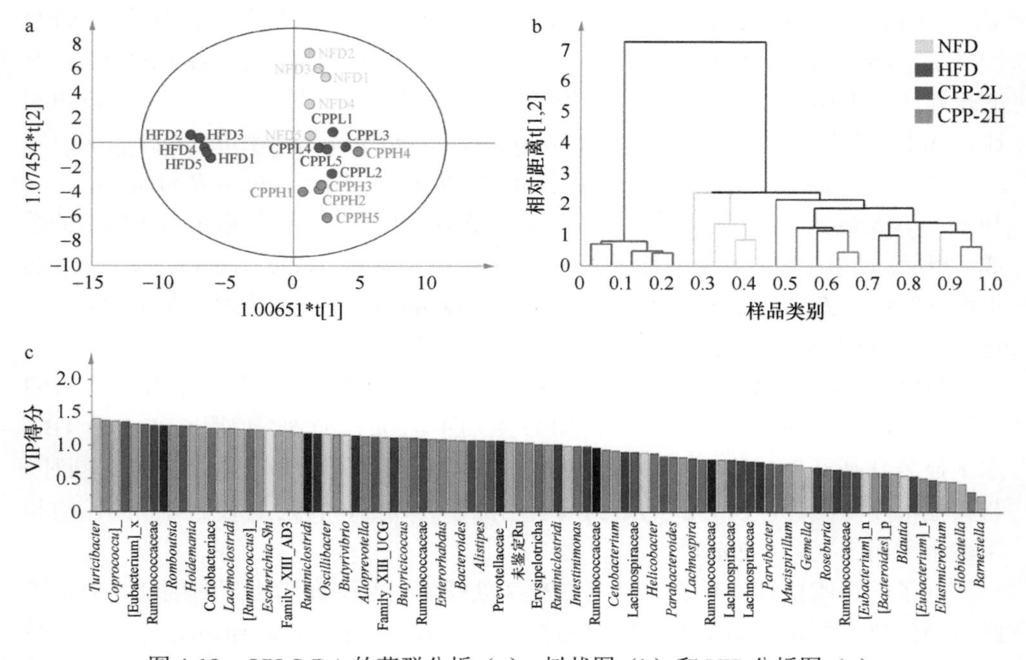

图 4-18　OPLS-DA 的菌群分析（a）、树状图（b）和 VIP 分析图（c）

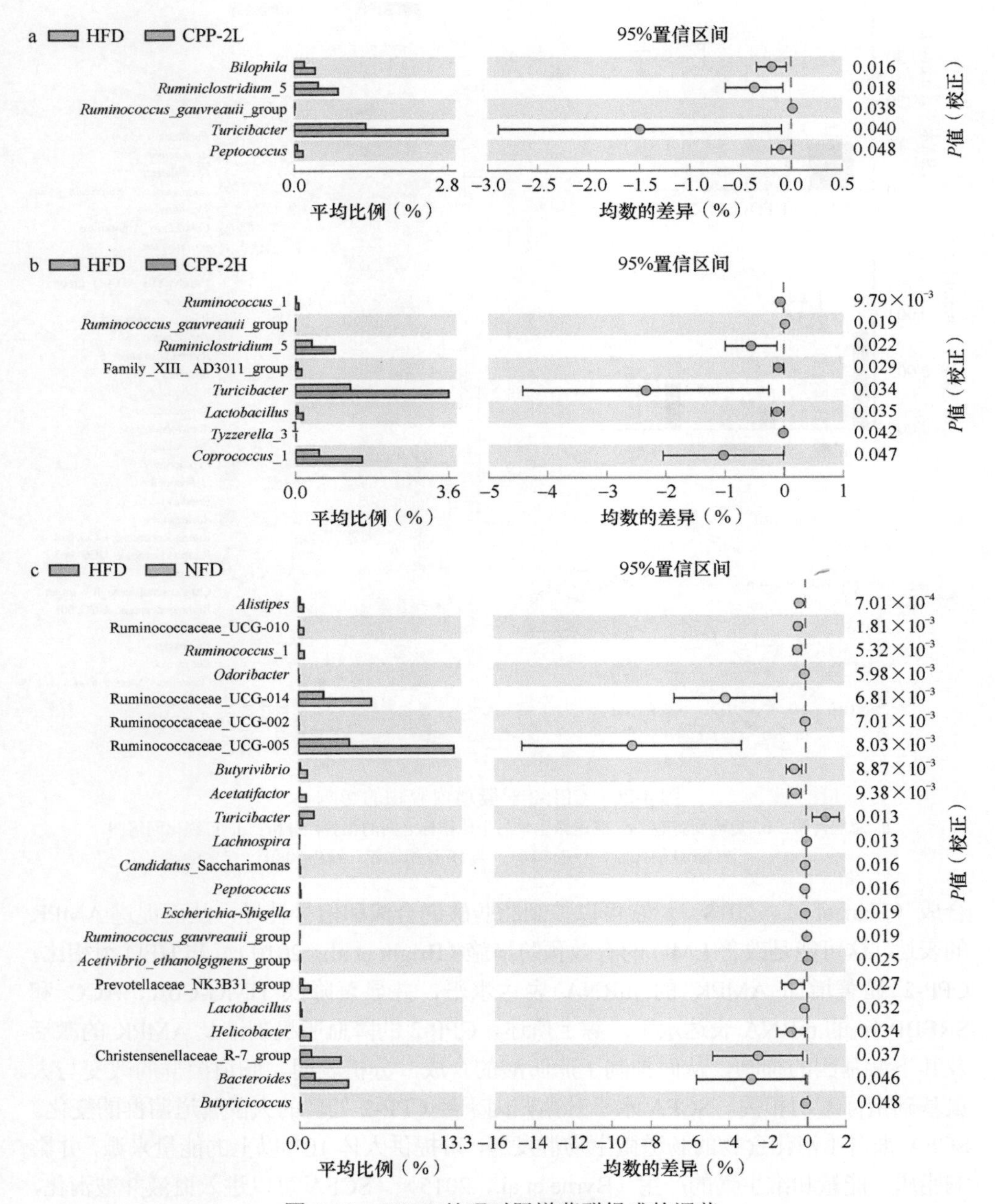

图 4-19　CPP-2 处理对肠道菌群组成的调节

扩展的误差线图显示了细菌的显著变化

a. HFD（绿色）vs CPP-2L（橙色），b. HFD（绿色）vs CPP-2H（蓝色），c. HFD（绿色）vs NFD（紫色）

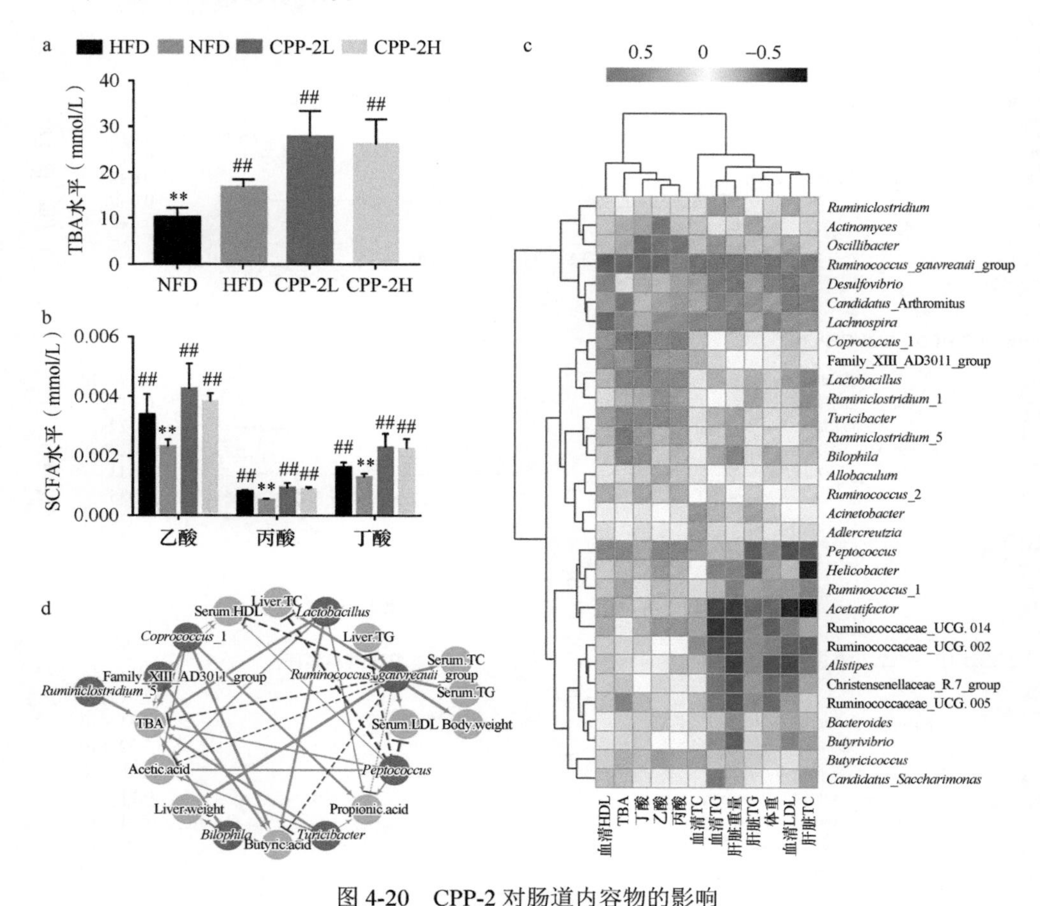

图 4-20 CPP-2 对肠道内容物的影响

a. 总胆汁酸；b. 短链脂肪酸；c. 肠道微生物与生化指标之间的相关性分析；d. 可视化网络图

与 NFD 组比较，**$P<0.01$；与 HFD 组比较，##$P<0.01$

合成（Tian et al.，2018）。它可以控制脂肪酸的合成和信号转导，从而促进 AMPK 的表达，这可能是改善 LMD 的有效预防措施（Bright et al.，2010）。与 HFD 组相比，CPP-2 显著增加 AMPK 的 mRNA 表达水平，并显著降低 HMG-CoA、ACC 和 SREBP-1c 的 mRNA 表达水平。综上所述，CPP-2 的降血脂机制涉及 AMPK 的激活及其下游基因的抑制，从而抑制了脂肪酸的合成。分析表明，肠道菌群的改变与大鼠基础指标密切相关。SCFA 水平升高归因于经 CPP-2 处理的大鼠肠道菌群的变化。SCFA 来自难消化食物的肠道微生物群发酵，可提供人体 10%以上的能量来源，并影响脂质、能量和维生素的产生（Byrne et al.，2015）。SCFA 可以进入血液并被消化，在结肠黏膜上皮细胞上被用作燃料。SCFA 产量的增加对肥胖患者的体重控制和葡萄糖水平的提高都有影响（Wong et al.，2006）。本研究结果表明，在肥胖后，*Coprococcus*_1、*Lactobacillus* 和 *Turicibacter* 的生长速率以及乙酸、丙酸和丁酸的浓度均显著升高。*Lactobacillus* 是构成各种系统（如消化系统、泌尿系统和生殖器系统）中微生物群的重要组成部分，其可以调节正常的胃肠道菌群，维持微生态平衡，抑制肥胖症，并降低血清胆固醇水平（Kalavathy et al.，2003）。*Roseburia* 是最常见的细菌之一，已在动物的肠道中发现，它被认为是 SCFA 产生者的主要成员（Zhu et al.，2018）。尽管目前的工作已经证明轮状杆菌是影响饮食诱导的大鼠肠道菌群改变的关键物种，但 CPP-2 对其 SCFA 代谢活性的作用机理仍需进一步确定。与 HFD 组相比，CPP-2H 组中的 *Coprococcus* 的丰度显著增加。*Coprococcus* 可以在磷酸转丁酰酶和丁酸激酶的作用下调节丁酰辅酶 A 形成丁酸酯（Fernández et al.，2016）。此外，许多细菌被认为是短链脂肪酸的产生者，如 *Bacteroides*（琥珀酸盐）与 *Streptococcus*（丁酸盐和乙酸盐）。肽球菌数量也可能会改善肝脏的 TC 和 TG 或血清 LDL-C 水平。此外，HFD 组中富集的 *Ruminococcus_gauvreauii*_group 与血液和肝脏脂质指标呈正相关。因此，*Ruminococcus_gauvreauii*_group 可能是引起高脂血症的关键微生物。

综上，CPP-2 为制备的一种分支结构多糖，由 7 种单糖组成，分子质量为 5630kDa。CPP-2 的主要糖苷键有 1,2-α-L-Fuc*p*、1,4-α-L-Rha*p*、1,4-β-L-Ara*f*、1-α-D-Glc*p*、1,3-β-D-Glc*p*、1,4-β-D-Xyl*p* 和 1,3,6-β-D-Man*p*。CPP-2 治疗显著改善了肥胖大鼠血清和肝脏脂代谢相关参数以及 TBA 和 SCFA 的水平。此外，CPP-2 通过上调 AMPK 并抑制下游基因表达来抑制脂肪酸合成。此外，选择性改变有益细菌的丰度来调节肠道菌群的结构组成。具体而言，CPP-2 处理可以丰富乳杆菌和 SCFA 产生菌的数量，包括 *Coprococcus*_1、*Peptococcus* 和 *Turicibacter*，但会降低 *Ruminococcus_gauvreauii*_group 的丰度。目前的研究掌握了 CPP-2 主要的理化性质，并深入阐明了其潜在的降血脂机制（图 4-21）。小球藻多糖具有显著的降血脂作用，可作为一种天然的降脂活性成分。

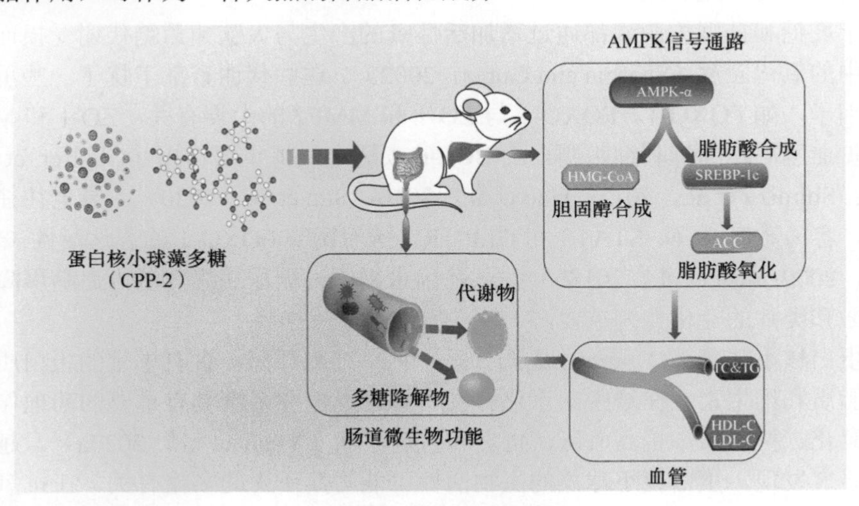

图 4-21　CPP-2 调节脂代谢的机制图

第四节 小球藻多糖 CPP-3 对衰老糖尿病小鼠的降糖及抗衰老机制

糖尿病是一种常见的慢性病，其中 90%～95%的糖尿病主要表现为胰岛 β 细胞功能障碍、胰岛素抵抗和胰岛素缺乏（Lee et al.，2012a）。这种疾病在老年人群中很常见，而且增长更快。同时，老龄化和糖尿病具有协同关系，因为糖尿病会加速衰老（Kalyani et al.，2013）。线粒体功能失调、肌肉质量下降和胰岛素分泌缺陷都会导致糖尿病的得病率上升（Kang and Hamasaki，2005）。糖尿病会伴随一些并发症发生，如广泛性脑萎缩、更大病变体积、海马和杏仁核萎缩（Roriz-Filho et al.，2009）。器官老化后，大脑的损伤也会变得更加严重。胰岛素的分泌不仅受营养物质的调节，而且还受神经递质和激素的调节，因此研究老年糖尿病对大脑的影响是必要的（Ma et al.，2018a）。虽然一些药物，如二甲双胍，可以降低血糖和改善代谢控制，但仍会导致认知障碍等（Bouchoucha et al.，2011）。因此，天然成分作为治疗老年糖尿病的药物的替代品是至关重要的。

代谢组学是检测与疾病相关的重要代谢物和预测潜在生物标志物的一种有效技术。基于液相色谱-质谱（LC-MS）的代谢组学方法通常用于研究生物体的代谢变化（Naz et al.，2014）。与其他分析工具相比，LC-MS 可以获得更多种类的代谢物，检测活性物质影响的代谢途径。由于糖尿病是一种代谢紊乱病症，因此代谢组学被认为是一项很有前途的探究天然成分与糖尿病之间关系的技术。目前为止，代谢组学已被用于探讨二甲双胍对糖尿病患者代谢的影响，并讨论其降血糖活性（Ma et al.，2018a）。

半乳糖和链脲佐菌素都通过增加活性氧的产生与大脑葡萄糖代谢受损而导致大脑中的氧化应激（Sharma and Gupta，2002）。这些代谢紊乱干扰了一些重要的转录因子，如 FOXO-1。FOXO-1 与 ZO-1 和 MMP2 的上调有关，ZO-1 和 MMP2 在保护血脑屏障和抑制细胞凋亡的 BCL-6 表达中发挥重要作用（Glauser et al.，2009；Shimizu et al.，2013；Gao et al.，2016；Sun et al.，2020）。衰老往往伴随炎症，容易激活 IL-6、STAT3 和 GLP-1R，从而调节 FOXO-1 的表达活性（Wang et al.，2009；Ma et al.，2018b）。从基因水平探讨糖尿病患者脑内血脑屏障、氧化应激和炎症的变化尤为重要。

蛋白核小球藻（*C. pyrenoidosa*）是一种单细胞绿藻，含有丰富的蛋白质、多糖、脂质和维生素。在这些碳水化合物中，还原糖和多糖具有重要的药理作用，如抗氧化、抗肿瘤、抗高血压、抗炎和抗糖尿病（Yuan et al.，2020a）。越来越多的研究发现，蛋白核小球藻的生物活性可能与其所含的多糖有关。在抗氧化和抗糖尿病方面，研究表明，蛋白核小球藻多糖分子质量超过 3000Da 可以提高果蝇的抗氧化酶活性，并能在大鼠中发挥降血脂作用（Chen et al.，2018a；Wan et al.，2019b）。此外，还没有关于蛋白核小球藻多糖同时对衰老和糖尿病产生作用的相关报道，因此，探索其是否对衰老和糖尿病都有积极作用至关重要。因此，本节以衰老糖尿病小鼠为实验对象，对蛋白核小球藻多糖的功能进行了评价。利用代谢组学和分子生物学技术，探讨蛋白核小球藻多糖抗衰老糖尿病的分子机制以及脑内内源性代谢物的变化。

一、小球藻多糖 CPP-3 制备

取蛋白核小球藻粉末 100g，在 60℃下用 4000mL 蒸馏水溶解，45kHz 超声提取 2h，过滤后，以 5000r/min 离心 10min，上清液浓缩，加 4 倍乙醇醇沉过夜，而后除去乙醇，收集沉淀物。用酶活为 50 000U 的中性蛋白酶除去粗蛋白，并用截留分子质量为 8～14kDa 的透析膜去除小分子杂质。在下一阶段，用 0.1mol/L 98%的硫酸降解 CPP，并用 NaOH 中和。将该溶液浓缩后与同等体积的乙醇混合。收集上清液进行冷冻干燥。最后用 3000～8000Da 截留分子质量的透析膜，旋蒸浓缩后收集分子质量在 3000Da 以上的蛋白核小球藻多糖（CPP-3），–80℃真空冻干，收集 CPP-3 冻干粉。

二、小球藻多糖 CPP-3 对糖尿病小鼠降糖机制研究

购买雄性昆明种小鼠 60 只（SPF 级，6 周龄，体重 20～27g）。在标准条件下饲养，室温 25～27℃，相对湿度 55%，12h 日夜循环，自由饮水，自由进食。适应一周后，将小鼠随机分为 5 组。在此期间，选择 10 只小鼠为正常组，给予普通饲料喂养，其余小鼠给予高脂饲料喂养。除正常组外，其余小鼠每天腹腔注射 D-(+)-半乳糖（D-Gal），剂量为 375μg/kg，持续 1 个月。之后，用链脲佐菌素（STZ）替代 D-半乳糖腹腔注射，建立糖尿病模型，2d 一次。链脲佐菌素注射液（50mg/kg）用柠檬酸缓冲液制备，用柠檬酸缓冲液腹腔注射正常小鼠。STZ 腹腔注射 1 周后，隔夜禁食，尾部静脉取血。用 HGM-114 型血糖仪（中国，天津，欧姆龙）测定血糖浓度。血糖水平超过 200mg/μL 的小鼠被视为患有糖尿病。注射 STZ 4 周后，将小鼠随机分为 5 组：A 组灌胃生理盐水（正常，Normal）；B 组灌胃生理盐水（AD）；C 组灌胃 90mg/kg 二甲双胍生理盐水（DMBG）；D 组灌胃 150mg/kg CPP-3 生理盐水和 300mg/kg CPP-3 生理盐水（CPP-3L 和 CPP-3H）（Wan et al.，2019b）。动物实验结束后，麻醉处死小鼠，取血清、胰腺、脑组织、空肠、附睾脂肪和肝脏进行生化、组织病理学及代谢组学分析。在治疗前和实验结束时测量所有动物的体重。

（一）CPP-3 对小鼠器官组织重量、生化指标及病理改变的影响

建立氧化应激加速衰老和 STZ 诱导的小鼠衰老糖尿病模型，探讨 CPP-3 对老年糖尿病的潜在作用。在治疗前正常小鼠和药物诱导小鼠的平均体重均有不同程度的变化。这种情况是由 STZ 和 D-Gal 引起的，因为与老年糖尿病相关的一个常见指标是体重减轻（Suthagar et al.，2009；Yuan et al.，2020）。经 CPP-3 和 DMBG 治疗后，体重未见明显恢复（图 4-22）。在肾脏方面，STZ 通过生长激素结合蛋白、胰岛素样生长因子、胰岛素样生长因子受体和胰岛素样生长因子结合蛋白组成的复杂系统，引起肾脏肥大、肾小球体积增大、系膜增生和肾小球细胞外基质积聚（Zafar and Hassan，2010）。研究发现，150mg/mL 和 300mg/mL 的 CPP-3 与 DMBG 均能增加药物诱导后的肾脏重量（$P<0.05$）。STZ 诱导的糖尿病动物模型伴有肝脏损伤，D-Gal 可能导致 ROS 积累，加速终末糖基化产物的形成，从而导致肝功能障碍（Hamadi et al.，2012；Chen et al.，2018b）。药物诱导后，AD 组小鼠肝脏重量增加，而 CPP-3L 组、CPP-3H 组和 DMBG 组小鼠肝脏重量显著降低（$P<0.01$）。D-Gal 和 STZ 通过上调衰老、凋亡和炎症标志物引起胰腺的氧化改变（Samaha et al.，2019；El-Far et al.，2020）。300mg/mL CPP-3 可显著增

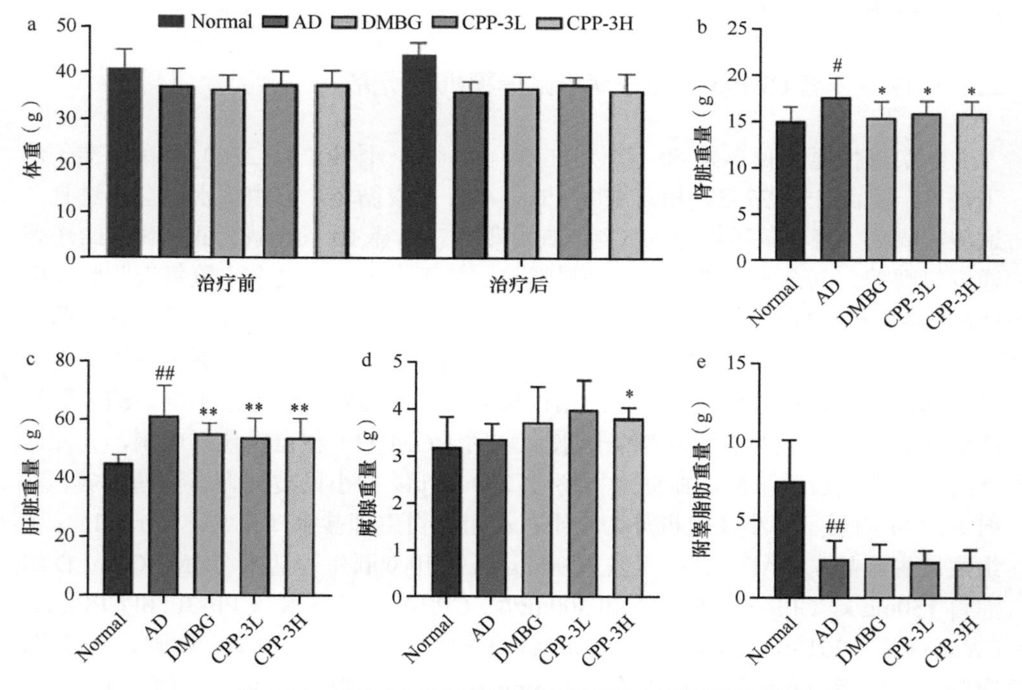

图 4-22　CPP-3 对昆明种小鼠体重和脏器重量的影响

a. 体重；b. 肾脏重量；c. 肝脏重量；d. 胰腺重量；e. 附睾脂肪重量

数据为平均值（$n=10$），与 AD 组比较，$*P<0.05$，$**P<0.01$；与正常组比较，$\#P<0.05$，$\#\#P<0.01$

加小鼠胰腺重量（$P<0.05$），而DMBG对小鼠脾脏重量无明显影响。在STZ的影响下，附睾组织重量可能会显著增加（Huang et al.，2020）。正常组附睾脂肪重量显著高于其他4组，而CPP-3和DMBG对附睾脂肪细胞肥大无明显影响，说明CPP-3和DMBG对附睾脂肪细胞肥大的抑制作用较小。结果表明，CPP-3对小鼠的肾脏、肝脏损伤有明显的保护作用，但对体重、胰腺和附睾脂肪蓄积无明显改善作用。

（二）CPP-3对口服葡萄糖耐量的影响

连续灌胃结束后，所有大鼠禁食12h，仅自由饮用蒸馏水。空腹后进行口服葡萄糖耐量试验。先测定空腹血糖水平，然后进行口服葡萄糖耐量试验。分别于0h、0.5h、1h、2h尾静脉采血测定血糖。处死后静置1h，以3000r/min、4℃下离心10min后分离血清和血浆，在−80℃保存。血清胰岛素定量测定采用ELISA试剂盒（武汉，赛培生物，SP14966）。

为了探讨CPP-3在糖尿病治疗中的潜在作用，用口服葡萄糖耐量试验（OGTT）评估胰岛β细胞功能和机体对血糖的调节能力（图4-23）。给予葡萄糖（2g/kg）后，未处理（AD）组小鼠血糖在30min达到峰值，为（30.6±5.4）mmol/L，120min后降至（29.72±2.50）mmol/L。而300mg/kg CPP-3处理组小鼠30min的最高血糖水平为（30.38±4.27）mmol/L，与AD组相当，120min时降至（20.06±3.27）mmol/L，表明葡萄糖摄取显著增加（$P<0.01$）；并且注射120min后，DMBG组小鼠血糖降至（24.66±2.83）mmol/L（$P<0.05$）。STZ随机损伤胰腺β细胞，诱导胰腺β细胞凋亡，随后胰岛素浓度下降，整个免疫系统伴随胰岛功能紊乱（Lee et al.，2017）。衰老糖尿病小鼠的胰岛素浓度在STZ和D-Gal诱导后明显降低，而DMBG、150mg/mL和300mg/mL可显著逆转胰岛素含量的下降（图4-23a）（$P<0.01$）。这些结果表明，CPP-3与DMBG均能改善糖代谢，保护胰岛β细胞，从而维持胰岛素的产生。以往的研究表明，未酸化的CPP-3可改善血浆和肝脏脂质代谢，加速与糖代谢调节相关的盲肠总胆汁酸和短链脂肪酸的代谢（Kim，2018），而这与本研究结果相似。

（三）CPP-3对肝脏氧化应激相关酶表达的影响

分别取肝脏组织和脑组织100mg，加入0.9%生理盐水，制备组织匀浆。在4℃下5000r/min离心10min后，收集上清液，测定超氧化物歧化酶（SOD）、丙二醛（MDA）、过氧化氢酶（CAT）、谷胱甘肽过氧化物酶（GSH-Px）活性，使用试剂盒测定这些生化活性。

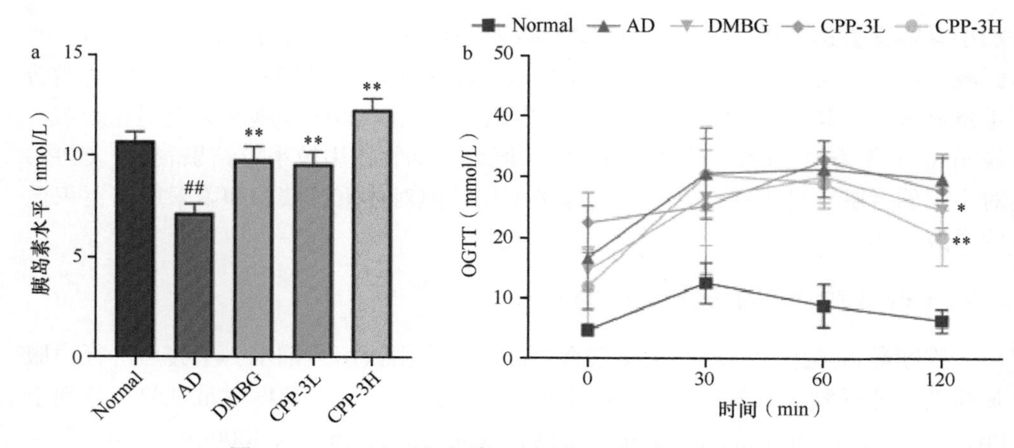

图 4-23　CPP-3 对衰老糖尿病小鼠血糖水平的调节作用

a. 胰岛素水平；b. 口服葡萄糖耐量试验

数值代表平均值（n=10）。与 AD 组比较，*P<0.05，**P<0.01；与正常组比较，##P<0.01

STZ 诱导高水平的血糖，能够间接与 D-Gal 共同作用引起活性氧和氧化应激的增加（Punaro et al.，2014；Yu et al.，2015）。抗氧化防御能保护生物系统免受自由基毒害（Liguori et al.，2018）。因此，为了探讨 CPP-3 对衰老和糖尿病小鼠的治疗作用，测定了小鼠肝脏中 MDA、SOD、CAT 和 GSH-Px 的含量（图 4-24）。与 AD 组比较，正常组和 DMBG 组大鼠肝脏 SOD 含量均升高，CPP-3 组的 SOD 含量显著升高（P<0.01）。就 MDA 而言，虽然正常组小鼠和 AD 组小鼠之间无差异，但 CPP-3H 组 MDA 含量显著降低（P<0.05）。AD 组小鼠肝脏过氧化氢酶（CAT）活性显著低于正常组（P<0.01）。CPP-3H 组、CPP-3L 组和 DMBG 组诱导后 CAT 活性显著升高（P<0.01）。肝脏谷胱甘肽过氧化物酶（GSH-Px）活性也呈现同样的变化趋势。经 D-Gal 和 STZ 诱导后，AD 组小鼠谷胱甘肽过氧化物酶活性显著降低。与 AD 组比较，CPP-3 组大鼠肝脏 GSH-Px 含量显著升高（P<0.01）。这些结果表明，CPP-3 可以改善氧化应激，从而调节器官衰老。同样，其他研究也表明，CPP-3 预处理显著降低秀丽隐杆线虫体内 SOD 和 MDA 的浓度（Wan et al.，2021）。此外，CPP-3 对大脑氧化应激的影响如图 4-24e、f 所示。D-Gal 和 STZ 诱导小鼠脑内 GSH-Px 活性降低，经 CPP-3L 处理后，GSH-Px 活性升高（P<0.01）。AD 组与正常组比较，CAT 活性降低。CPP-3 组和 DMBG 组的 CAT 活性则显著升高（P<0.05）。GSH-Px 被认为主要存在于胶质细胞中，在维持血脑屏障和保护大脑免受氧化应激方面发挥着重要作用（Price et al.，2006）。大脑中过氧化氢酶含量的增加会清除过氧化氢并减轻大脑的代谢负担（Rosemberg et al.，2010）。因此，CPP-3 对 STZ 和 D-Gal 诱导的氧化应激有一定的保护作用。

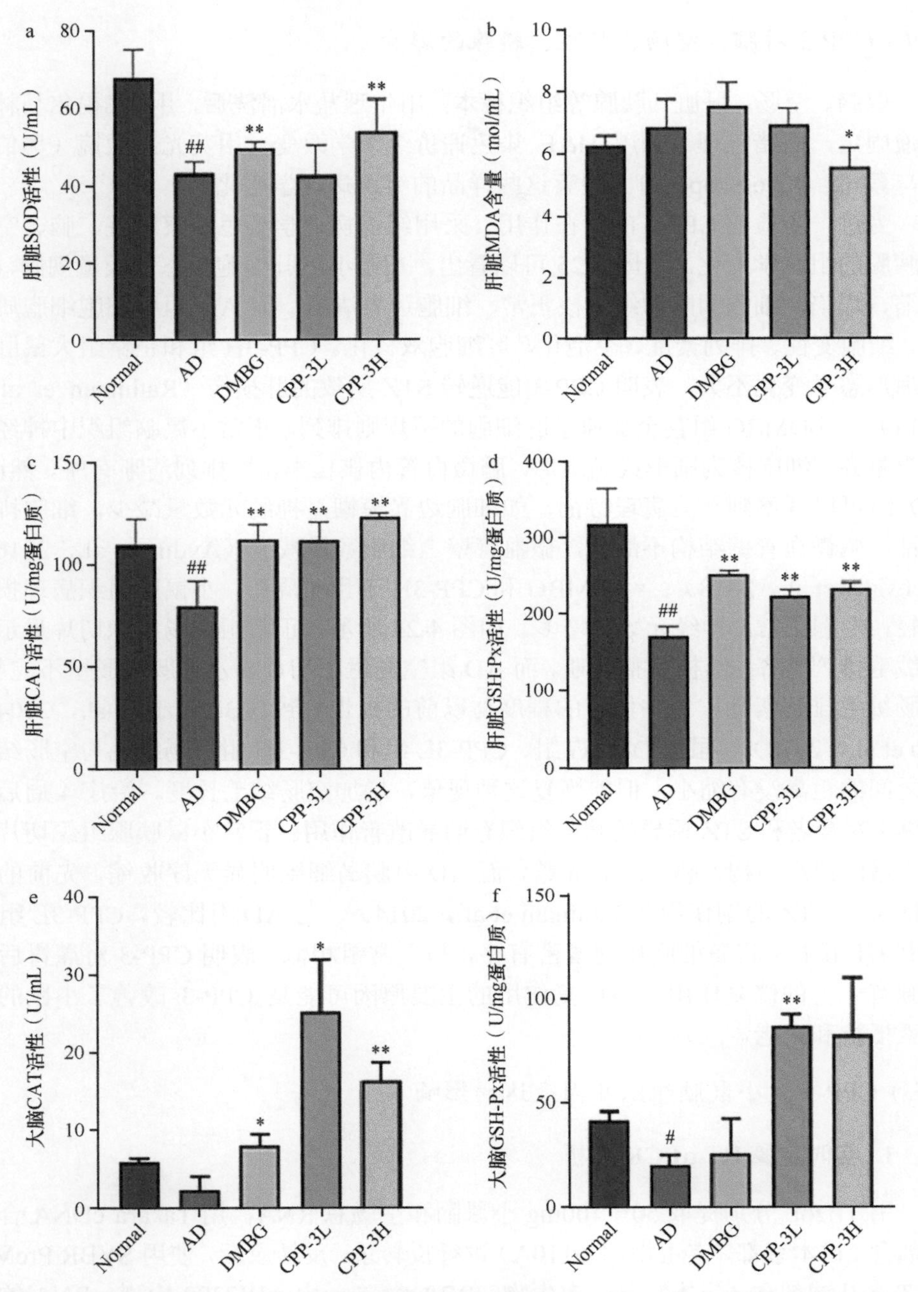

图 4-24　CPP-3 对 D-半乳糖和链脲佐菌素诱导的模型小鼠肝脏与大脑中氧化应激的影响

a. 肝脏超氧化物歧化酶（SOD）水平；b. 肝脏丙二醛（MDA）含量；c. 肝脏过氧化氢酶（CAT）水平；d. 肝脏谷胱甘肽过氧化物酶（GSH-Px）水平；e. 大脑中过氧化氢酶（CAT）水平；f. 大脑中谷胱甘肽过氧化物酶（GSH-Px）水平

数据为平均值（n=7）。与 AD 组比较，*P＜0.05，**P＜0.01；与正常组比较，#P＜0.05，##P＜0.01

（四）CPP-3 对脑、空肠、肝脏、胰腺的影响

取脑、空肠、肝脏、胰腺等组织标本，用生理盐水清洗后，用 4%福尔马林缓冲液固定，石蜡包埋。利用 H&E 染色评价组织学改变。用荧光显微镜（奥伯科亨，蔡司，Axio Scope A1）观察这些样品的组织病理学变化。

为进一步检测 CPP-3 的潜在作用，采用组织病理学染色观察肝脏、脑、空肠和胰腺的组织学变化。从图 4-25 可以看出，正常小鼠肝细胞形态和数量规则，无萎缩、塌陷，细胞间隙和细胞核正常，细胞边界清晰；而 AD 组肝细胞细胞质疏松、细胞变性、排列紊乱、空泡化，肝细胞双核化。CPP-3H 组和正常组大鼠肝脏生理形态学变化不大，表明 CPP-3 能逆转 STZ 所致的肝损伤（Rathinam et al.，2014）。但 DMBG 组甚至加速了肝细胞的不规则排列。正常小鼠脑组织中神经元密集整齐，细胞核为圆形或椭圆形，脑微血管内核仁丰富，排列清晰有序。然而，AD 组可以观察到一些病理特征，如细胞边界模糊，神经元数量减少，细胞排列紊乱，脑微血管壁结构不清晰，微血管壁上细胞数量减少（Aydın et al.，2016；Metwally et al.，2018）。经 DMBG 和 CPP-3H 干预 4 周后，小鼠脑组织病理损伤减轻，形态正常，神经元数量增多。如图 4-24 所示，正常组空肠组织切片显示空肠绒毛排列整齐，结构完整清晰。而 AD 组空肠组织切片显示空肠结肠壁不完整，空肠绒毛排列紊乱。这些伤害的程度与以前的报告一致（Bikhazi et al.，2004；Wu et al.，2018）。虽然 DMBG 组、CPP-3L 组和 CPP-3H 组空肠绒毛与空肠结肠壁之间的距离没有缩小，但能恢复这种现象，增加空肠绒毛长度。治疗 4 周后，CPP-3 对衰老和 STZ 诱导的胰腺组织有明显改善作用。正常小鼠胰腺组织切片显示正常的组织结构，胰岛细胞完整，而 AD 组胰岛细胞明显无序收缩，先前的研究证实了 STZ 的副作用（Rathinam et al.，2014）。与 AD 组比较，CPP-3L 组和 CPP-3H 组小鼠胰岛细胞排列紧密有序，与正常组相似，表明 CPP-3 对灌胃后的胰腺有一定的修复作用。该修复作用的主要原因可能是 CPP-3 改善了小鼠的胰岛素抵抗和衰老。

（五）CPP-3 对小鼠脑组织基因表达的影响

1. 实时定量 RT-qPCR 分析

用 Trizol®分别提取 50～100mg 小鼠脑和空肠总 RNA，用 Takara cDNA 合成试剂盒（日本京都，宝生物，D6110A）进行反转录。反转录后，使用 SYBR PreMix Ex *Taq* Ⅱ试剂盒（日本京都，宝生物，RR820A），由 ABI7300 检测 mRNA 的表达，用 $2^{-\Delta\Delta Ct}$法计算相对表达量。引物列于表 4-6，*β-actin* 作为参考基因。

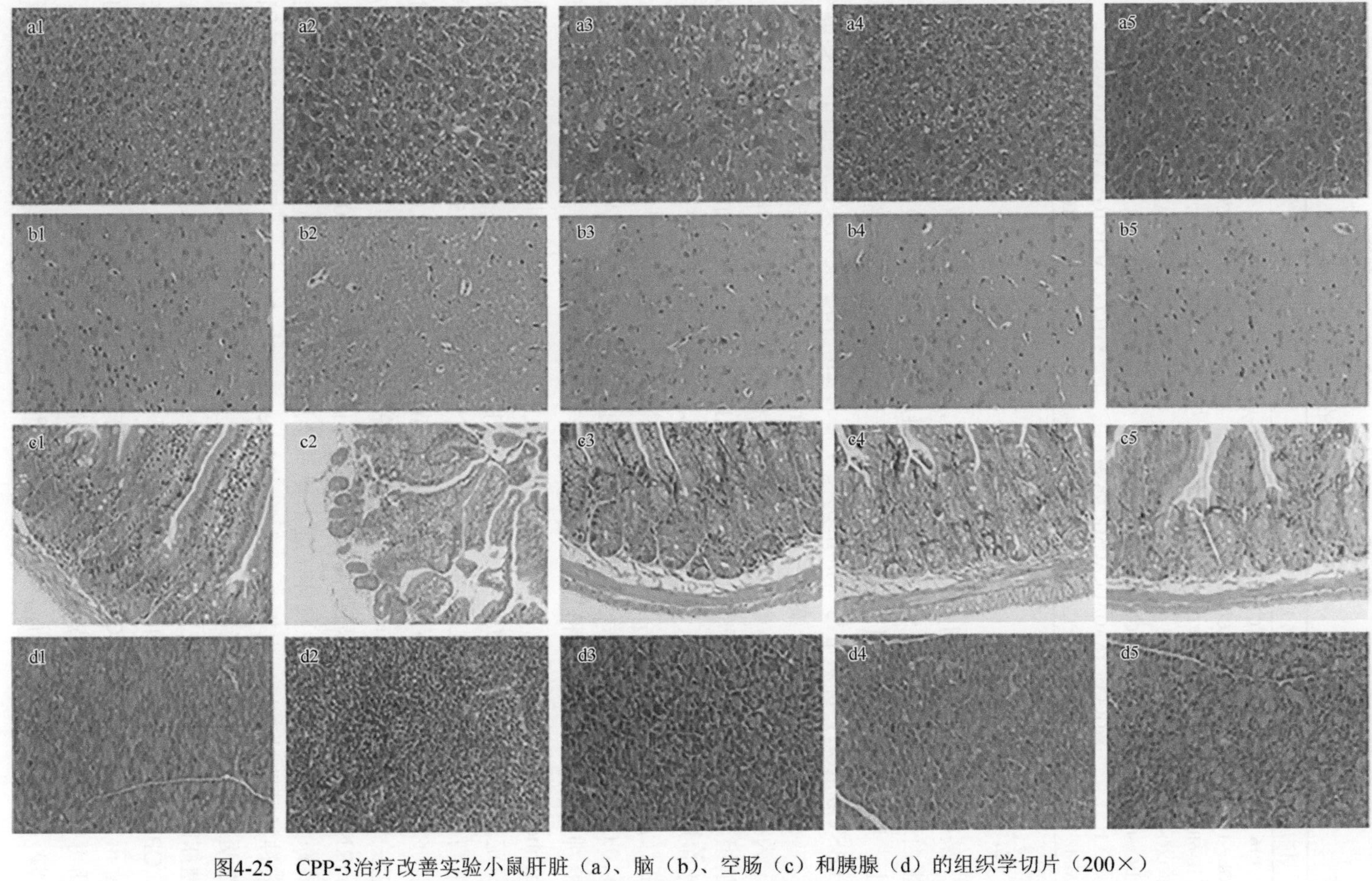

图4-25　CPP-3治疗改善实验小鼠肝脏（a）、脑（b）、空肠（c）和胰腺（d）的组织学切片（200×）

从左到右依次为正常组小鼠（1）、AD组小鼠（2）、DMBG组小鼠（3）、100mg/mL CPP-3组小鼠（4）和200mg/mL CPP-3组小鼠（5）

表 4-6　使用的引物

引物	正向引物序列	反向引物序列
P16	5′-CGCAGGTTCTTGGTCACTGT-3′	5′-TGTTCACGAAAGCCAGAGCG-3′
GLP-1R	5′-ACGGTGTCCCTCTCAGAGAC-3′	5′-ATCAAAGGTCCGGTTGCAGAA-3′
IL-6R	5′-GCCACCGTTACCCTGATTTG-3′	5′-TCCTGTGGTAGTCCATTCTCTG-3′
FOXO-1	5′-CCCAGGCCGGAGTTTAACC-3′	5′-GTTGCTCATAAAGTCGGTGCT-3′
BCL-6	5′-CCGGCACGCTAGTGATGTT-3′	5′-TGTCTTATGGGCTCTAAACTGCT-3′
ZO-1	5′-GCCGCTAAGAGCACAGCAA-3′	5′-TCCCCACTCTGAAATGAGGA-3′
MMP-2	5′-CAAGTTCCCCGGCGATGTC-3′	5′-TTCTGGTCAAGGTCACCTGTC-3′

2. 蛋白质印迹分析

采用蛋白质分析试剂盒（上海，碧云天，P0006）提取小鼠脑组织蛋白质，等量蛋白质加入 8%～12% SDS 聚丙烯酰胺凝胶。然后，将凝胶转移到聚偏氟乙烯膜上，用 QuickBlock™封闭缓冲液（碧云天）封闭，并与一抗在 4℃下孵育过夜。用 TBST 洗涤后，将条带与二抗在 37℃下孵育 2h，化学发光染色后用化学发光成像仪（美国马萨诸塞州，赛默飞世尔，Invitrogen iBright）检测条带。

为探讨 CPP-3 对 AD 组小鼠衰老和糖代谢的调节作用，采用 RT-qPCR 方法检测脑组织中促炎细胞因子和关键代谢酶的 mRNA 表达水平。如图 4-26 所示，AD 组小鼠脑组织内 *GLP-1R*、*MMP-2* 和 *FOXO-1* mRNA 表达水平较正常组小鼠显著降低（$P<0.05$）。与未经治疗的糖尿病小鼠相比，CPP-3L 显著改善了这些参数（$P<0.05$）。给予 CPP-3 后，增加了动物脑内 *FOXO-1* 的 mRNA 表达（$P<0.05$）。中枢神经系统环境稳定和氧化应激对于导致血脑屏障的紊乱起到了关键作用（Lochhead et al.，2010）。*FOXO-1* 调节与血脑屏障相关的基因，以保持血脑屏障的稳定。检测 *ZO-1* 和 *MMP-2* 与血脑屏障相关的 mRNA 表达，CPP-3L 组 *ZO-1* 水平高于正常组，CPP-3L 组 *MMP-2* 水平高于 AD 组（$P<0.05$）。CPP-3 组同样也能够增加 *FOXO-1* 的下游因子 *BCL-6* 的 mRNA 表达（$P<0.05$）。虽然 AD 组衰老关键因子 *P16* 的 mRNA 表达水平与正常组无显著差异，但 CPP-3 降低了 *P16* 的 mRNA 表达，DMBG 显著降低了 *P16* 的 mRNA 表达（$P<0.05$）（图 4-27）。大脑在调节正常发育的生物体中起着重要作用。如果发生脑损伤，下丘脑葡萄糖调节神经回路被激活，血糖就会升高（Moheet et al.，2015）。因此，通过脑基因的改变来探讨药物治疗老年糖尿病的机制至关重要。血脑屏障受损通常发生在患有糖尿病和血脑屏障促进葡萄糖转运的老年人中（Prasad et al.，2014）。研究表明，CPP-3 可以调控 ZO-1 和 MMP-2 的水平，这表明 CPP-3 通过修复血脑屏障来维持正常的葡萄糖转运。GLP-1R 和 IL-6R 作为细胞表面的两个主要受体，它们的激活可以通过 FOXO 调节 BCL-6，导致细胞凋亡和衰老的发生（Kapodistria et al.，2018）。经 CPP-3 治疗后，AD 组小鼠 GLP-1R 明显降低，BCL-6 被激活。这些

结果表明，CPP-3 可能减轻老年糖尿病所致的细胞凋亡和炎症反应。

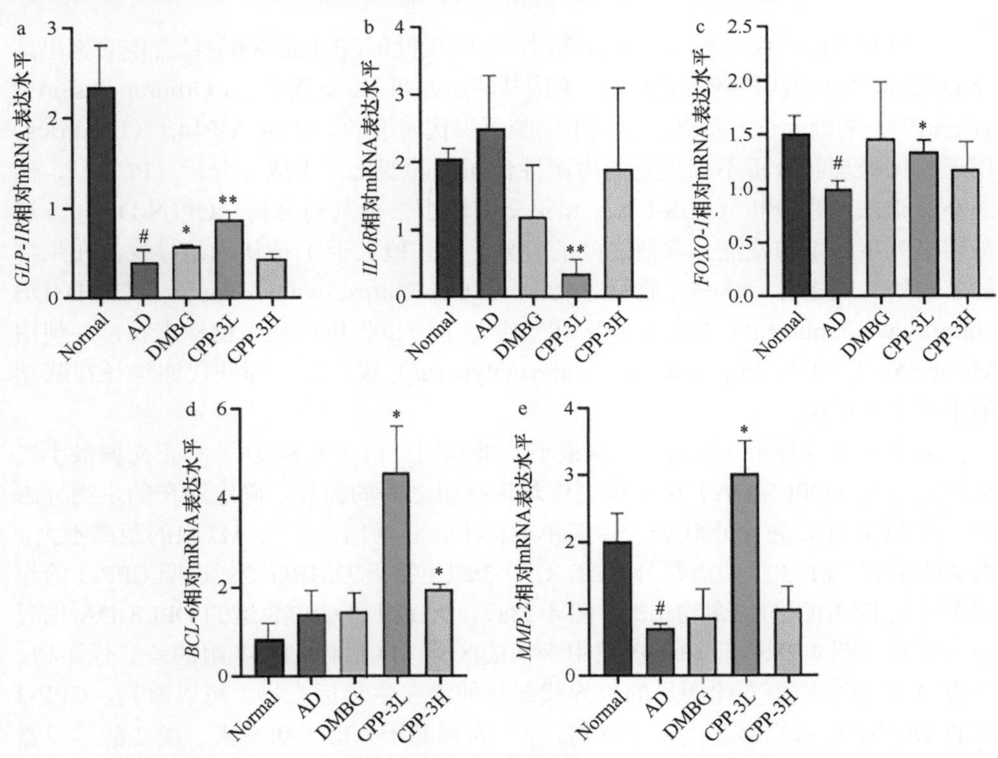

图 4-26　CPP-3 治疗对衰老糖尿病小鼠关键基因相对 mRNA 表达的影响

a. GLP-1R；b. IL-6R；c. FOXO-1；d. BCL-6；e. MMP-2

与 AD 组比较，*P<0.05，**P<0.01；与正常组比较，#P<0.05

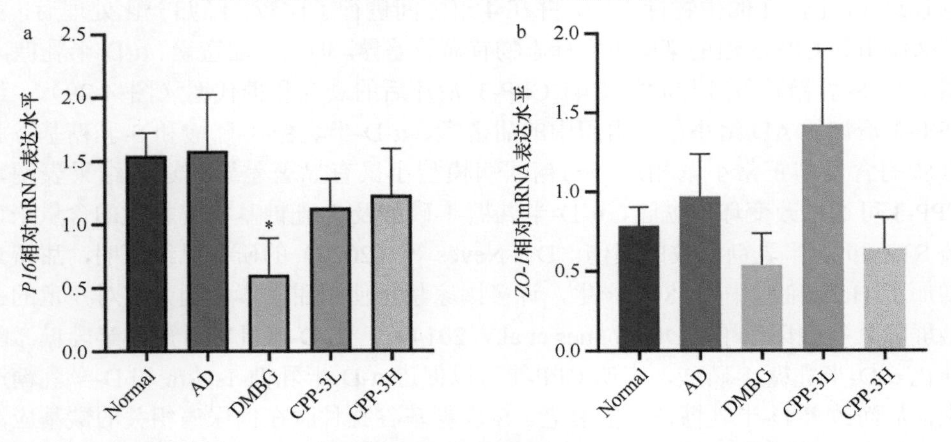

图 4-27　CPP-3 处理对衰老糖尿病小鼠关键基因相对 mRNA 表达的影响

a. *P16*；b. *ZO-1*

与 AD 组比较，*P<0.05

（六）CPP-3 对脑组织中代谢物的影响

采用液相色谱仪（美国马萨诸塞州，赛默飞世尔，Ultal3000）结合电喷雾电离（NDK200-2N）和四极杆飞行时间（美国马萨诸塞州，赛默飞世尔，Orbitrap Fusion™ Tribrid™）来测量正、负离子模式下的脑组织代谢组学。SIMCA-P14.1（Umetrics）用于数据处理和分析不同组别的内源性代谢物的变化。主成分分析（PCA）、偏最小二乘法判别分析（PLS-DA）和正交偏最小二乘判别分析（OPLS-DA）方法被用来观察各组与检测异常值之间的差异。VIP 值大于 1 被认为是寻找潜在生物标志物的关键指标。这些生物标志物由 KEGG（https://www.kegg.jp/）与 HMDB（http://www.hmdb.ca/）数据库确定和鉴定。进一步收集这些生物标志物，并使用 MetaboAnalyst4.0（https://www.metaboanalyst.ca/）软件验证哪些代谢途径在脑功能中起重要作用。

采用主成分分析（PCA）、偏最小二乘判别分析（PLS-DA）和正交偏最小二乘判别分析（OPLS-DA）区分模型组与治疗组之间的差异，确定潜在的生物标志物。在 PCA 中，每个点代表一个简单的样本，正常组的点与 AD 组的距离不大，而 AD 组和 CPP-3 组的点是分开的。CPP-3 组更接近 DMBG 组，说明 CPP-3 的作用可能与 DMBG 的代谢物相似（图 4-28a）。AD 组和 CPP-3 组的 OPLS-DA 也有显著差异（图 4-28b）。Slot 图被用来筛选区分 AD 组和 CPP-3 组的差异代谢物。在表 4-7 中总结了变化明显的差异代谢物的潜在生物标志物。可以看到，CPP-3 组的 18-HEPE 水平显著高于 AD 组，而 16-羟基十六酸、甜蜜素、戊二酸、谷氨酰胺、黄嘌呤、胆酸、α-D-半乳糖-1-磷酸、D-阿拉伯糖-5-磷酸、*O*-磷乙醇胺、(S)-(+)-柠檬酸、2-羟基异丁酸水平则低于 AD 组。为了进一步探讨 CPP-3 的治疗效果，选择这 14 个潜在的生物标志物，并在 4 组之间进行了比较。经归一化处理后，虽然 AD 组和 CPP-3 组的某些生物标志物有显著差异，但只有甜蜜素、α-D-半乳糖-1-磷酸和 S-乳糖基谷胱甘肽能影响 CPP-3 治疗后的衰老和糖代谢（图 4-29）。经 CPP-3 治疗的 AD 组小鼠脑组织中的甜蜜素、α-D-半乳糖-1-磷酸和 S-乳糖基谷胱甘肽的含量与正常小鼠相近，与糖尿病模型小鼠有显著差异。这些结果表明，CPP-3 可通过改变环磷酰胺、α-D-半乳糖-1-磷酸及 S-乳糖基谷胱甘肽的含量来调节 STZ 和 D-半乳糖所致的损伤。Das Neves 等（2020）的研究已经证明，甜蜜素增加了 Ht29 细胞中 IL-8 的产生，许多国家禁止使用甜蜜素，因为它对儿童的血脑屏障具有破坏作用（Domingues et al.，2014）。由 D-半乳糖合成的半乳糖激酶催化 α-D-半乳糖-1-磷酸，表明 CPP-3 可以促进 α-D-半乳糖-1-磷酸和 D-半乳糖产生，从而改善 D-半乳糖诱导的衰老。S-乳糖基谷胱甘肽在糖尿病相关的羰基应激调节中起着重要作用，因为在糖尿病患者中可以发现从 S-乳糖基谷胱甘肽转移的 D-乳酸水平增加（Fukushima et al.，2014）。因此，CPP-3 可能通过甜蜜素、α-D-

半乳糖-1-磷酸及S-乳糖基谷胱甘肽改善血糖稳态和衰老。

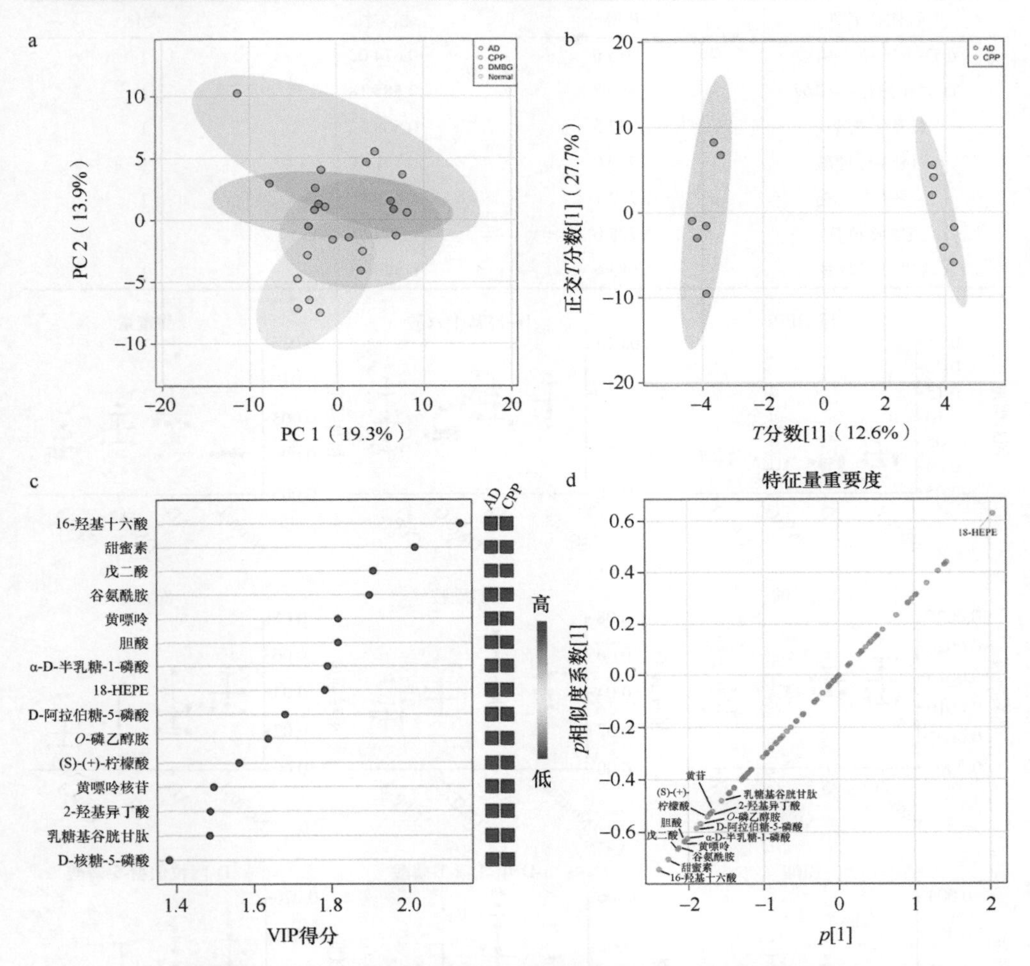

图4-28　CPP-3治疗改善衰老糖尿病大鼠脑组织中代谢物的组成

a. PCA分析；b. OPLS-DA分析；c. VIP分析；d. Slot图。数据为平均值（n=6）

表4-7　AD组与CPP-3组脑代谢产物的潜在生物标志物

代谢物名称	VIP得分	相关性	变化
18-HEPE	2.036 7	0.630 29	↑
16-羟基十六酸	2.394 8	0.740 99	↓
甜蜜素	2.270 1	0.702 55	↓
戊二酸	2.145 9	0.663 96	↓
谷氨酰胺	2.130 3	0.659 05	↓
黄嘌呤	2.053 8	0.635 56	↓
胆酸	2.047 7	0.633 70	↓

续表

代谢物名称	VIP 得分	相关性	变化
α-D-半乳糖-1-磷酸	2.016 6	0.624 02	↓
D-阿拉伯糖-5-磷酸	1.890 8	0.585 18	↓
O-磷乙醇胺	1.837 5	0.568 52	↓
(S)-(+)-柠檬酸	1.750 0	0.541 42	↓
2-羟基异丁酸	1.712 1	0.529 80	↓
黄嘌呤核苷	1.708 0	0.528 61	↓
S-乳糖基谷胱甘肽	1.683 6	0.520 83	↓

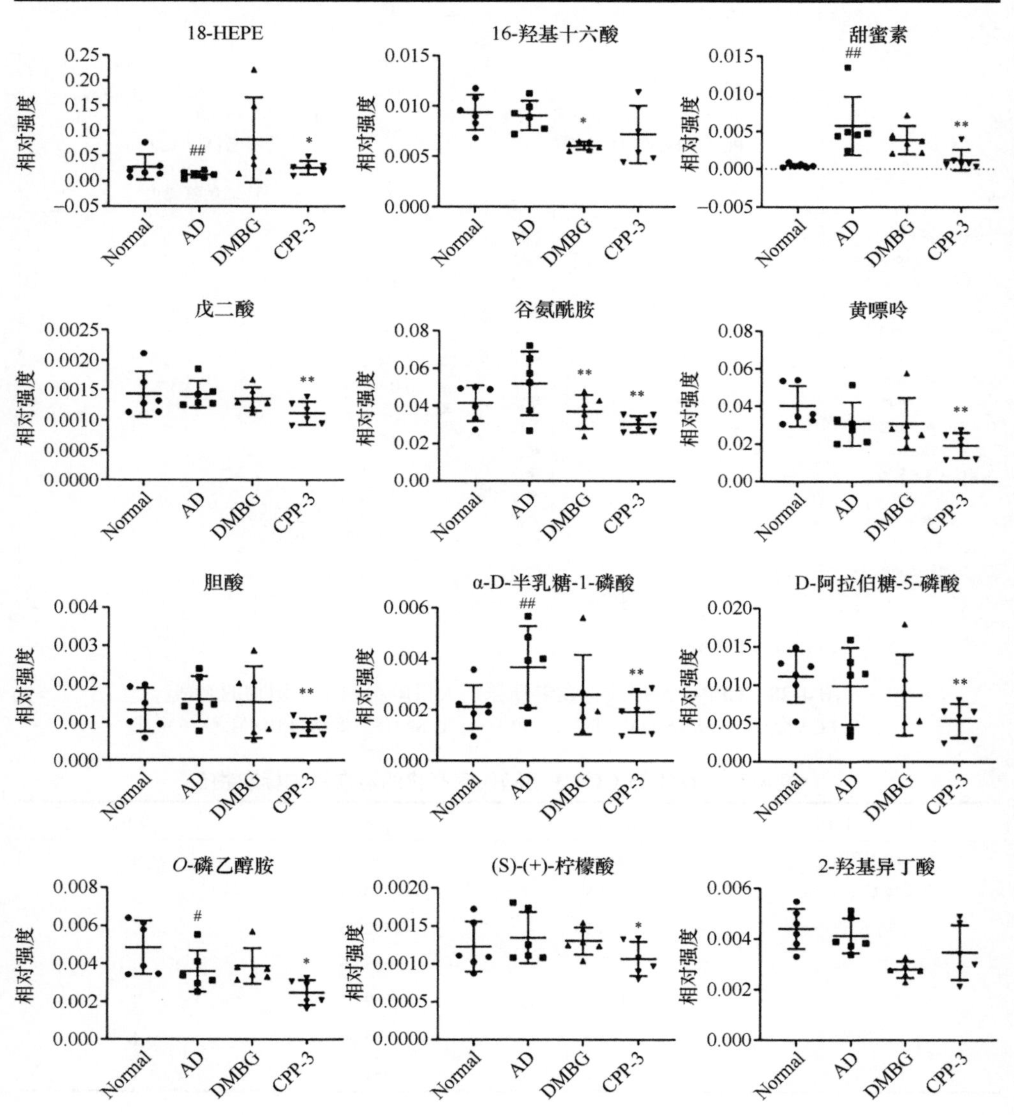

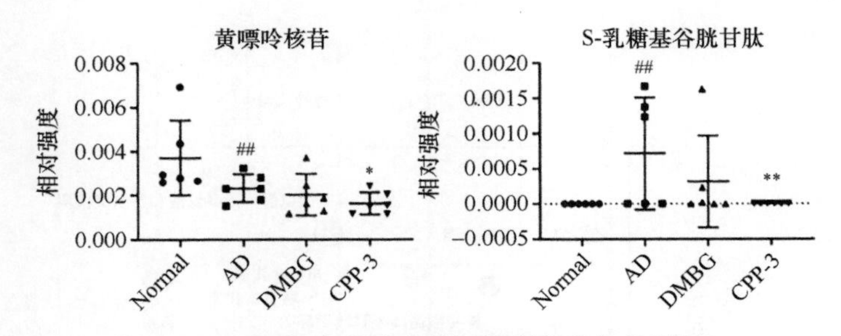

图 4-29　不同组小鼠脑内关键代谢物变化的框图

数据为平均值±SD（n=6）。与 AD 组比较，$*P<0.05$，$**P<0.01$；与正常组比较，$\#P<0.05$，$\#\#P<0.01$

使用 Metobanalys4.0 软件分析了衰老糖尿病小鼠和治疗组小鼠体内代谢产物的代谢途径。途径越靠近右上角，就越有可能被认为是差异代谢途径。从图 4-30 可以看出，选择了 25 条最重要的路径。通过通路和富集分析，选择阈值 $P<0.05$ 的路径为最接近的路径。结合富集和通路分析，嘌呤代谢、组氨酸代谢，丙氨酸、天冬氨酸和谷氨酸代谢，核黄素代谢、柠檬酸循环、乙醛酸和二羧酸代谢、氨基酰 tRNA 生物合成以及 D-谷氨酰胺和 D-谷氨酸代谢在老年糖尿病的调节中起重要作用。先前的研究表明，STZ 诱导后嘌呤代谢紊乱（Liu et al.，2015）。Jiang 等（2017）发现，在基于 UPLC-QTOF-MS 的代谢组学方法之后，组氨酸代谢被阐明为潜在的途径。与 STZ 诱导的小鼠相比，枸杞多糖对小鼠的丙氨酸、天冬氨酸和

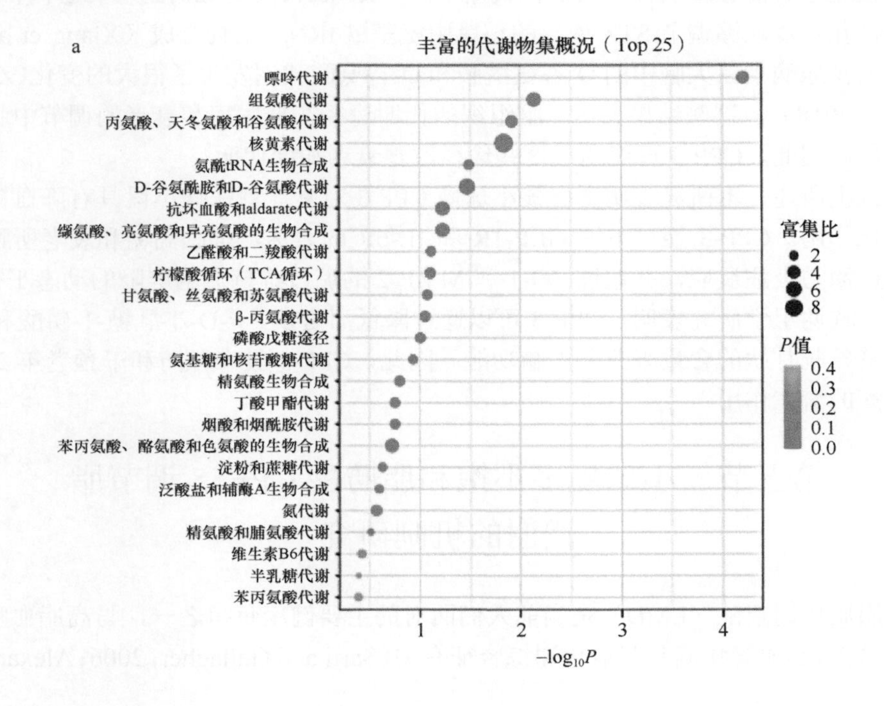

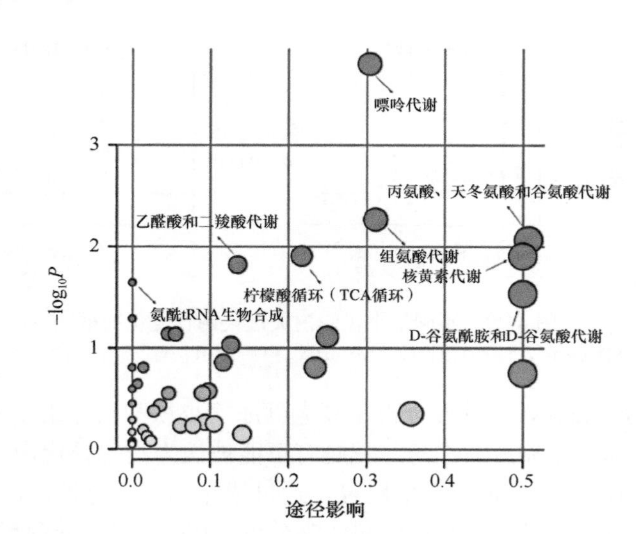

图 4-30　AD 组小鼠在 CPP-3 调控下代谢产物的预测性分析

a. 富集分析；b. 对 D-半乳糖和 STZ 影响的代谢物的通径分析。

形状的大小代表超几何检验方法的丰富程度，颜色的深度代表显著性。根据 $P<0.05$ 选择标记代谢物

谷氨酸代谢，以及乙醛酸和二羧酸代谢有明显的影响（Xia et al.，2019）。虽然还没有关于核黄素代谢与衰老或糖尿病相关的报道，但在 STZ 诱导的糖尿病小鼠中，根茎皂苷能够影响核黄素调控代谢基因（Kobori et al.，2012）。此外有研究表明，花生皮能够调节 STZ 诱导的小鼠中氨基酰 tRNA 生物合成（Xiang et al.，2020）。糖尿病小鼠大脑中的 D-谷氨酰胺和 D-谷氨酸代谢发生了很大的变化（Zhou et al.，2018）。这些结果表明，脑组织的代谢途径在糖尿病和衰老的调节中起重要作用。因此，CPP-3 可能通过这些途径改善衰老和糖代谢。

综上所述，本研究表明蛋白核小球藻 CPP-3 对衰老糖尿病小鼠具有降血糖和抗氧化作用。CPP-3 通过下调 GLP-1R 和 IL-6R 的表达，抑制高糖和衰老所致的氧化应激与炎症反应，并通过 ZO-1 和 MMP-2 的调节维持血脑屏障的动态平衡。此外，代谢组学研究表明，CPP-3 可以通过降低甜蜜素、α-D-半乳糖-1-磷酸和 S-乳糖基谷胱甘肽的含量来改善大脑功能。因此，CPP-3 具有预防和干预老年 2 型糖尿病的潜在作用。

第五节　小球藻多不饱和脂肪酸 CPE55 调节脂代谢的机制研究

脂质代谢紊乱（LMD）是当前人们面对的主要健康负担之一，与高脂血症、血脂异常、心血管疾病和其他代谢综合征有关（Sarti and Gallagher，2006；Alexandre et al.，2017）。高脂血症是心血管疾病和动脉粥样硬化疾病的重要危险因素，其特征是甘油三酯（TG）、总胆固醇（TC）和低密度脂蛋白胆固醇（LDL-C）含量较高，高密度脂蛋白胆固醇（HDL-C）水平较低（Kong et al.，2018）。随着生活方式的重大改变，近年来脂质代谢紊乱患者的数量急剧增加。亚洲国家脂质代谢紊乱的发病率逐渐接近西方国家（Gera et al.，2007）。目前有关脂质代谢紊乱的研究主要都集中在对城市和富人地区的调查上。据国际糖尿病联合会估计，全世界有 1/4 的人患有脂质代谢紊乱（Sugimoto et al.，2016）。尽管降脂药物的开发取得了很大进展，但这些药物的毒副作用限制了其临床应用，如肝肾损害、胃肠道反应和抗生素耐药性（Licata et al.，2018）。因此，迫切需要从天然生物成分中发现有效的降血脂化合物以抑制和治疗脂质代谢紊乱。在过去的几年中，从食用藻类中开发出越来越多的降血脂化合物（Zhao et al.，2015）。小球藻是一种单细胞海洋微藻，属于绿藻科，具有许多特殊的生物活性成分，可以预防动脉硬化和心血管疾病（Fallah et al.，2018）。此外，它还通过降低相应的脂质代谢参数并调节胆固醇的合成和代谢机制而发挥降血脂作用（Noguchi et al.，2013）。

已有研究证明，AMP 活化蛋白激酶（AMPK）信号传导途径可调节糖脂代谢（Craig et al.，2017）；固醇调节元件结合蛋白-1c（SREBP-1c）优先调节脂肪酸合成相关基因（Raghow et al.，2008）；3-羟基-3-甲基戊二酰辅酶 A（HMG-CoA）还原酶被认为是甲羟戊酸（MVA）途径中的第一限速酶（Silambarasan et al.，2016）；乙酰辅酶 A 羧化酶（ACC）是限制脂肪酸合成的酶，可减少长链脂肪酸的　氧化（Mckenney，2015）。此外，越来越多的证据表明肠道菌群与宿主能量代谢和血清脂质水平密切相关（Cani et al.，2008）。肠道菌群组成的变化可引起脂代谢紊乱（Norris et al.，2016）。其中，致病细菌会破坏肠屏障，并导致由炎症、肥胖引起的胰岛素抵抗和高脂血症（Smirnov et al.，2016；Zhao et al.，2018a）；Bacteroidetes 和 Firmicutes 的失衡会影响由肥胖引起的疾病（Wolf and Lorenz 2012）。细菌如 *Ruminococcus*_1 和 Ruminococcaceae_UCG-010，与体重和总胆固醇水平呈负相关，而与高密度脂蛋白水平呈正相关（Sato et al.，2010）。此外，藻类可以改变微生物群的组成，并有助于微生物群对宿主产生有益的作用（Velagapudi et al.，2010；Zhao et al.，2018b）。然而，关于海洋微藻小球藻 55% 乙醇提取物（CPE55）的降血脂分子机制及肠道菌群调节的相关研究尚未见报道。因此，本节评估了 CPE55 的降血脂潜力以减轻高脂饮食大鼠的脂质代谢紊乱。此外，还研究了 CPE55 对小鼠脂代谢相关基因的表达和肠道菌群的组成的调节。

一、小球藻多不饱和脂肪酸 CPE55 提取与鉴定

从福清市新大泽螺旋藻有限公司购买干燥的小球藻粉，并使用 55%的乙醇以

1∶10（*m/V*）的比例在 50℃浸提 1h。将提取物离心，浓缩并冻干。在 UPLC-QTOF-MS/MS 光谱分析仪（Waters）上，通过 C18 色谱柱（1.8μm，2.1mm×100mm）测定小球藻 55%乙醇提取物（CPE55）的成分。流动相由 A[0.1%甲酸水溶液（*V/V*）]和 B（乙腈）组成。小球藻化合物的 *m/z* 测定范围为 50～1200。扫描参数设置如下：扫描时间：0.2s，碎裂电压：80V，毛细管电压在 ESI+下为：2.0kV，源温度：120℃，去溶剂化温度：450℃，雾化气流在 800℃时为：800L/h。使用 Masslynx 4.1 软件（Waters）采集数据。

UPLC 对 CPE55 的分析确定了 10 种主要成分（图 4-31）。在 0.91～13.84min 的不同保留时间观察到了这些峰，并尝试根据 QTOF/MS 明确鉴定这些组分（图 4-32）。MS 分析主要证实了大多数化合物为多不饱和脂肪酸（表 4-8）。在 *m/z* 上的部分碎片与先前报告的数据一致。通过与文献中报道的 *m/z* 光谱数据对比，确定了每种化合物的确定结构。

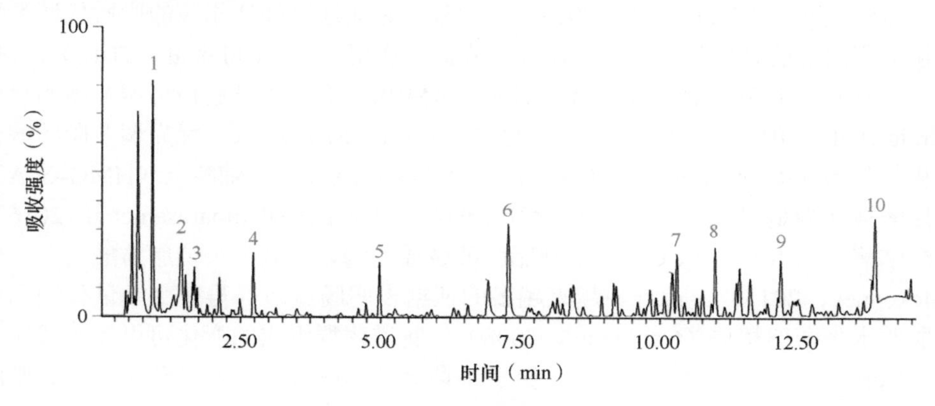

图 4-31　CPE55 色谱峰谱图

表 4-8　UPLC-QTOF-MS/MS 分析潜在主要代谢物

序号	保留时间（min）	化合物	可能分子式	测量的$[M-H]^+$（*m/z*）	代表性片段
1	0.91	磷脂酸+甘油+棕榈酸	$C_{29}H_{39}O_6$	483	136.03、137.03、152.02、348.05、349.05
2	1.44	*γ*-谷氨酰苏氨酸	$C_{11}H_{20}N_2O_5$	260.99	144.92、189.92、216.05
3	1.67	肌苷	$C_{10}H_{12}N_4O_5$	268.07	136.03、137.03
4	2.72	硬脂酸甲酯	$C_{19}H_{38}O_2$	298.07	136.03、146.03、188.04、299.07
5	4.97	葡萄糖酸	$C_6H_{12}O_7$	197.08	105.04、133.07、161.06、179.07、251.00
6	7.28	4,7-二羟基-3-丁基苯酞/甲基和-*O*-谷氨酸异构体	$C_{19}H_{24}O_{10}$	413.16	127.00、139.00、403.17、412.66
7	10.29	溶血磷脂酰胆碱（18∶3）	$C_{26}H_{48}NO_7P$	518.32	104.07、124.97、184.04

续表

序号	保留时间（min）	化合物	可能分子式	测量的[M−H]$^+$（m/z）	代表性片段
8	10.97	溶血磷脂酰胆碱（18∶2）	$C_{26}H_{50}NO_7P$	520.33	104.07、124.97、184.04、502.32
9	12.14	锦葵素-3-*O*-葡萄糖苷	$C_{28}H_{31}O_{14}N_2Cl$	655.32	184.04、449.18、535.26、563.26、595.29、596.29
10	13.83	柚皮素-*O*-葡萄糖苷-*O*-葡糖苷酸	$C_{27}H_{30}O_{16}$	609	431.17、447.20、519.23、547.23、579.26

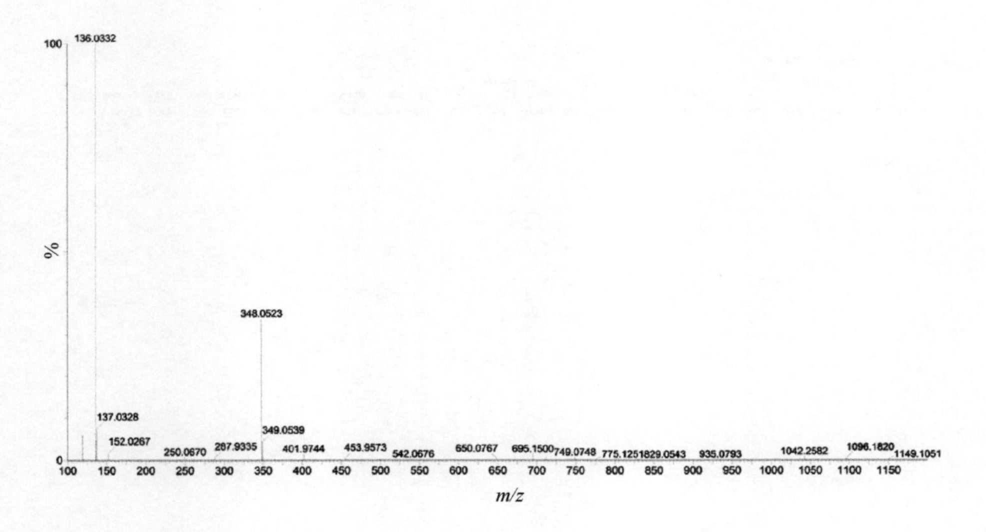

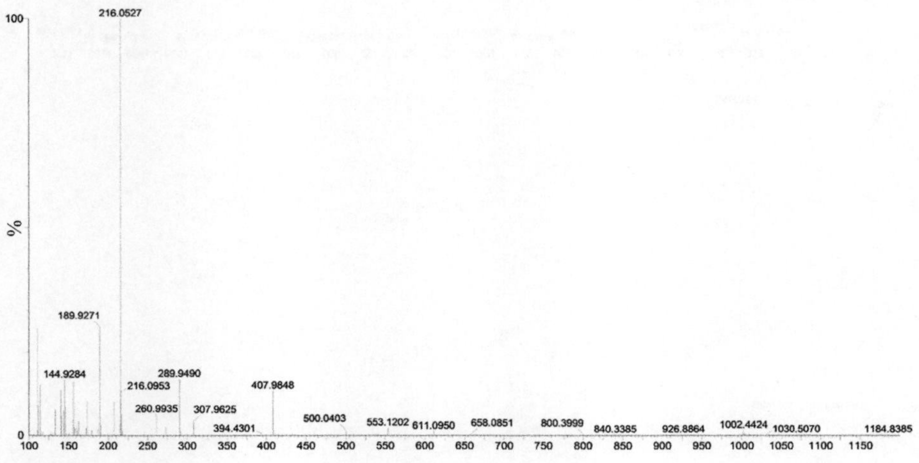

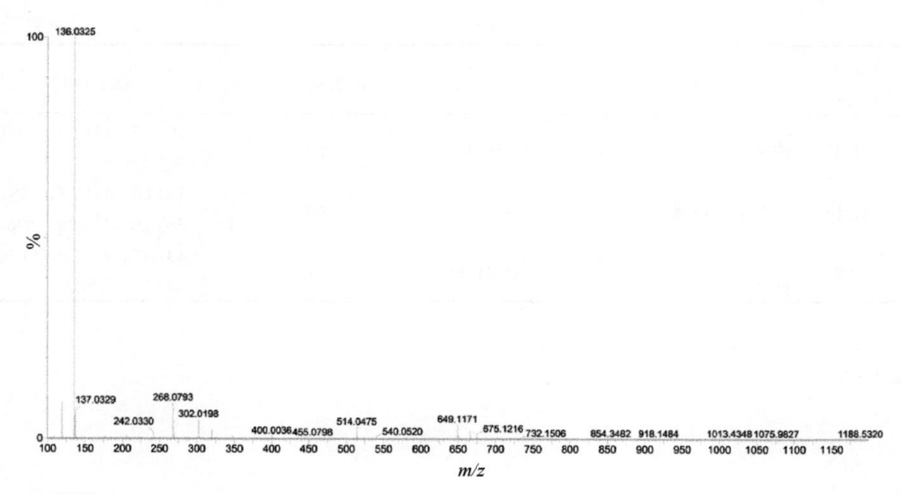
136.0325
100
%
137.0329
268.0793
242.0330
302.0198
400.0036
455.0798
514.0475
540.0520
649.1171
675.1216
732.1506
854.3482
918.1484
1013.4348
1075.9627
1188.5320
0
100 150 200 250 300 350 400 450 500 550 600 650 700 750 800 850 900 950 1000 1050 1100 1150
m/z

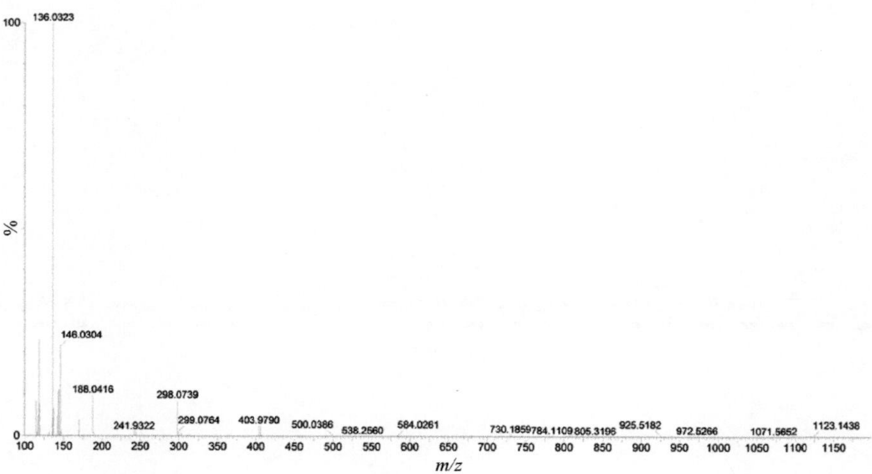
136.0323
100
%
146.0304
188.0416
298.0739
241.9322
299.0764
403.9790
500.0386
538.2560
584.0261
730.1859
784.1109
805.3196
925.5182
972.5266
1071.5652
1123.1438
0
100 150 200 250 300 350 400 450 500 550 600 650 700 750 800 850 900 950 1000 1050 1100 1150
m/z

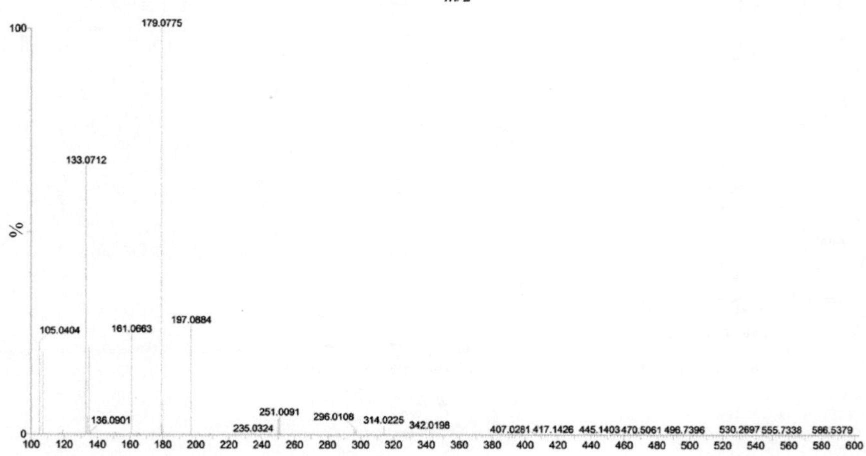
100
179.0775
133.0712
%
105.0404
161.0663
197.0884
136.0901
235.0324
251.0091
296.0108
314.0225
342.0198
407.0281
417.1426
445.1403
470.5061
496.7396
530.2697
555.7338
586.5379
0
100 120 140 160 180 200 220 240 260 280 300 320 340 360 380 400 420 440 460 480 500 520 540 560 580 600
m/z

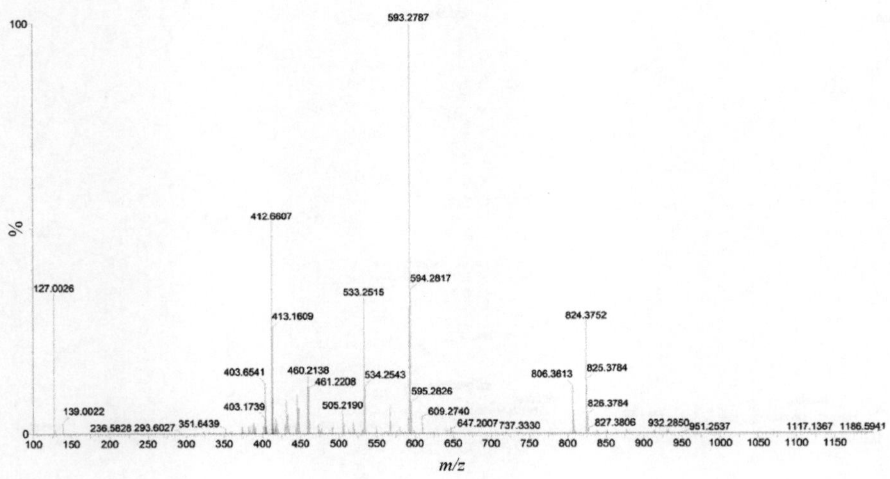

593.2787
412.6607
127.0026
594.2817
533.2515
413.1609
824.3752
403.6541
460.2138
461.2208
534.2543
806.3613
825.3784
595.2826
403.1739
505.2190
609.2740
826.3784
139.0022
236.5828
293.6027
351.6439
647.2007
737.3330
827.3806
932.2850
951.2537
1117.1367
1186.5941
%
m/z

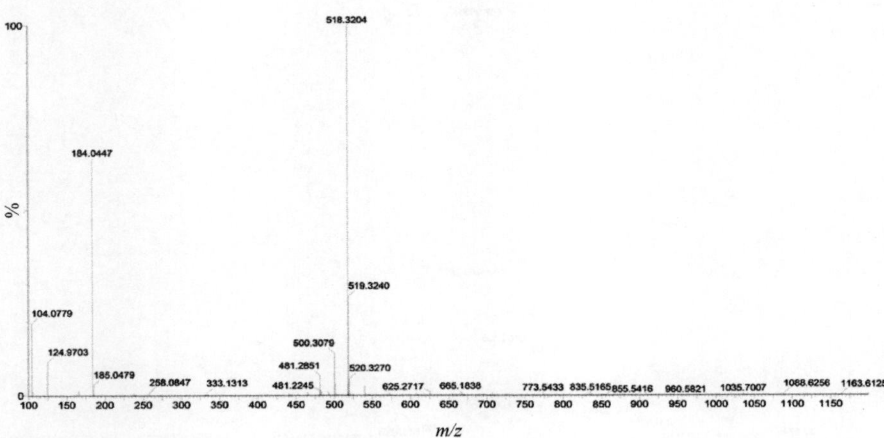

518.3204
184.0447
519.3240
104.0779
124.9703
500.3079
481.2851
520.3270
185.0479
258.0847
333.1313
481.2245
625.2717
665.1838
773.5433
835.5165
855.5416
960.5821
1035.7007
1068.6256
1163.6125
%
m/z

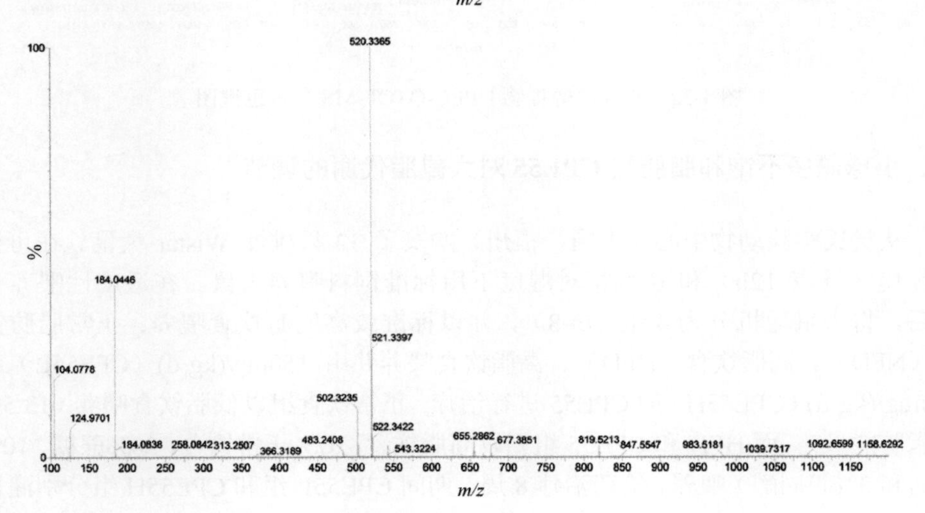

520.3365
184.0446
521.3397
104.0778
502.3235
124.9701
522.3422
184.0838
258.0842
313.2507
366.3189
483.2408
543.3224
655.2862
677.3851
819.5213
847.5547
983.5181
1039.7317
1092.6599
1158.6292
%
m/z

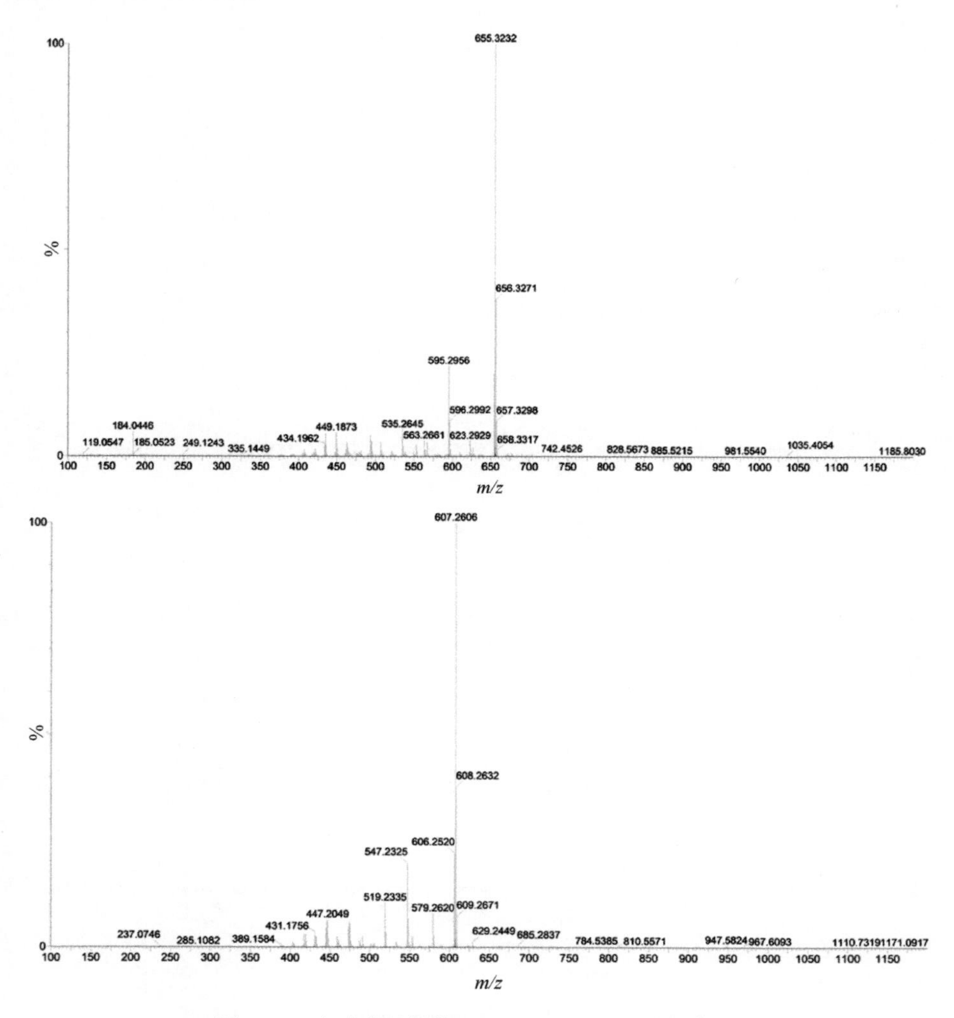

图 4-32 小球藻醇提物 UPLC-QTOF-MS 分析色谱图

二、小球藻多不饱和脂肪酸 CPE55 对大鼠脂代谢的调节

从吴氏实验动物中心（中国，福州）购买了 32 只雄性 Wistar 大鼠。在可控的环境（昼夜 12h）和 60%相对湿度下用标准饲料喂养大鼠。在适应性喂养一周后，将大鼠随机分为 4 组（n=8），并以标准或高脂肪饮食喂养：正常脂肪饮食（NFD）、高脂饮食（HFD）、高脂饮食喂养并用 150mg/(kg·d)（CPE55L）或 300mg/(kg·d)（CPE55H）的 CPE55 进行治疗。正常饮食组以低脂饮食喂养（13.5%的脂肪能量），而 HFD 和 CPE55 组则以高脂饮食（67%正常饮食、20%蔗糖、10%猪油和 3%胆固醇）喂养。给药治疗 8 周，期间 CPE55L 组和 CPE55H 组分别灌胃

2mL 不同浓度的 CPE55，正常饮食组和高脂饮食组用 2mL 生理盐水替代。CPE55 使用的剂量是基于人体剂量和大鼠体表面积的换算而得到的（Guo et al.，2018；Li et al.，2018）。所有实验方案均符合实验室动物福利道德准则和日常动物保健准则。

给药期间，每周测定体重以评估小鼠体重变化及组间体重差异。在第一周和第八周，将大鼠禁食 12h 后麻醉以获取血液样本。从心脏抽取血液，在 25℃下以 3000r/min 的转速离心 15min 以分离血清，然后在−80℃下储存备用。此外，对脂代谢相关指标进行测定，具体操作如下：将肝组织与生理盐水按 1∶9 的比例混合并匀浆，将混合物在 4℃下以 12 000r/min 离心 10min，取上清液作为后续实验样品。根据相关检测试剂盒（中国，南京，建成生物工程研究所，A110-1-1、A111-1-1、A112-1-1 和 A113-1-1）的说明书，测定血清和肝组织中甘油三酯（TG）、总胆固醇（TC）、高密度脂蛋白胆固醇（HDL-C）及低密度脂蛋白胆固醇（LDL-C）的含量。

初期大鼠血清甘油三酯、总胆固醇、低密度脂蛋白胆固醇和高密度脂蛋白胆固醇水平无显著差异。经过 8 周的治疗，CPE55 治疗组的血清甘油三酯、总胆固醇和低密度脂蛋白胆固醇水平显著低于高脂饮食组（$P<0.01$）（图 4-33）。CPE55L 组的血清甘油三酯、总胆固醇和低密度脂蛋白胆固醇水平分别降低了 19.2%、47.5%和 41.6%，而在 CPE55H 组中分别降低了 25.6%、30.2%和 45.3%。此外，CPE55L 组和 CPE55H 组的血清高密度脂蛋白胆固醇水平显著提高了 35.9%和 38.9%。这些结果说明小球藻 55%乙醇提取物可以有效改善脂代谢紊乱的现象。

三、小球藻多不饱和脂肪酸 CPE55 对高脂饮食诱导的脂肪变性的影响

对肝脏进行称重并进行组织病理学分析，部分肝组织用 H&E 染色。根据肝组织形态学分析，正常饮食组肝组织切片显示组织结构正常，肝细胞完整，无细胞破裂，分布均匀。相比之下，高脂饮食组则出现较大的脂肪滴和细胞破裂（图 4-34）。CPE55 的治疗可改善高脂血症大鼠的肝细胞损伤和炎症，并减少脂肪滴的产生（图 4-34c）。此外，试验还测定了肝脂质参数（图 4-35）。与正常饮食组相比，高脂饮食组的肝脏重量、血清总胆固醇和甘油三酯水平显著增加，表明脂肪肝大鼠模型已成功建立。试验结果表明，CPE55 对血清总胆固醇水平、血清甘油三酯水平、肝脏重量等脂质指标的影响显著（$P<0.01$），证明 CPE55 确实具备治疗效果，CPE55 对大鼠肝脏发挥了保护作用，并在一定程度上减少了脂肪堆积。

高能量饮食可能会导致体重、血清和肝脏参数显著升高，并影响肠道菌群，造成脂代谢紊乱。先前的研究表明，小球藻具有广泛的药理作用，包括预防脂肪肝的形成以及在啮齿动物模型中对脂质代谢紊乱有治疗作用（Noguchi et al.，

2013）。但是，改善脂代谢紊乱的确切机制尚未得到很好的研究。高脂饮食明显增加了血清甘油三酯、血清总胆固醇和血清低密度脂蛋白胆固醇水平，降低了血清高密度脂蛋白胆固醇水平（图 4-35），这与先前的研究报道相一致（Dyrbuś et al.，2017）。在 8 周内，补充 CPE55 可增加血清高密度脂蛋白胆固醇水平和总胆汁酸水平，同时降低血清甘油三酯、血清总胆固醇和血清低密度脂蛋白胆固醇水平。而血清低密度脂蛋白胆固醇和血清甘油三酯被认为是代谢综合征与心血管疾病的主要危险因素。降低血清甘油三酯水平可以有效降低心血管疾病的患病率（Sidebottom et al.，2018），故而 CPE55 可以通过降低血清甘油三酯和血清低密度脂蛋白胆固醇水平来改善脂质代谢紊乱。此外，脂质代谢表型的这些变化可能与肝脏脂肪变性有关，高脂饮食会导致大量脂滴在大鼠肝脏中积聚。组织病理学分析显示，这 4 组肝组织结构和肝脂质蓄积明显不同，补充说明 CPE55 可明显改善肝脂肪变性和血脂紊乱现象。

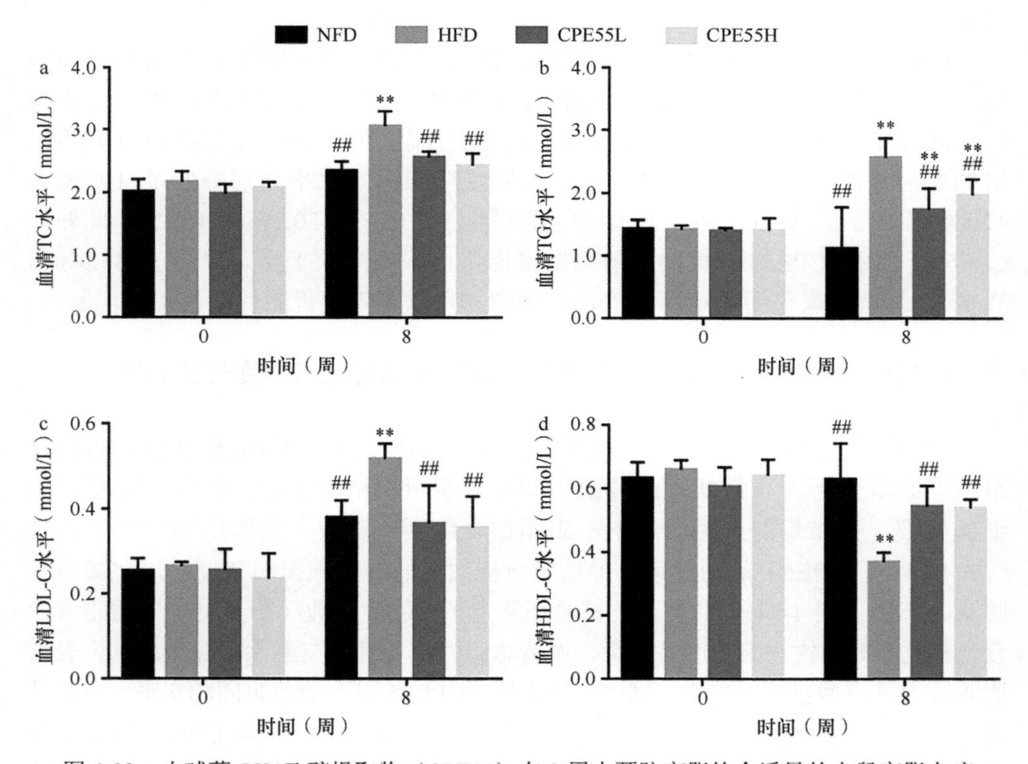

图 4-33　小球藻 55%乙醇提取物（CPE55）在 8 周内预防高脂饮食诱导的大鼠高脂血症

a. 血清总胆固醇（TC）水平；b. 血清甘油三酯（TG）水平；c. 血清低密度脂蛋白胆固醇（LDL-C）水平；d. 血清高密度脂蛋白胆固醇（HDL-C）水平

数据表示为平均值±SD（n=8）。带有 Tukey 测试的单向方差分析。与正常饮食（NFD）比较，$^{**}P<0.01$；与高脂饮食（HFD）比较，$^{\#\#}P<0.01$

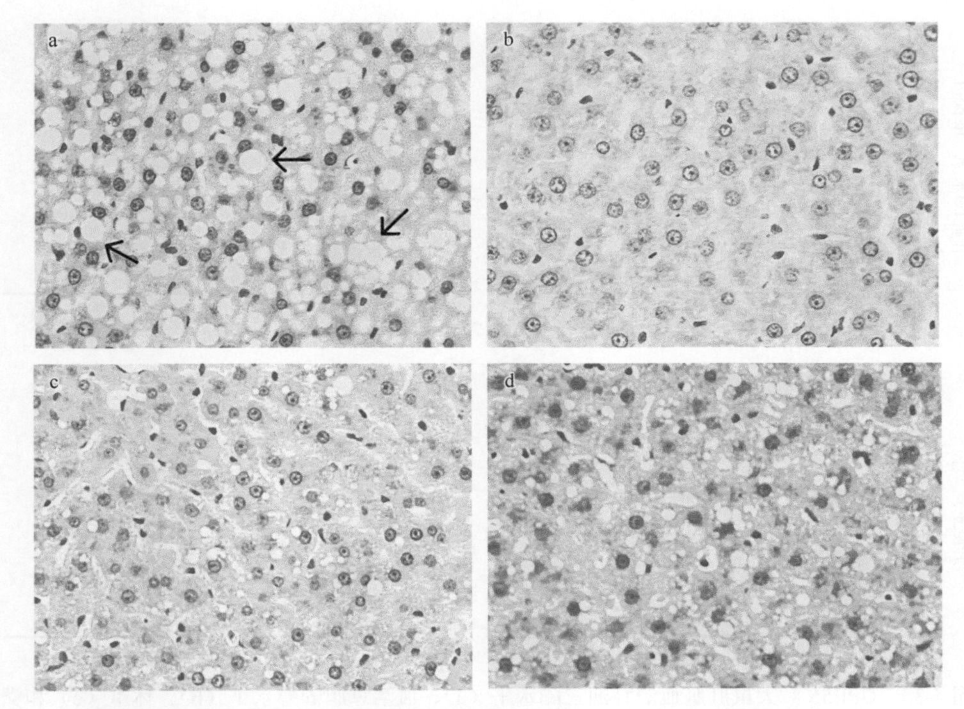

图 4-34　CPE55 对高脂饮食诱导的脂肪肝大鼠的肝组织形态学分析（40×）

a. 高脂饮食（HFD）组；b. 正常脂肪饮食（NFD）组；c. 150mg/(kg·d) CPE55（CPE55L）组；d. 300mg/(kg·d) CPE55（CPE55H）组。箭头方向指示脂质滴

（一）CPE55 对脂代谢相关基因表达的影响

使用 RNA 提取试剂盒（Takara）获得总 RNA，使用 PrimeScript™ RT 试剂盒（日本京都，宝生物，RR047A）合成 cDNA。以 *β-actin* 为内参确定 *HMG-CoA*、*SREBP-1c*、*ACC* 和 *AMPK-α*的相对表达量，RT-qPCR 通过 SYBR® Premix Ex *Taq*™ Ⅱ监测基因表达水平，引物序列如下。*ACC*，F: 5′-ATGTGCCGAGGATTGATGG-3′，R: 5′-TTGGTGCTTATATTGTGGATGG-3′；*β-actin*，F: 5′-GGAGATTACTGCCCTGGCTCCTA-3′，R: 5′-GACTCATCGTACTCCTGCTTGCTG-3′；*AMPK-a*，F: 5′-TCAGGCACCCTCATATAATC-3′，R: 5′-TGACAATAGTCCACACCAGA-3′；*HMG-CoA*，F: 5′-TGTGGGAACGGTGACACTTA-3′，R: 5′-CTTCAAATTTTGGGC ACTCA-3′；*SREBP-1c*，F: 5′-AAACCAGCCTCCCCAGAGA-3′，R: 5′-CCAGTCCCCATCCACGAAGA-3′。使用 AB7300 实时 PCR 系统扩增相关基因（美国加利福尼亚州，应用生物系统）。RT-qPCR 程序条件设置为：95℃ 30s、95℃ 5s、40℃ 30s 和 72℃ 30s，进行 40 个循环。

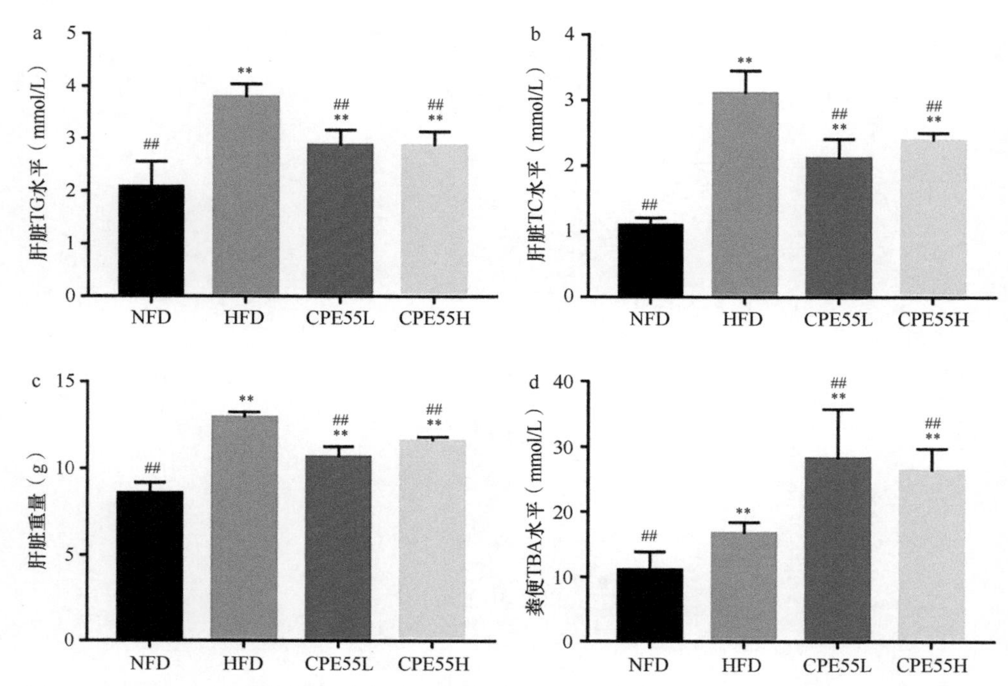

图 4-35　CPE55 对大鼠肝脏血清甘油三酯水平（a）、血清总胆固醇水平（b）、体重（c）和粪便中胆汁酸（TBA，d）含量的影响

数据表示为平均值±SD（n=8）。与 NFD 比较，**P<0.01；与 HFD 比较，##P<0.01

将肝组织在 SDS 裂解缓冲液中匀浆，并在 4℃下以 12 000r/min 离心 10min。将 20μL 蛋白质经 10% SDS-PAGE 分离处理，然后转移到 PVDF 膜上。将 PVDF 膜在 QuickBlock™封闭缓冲液中封闭 30min。使用兔抗 GAPDH、HMG-CoA、SREBP-1c、ACC 和 AMPK-α（上海，碧云天，AF1186、AF7119、AF8055、AF7989、AF6195，1∶1000）多克隆抗体在 37℃下孵育 3.5h。使用 BeyoECL Moon 试剂盒观察蛋白质条带，并使用 GeneGnome XRQ 化学发光成像系统进行定量分析。

目前的研究表明，与高脂饮食组相比，CPE55 处理使 *AMPK-α*的 mRNA 表达水平显著增加（P<0.01），但与正常饮食组的情况相差不大。同时，CPE55 降低了 *HMG-CoA* 和 *ACC* 基因的 mRNA 表达水平（P<0.01）（图 4-36a）。与模型组相比，CPE55 在蛋白质水平上也显著降低了 *SREBP-1c*、*ACC* 和 *HMG-CoA*（P<0.01）的表达水平，并增加了 *AMPK-α*（P<0.05）的表达水平（图 4-36b、c）。

为了探究 CPE55 对高脂大鼠的降血脂作用机制，研究了 AMPK 信号通路中包括 *SREBP*、*ACC*、*AMPK-α* 和 *HMGCR* 等靶基因的 mRNA 表达水平。AMPK 是高脂血症和其他代谢相关疾病研究的核心（Wolf and Lorenz，2012），是一种依赖于 AMP 的蛋白激酶，在各种代谢相关器官中表达并因机体能量代谢不平衡而被激活。丝氨酸激酶控制的 AMPK 是调节生物能代谢，尤其是糖脂代谢中的关键分子（Tan et al.，2017）。它可以通过调节 *SREBP*、*ACC 和 HMGCR* 等下游基因的 mRNA 表达来改善脂质代谢紊乱（Hardie and Ashford，2014）。在这项研究中，小球藻补充剂可调节 *HMGCR*、*SREBP-1c*、*AMPK-α* 和 *ACC* 的表达，这表明 CPE55 可以改善高脂血症大鼠的 AMPK 代谢途径。细胞的脂质稳态由位于内质网的胆固醇传感器 SREBP 控制，该传感器通过激活 SREBP 途径的相关基因来控制胆固醇的合成。SREBP-1c 作为 SREBP 的主要形式之一，可以增强参与脂肪合成的酶基因的表达（Sato et al.，2010）。HMG-CoA 可以刺激低密度脂蛋白受体的合成，在胆固醇合成机制中起重要作用（Velagapudi et al.，2010）。HMG-CoA 可以减少胆固醇的合成和降低血清低密度脂蛋白胆固醇的水平，从而改善高脂血症（Soto-Acosta et al.，2013）。丙二酰辅酶 A 可以防止长链脂肪酸进入线粒体，ACC 可以通过控制丙二酰辅酶 A 的生成限制脂肪酸的合成。所以 *ACC* 表达水平的降低可降低血清甘油三酯水平并增加 β 氧化。此外，ACC 的磷酸化抑制了 ACC 活性，从而降低了 ACC 含量并减少了肝脏脂肪沉积（Zhao et al.，2018a）。对基因表达水平的研究表明，口服 CPE55 通过激活 AMPK 信号通路和对 SREBP 信号通路的抑制，改善了大鼠的高脂血症，证明了 CPE55 具有调节脂质代谢紊乱的潜力（图 4-37）。

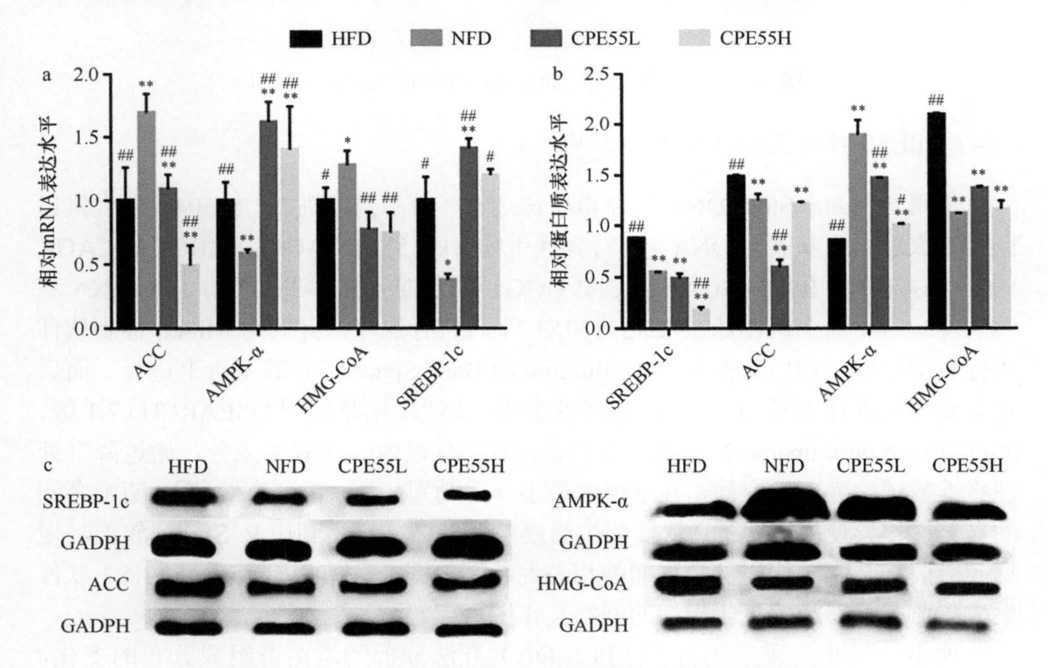

图 4-36　CPE55 对肝脏中 mRNA 和蛋白表达水平的影响

乙酰辅酶 A 羧化酶（ACC）、AMPK-α、SREBP-1c、HMG-CoA 的 mRNA 表达（a）和蛋白表达（b、c），通过实时定量 PCR（RT-qPCR）和蛋白质印迹分析确定了 3-羟基-3-甲基戊二酸单酰辅酶 A（HMG-CoA）还原酶和固醇调节元件结合蛋白-1c（SREBP-1c）的水平

数据表示为平均值±SD。与 NFD 比较，*$P<0.05$ 和**$P<0.01$；与 HFD 比较，#$P<0.05$，##$P<0.01$

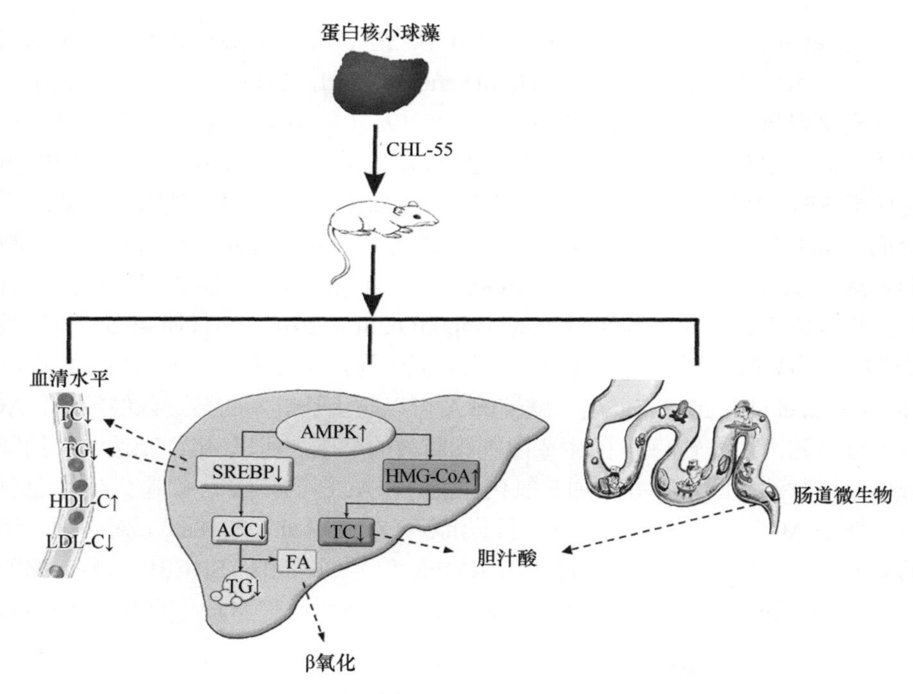

图 4-37 小球藻多不饱和脂肪酸调节脂代谢的机制图

（二）CPE55 对大鼠肠道菌群的影响

使用 QIAamp Stool-DNA 粪便微型试剂盒（希尔登，凯杰，51504）从大鼠盲肠内提取总的宏基因组 DNA。用特异性引物（F：5′-CCTACGGRRBGCASCAGKVRVGAAT-3′和 R：5′-GGACTACNVGGGTWTCTAATCC-3′）扩增 16S rRNA 基因的 V3～V4 高变区，通过 IonS5TMXL 平台进行测序，并利用 MiSeq 控制软件进行表型分析，初始分类分析在 Illumina 的 Base Space 云计算平台上进行。而后对有效序列进行去噪，以研究细菌属的多样性信息。结果使用 USEARCH（7.1 版，http://drive5.com/uparse/）生成，差异范围在 3%以内。计算主成分，通过降维处理将维数转化为二维空间，并绘制偏最小二乘判别分析（PLS-DA）图。两组之间的显著性差异使用 STAMP 软件的扩展误差条形图显示。利用 R Studio 软件，根据肠道菌群与脂质代谢参数之间的相关性绘制热图，并使用 Cytoscape 3.6.1 软件生成肠道菌群与相关生化指标的网络互作图。

使用偏最小二乘判别分析（PLS-DA）方法分析肠道菌群组成分布的变化，图 4-38 表明正常饮食组、高脂饮食组、CPE55L 组和 CPE55H 组中的肠道菌群差异显著。高脂饮食组主要聚集在第一主成分（PC1）中，与正常饮食组相比，显示出明显的结构变化。同时，CPE55 灌胃处理高脂饮食组大鼠后对肠菌的变化有一定的恢复作用。CPE55H 组大鼠肠菌分布也与正常饮食组大鼠的肠菌分布趋势类似。根据菌群扩展误差条形图，与正常饮食组相比，高脂饮食组的某些微生物显著增加，如 *Turicibacter*、*Lachnospira*、*Ruminococcus_gauvreauii*_group 和 *Acetivibrio_ethanolgignens*_group，而 *Alistipes*、*Bacteroides*、*Ruminococcus*_1 和 *Butyrivibrio* 的丰度显著降低（图 4-39）。在以高脂饮食饲喂的大鼠中，肠道菌群的组成发生了明显的变化。同时，CPE55H 灌胃处理显著降低了高脂饮食组中 *Lachnospira* 和 *Ruminococcus_gauvreauii*_group 的相对丰度，CPE55H 显著增加了 *Alistipes*、*Bacteroides* 和 *Ruminococcus*_1 的相对丰度。有趣的是，*Alloprevotella* 和 Ruminococcaceae_UCG-010 仅在 CPE55H 组发生了改变，而正常饮食组和高脂饮食组并未发现上述两种菌的丰度改变（图 4-39b）。因此，小球藻 55%乙醇提取物可能具有恢复肠道菌群失衡并维持肠菌丰度的作用。

总胆汁酸（TBA）是胆固醇分解代谢的最终产物，与吸收代谢和胆固醇的调节密切相关。与正常饮食组相比，CPE55 组和高脂饮食组的粪便 TBA 水平显著提高。此外，与高脂饮食组相比，CPE55 组的 TBA 水平显著增加（$P<0.01$），这表明 CPE55 具有调节胆固醇分解代谢的作用（图 4-35d）。

（三）CPE55 干预下生物学指标与盲肠菌群的相关性

在本研究中，还通过 Spearman 算法评估了 CPE55 诱导的肠菌组成与生化指标之间的相关性。微生物（包括 *Romboutsia*、*Lachnospira*、*Roseburia* 和 *Turicibacter*）与血清甘油三酯、总胆固醇及血清低密度脂蛋白水平呈正相关性，与血清高密度脂蛋白水平呈负相关性。相比之下，*Alistipes*、*Butyrivibrio*、*Bacteroides*、*Rikenella*

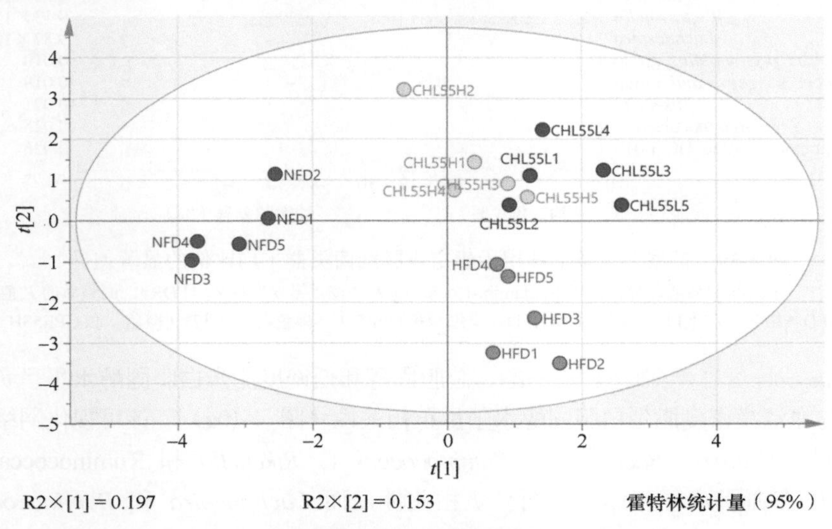

图 4-38 模型大鼠粪便菌群主成分分析

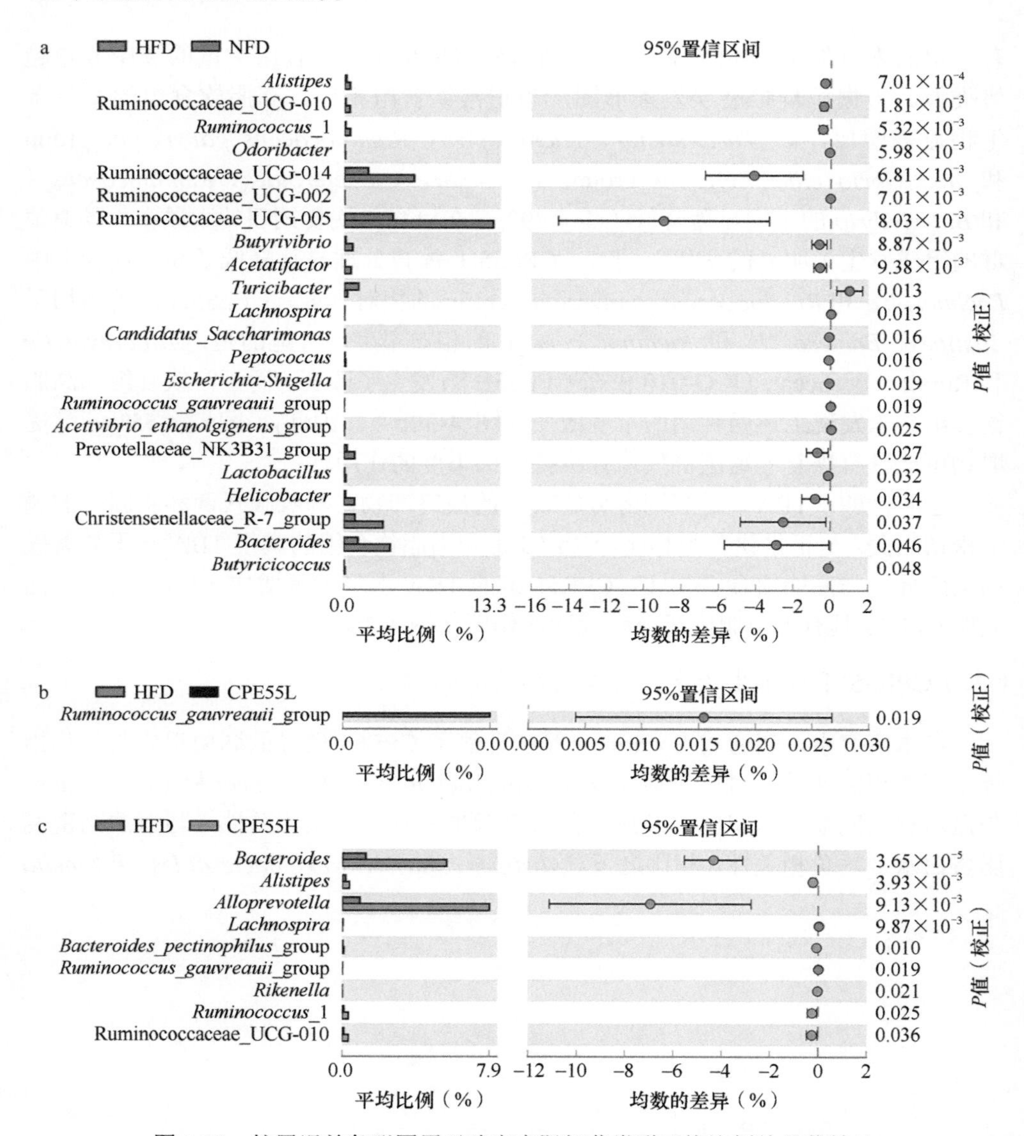

图 4-39 扩展误差条形图用于确定盲肠细菌类群平均比例的显著差异

使用 t 检验计算组之间的显著差异，使用 Benjamini-Hochberg 方法校正错误发现率（FDR）。调整后的 P 值显示在右侧。a. HFD（橙色）和 NFD（绿色）；b. HFD（橙色）和 CPE55L（黑色）；c. HFD（橙色）和 CPE55H（蓝色）

和 *Ruminococcus*_1 与血清甘油三酯、总胆固醇和低密度脂蛋白胆固醇水平呈负相关性，但与血清高密度脂蛋白胆固醇水平呈正相关性（图 4-40a）。该可视化网络图进一步表明，*Alistipes*、*Bacteroides*、*Ruminococcus*_1、*Rikenella* 和 Ruminococcaceae_UCG-010 在血脂水平和体重方面呈负相关性，而 *Lachnospira* 和 *Ruminococcus*_*gauvreauii*_group 与血清参数呈正相关性（图 4-40b）。有趣的是，*Rikenella* 和

Alloprevotella 与 TBA 呈显著正相关性。

肠道菌群在维持人体的正常生理功能中起着至关重要的作用（Hedin et al.，2016）。通过对大鼠肠道菌群的观察，阐明了小球藻乙醇提取物改善脂质代谢的潜在机制。对盲肠微生物群和生化指标进行相关性分析，结果发现 CPE55 处理增加了 *Alistipes*、*Prevotella*、*Ruminococcus*_1、*Alloprevotella* 和 *Bacteroidete* 的丰度。*Prevotella* 与血清高密度脂蛋白呈正相关性，而与血清甘油三酯、血清总胆固醇和血清低密度脂蛋白胆固醇呈负相关性（图 4-40）。*Prevotella*（P 型）激活的肠型样簇的特征是细菌菌落较为保守。P 型受试者表现出较高的碳水化合物消化活性和较低的胆汁酸生物合成活性，这反映出他们具有抵抗代谢综合征的能力（Zhang et al.，2015a）。而且，最近的研究表明，*Prevotella* 与 TBA 之间存在密切关联（Fiorucci and Distrutti，2015）。*Prevotella* 通过改变胆汁酸代谢来调节脂质水平。*Alistipes* 在肠道疾病的改善和治疗中起着重要作用（Tyrrell et al.，2011）。此外，

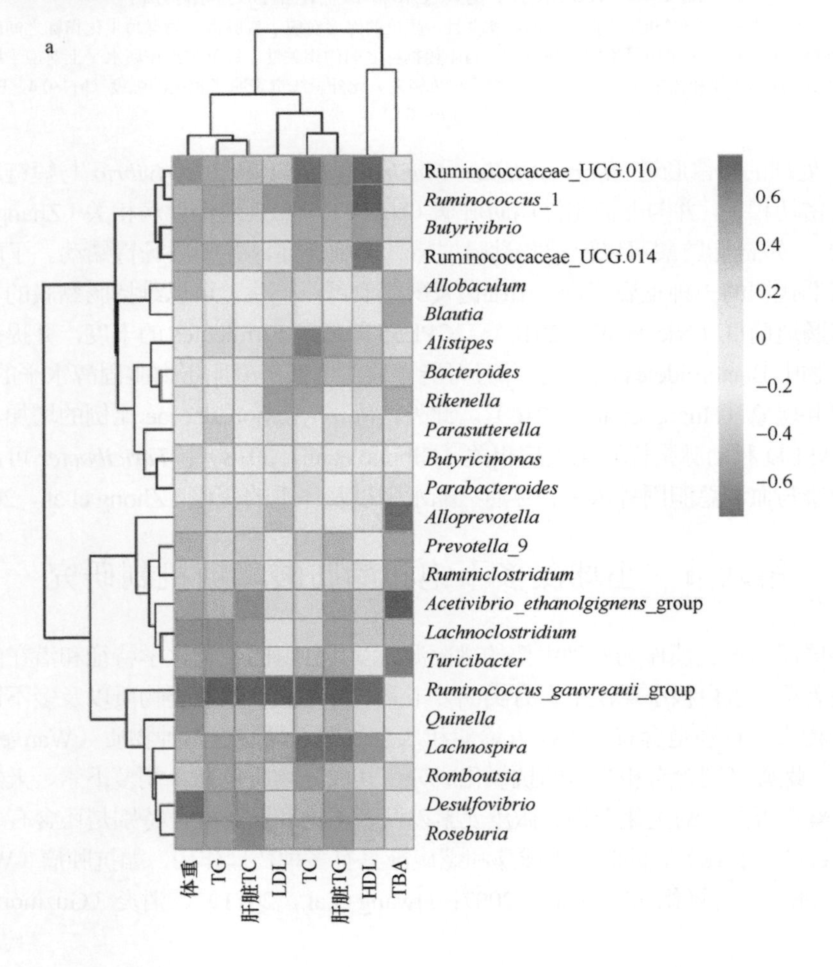

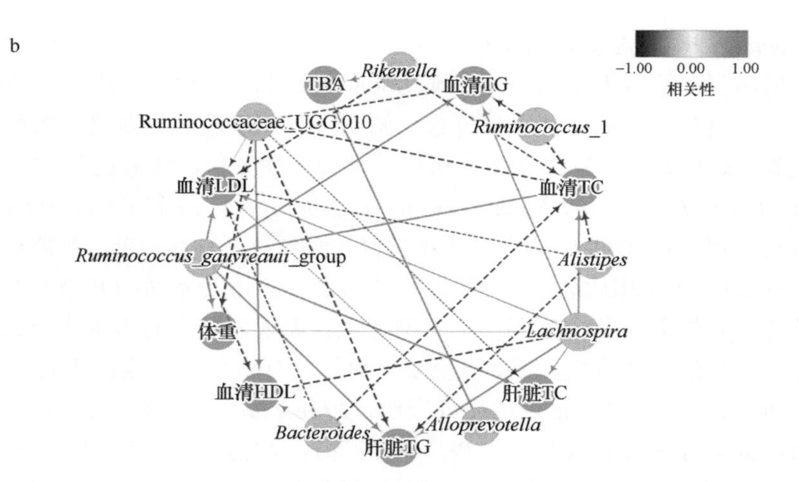

图 4-40 在属水平上对微生物群和生化指标之间的分析

a. 热图显示了盲肠微生物群和生化指标之间的相关性。颜色的深度对应于盲肠微生物群与生化指标之间的相关程度。b. 可视化网络图显示出明显不同的微生物群与生化指标之间的相关性。每个节点在属水平上对应于肠道菌群和生化指标。红色实线和黑色虚线分别表示正相关与负相关。此外，线宽表明了相关的强度（$|r|>0.4$，FDR 调整为 $P<0.05$）

CPE55 处理的小鼠肠道 *Alloprevotella*、*Ruminococcus*_1 和 *Butyrivibrio* 与短链脂肪酸的产生密切相关，并与非酒精性脂肪肝病（NAFLD）和其他慢性病相关（Zhang et al.，2015b）。短链脂肪酸可以保护肠黏膜屏障、抑制炎症，并刺激肠胃蠕动。丁酸盐是肠道菌群代谢的一种重要产物，由细菌发酵膳食纤维产生，可以维持肠黏膜的完整性并调节肠道菌群（Nie et al.，2018）。CPE55 降低了 Firmicutes 的丰度，并提高了盲肠内容物中 Bacteroidetes 的丰度，并且可能导致血清低密度脂蛋白胆固醇水平的升高，以及肥胖现象（Huang et al.，2016）。此外，Porphyromonadaceae 比例的增加与糖尿病、NAFLD 和动脉粥样硬化疾病相关（Gibiino et al.，2018）；*Turicibacter* 可能影响肠道健康与血清总胆固醇水平、甘油三酯水平以及体重的变化（Zhong et al.，2015）。

第六节 小球藻多不饱和脂肪酸降糖机制研究

小球藻和螺旋藻作为两种主要的微藻源，以其独特的生物化学特征和潜在的生物活性而著称。蛋白核小球藻中含有类胡萝卜素、叶绿素、聚糖类物质以及多不饱和脂肪酸等物质，特别是含有二十碳五烯酸和二十二碳六烯酸这两种物质（Wan et al.，2018）。螺旋藻则含有相当多的抗氧化成分，其成分物质包括β-胡萝卜素、天然维生素 E、藻青蛋白、酚类化合物、微量元素以及多不饱和脂肪酸，特别是还含有γ-亚麻酸（Li et al.，2018）。同时，小球藻和螺旋藻具有多种药理作用，如抗肿瘤（Wang et al.，2010b）、抗氧化（Hu et al.，2007；Hwang et al.，2011）、消炎（Guzmán et al.，

2003；Abdel-Daim et al.，2015）和抗糖尿病等（Shibata et al.，2003；Nasirian et al.，2018），关于这两种藻类的降血糖活性也被广泛地报道。因此，蛋白核小球藻和螺旋藻可以作为天然且没有副作用的降血糖食品原料。在本节研究中，不仅比较了小球藻和螺旋藻的水提取物与乙醇提取物对高脂高糖饲料诱导的糖尿病大鼠的降血糖作用，还深入研究了小球藻和螺旋藻在调节糖尿病代谢的过程中肠道菌群起到的重要作用。

一、多不饱和脂肪酸提取与鉴定

由小球藻和螺旋藻所制成的粉末均购于福清市新大泽螺旋藻有限公司。将小球藻与55%乙醇按1∶10（*m/V*）的比例，在50℃下浸提1h，得到蛋白核小球藻的55%乙醇提取物（CP55）；用蒸馏水替代55%乙醇，按1∶10（*m/V*）的比例，在80℃下提取1h，得到了蛋白核小球藻的水提取物（CPWE）；然后将CP55和CPWE进行离心、过滤、蒸发浓缩、冷冻干燥，以供进一步研究。接着采用相同的方法制备了螺旋藻的55%乙醇提取物（SP55）和水提取物（SPWE）。

二、多不饱和脂肪酸调节大鼠糖代谢

从福州吴氏实验动物中心（中国，福州）采购48只雄性大鼠（180g±10g），将雄性大鼠安置在一个标准的环境（进行光暗循环，每个周期时长为12h，环境湿度为60%，温度为27℃）。给雄性大鼠提供正常的饮食，在适应性喂养大鼠一周后，将大鼠随机分为6组，分别饲喂标准饲料和高脂高糖饲料，具体分组如下：一组饲喂正常脂肪含量的饲料（NFD组，该组标准食物中有13.5%的能量来自脂肪），一组饲喂高脂高糖饲料（HFHS组），另外4组在高糖高脂饲料饲喂的同时分别以150mg/kg的CP55（蛋白核小球藻的55%乙醇提取物）、CPWE（蛋白核小球藻水提取物）、SP55（螺旋藻的55%乙醇提取物）和SPWE（螺旋藻水提物）灌胃处理，分别把这4组命名为CP55组、CPWE组、SP55组和SPWE组。

经小球藻和螺旋藻的多不饱和脂肪酸灌胃给药8周后，所有雄性大鼠自由饮水并且禁食10h，进行口服葡萄糖耐量试验（OGTT）。CP55组、CPWE组、SP55组和SPWE组的雄性大鼠灌胃给予2g/kg剂量的葡萄糖后，在0h、0.5h和2h的时间点利用血糖仪对雄性大鼠尾部静脉血液样本进行糖含量测定，以监测小球藻和螺旋藻的多不饱和脂肪酸对雄性大鼠血糖浓度（BGC）变化的调节作用。雄性大鼠被处死后，先将雄性大鼠的盲肠样本直接置于5mL无菌的冷冻管中冷冻，再立即转移至液氮中放置30s，最后将样品储存在−80℃冰箱中，以供进一步研究。

空腹血糖（FBG）水平常用来反映糖尿病患者胰岛β细胞功能和基础胰岛素分泌的情况。所有大鼠在试验开始时空腹血糖水平都相似，而经过8周的药物辅助处理后，高脂高糖饮食喂养的大鼠比低脂低糖饮食喂养的大鼠表现出更高的空腹血糖水平。此外，SPWE、CP55 和 CPWE 的处理与未经处理的 HFHS 组相比显著降低了大鼠的空腹血糖水平（$P<0.01$），而 SP55 组大鼠空腹血糖水平并没有发生显著改变。结果表明，小球藻组的空腹血糖水平低于螺旋藻组，因此，小球藻降糖效果优于螺旋藻（图 4-41a）。口服葡萄糖耐量是揭示糖尿病严重程度的一项重要指标。本试验结果表明，大鼠经 8 周药物辅助处理后，HFHS 组大鼠的口服葡萄糖耐量受到一定程度的损害，在 0h 时，HFHS 组的血糖水平高于其他组（图 4-41c）。在 2h 时，与 HFHS 组相比，所有处理组的血糖水平均显著降低，进一步研究发现，蛋白核小球藻组的血糖水平与 NFD 组相近，NFD 组与 HFHS 喂养组大鼠血糖水平有显著差异，而与 HFHS 组相比，微藻处理组显著降低了口服葡萄糖耐量曲线下面积（$P<0.01$）（图 4-41b）。以上结果表明，口服小球藻和螺旋藻的多不饱和脂肪酸盐可以改善 HFHS 喂养的大鼠糖耐量受损的情况。

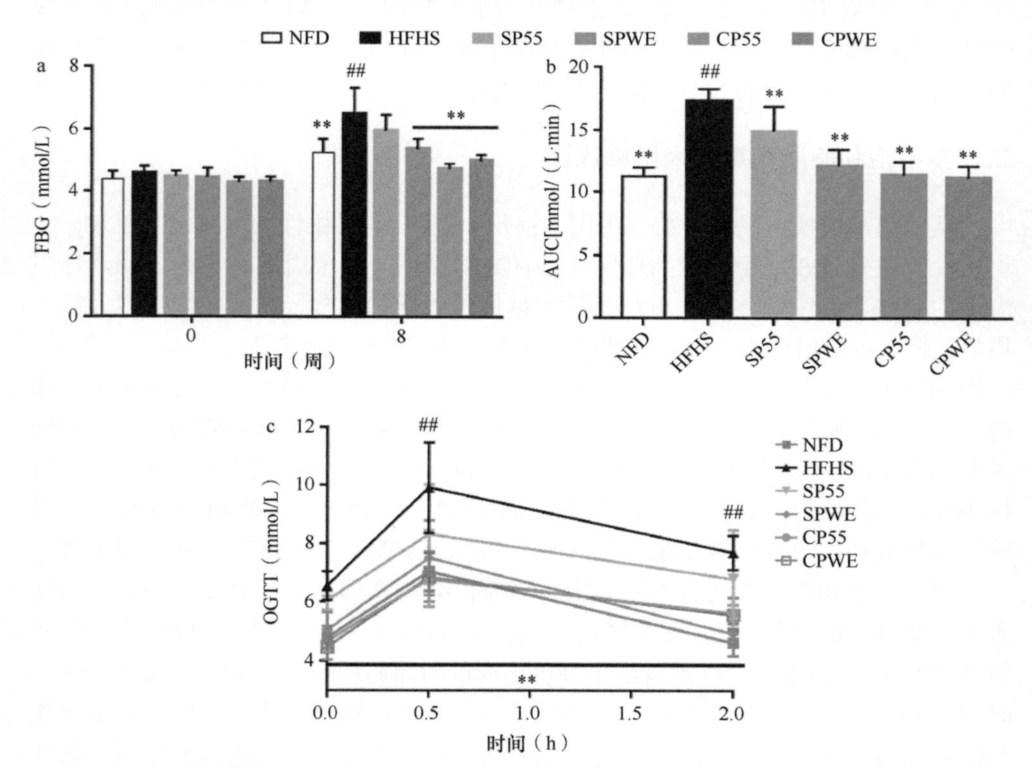

图 4-41　SP55、SPWE、CP55、CPWE 对高脂高糖饮食喂养大鼠 FBG（a）、AUC（b）、OGTT（c）的影响

与 HFHS 组比较，##$P<0.01$；与 NFD 组比较，**$P<0.01$

在试验中，采用的空腹血糖试验是一种葡萄糖氧化酶法，可以用来专门测量真实血糖浓度，它能够通过神经系统和激素的调节，使血糖水平保持相对稳定，

反之，若这些调整的不平衡可能导致血糖失调，长期血糖异常会损害胰岛素功能，引发糖尿病（Bortheiry et al.，1994）。而口服葡萄糖耐量试验则是一种葡萄糖负荷试验，可用于确定胰岛β细胞的功能和测验身体调节血糖的能力，临床上，血糖异常的患者常采用本试验诊断为糖代谢异常（Wang et al.，2016b）。本研究结果表明，与钝顶螺旋藻处理相比，蛋白核小球藻处理的降糖效果更显著，而且蛋白核小球藻处理组的大鼠血糖水平与正常日粮喂养组的大鼠血糖水平更接近。

三、多不饱和脂肪酸调节高糖大鼠肠道菌群

（一）雄性大鼠盲肠标本的 DNA 提取、制备及 16S rRNA 测序

应用 QIAamp Stool-DNA 粪便迷你试剂盒技术提取了大鼠盲肠标本肠道微生物区的 DNA，以稀释后的基因组 DNA 为模板，利用所选测序区域的条形码区域的特异性引物对 16S rRNA 的 V3～V4 高变区进行 PCR 扩增。引物设计为 F：5′-CCTACGGRRBGCASCAGKVRVGAAT-3′; R: 5′-GGACTACNVGGTWTCTAATCC-3′。接下来，使用离子 S5 系统进行 16S rRNA 测序。序列文库使用离子加长片段文库工具包（美国马萨诸塞州，赛默飞世尔，48 rxns）构建，并整合到文库中进行检测。

（二）统计分析和生物信息分析

在统计分析中，各组实验数据采用均数±SEM（n=8）表示，所有与雄性大鼠相关的实验数据比较均采用单因素方差分析方法和多重比较方法来检验校正，从而确定其统计学意义，对于统计学显著性的数据分析，若数据产生显著性差异，即 P 值小于 0.05。

在生物信息分析过程中，使用 uParse 软件（http://drive5.com/uparse/，Parse v7.0.1001）对所有样本的读取结果进行聚类，将测序结果进行操作分类单元（OTU）分类，样本识别率为 97%，接着以 OTU 中频率最高的序列为代表进行序列筛选，再利用 PLS-DA 对微生物群落组成差异进行可视化分析，采用变量重要性投影的方法来预测高糖高脂饲料喂养大鼠的肠道菌群的主要种类。其结果表明，在添加 NFD、HFHS、SP55、SPWE、CP55 和 CPWE 后，显示了大鼠的微生物区系有显著差异。扩展误差棒图能够直观反映组间肠道菌群的菌种丰度差异（P<0.05）。根据此结果，笔者利用 R Studio 软件分析了肠道菌群与血清葡萄糖水平的相关关系，并使用 Cytoscape 3.6.1 软件来生成血糖指标与盲肠菌群相关性的可视化网络。

利用 PLS-DA 来分析 HFHS 组小鼠的肠道菌群组成分布的变化（图 4-42a），从而分别构建各类群的特异性模型。结果表明，NFD 组、HFHS 组、SP55 组、SPWE 组、CP55 组、CPWE 组的肠道菌群分布差异显著，其中 HFHS 组肠道菌群主要在

PC1 中聚积，与 NFD 组相比呈现明显的肠道菌群结构差异。此外，SP55 组、SPWE 组、CP55 组和 CPWE 组的肠道菌群在高糖高脂饮食条件下发生明显改变，此类现象表明小球藻和螺旋藻处理组的肠道菌群结构与正常处理组相似。变量重要性投影法的评分常应用于筛选变化明显的菌，该评分是通过二维偏最小二乘判别分析的模型来预测各菌群在投影中的重要性。该肠道微生物的变量重要性投影法评分结果显示，*Oscillibacter* 和 *Veillonella* 两种微生物最有可能导致 HFHS 组大鼠肠道菌群与其他组的差异，如图 4-42b 所示。

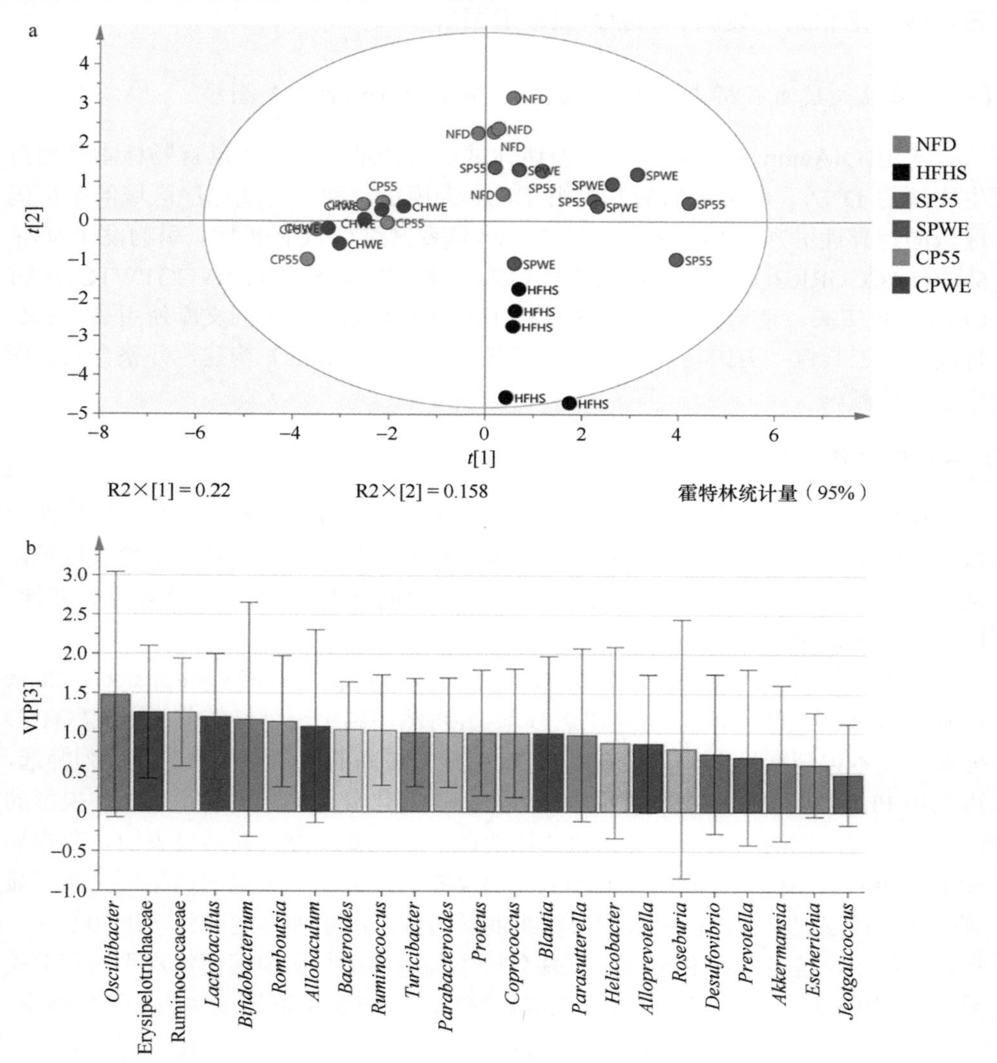

图 4-42　蛋白核小球藻和钝顶螺旋藻改善高脂高糖饮食喂养的大鼠肠道菌群紊乱

a. 偏最小二乘分析；b. VIP 值（VIP 是变量投影重要度）

通过测定各组细菌种群的丰度来比较盲肠菌群的具体变化，结果检测了肠道菌群在门水平上的组成。最初，HFHS 喂养的大鼠肠道菌群中 Bacteroidetes、Actinobacteria 和 Firmicutes 的比例较高，然而，经 8 周灌胃处理后，补充小球藻和螺旋藻增加了 Bacteroidetes 的数量，减少了 Actinobacteria 的数量（图 4-43a）。同时，低水平的 Firmicutes/Bacteroidetes 值是肠道菌群微生态失调的特征标志，小球藻和螺旋藻的处理抑制了 Firmicutes/Bacteroidetes 值的增加（图 4-43b）。值得注意的是，与其他组相比，CP55 组和 CPWE 处理组 Verrucomicrobia 的丰度更高（图 4-43a）。

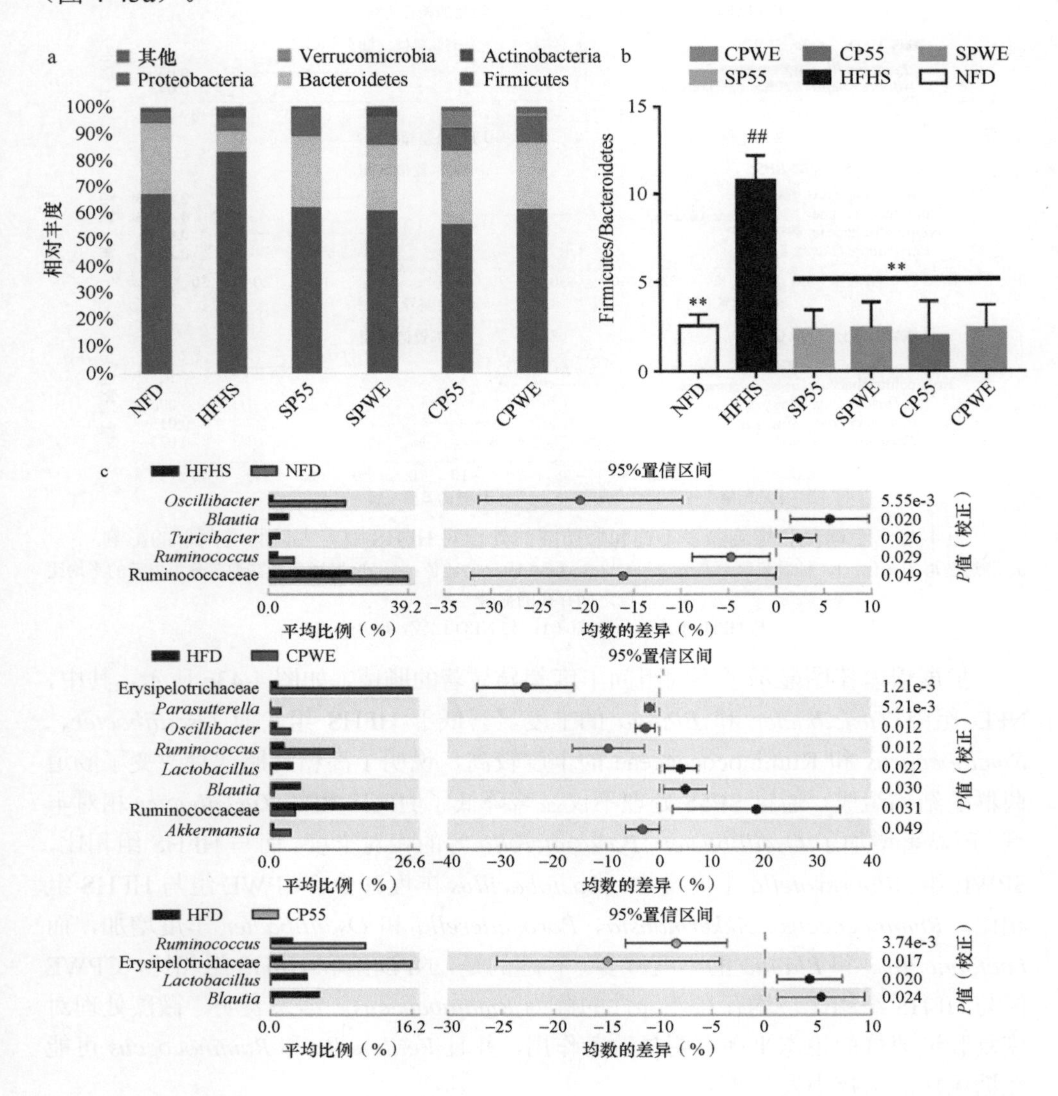

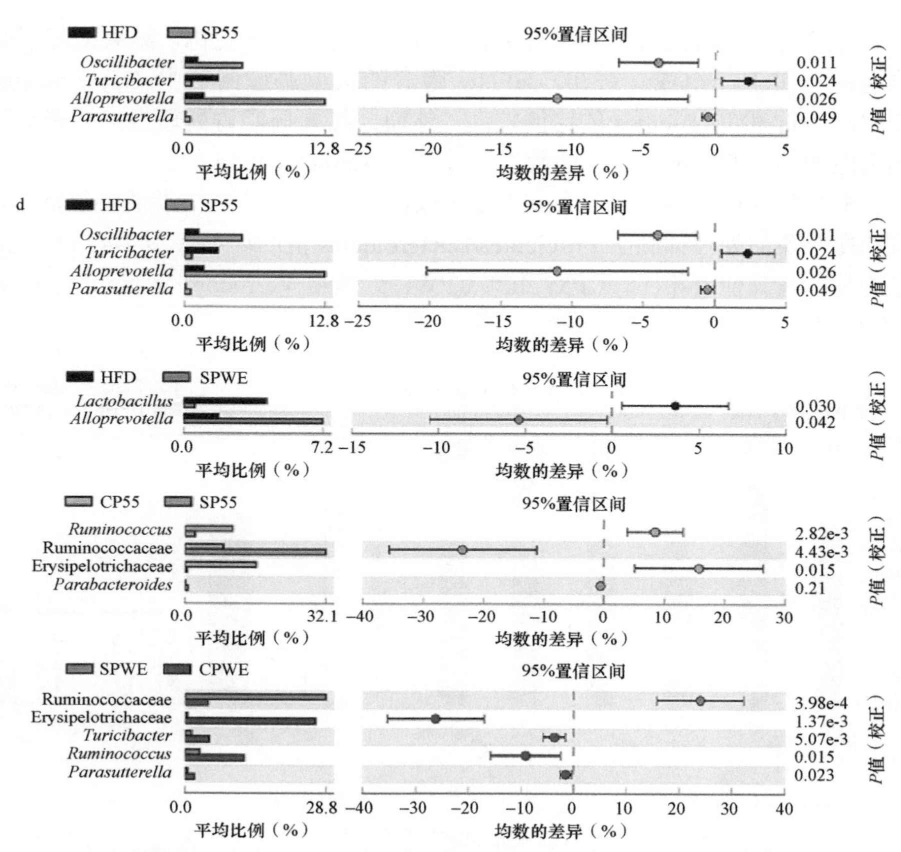

图 4-43 小球藻和螺旋藻多不饱和脂肪酸的处理对 HFHS 喂养大鼠肠道菌群的影响

a. 肠道菌群的变化；b. 肠道菌群中 Firmicutes 与 Bacteroidetes 的比值；c、d. 肠道菌群在细菌分类单元的平均比例之间存在的显著差异

与 HFHS 比较，$^{**}P<0.01$；与 NFD 比较，$^{\#\#}P<0.01$

扩展误差棒图显示了不同组间丰度差异显著的肠菌，如图 4-43c 所示，其中，NFD 组中 *Turicibacter* 和 *Blautia* 的丰度显著低于 HFHS 组，而 *Oscillibacter*、*Ruminococcus* 和 Ruminococcaceae 的丰度较高，说明了高糖高脂饮食改变了肠道菌群的结构组成。通过 SP55 处理不仅显著降低了 HFHS 组的 *Turicibacter* 相对丰度，还显著增加了 *Oscillibacter*、*Parasutterella* 等的相对丰度。而与 HFHS 组相比，SPWE 组 *Alloprevotella* 丰度增加，*Lactobacillus* 丰度减少。CPWE 组与 HFHS 组相比，*Ruminococcus*、*Akkermansia*、*Parasutterella* 和 *Oscillibacter* 丰度增加，而 *Lactobacillusr* 和 *Blautia* 的丰度减少。有趣的是，NFD 组和 HFHS 组相比，CPWE 组与 HFHS 组相比，均存在差异性的菌为 *Ruminococcus*。结果表明，微藻处理对恢复肠道菌群的生态平衡有明显改善作用，并且 *Veillonella* 和 *Ruminococcus* 可能在糖尿病的治疗中发挥重要作用。

利用斯皮尔曼系数检验分析小球藻和螺旋藻处理后的肠道菌群组成与生理指标的相关性，如图 4-44 所示。其结果表明，*Blautia* 和 *Turicibacter* 与 FBG 水平呈正相关，而经过 SP55 和 SPWE 处理后，*Oscillibacter* 与 FBG 和 OGTT 呈负相关。CP55 组中，*Ruminococcus* 与 FBG 呈负相关性，*Oscillibacter* 与 OGTT 呈负相关性，而 *Blautia* 和 *Turicibacter* 与 OGTT 呈正相关性，*Lactobacillus* 与 FBG 呈正相关性。CPWE 组中，*Blautia* 与 FBG、OGTT 都呈正相关性，而 *Lactobacillus* 仅与 FBG 呈正相关性，*Alloprevotella* 和 Lachnospiraceae 与 FBG 呈负相关性，*Oscillibacter* 与 OGTT 呈负相关性。有趣的是，*Ruminococcus* 与 FBG 和 OGTT 呈负相关性。这些结果表明 *Ruminococcus* 和 *Oscillibacter* 在小球藻与螺旋藻发挥降糖功能中发挥重要作用。

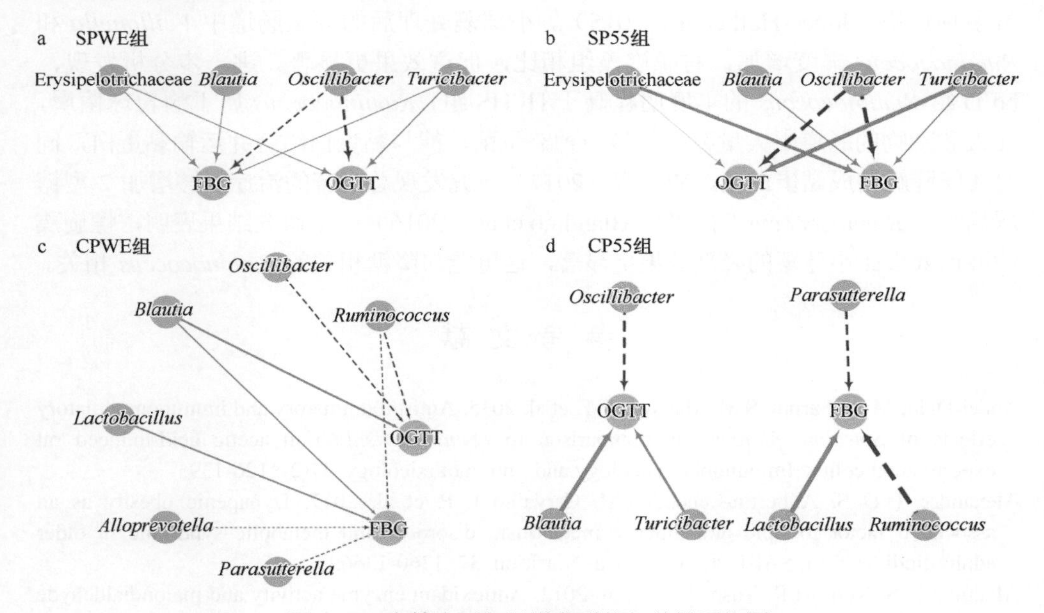

图 4-44 血糖水平与肠道菌群的相关性网络图

实线表示正相关，虚线表示负相关，线的宽度表示相关的强度

而在试验中，研究发现在高糖高脂饮食喂养的大鼠中，Firmicutes 和 Bacteroidetes 丰度有所降低，大鼠盲肠内容物的微生物种群主要由细菌组成，Bacteroidetes 和 Firmicutes 占细菌总数的 90%以上，与人类肠道菌群相似，Firmicutes 能够很好地从饮食中吸收热量并在肠道细胞中储存脂肪（Kelder et al.，2014），Firmicutes 失衡会导致高糖高脂饮食喂养的小鼠出现代谢紊乱相关疾病（Lambeth et al.，2015）。高糖高脂饲料喂养的大鼠肠道菌群中，Firmicutes、Bacteroidetes 和变形杆菌门的丰度发生了显著变化。结果表明，与 NFD 组、小球藻组、螺旋藻组相比，HFHS 组 Firmicutes/Bacteroidetes 值明显升高。经蛋白核小

球藻和钝顶螺旋藻的处理后，Lachnospiraceae 的丰度增加，而 *Turicibacter* 的丰度降低。

Oscillibacter 常见于人体和动物消化道，*Oscillibacter* 能够控制纤维素酶对纤维的降解，利用葡萄糖、核糖和木糖代谢产生丁酸（Lee et al.，2012b）。丁酸可直接被肠道吸收，用于修复肠黏膜和治疗肠炎。毛螺旋菌属是革兰氏阴性菌（呈圆形和杆状），属厌氧菌（Nagai et al.，2009）。Noble 等（2017）发现，若想要增加 Lachnospiraceae 的数量，可以增加糖和酒精的摄入，这一发现与本研究目前的结果一致。*Turicibacter* 属于 Bacteroidetes，并被初步归类为柔膜菌纲（Auchtung et al.，2016）。据报道，*Turicibacter* 与三硝基苯磺酸诱导的结肠炎和糖尿病大鼠模型相关，其在肠道菌群稳态中占据核心地位，常引起糖尿病、炎症和神经炎症等多种疾病（Jones-Hall et al.，2015）。小球藻处理后的大鼠肠道中 *Veillonella* 和 *Ruminococcus* 丰度增加，与螺旋藻组相比，促进效果更显著。进一步分析发现，NFD 组 *Ruminococcus* 的丰度明显高于 HFHS 组，*Ruminococcus* 属于瘤胃球菌属，在人和动物的肠道中大量存在，是一种益生菌，能与黏蛋白结合并运输黏蛋白，同时还能降解构成黏蛋白糖，Yan 等（2017）研究发现总皂苷的治疗能够增加 2 型糖尿病大鼠 *Ruminococcus* 的丰度（Blandino et al.，2016）。本研究结果表明，螺旋藻的降糖效果比小球藻的降糖效果更显著，这可能与降糖相关的 *Ruminococcus* 相关。

参 考 文 献

Abdel-Daim M M, Farouk S M, Madkour F F, et al. 2015. Anti-inflammatory and immunomodulatory effects of *Spirulina platensis* in comparison to *Dunaliella salina* in acetic acid-induced rat experimental colitis. Immunopharmacology and Immunotoxicology, 37(2): 126-139.

Alexandre T D S, Aubertin-Leheudre M, Carvalho L P, et al. 2017. Dynapenic obesity as an associated factor to lipid and glucose metabolism disorders and metabolic syndrome in older adults-findings from SABE study. Clinical Nutrition, 37: 1360-1366.

Aliahmat N S, Noor M R, Yusof W J, et al. 2012. Antioxidant enzyme activity and malondialdehyde levels can be modu-lated by *Piper betle*, tocotrienol rich fraction and *Chlorella vulgaris* in aging C57BL/6 mice. Clinics, 67(12): 1447-1454.

Andersen H R, Nielsen J B, Nielsen F, et al. 1997. Antioxidative enzyme activities in human erythrocytes. Clinical Chemistry, 43(4): 562-568.

Artinger S, Deiner C, Loddenkemper C, et al. 2009. Complex porcine model of atherosclerosis: induction of early coronary lesions after long-term hyperlipidemia without sustained hyperglycemia. The Canadian Journal of Cardiology, 25(4): e109-e114.

Auchtung T A, Holder M E, Gesell J R, et al. 2016. Complete genome sequence of *Turicibacter* sp. strain H121, isolated from the feces of a contaminated germ-free mouse. Genome Announcements, 4(2): e00114-16.

Aydın A F, Çoban J, Doğan-Ekici I, et al. 2016. Carnosine and taurine treatments diminished brain oxidative stress and apoptosis in D-galactose aging model. Metabolic Brain Disease, 31: 337-345.

Ayuda-Durán B, González-Manzano S, Gil-Sánchez I, et al. 2019. Antioxidant characterization and biological effects of grape pomace extracts supplementation in *Caenorhabditis elegans*. Foods, 8(2): 75.

Bikhazi A B, Skoury M M, Zwainy D S, et al. 2004. Effect of diabetes mellitus and insulin on the regulation of the PepT 1 symporter in rat jejunum. Molecular Pharmaceutics, 1: 300-308.

Bilan M I, Grachev A A, Shashkov A S, et al. 2010. Further studies on the composition and structure of a fucoidan preparation from the brown alga *Saccharina latissima*. Carbohydrate Research, 345(14): 2038-2047.

Blackwell T K, Steinbaugh M J, Hourihan J M, et al. 2015. SKN-1/Nrf, stress responses, and aging in *Caenorhabditis elegans*. Free Radical Biology & Medicine, 88: 290-301.

Blandino G, Inturri R, Lazzara F, et al. 2016. Impact of gut microbiota on diabetes mellitus. Diabetes & Metabolism, 42(5): 303-315.

Bortheiry A L, Malerbi D A, Franco L J. 1994. The ROC curve in the evaluation of fasting capillary blood glucose as a screening test for diabetes and IGT. Diabetes Care, 17: 1269-1272.

Bouchoucha M, Uzzan B, Cohen R J D. 2011. Metformin and digestive disorders. Diabetes & Metabolism, 37: 90-96.

Bradford M M A. 1976. A rapid and sensitive method for quantitation of microgram quantities of protein utilizing the principle of protein-dye binding. Analytical Biochemistry, 25(1): 248-256.

Bright N J, Bright C, Carling D. 2010. The regulation and function of mammalian AMPK-related kinases. Acta Physiologica, 196(1): 15-26.

Byrne C S, Chambers E S, Morrison D J, et al. 2015. The role of short chain fatty acids in appetite regulation and energy homeostasis. International Journal of Obesity, 39(9): 1331-1338.

Cani P D, Bibiloni R, Knauf C, et al. 2008. Changes in gut microbiota control metabolic endotoxemia-inducedinflammation in high-fat diet-induced obesity and diabetes in mice. Diabetes, 57: 1470-1481.

Carey V J, Bishop L, Laranjo N, et al. 2010. Contribution of high plasma triglycerides and low high-density lipoprotein cholesterol to residual risk of coronary heart disease after establishment of low-density lipoprotein cholesterol control. The American Journal of Cardiology, 106(6): 757-763.

Chambers E S, Viardot A, Psichas A, et al. 2015. Effects of targeted delivery of propionate to the human colon on appetite regulation, body weight maintenance and adiposity in overweight adults. Gut, 64(11): 1744-1754.

Chen P, Chen F, Zhou B. 2018b. Antioxidative, anti-inflammatory and anti-apoptotic effects of ellagic acid in liver and brain of rats treated by D-galactose. Scientific Reports, 8: 1465.

Chen Y, Liu X, Wu L, et al. 2018. Physicochemical characterization of polysaccharides from *Chlorella pyrenoidosa* and its anti-ageing effects in *Drosophila melanogaster*. Carbohydrate Polymers, 185: 120-126.

Chen Y X, Liu X Y, Xiao Z, et al. 2016. Antioxidant activities of polysaccharides obtained from *Chlorella pyrenoidosa* via different ethanol concentrations. International Journal of Biological Macromolecules, 91: 505-509.

Cheng Z, Hu X, Sun Z. 2016. Microbial community distribution and dominant bacterial species analysis in the bio-electrochemical system treating low concentration cefuroxime. Chemical Engineering Journal, 303: 137-144.

Clemente León M, Bilbao Gassó L, Moreno-Galdó A, et al. 2018. Oral glucose tolerance test and continuous glucose monitoring to assess diabetes development in cystic fibrosis patients. Endocrinologia Diabetes Y Nutricion, 65: 45-51.

Craig P M, Moyes C D, Lemoine C. 2017. Sensing and responding to energetic stress: evolution of the AMPK network. Comparative biochemistry and physiology. Biochemistry and Molecular

Biology, 224: 156-159.
Das Neves A O C, Melo T A, Nunes M B, et al. 2020. Effect of saccharin sodium and the sodium cyclamate on human cells treated with lactobacillus plantarum lp62. Food & Nutrition Journal, 5(1): 213.
Dickinson B C, Chang C J. 2011. Chemistry and biology of reactive oxygen species in signaling or stress responses. Nature Chemical Biology, 7(8): 504-511.
Ding Q, Yang D, Zhang W, et al. 2016. Antioxidant and anti-aging activities of the polysaccharide TLH-3 from *Tricholoma lobayense*. International Journal of Biological Macromolecules, 85: 133-140.
Domingues C, Leybelman A, Fagan J M. 2014. FDA's Persistent Ban on the Artificial Sweetener Cyclamate. https: //rucore.libraries.rutgers.edu/rutgers-lib/47959/PDF/1/[2020-5-8].
Duan J, Yin B, Li W, et al. 2019. Age-related changes in microbial composition and function in cynomolgus macaques. Aging, 11(24): 12080-12096.
Dubois M, Gilles K A, Hamilton J K, et al. 2002. Colorimetric method for determining sugars and related substances. Analytical Chemistry, 28(3): 350-356.
Durstine J L, Grandjean P W, Grandjean C A, et al. 2002. Lipids, lipoproteins, and exercise. Journal of Cardiopulmonary Rehabilitation, 22: 385-398.
Dyrbuś K, Osadnik T, Desperak P, et al. 2017. Evaluation of dyslipidaemia and the impact of hypolipidemic therapy on prognosis in high and very high risk patients through the hyperlipidaemia therapy in tERtiary cardiological cEnTer (TERCET) registry. Pharmacological Research, 132: 204-210.
El-Far A H, Lebda M A, Noreldin A E, et al. 2020. Quercetin attenuates pancreatic and renal D-galactose-induced aging-related oxidative alterations in rats. International Journal of Molecular Sciences, 21: 4348.
Fallah A A, Sarmast E, Habibian Dehkordi S, et al. 2018. Effect of *Chlorella* supplementation on cardiovascular risk factors: a meta-analysis of randomized controlled trials. Clinical Nutrition, 37(6): 1892-1901.
Fan J, Feng H, Yu Y, et al. 2017. Antioxidant activities of the polysaccharides of *Chuanminshen violaceum*. Carbohydrate Polymers, 157: 629-636.
Fan J, Zhang J, Tang Q, et al. 2006. Structural elucidation of a neutral fucogalactan from the mycelium of *Coprinus comatus*. Carbohydrate Research, 341(9): 1130-1134.
Fan W, Huo G, Li X, et al. 2014. Impact of diet in shaping gut microbiota revealed by a comparative study in infants during the first six months of life. Journal of Microbiology & Biotechnology, 24(2): 133-143.
Fanson B G, Taylor P W. 2012. Protein: carbohydrate ratios explain life span patterns found in Queensland fruit fly on diets varying in yeast: sugar ratios. Age, 34(6): 1361-1368.
Farina F, Lambert E, Commeau L, et al. 2017. The stress response factor daf-16/FOXO is required for multiple compound families to prolong the function of neurons with Huntington's disease. Scientific Reports, 7(1): 4014.
Fernández J, Redondo-Blanco S, Gutiérrez-Del-Río I, et al. 2016. Colon microbiota fermentation of dietary prebiotics towards short-chain fatty acids and their roles as anti-inflammatory and antitumour agents: a review. Journal of Functional Foods, 25: 511-522.
Finley J W, Burrell J B, Reeves P G. 2007. Pinto bean consumption changes SCFA profiles in fecal fermentations, bacterial populations of the lower bowel, and lipid profiles in blood of humans. The Journal of Nutrition, 137(11): 2391-2398.
Fiorucci S, Distrutti E. 2015. Bile acid-activated receptors, intestinal microbiota, and the treatment of

metabolic disorders. Trends in Molecular Medicine, 21: 702-714.

Fleming J E, Reveillaud I, Niedzwiecki A. 1992. Role of oxidative stress in *Drosophila* aging. Mutation Research, 275(3-6): 267-279.

Fukushima T, Iizuka H, Yokota A, et al. 2014. Quantitative analyses of schizophrenia-associated metabolites in serum: serum D-lactate levels are negatively correlated with gamma-glutamylcysteine in medicated schizophrenia patients. PloS One, 9: e101652.

Gao F, Artham S, Sabbineni H, et al. 2016. AKT1 promotes stimuli-induced endothelial-barrier protection through FOXO-mediated tight-junction protein turnover. Cellular & Molecular Life Sciences, 73: 3917-3933.

Ge G, Yan Y, Cai H. 2017. Ginsenoside Rh2 inhibited proliferation by inducing ROS mediated ER stress dependent apoptosis in lung cancer cells. Biological & Pharmaceutical Bulletin, 40(12): 2117-2124.

Gera T, Sachdev H P, Nestel P. 2007. Effect of iron supplementation on physical performance in children and adolescents: systematic review of randomized controlled trials. Indian Pediatrics, 44(1): 15-24.

Gibiino G, Lopetuso L R, Scaldaferri F, et al. 2018. Exploring Bacteroidetes: metabolic key points and immunological tricks of our gut commensals. Digestive and Liver Disease, 50: 635-639.

Glauser D A, Schlegel W, Transduction S. 2009. The FOXO/BCL-6/cyclin D2 pathway mediates metabolic and growth factor stimulation of proliferation in Min6 pancreatic beta-cells. Journal of Receptor Research, 29: 293-298.

Gómez-Ordóñez E, Jiménez-Escrig A, Rupérez P. 2012. Molecular weight distribution of polysaccharides from edible seaweeds by high-performance size-exclusion chromatography (HPSEC). Talanta, 93(2): 153-159.

Guo W L, Pan Y Y, Li L, et al. 2018. Ethanol extract of *Ganoderma lucidum* ameliorates lipid metabolic disorders and modulates the gut microbiota composition in high-fat diet fed rats. Food & Function, 9: 3419-3431.

Guo X, Wang Z, Fang P, et al. 2017. Sequential extraction and physicochemical characterization of polysaccharides from chicory (*Cichorium intybus*) root pulp. Food Hydrocolloids, 77: 277-285.

Guzmán S, Gato A, Lamela M, et al. 2003. Anti-inflammatory and immunomodulatory activities of polysaccharide from *Chlorella stigmatophora* and *Phaeodactylum tricornutum*. Phytotherapy Research: PTR, 17(6): 665-670.

Hagino N, Ichimura S. 1975. Nihon eiseigaku zasshi. Japanese Journal of Hygiene, 30(1): 77.

Hajji M, Hamdi M, Sellimi S, et al. 2019. Structural characterization, antioxidant and antibacterial activities of a novel polysaccharide from *Periploca laevigata* root barks. Carbohydrate Polymers, 206: 380-388.

Halter J B, Musi N, McFarland H F, et al. 2014. Diabetes and cardiovascular disease in older adults: current status and future directions. Diabetes, 63(8): 2578-2589.

Hamadi N, Mansour A, Hassan M H, et al. 2012. Ameliorative effects of resveratrol on liver injury in streptozotocin-induced diabetic rats. Journal of Biochemical & Molecular Toxicology, 26: 384-392.

Hardie D G, Ashford M L. 2014. AMPK: regulating energy balance at the cellular and whole body levels. Physiology, 29: 99-107.

Hedin C, van der Gast, C J, Rogers G B, et al. 2016. Siblings of patients with Crohn's disease exhibit a biologically relevant dysbiosis in mucosal microbial metacommunities. Gut, 65: 944-953.

Hu Q, Pan B, Xu J, et al. 2007. Effects of supercritical carbon dioxide extraction conditions on yields and antioxidant activity of *Chlorella pyrenoidosa* extracts. Journal of Food Engineering, 80: 997-1001.

Huang D W, Lo Y M, Chang W C, et al. 2020. Alleviative effect of *Ruellia tuberosa* L. on NAFLD and hepatic lipid accumulation via modulating hepatic de novo lipogenesis in high-fat diet plus streptozotocin-induced diabetic rats. Food Science & Nutrition, 8: 5710-5716.

Huang J, Lin X, Xue B, et al. 2016. Impact of polyphenols combined with high-fat diet on rats' gut microbiota. Journal of Functional Foods, 26: 763-771.

Huerta J M, Tormo M J, Egea-Caparrós J M, et al. 2009. Accuracy of self-reported diabetes, hypertension and hyperlipidemia in the adult Spanish population. DINO study findings. Revista Espanola de Cardiologia, 62(2): 143-152.

Hwang J H, Lee I T, Jeng K C, et al. 2011. *Spirulina* prevents memory dysfunction, reduces oxidative stress damage and augments antioxidant activity in senescence-accelerated mice. Journal of Nutritional Science & Vitaminology, 57: 186-191.

Jiang W, Gao L, Li P, et al. 2017. Metabonomics study of the therapeutic mechanism of fenugreek galactomannan on diabetic hyperglycemia in rats, by ultra-performance liquid chromatography coupled with quadrupole time-of-flight mass spectrometry. Journal of Chromatography B: Analytical Technologies in the Biomedical and Life Sciences, 1044-1045: 8-16.

Jones-Hall Y L, Kozik A, Nakatsu C. 2015. Ablation of tumor necrosis factor is associated with decreased inflammation and alterations of the microbiota in a mouse model of inflammatory bowel disease. PloS One, 10: 0125309.

Kalavathy R, Abdullah N, Jalaludin S, et al. 2003. Effects of *Lactobacillus* cultures on growth performance, abdominal fat deposition, serum lipids and weight of organs of broiler chickens. British Poultry Science, 44(1): 139-144.

Kalyani R R, Egan J M J E, Clinics M. 2013. Diabetes and altered glucose metabolism with aging. Endocrinology & Metabolism Clinics of North America, 42: 333-347.

Kang D, Hamasaki N. 2005. Alterations of mitochondrial DNA in common diseases and disease states: aging, neurodegeneration, heart failure, diabetes and cancer. Current Medicinal Chemistry, 12: 429-441.

Kang H K, Salim H M, Akter N, et al. 2013. Effect of various forms of dietary *Chlorella* supplementation on growth performance, immune characteristics, and intestinal microflora population of broiler chickens. Journal of Applied Poultry Research, 22(1): 100-108.

Kapodistria K, Tsilibary E P, Kotsopoulou E, et al. 2018. Liraglutide, a human glucagon-like peptide-1 analogue, stimulates AKT-dependent survival signalling and inhibits pancreatic b-cell apoptosis. Journal of Cellular and Molecular Medicine, 22: 2970-2980.

Kelder T, Stroeve J, Bijlsma S, et al. 2014. Correlation network analysis reveals relationships between diet-induced changes in human gut microbiota and metabolic health. Nutrition & Diabetes, 4: 122.

Kelly T, Yang W, Chen C S, et al. 2008. Global burden of obesity in 2005 and projections to 2030. International Journal of Obesity, 32(9): 1431-1437.

Kersten S. 2014. Integrated physiology and systems biology of PPARα. Molecular Metabolism, 3(4): 354-371.

Khokhar S, Magnusdottir S G. 2002. Total phenol, catechin, and caffeine contents of teas commonly consumed in the United Kingdom. Journal of Agricultural and Food Chemistry, 50(3): 565-570.

Kim C H. 2018. Microbiota or short-chain fatty acids: which regulates diabetes? Cellular & Molecular Immunology, 15: 88-91.

Kobori M, Masumoto S, Akimoto Y, et al. 2012. Phloridzin reduces blood glucose levels and alters hepatic gene expression in normal BALB/c mice. Food & Chemical Toxicology, 50: 2547-2553.

Koh A, De Vadder F, Kovatcheva-Datchary P, et al. 2016. From dietary fiber to host physiology: short-chain fatty acids as key bacterial metabolites. Cell, 165(6): 1332-1345.

Kong X, Gao Y, Geng X, et al. 2018. Effect of lipid lowering tablet on blood lipid in hyperlipidemia model rats. Saudi Journal of Biological Sciences, 25(4): 715-718.

Konturek P C, Haziri D, Brzozowski T, et al. 2015. Emerging role of fecal microbiota therapy in the treatment of gastrointestinal and extra-gastrointestinal diseases. Journal of Physiology and Pharmacology, 66(4): 483-491.

Kotrbáček V, Doubek J, Doucha J. et al. 2015. The chlorococcalean alga *Chlorella* in animal nutrition: a review. Journal of Applied Phycology, 27(6): 2173-2180.

Kralovec J A, Metera K L, Kumar J R, et al. 2007. Immunostimulatory principles from *Chlorella pyrenoidosa*--part 1: isolation and biological assessment *in vitro*. Phytomedicine: International Journal of Phytotherapy and Phytopharmacology, 14(1): 57-64.

Kralovec J A, Power M R, Liu F, et al. 2005. An aqueous *Chlorella* extract inhibits IL-5 production by mast cells *in vitro* and reduces ovalbumin-induced eosinophil infiltration in the airway in mice *in vivo*. International Immunopharmacology, 5(4): 689-698.

Kubatka P, Kapinová A, Kružliak P, et al. 2015. Antineoplastic effects of *Chlorella pyrenoidosa* in the breast cancer model. Nutrition, 31(4): 560-569.

Lacut K, Le Gal G, Abalain J H, et al. 2008. Differential associations between lipid-lowering drugs, statins and fibrates, and venous thromboembolism: role of drug induced homocysteinemia? Thrombosis Research, 122(3): 314-319.

Lambeth S M, Carson T, Lowe J, et al. 2015. Composition, diversity and abundance of gut microbiome in prediabetes and type 2 diabetes. Journal of Diabetes and Obesity, 2(3): 1-7.

Lee C C, Sun Y, Huang H W. 2012a. How type II diabetes-related islet amyloid polypeptide damages lipid bilayers. Biophysical Journal, 102: 1059-1068.

Lee D, Kim K H, Lee J, et al. 2017. Protective effect of cirsimaritin against streptozotocin-induced apoptosis in pancreatic beta cells. Journal of Pharmacy & Pharmacology, 69: 875-883.

Lee G H, Kumar S, Lee J H, et al. 2012b. Genome sequence of *Oscillibacter ruminantium* strain GH1, isolated from rumen of Korean native cattle. Journal of Bacteriology, 194(22): 6362.

Lee J, Kwon G, Lim Y H. 2015. Elucidating the mechanism of Weissella-dependent lifespan extension in *Caenorhabditis elegans*. Scientific Reports, 5: 17128.

Lewandowski Ł, Kepinska M, Milnerowicz H. 2018. Inhibition of copper-zinc superoxide dismutase activity by selected environmental xenobiotics. Environmental Toxicology and Pharmacology, 58: 105-113.

Li T T, Liu Y Y, Wan X Z, et al. 2018. Regulatory efficacy of the polyunsaturated fatty acids from microalgae *Spirulina platensis* on lipid metabolism and gut microbiota in high-fat diet rats. International Journal of Molecular Sciences, 19: 3075.

Licata A, Giammanco A, minissale M G, et al. 2018. Liver and statins: a critical appraisal of the evidence. Current Medicinal Chemistry, 25(42): 5835-5846.

Liguori I, Russo G, Curcio F, et al. 2018. Oxidative stress, aging, and diseases. Clinical Intervention in Aging, 13: 757-772.

Lin C, Xiao J, Xi Y, et al. 2019. Rosmarinic acid improved antioxidant properties and healthspan via the IIS and MAPK pathways in *Caenorhabditis elegans*. Biofactors, 45(5): 774-787.

Lin C, Zhang X, Su Z, et al. 2019. Carnosol improved lifespan and healthspan by promoting antioxidant capacity in *Caenorhabditis elegans*. Oxidative Medicine and Cellular Longevity, 2019: 5958043.

Lin G P, Wu D S, Xiao X W, et al. 2020. Structural characterization and antioxidant effect of green alga *Enteromorpha prolifera* polysaccharide in *Caenorhabditis elegans* via modulation of microRNAs. International Journal of Biological Macromolecules, 150: 1084-1092.

Lin X X, Sen I, Janssens G E, et al. 2018. DAF-16/FOXO and HLH-30/TFEB function as combinatorial transcription factors to promote stress resistance and longevity. Nature Communications, 9(1): 4400.

Liu J, Wang C, Liu F, et al. 2015. Metabonomics revealed xanthine oxidase-induced oxidative stress and inflammation in the pathogenesis of diabetic nephropathy. Analytical & Bioanalytical Chemistry, 407: 2569-2579.

Liu W, Wang H, Yu J, et al. 2016. Structure, chain conformation, and immunomodulatory activity of the polysaccharide purified from Bacillus Calmette Guerin formulation. Carbohydrate Polymers, 150: 149-158.

Lochhead J J, McCaffrey G, Quigley C E, et al. 2010. Oxidative stress increases blood-brain barrier permeability and induces alterations in occludin during hypoxia-reoxygenation. Journal of Cerebral Blood Flow & Metabolism, 30: 1625-1636.

Luo X, Pan Z, Luo S, et al. 2018. Effects of ceftriaxone-induced intestinal dysbacteriosis on regulatory T cells validated by anaphylactic mice. International Immunopharmacology, 60: 221-227.

Ma J, Shi M, Zhang X, et al. 2018b. GLP-1R agonists ameliorate peripheral nerve dysfunction and inflammation via p38 MAPK/NF-κB signaling pathways in streptozotocin-induced diabetic rats. International Journal of Molecular Medicine, 41: 2977-2985.

Ma Q, Li Y, Wang M, et al. 2018. Progress in metabonomics of type 2 diabetes mellitus. Molecules, 23: 1834.

Mannarreddy P, Denis M, Munireddy D, et al. 2017. Cytotoxic effect of *Cyperus rotundus* rhizome extract on human cancer cell lines. Biomedecine & Pharmacotherapie, 95: 1375-1387.

Mata T M, Martins A A, Caetano N S. 2010. Microalgae for biodiesel production and other applications: a review. Renewable and Sustainable Energy Review, 14: 217-232.

Matjuskova N, Azena E, Serstnova K, et al. 2014. The influence of the hot water extract from shiitake medicinal mushroom, *Lentinus edodes* (higher Basidiomycetes) on the food intake, life span, and age-related locomotor activity of *Drosophila melanogaster*. International Journal of Medicinal Mushrooms, 16(6): 605-615.

Matos J, Cardoso C, Bandarra N M, et al. 2017. Microalgae as healthy ingredients for functional food: a review. Food and Function, 8(8): 2672-2685.

Mckenney J M. 2015. Something important is missing in the ACC/AHA cholesterol treatment guidelines. Journal of the American Pharmaceutical Association, 55: 324-329.

Merchant R E, Andre C A. 2001. A review of recent clinical trials of the nutritional supplement *Chlorella pyrenoidosa* in the treatment of fibromyalgia, hypertension, and ulcerative colitis. Alternative Therapies in Health and Medicine, 7(3): 79-91.

Metwally M, Ebraheim L, Galal A. 2018. Potential therapeutic role of melatonin on STZ-induced diabetic central neuropathy: a biochemical, histopathological, immunohistochemical and ultrastructural study. Acta Histochemica, 120(8): 828-836.

Michod R E, Bernstein H, Nedelcu A M. 2008. Adaptive value of sex in microbial pathogens. Infection, Genetics & Evolution, 8(3): 267-285.

Minois N. 2006. How should we assess the impact of genetic changes on ageing in model species? Ageing Research Reviews, 5(1): 52-59.

Miyazawa Y, Murayama T, Ooya N, et al. 1988. Immunomodulation by a unicellular green algae (*Chlorella pyrenoidosa*) in tumor-bearing mice. Journal of Ethnopharmacology, 24(2-3): 135-146.

Moffat C, Harper M E. 2010. Metabolic functions of AMPK: aspects of structure and of natural mutations in the regulatory gamma subunits. Iubmb Life, 62(10): 739-745.

Moheet A, Mangia S, Seaquist E R. 2015. Impact of diabetes on cognitive function and brain structure. Annals of the New York Academy of Sciences, 1353: 60-71.

Molaei H, Jahanbin K. 2018. Structural features of a new water-soluble polysaccharide from the gum exudates of *Amygdalus scoparia* Spach (Zedo gum). Carbohydrate Polymers, 182: 98-105.

Nagai F, Morotomi M, Sakon H, et al. 2009. *Parasutterella excrementihominis* gen. nov., sp. nov., a member of the family Alcaligenaceae isolated from human faeces. International Journal of Systematic and Evolutionary Microbiology, 59: 1793-1797.

Nasirian F, Dadkhah M, Moradikor N, et al. 2018. Effects of *Spirulina platensis* microalgae on antioxidant and anti-inflammatory factors in diabetic rats. Diabetes & Metabolic Syndrome, 11: 375-380.

Naz S, Moreira dos Santos D C, García A, et al. 2014. Analytical protocols based on LC-MS, GC-MS and CE-MS for nontargeted metabolomics of biological tissues. Bioanalysis, 6: 1657-1677.

Nie Y, Luo F, Lin Q. 2018. Dietary nutrition and gut microflora: a promising target for treating diseases. Trends in Food Science & Technology, 75: 72-80.

Nita M, Grzybowski A. 2016. The role of the reactive oxygen species and oxidative stress in the pathomechanism of the age-related ocular diseases and other pathologies of the anterior and posterior eye segments in adults. Oxidative Medicine and Cellular Longevity, 2016: 3164734.

Noble E E, Hsu T M, Jones R B, et al. 2017. Early-life sugar consumption affects the rat microbiome independently of obesity. The Journal of Nutrition, 147(1): 20-28.

Noguchi N, Konishi F, Kumamoto S, et al. 2013. Beneficial effects of *Chlorella* on glucose and lipid metabolism in obese rodents on a high-fat diet. Obesity Research & Clinical Practice, 7(2): 95-105.

Norris G H, Jiang C, Ryan J, et al. 2016. Milk sphingomyelin improves lipid metabolism and alters gut microbiota in high fat diet-fed mice. Journal of Nutritional Biochemistry, 30: 93-101.

Peng C, Chan H Y, Li Y M, et al. 2009. Black tea theaflavins extend the lifespan of fruit flies. Experimental Gerontology, 44(12): 773-783.

Prasad S, Sajja R K, Naik P, et al. 2014. Diabetes mellitus and blood-brain barrier dysfunction: an overview. Journal of Pharmacovigilance, 2: 125.

Price T O, Uras F, Banks W A, et al. 2006. A novel antioxidant N-acetylcysteine amide prevents gp120-and Tat-induced oxidative stress in brain endothelial cells. Experimental Neurology, 201: 193-202.

Pu X, Ma X, Liu L, et al. 2016. Structural characterization and antioxidant activity *in vitro* of polysaccharides from *Angelica* and *Astragalus*. Carbohydrate Polymers, 137: 154-164.

Punaro G R, Maciel F R, Rodrigues A M, et al. 2014. Kefir administration reduced progression of renal injury in STZ-diabetic rats by lowering oxidative stress. Nitric Oxide, 37: 53-60.

Qi J, Kim S M. 2017. Characterization and immunomodulatory activities of polysaccharides extracted from green alga *Chlorella ellipsoidea*. International Journal of Biological Macromolecules, 95: 106-114.

Queiroz M L, Torello C O, Perhs S M, et al. 2008. *Chlorella vulgaris* up-modulation of myelossupression induced by lead: the role of stromal cells. Food and Chemical Toxicology, 46(9): 3147-3154.

Raghow R, Yellaturu C, Deng X, et al. 2008. SREBPs: the crossroads of physiological and pathological lipid homeostasis. Trends in Endocrinology and Metabolism, 19: 65-73.

Rathinam A, Pari L, Chandramohan R, et al. 2014. Histopathological findings of the pancreas, liver, and carbohydrate metabolizing enzymes in STZ-induced diabetic rats improved by administration of myrtena. Journal of Physiology & Biochemistry, 70(4): 935.

Ren T, Zhu Y, Kan J. 2017. Zanthoxylum alkylamides activate phosphorylated AMPK and ameliorate glycolipid metabolism in the streptozotocin-induced diabetic rats. Clinical and Experimental Hypertension, 39(4): 330-338.

Roriz-Filho J S, Sá-Roriz T M, Rosset I, et al. 2009.(Pre)diabetes, brain aging, and cognition. Biochimica et Biophysica Acta, Molecular Basis of Disease, 1792: 432-443.

Roselli M, Schifano E, Guantario B, et al. 2019. *Caenorhabditis elegans* and probiotics interactions from a prolongevity perspective. International Journal of Molecular Sciences, 20(20): 5020.

Rosemberg D B, da Rocha R F, Rico E P, et al. 2010. Taurine prevents enhancement of acetylcholinesterase activity induced by acute ethanol exposure and decreases the level of markers of oxidative stress in zebrafish brain. Neuroscience, 171: 683-692.

Safi C, Frances C, Ursu A V, et al. 2015. Understanding the effect of cell disruption methods on the diffusion of *Chlorella vulgaris* proteins and pigments in the aqueous phase. Algal Research, 8: 61-68.

Samaha M M, Said E, Salem H A. 2019. A comparative study of the role of crocin and sitagliptin in attenuation of STZ-induced diabetes mellitus and the associated inflammatory and apoptotic changes in pancreatic beta-islets. Environmental Toxicology & Pharmacology, 72: 103238.

Sarti C, Gallagher J. 2006. The metabolic syndrome: prevalence, CHD risk, and treatment. Journal of Diabetes and Its Complications, 20: 121-132.

Sato K, Naito M, Yukitake H, et al. 2010. A protein secretion system linked to bacteroidete gliding motility and pathogenesis. Proceedings of the National Academy of Sciences of the United States of America, 107(1): 276-281.

Schepetkin I A, Quinn M T. 2006. Botanical polysaccharides: macrophage immunomodulation and therapeutic potential. International Immunopharmacology, 6(3): 317-333.

Shang Q, Jiang H, Cai C, et al. 2018. Gut microbiota fermentation of marine polysaccharides and its effects on intestinal ecology: an overview. Carbohydrate Polymers, 179: 173-185.

Sharma M, Gupta Y J. 2002. Chronic treatment with trans resveratrol prevents intracerebroventricular streptozotocin induced cognitive impairment and oxidative stress in rats. Life Sciences, 71: 2489-2498.

Sheng J, Yu F, Xin Z, et al. 2007. Preparation, identification and their antitumor activities *in vitro* of polysaccharides from *Chlorella pyrenoidosa*. Food Chemistry, 105(2): 533-539.

Shi Y, Sheng J, Yang F, et al. 2007. Purification and identification of polysaccharide derived from *Chlorella pyrenoidosa*. Food Chemistry, 103(1): 101-105.

Shibata S, Natori Y, Nishihara T, et al. 2003. Antioxidant and anti-cataract effects of *Chlorella* on rats with streptozotocin-induced diabetes. Journal of Nutritional Science and Vitaminology, 49(5): 334-339.

Shim J Y, Shin H S, Han J G, et al. 2008. Protective effects of *Chlorella vulgaris* on liver toxicity in cadmium-administered rats. Journal of Medicinal Food, 11(3): 479-485.

Shimizu F, Sano Y, Tominaga O, et al. 2013. Advanced glycation end-products disrupt the blood-brain barrier by stimulating the release of transforming growth factor-β by pericytes and vascular endothelial growth factor and matrix metalloproteinase-2 by endothelial cells *in vitro*. Neurobiology of Aging, 34: 1902-1912.

Sidebottom A C, Sillah A, Vock D M, et al. 2018. Assessing the impact of the heart of New Ulm Project on cardiovascular disease risk factors: a population-based program to reduce cardiovascular disease. Preventive Medicine, 112: 216-221.

Silambarasan T, Manivannan J, Raja B, et al. 2016. Prevention of cardiac dysfunction, kidney fibrosis and lipid metabolic alterations in l-NAME hypertensive rats by sinapic acid-Role of HMG-CoA reductase. European Journal of Pharmacology, 777: 113-123.

Silva J K D, Cazarin C B B, Colomeu T C, et al. 2013. Antioxidant activity of aqueous extract of passion fruit (*Passiflora edulis*) leaves: *in vitro* and *in vivo* study. Food Research International, 53(2): S882-S890.

Smirnov K S, Maier T V, Walker A, et al. 2016. Challenges of metabolomics in human gut microbiota research. International Journal of Medical Microbiology, 306: 266-279.

Socha P, Wierzbicka A, Neuhoff-Murawska J, et al. 2007. Nonalcoholic fatty liver disease as a feature of the metabolic syndrome. Roczniki Panstwowego Zakladu Higieny, 58(1): 129.

Sokol H, Pigneur B, Watterlot L, et al. 2008. *Faecalibacterium prausnitzii* is an anti-inflammatory commensal bacterium identified by gut microbiota analysis of Crohn disease patients. Proceedings of the National Academy of Sciences of the United States of America, 105(43): 16731-16736.

Soto-Acosta R, Mosso C, Cervantes-Salazar M, et al. 2013. The increase in cholesterol level sat early stages after dengue virus infection correlates with an augment in LDL particle uptake and HMG-CoA reductase activity. Virology, 442: 132-147.

Sugimoto T, Sato M, Dehle F C, et al. 2016. Lifestyle-related metabolic disorders, osteoporosis, and fracture risk in Asia: a systematic review. Expert Review of Pharmacoeconomics & Outcomes Research, 9: 49-56.

Sun L L, Lei FR, Jiang X D, et al. 2020. LncRNA GUSBP5-AS promotes EPC migration and angiogenesis and deep vein thrombosis resolution by regulating FGF2 and MMP2/9 through the miR-223-3p/FOXO1/AKT pathway. Aging, 12: 4506-4526.

Sun L, Xie C, Wang G, et al. 2018. Gut microbiota and intestinal FXR mediate the clinical benefits of metformin. Nature Medicine, 24(12): 1919-1929.

Suthagar E, Soudamani S, Yuvaraj S, et al. 2009. Effects of streptozotocin (STZ)—induced diabetes and insulin replacement on rat ventral prostate. Biomedicine & Pharmacotherapy, 63: 43-50.

Tada R, Adachi Y, Ishibashi K, et al. 2009. An unambiguous structural elucidation of a 1, 3-beta-D-glucan obtained from liquid-cultured *Grifola frondosa* by solution NMR experiments. Carbohydrate Research, 344(3): 400-404.

Tan Y, Kim J, Cheng J, et al. 2017. Green tea polyphenols ameliorate non-alcoholic fatty liver disease through upregulating AMPK activation in high fat fed Zucker fatty rats. World Journal of Gastroenterology, 23(21): 3805-3814.

Taormina G, Mirisola M G. 2014. Calorie restriction in mammals and simple model organisms. BioMed Research International, 2014: 308690.

Tian S, Li B, Lei P, et al. 2018. Sulforaphane improves abnormal lipid metabolism via both ERS-dependent XBP1/ACC &SCD1 and ERS-independent SREBP/FAS pathways. Molecular Nutrition & Food Research, 62(6): 1700737.

Tullet J, Green J W, Au C, et al. 2017. The SKN-1/Nrf2 transcription factor can protect against oxidative stress and increase lifespan in *C. elegans* by distinct mechanisms. Aging Cell, 16(5): 1191-1194.

Tyrrell K L, Warren Y A, Citron D M, et al. 2011. Re-assessment of phenotypic identifications of *Alistipes* species using molecular methods. Anaerobe, 17: 130-134.

Velagapudi V R, Hezaveh R, Reigstad C S, et al. 2010. The gut microbiota modulates host energy and lipid metabolism in mice. Journal of Lipid Research, 51: 1101-1112.

Wan Q L, Fu X, Meng X, et al. 2020a. Hypotaurine promotes longevity and stress tolerance via the stress response factors DAF-16/FOXO and SKN-1/NRF2 in *Caenorhabditis elegans*. Food and Function, 11(1): 347-357.

Wan X, Li T, Liu D, et al. 2018. Effect of marine microalga *Chlorella pyrenoidosa* ethanol extract on lipid metabolism and gut microbiota composition in high-fat diet-fed rats. Marine Drugs, 16(12): 498.

Wan X, Li X, Liu D, et al. 2021. Physicochemical characterization and antioxidant effects of green microalga *Chlorella pyrenoidosa* polysaccharide by regulation of microRNAs and gut microbiota in *Caenorhabditis elegans*. International Journal of Biological Macromolecules, 168: 152-162.

Wan X Z, Chen A C, Chen Y H, et al. 2019b. Physicochemical characterization of a polysaccharide from green microalga *Chlorella pyrenoidosa* and its hypolipidemic activity via gut microbiota regulation in rats. Journal of Agricultural & Food Chemistry, 68: 1186-1197.

Wan X Z, Chen A C, Chen Y H, et al. 2020b. Physicochemical characterization of a polysaccharide from green microalga *Chlorella pyrenoidosa* and its hypolipidemic activity via gut microbiota regulation in rats. Journal of Agricultural and Food Chemistry, 68(5): 1186-1197.

Wan X Z, Li T T, Zhong R T, et al. 2019a. Anti-diabetic activity of PUFAs-rich extracts of *Chlorella pyrenoidosa* and *Spirulina platensis* in rats. Food and Chemical Toxicology, 128: 233-239.

Wang C Y, Wu T C, Hsieh S L, et al. 2015. Antioxidant activity and growth inhibition of human colon cancer cells by crude and purified fucoidan preparations extracted from *Sargassum cristaefolium*. Journal of Food and Drug Analysis, 23(4): 766-777.

Wang H M, Pan J L, Chen C Y, et al. 2010b. Identification of anti-lung cancer extract from *Chlorella vulgaris* C-C by antioxidant property using supercritical carbon dioxide extraction. Process Biochemistry, 45: 1865-1872.

Wang L, Ding L, Yu Z, et al. 2016a. Intracellular ROS scavenging and antioxidant enzyme regulating capacities of corn gluten meal-derived antioxidant peptides in HepG2 cells. Food Research International, 90: 33-41.

Wang L, Yi T, Kortylewski M, et al. 2009. IL-17 can promote tumor growth through an IL-6-Stat3 signaling pathway. Journal of Experimental Medicine, 206: 1457-1464.

Wang X, Wang X, Jiang H, et al. 2018. Marine polysaccharides attenuate metabolic syndrome by fermentation products and altering gut microbiota: an overview. Carbohydrate Polymers, 195: 601-612.

Wang X L, Ye F, Li J, et al. 2016b. Impaired secretion of glucagon-like peptide 1 during oral glucose tolerance test in patients with newly diagnosed type 2 diabetes mellitus. Saudi Medical Journal, 37(1): 48-54.

Wang Y, Peng Y, Wei X, et al. 2010a. Sulfation of tea polysaccharides: synthesis, characterization and hypoglycemic activity. International Journal of Biological Macromolecules, 46(2): 270-274.

Waris G, Ahsan H. 2006. Reactive oxygen species: role in the development of cancer and various chronic conditions. Journal of Carcinogenesis, 5(1): 14.

Wolf K J, Lorenz R G. 2012. Gut microbiota and obesity. Digestive Diseases and Sciences, 1: 1-8.

Wong J M, de Souza R, Kendall C W, et al. 2006. Colonic health: fermentation and short chain fatty acids. Journal of Clinical Gastroenterology, 40(3): 235-243.

Wu W, Lin L, Lin Z, et al. 2018. Duodenum exclusion alone is sufficient to improve glucose metabolism in STZ-induced diabetes rats. Obesity Surgery, 28: 3087-3094.

Xia H, Tang H, Wang F, et al. 2019. An untargeted metabolomics approach reveals further insights of *Lycium barbarum* polysaccharides in high fat diet and streptozotocin-induced diabetic rats. Food Research International, 116: 20-29.

Xia Y G, Wang T L, Yu S M, et al. 2019. Structural characteristics and hepatoprotective potential of *Aralia elata* root bark polysaccharides and their effects on SCFA produced by intestinal flora metabolism. Carbohydrate Polymers, 207: 256-265.

Xiang L, Wu Q, Osada H, et al. 2020. Peanut skin extract ameliorates the symptoms of type 2 diabetes mellitus in mice by alleviating inflammation and maintaining gut microbiota homeostasis. Aging (Albany NY), 12: 13991-14018.

Xu F, Liao K, Wu Y, et al. 2016. Optimization, characterization, sulfation and antitumor activity of neutral polysaccharides from the fruit of *Borojoa sorbilis* cuter. Carbohydrate Polymers, 151: 364-372.

Yamamoto M, Fujishita M, Hirata A, et al. 2004. Regeneration and maturation of daughter cell walls in the autospore-forming green alga *Chlorella vulgaris* (Chlorophyta, Trebouxiophyceae). Journal of Plant Research, 117(4): 257-264.

Yan H, Lu J, Wang Y, et al. 2017. Intake of total saponins and polysaccharides from *Polygonatum kingianum* affects the gut microbiota in diabetic rats. Phytomedicine: International Journal of Phytotherapy and Phytopharmacology, 26: 45-54.

Yan L, Xiong C, Xu P, et al. 2019. Structural characterization and *in vitro* antitumor activity of a polysaccharide from *Artemisia annua* L. (Huang Huahao). Carbohydrate Polymers, 213: 361-369.

Yu Y, Bai F, Wang W, et al. 2015. Fibroblast growth factor 21 protects mouse brain against D-galactose induced aging via suppression of oxidative stress response and advanced glycation end products formation. Pharmacology Biochemistry & Behavior, 133: 122-131.

Yuan Q, Li H, Wei Z, et al. 2020a. Isolation, structures and biological activities of polysaccharides from *Chlorella*: a review. International Journal of Biological Macromolecules, 163: 2199-2209.

Yuan S, Yang Y, Li J, et al. 2020. *Ganoderma lucidum* Rhodiola compound preparation prevent D-galactose-induced immune impairment and oxidative stress in aging rat model. Scientific Reports, 10: 19244.

Zafar M, Hassan Naqvi S. 2010. Effects of STZ-induced diabetes on the relative weights of kidney, liver and pancreas in albino rats: a comparative study. International Journal of Morphology, 28: 135-142.

Zha X Q, Lu C Q, Cui S H., et al. 2015. Structural identification and immunostimulating activity of a *Laminaria japonica* polysaccharide. International Journal of Biological Macromolecules, 78: 429-438.

Zhang H, Cui S W, Nie S P, et al. 2016. Identification of pivotal components on the antioxidant activity of polysaccharide extract from *Ganoderma atrum*. Bioactive Carbohydrates and Dietary Fibre, 7(2): 9-18.

Zhang H, Nie S, Cui S W, et al. 2017. Characterization of a bioactive polysaccharide from *Ganoderma atrum*: re-elucidation of the fine structure. Carbohydrate Polymers, 158: 58-67.

Zhang L, Zhang Z, Li Y, et al. 2015b. Cholesterol induces lipoprotein lipase expression in a tree shrew (*Tupaia belangeri chinensis*) model of non-alcoholic fatty liver disease. Scientific Reports, 5: 15970.

Zhang M, Cui S W, Pck C, et al. 2007. Antitumor polysaccharides from mushrooms: a review on their isolation process, structural characteristics and anti-tumor activity. Trends in Food Science and Technology, 18(1): 4-19.

Zhang R, Chen J, Mao X, et al. 2019. Anti-inflammatory and anti-aging evaluation of pigment-protein complex extracted from *Chlorella pyrenoidosa*. Marine Drugs, 17(10): 586.

Zhang S, Fan Z, Qiao P, et al. 2018. miR-51 regulates GABAergic synapses by targeting Rab GEF GLO-4 and lysosomal trafficking-related GLO/AP-3 pathway in *Caenorhabditis elegans*. Developmental Biology, 436(1): 66-74.

Zhang X, Zhao Y, Xu J, et al. 2015a. Modulation of gut microbiota by berberine and metformin during the treatment of high-fat diet-induced obesity in rats. Scientific Reports, 5: 14405.

Zhang Z, Guo L, Yan A, et al. 2020. Fractionation, structure and conformation characterization of polysaccharides from *Anoectochilus roxburghii*. Carbohydrate Polymers: 231: 115688.

Zhao C, Liu Y Y, Lai S S, et al. 2019b. Effects of domestic cooking process on the chemical and biological properties of dietary phytochemicals. Trends in Food Science & Technology, 85: 55-66.

Zhao C, Wu Y J, Liu X Y, et al. 2017. Functional properties, structural studies and chemo-enzymatic synthesis of oligosaccharides. Trends in Food Science & Technology, 66: 135-145.

Zhao C, Wu Y J, Yang C F, et al. 2015. Hypotensive, hypoglycemic and hypolipidemic effects of bioactive compounds from microalgae and marine microorganisms. International Journal of Food Science and Technology, 50(8): 1705-1717.

Zhao C, Yang C, Chen M, et al. 2018b. Regulatory efficacy of brown seaweed *Lessonia nigrescens* extract on the gene expression profile and intestinal microflora in type 2 diabetic mice. Molecular Nutrition & Food Research, 62(4): 1700730.

Zhao C, Yang C, Liu B, et al. 2018a. Bioactive compounds from marine macroalgae and their hypoglycemic benefits. Trends in Food Science & Technology, 72: 1-12.

Zhao C, Yang C, Wai S, et al. 2019a. Regulation of glucose metabolism by bioactive phytochemicals for the management of type 2 diabetes mellitus. Critical Reviews in Food Science and Nutrition, 59(6): 830-847.

Zhao T, Mao G, Zhang M, et al. 2014. Structure analysis of a bioactive heteropolysaccharide from *Schisandra chinensis* (Turcz.) Baill. Carbohydrate Polymers, 103: 488-495.

Zhong Y, Nyman M, Fåk F. 2015. Modulation of gut microbiota in rats fed high-fat diets by processing whole-grain barley to barley malt. Molecular Nutrition & Food Research, 59: 2066-2076.

Zhou Y, Lian S, Zhang J, et al. 2018. Mitochondrial perturbation contributing to cognitive decline in streptozotocin-induced type 1 diabetic rats. Cellular Physiology and Biochemistry, 46: 1668-1682.

Zhu G, Yin F, Wang L, et al. 2016. Modeling type 2 diabetes-like hyperglycemia in *C. elegans* on a microdevice. Integrative Biology: Quantitative Biosciences from Nano to Macro, 8(1): 30-38.

Zhu Z, Zhu B, Sun Y, et al. 2018. Sulfated polysaccharide from sea cucumber modulates the gut microbiota and its metabolites in normal mice. International Journal of Biological Macromolecules, 120: 502-512.

缩 略 词

缩略词	英文全称	中文全称
ABCG2	ATP binding cassette transporter G2	ATP 结合盒转运体 G2
ACC	acetyl-CoA carboxylase	乙酰辅酶 A 羧化酶
AGE	advanced glycation end product	晚期糖基化终产物
AKT/AKT	protein kinase B	蛋白激酶 B
ALP	alkaline phosphatase	碱性磷酸酶
ALT	glutamic-pyruvic transaminase	谷丙转氨酶
AMPK	adenosine 5′-monophosphate-activated protein kinase	AMP 活化蛋白激酶
Ara	arabinose	阿拉伯糖
AST	glutamic oxaloacetic transaminase	谷草转氨酶
AUC	area under the curve	曲线下面积
BAX	BCL-2-associated X protein	BCL-2 相关 X 蛋白质
BCL-2	B-cell lymphoma-2	B 淋巴细胞瘤-2
BCL-6	B-cell lymphoma-6	B 淋巴细胞瘤-6
BDNF	brain-derived neurotrophic factor	脑源性神经营养因子
BGC	blood glucose concentration	血糖浓度
BIOM	the biological observation matrix	生物观测矩阵
Bid	recombinant human BH3-interacting domain death agonist	重组人 BH3 结构域凋亡诱导蛋白
β-NAD^+	β-Nicotinamide adenine dinucleotide	β-烟酰胺腺嘌呤二核苷酸
CAT	Catalase	氧化氢酶
CD31	cluster of differentiation 31	分化群 31
CDK	cyclin-dependent kinase	周期蛋白依赖性激酶
ChAT	choline acetyltransferase	胆碱乙酰转移酶
CTX	cyclophosphamide	环磷酰胺
COSY	correlation spectroscopy	关联图谱
COX-2	cyclooxygenase-2	环氧化酶 2
CPP	*Chlorella pyrenoidosa* polysaccharides	小球藻多糖
DAF-2	decay-accelerating factor 2	衰变加速因子 2
DAF-15	decay-accelerating factor 15	衰变加速因子 15
DAF-16	decay-accelerating factor 16	衰变加速因子 16
DTH	delayed type hypersensitivity	迟发型超敏反应
D-Gal	D-Galactose	D-半乳糖

缩略词	英文全称	中文全称
DMBG	dimethyl biguanide	二甲双胍
DRP1	dynamin-related protein 1	发动蛋白相关蛋白 1
ELISA	enzyme-linked immunosorbent assay	酶联免疫吸附测定
EPO	*Enteromorpha prolifera* oligosaccharides	浒苔寡糖
EPP	*Enteromorpha prolifera* polysaccharides	浒苔多糖
ESI	electron spray ionization	电喷雾离子源
FBG	fasting blood glucose	空腹血糖值
FC	fold change	差异倍数
FDR	false discovery rate	错误发现率
FGF	fibroblast growth factor	成纤维细胞生长因子
FOXO	forkhead box O	叉头框转录因子 O 亚族
FT-IR	fourier transform infrared spectrum	傅里叶变换红外光谱
Fuc	fucose	岩藻糖
FXR	farnesoid X Receptor	类法尼醇 X 受体
GC-MS	gas chromatography-mass spectrometer	气相色谱-质谱联用
gDNA	genomic DNA	基因组 DNA
Glc/Glu	glucose	葡萄糖
GluUA	glucuronic acid	葡萄糖醛酸
GLP1	glucagon-like peptide 1	胰高血糖素样肽 1
GLP-1R	glucagon-like peptide type 1 receptor	胰高血糖素样肽 1 受体
GLUT4	glucose transporter 4	葡萄糖转运体 4
GPC	gel permeation chromatography	凝胶渗透色谱
GR	glutathione reductase	谷胱甘肽还原酶
GSH-Px	glutathione peroxidase	谷胱甘肽过氧化物酶
HbA1c	hemoglobin A1c	血红蛋白 A1c
H&E	hematoxylin-eosin	苏木精-伊红
HDL-C	high-density lipoprotein cholesterol	高密度脂蛋白胆固醇
HFD	high fat diet	高脂饮食
HMBC	heteronuclear multiple-bond correlation	异核多键相关谱
HMG-CoA	3-hydroxy-3-methyl glutaryl coenzyme A	3-羟基-3-甲基戊二酸单酰辅酶 A
HPGPC	high performance gel permeation chromatography	高效凝胶渗透色谱
HPLC	high performance liquid chromatography	高效液相色谱
HSQC	heteronuclear single quantum correlation	异核单量子相关谱
hsp60	heat shock protein 60	热休克蛋白 60
IACUC	Institutional Animal Care and Use Committee	机构动物护理和使用委员会
LCAT	lecithin cholesterol acyl transferase	卵磷脂胆固醇酰基转移酶
IBD	inflammatory bowel disease	炎性肠病

缩略词	英文全称	中文全称
IFN-γ	interferon γ	干扰素
IGF	insulin like growth factor	胰岛素样生长因子
IGFR	insulin like growth factor receptor	胰岛素样生长因子受体
IHC	immunohistochemistry	免疫组织化学法
IIS	insulin/IGF-1 signal transduction	胰岛素/IGF-1 信号转导
IκBα	inhibitor of NF-κB	核因子抑制蛋白
IKK	IκB kinase	IκB 激酶
IKKα	IKK catalytic subunit	IKK 催化亚基
IL-2	interleukin-2	白细胞介素-2
IL-6	interleukin- 6	白细胞介素-6
IL10	interleukin- 10	白细胞介素-10
IL-12	interleukin- 12	白细胞介素-12
ILP	Insulin like peptide	胰岛素样肽
IR	insulin resistance	胰岛素抵抗
IRF1	interferon regulatory factor 1	干扰素调节因子 1
IRS	insulin receptor substrate	胰岛素受体底物
JAK	Janus kinase	JAK 激酶
JNK	c-Jun N-terminal kinase	c-Jun 氨基端激酶
LC-MS	liquid chromatography-tandem mass spectrometry	液相色谱质谱联用
LDA	linear discriminant analysis	线性判别分析
LDL-C	low-density lipoprotein cholesterol	低密度脂蛋白胆固醇
LMD	lipid metabolism disturbance	脂质代谢紊乱
MALLS	multi-angle laser light scattering	多角度激光散射
Man	mannose	甘露糖
MAPK	mitogen-activated protein kinase	丝裂原活化蛋白激酶
MDA	malondialdehyde	丙二醛
MMP2	matrix metalloproteinase 2	基质金属蛋白酶 2
Mw	molecular weight	分子量
miRNA	micro ribonucleic acid	小型非编码 RNA
mTOR	mammalian target of rapamycin	哺乳动物雷帕霉素靶蛋白
NADH	nicotinamide adenine dinucleotide	还原型烟酰胺腺嘌呤二核苷酸
NADPH	niacinamide adenine dinucleotide phosphate oxidase	烟酰胺腺嘌呤二核苷酸磷酸氧化酶
NFD	normal fed diet	正常饲料饮食
NGM	nematode growth medium	线虫生长培养基
NMR	nuclear magnetic resonance	核磁共振
NOESY	nuclear Overhauser effect spectroscopy	二维核欧沃豪斯效应谱
NOS-2	nitric oxide synthase 2	一氧化氮合酶 2

缩略词	英文全称	中文全称
NPT1	sodium-dependent phosphate transport protein 1	钠依赖性磷酸转运蛋白 1
Nrf2	nuclear factor erythroid-2 related factor 2	核因子 E2 相关因子 2
OGTT	oral glucose tolerance test	口服葡萄糖耐量测试
OPLS-DA	orthogonal PLS-DA	正交偏最小二乘判别分析
OTU	operational taxonomic unit	操作分类单元
p53	protein P53	p53 蛋白激酶
p65	Anti-phospho-NFκB p65	磷酸化细胞核因子 NFκB p65 抗体
PA	palmitic acid	棕榈酸
PAGE	polyacrylamide gel electrophoresis	聚丙烯酰胺凝胶电泳
PBS	phosphate buffer saline	磷酸缓冲盐溶液
PCNA	proliferating cell nuclear antigen	增殖细胞核抗原
PDK-1	phosphoinositol-dependent protein kinase-1	磷酸肌醇依赖性蛋白激酶-1
PI3K	phosphatidylinositol 3-kinase	磷脂酰肌醇 3-激酶
p70S6K	phosphor-p70S6k	磷酸化激酶 p70S6
PKA	protein kinase A	蛋白激酶 A
PKB	protein kinase B	蛋白激酶 B
PKC-q	protein kinase C-q	蛋白激酶 C-q
PMP	3-methyl-1-phenyl-5-pyrazolone	1-苯基-3-甲基-5-吡唑啉酮
PMSF	phenylmethanesulfonyl fluoride	苯甲基磺酰氟
PPAR	peroxisome proliferator-activated receptor	氧化物酶体增殖物激活受体
PTFE	polytetrafluoroethylene	聚四氟乙烯
PVDF 膜	polyvinylidene fluoride	聚偏二氟乙烯膜
QC	quality control	质控
REV	resveratrol	白藜芦醇
rDNA	ribosomal DNA	核糖体 DNA
RDP	ribosomal database project	核糖体数据库项目
Rha	rhamnose	鼠李糖
ROS	reactive oxygen species	活性氧
rpS6	ribosomal protein S6	核糖体蛋白 S6
RT-qPCR	real time polymerase chain reaction	实时荧光定量聚合酶链式反应
SBRC	sheep red blood cell	绵羊红细胞
SCFA	short chain fatty acid	短链脂肪酸
SDS	sodium dodecyl sulfate	十二烷基硫酸钠
SIRT1	sirtuin 1	沉默信息调节因子 1
SOD	superoxide dismutase	超氧化物歧化酶
sPLS-DA	sparse partial least square-discriminant analysis	偏最小二乘回归分析
SREBP-1c	sterol regulatory element binding protein 1c	固醇调节元件结合蛋白-1c

缩略词	英文全称	中文全称
STAT	signal transducer and activator of transcription	信号传导及转录激活蛋白
STZ	streptozocin	链尿菌素
T1DM	type 1 diabetes mellitus	1 型糖尿病
T2DM	type 2 diabetes mellitus	2 型糖尿病
T-AOC	total antioxidant capacity	总抗氧化能力
TBA	total bile acid	总胆汁酸
TBST	Tris buffered saline with Tween 20	三羟甲基氨基甲烷缓冲液
TCA	trichloroacetic acid	三氯乙酸
TC	total cholesterol	总胆固醇
TG	triglyceride	甘油三酯
TNF-α	tumor necrosis factor alpha	肿瘤坏死因子 α
TRAF	tumor necrosis factor receptor-associated factor	肿瘤坏死因子受体相关因子
T-regs	regulatory T cell	调节性 T 细胞
ULO	*Ulva* oligosaccharides	石莼寡糖
ULP	*Ulva* polysaccharide	石莼多糖
UPLC	ultra performance liquid chromatography	超高效液相色谱
URAT1	recombinant urate transporter 1	重组尿酸盐转运蛋白 1
VIP	variable importance in projection	变量重要性投影
VEGF	vascular endothelial growth factor	血管内皮生长因子
VLDL-C	very ow-density lipoprotein cholesterol	极低密度脂蛋白胆固醇
XOD	xanthine oxidase	黄嘌呤氧化酶
Xyl	xylose	木糖
ZO-1	zonula occludens protein 1	紧密连接蛋白 1

编 后 记

“博士后文库”是汇集自然科学领域博士后研究人员优秀学术成果的系列丛书。“博士后文库”致力于打造专属于博士后学术创新的旗舰品牌，营造博士后百花齐放的学术氛围，提升博士后优秀成果的学术影响力和社会影响力。

“博士后文库”出版资助工作开展以来，得到了全国博士后管委会办公室、中国博士后科学基金会、中国科学院、科学出版社等有关单位领导的大力支持，众多热心博士后事业的专家学者给予积极的建议，工作人员做了大量艰苦细致的工作。在此，我们一并表示感谢！

“博士后文库”编委会